国家出版基金资助项目
国家出版基金项目
NATIONAL PUBLICATION FOUNDATION

现代数学中的著名定理纵横谈丛书

丛书主编　王梓坤

p-ADIC NUMBER

p-adic数

刘培杰数学工作室　编译

哈爾濱工業大學出版社
HITP HARBIN INSTITUTE OF TECHNOLOGY PRESS

内 容 简 介

本书共六编，包括二进制与 p 进制、p-adic 数与赋值论、中国学者的若干研究成果、代数数论与群论中的 p-adic 数、p-adic 方法的若干习题及解答、Serre 的 p-adic 模形式概览.

本书适合大中师生及数学爱好者参考阅读.

图书在版编目(CIP)数据

p-adic 数/刘培杰数学工作室编译. —哈尔滨：哈尔滨工业大学出版社，2024. 3

（现代数学中的著名定理纵横谈丛书）

ISBN 978 - 7 - 5603 - 9925 - 6

Ⅰ. ①p…　Ⅱ. ①刘…　Ⅲ. ①数论—研究　Ⅳ. ①O156

中国版本图书馆 CIP 数据核字(2022)第 015512 号

P-ADIC SHU

策划编辑　刘培杰　张永芹
责任编辑　刘家琳
封面设计　孙茵艾
出版发行　哈尔滨工业大学出版社
社　　址　哈尔滨市南岗区复华四道街 10 号　邮编 150006
传　　真　0451 - 86414749
网　　址　http://hitpress.hit.edu.cn
印　　刷　辽宁新华印务有限公司
开　　本　787 mm×960 mm　1/16　印张 25.75　字数 276 千字
版　　次　2024 年 3 月第 1 版　2024 年 3 月第 1 次印刷
书　　号　ISBN 978 - 7 - 5603 - 9925 - 6
定　　价　198.00 元

◎ 代序

读书的乐趣

你最喜爱什么——书籍.

你经常去哪里——书店.

你最大的乐趣是什么——读书.

这是友人提出的问题和我的回答.真的,我这一辈子算是和书籍,特别是好书结下了不解之缘.有人说,读书要费那么大的劲,又发不了财,读它做什么?我却至今不悔,不仅不悔,反而情趣越来越浓.想当年,我也曾爱打球,也曾爱下棋,对操琴也有兴趣,还登台伴奏过.但后来却都一一断交,“终身不复鼓琴”.那原因便是怕花费时间,玩物丧志,误了我的大事——求学.这当然过激了一些.剩下来唯有读书一事,自幼至今,无日少废,谓之书痴也可,谓之书橱也可,管它呢,人各有志,不可相强.我的一生大志,便是教书,而当教师,不多读书是不行的.

读好书是一种乐趣,一种情操;一种向全世界古往今来的伟人和名人求教的方法，一种和他们展开讨论的方式；一封出席各种活动、体验各种生活、结识各种人物的邀请信；一张迈进科学宫殿和未知世界的入场券；一股改造自己、丰富自己的强大力量. 书籍是全人类有史以来共同创造的财富，是永不枯竭的智慧的源泉. 失意时读书，可以使人重整旗鼓；得意时读书，可以使人头脑清醒；疑难时读书，可以得到解答或启示；年轻人读书，可明奋进之道；年老人读书，能知健神之理. 浩浩乎！洋洋乎！如临大海，或波涛汹涌，或清风微拂，取之不尽，用之不竭. 吾于读书，无疑义矣，三日不读，则头脑麻木，心摇摇无主.

潜能需要激发

我和书籍结缘，开始于一次非常偶然的机会. 大概是八九岁吧，家里穷得揭不开锅，我每天从早到晚都要去田园里帮工. 一天，偶然从旧木柜阴湿的角落里，找到一本蜡光纸的小书，自然很破了. 屋内光线暗淡，又是黄昏时分，只好拿到大门外去看. 封面已经脱落，扉页上写的是《薛仁贵征东》. 管它呢，且往下看. 第一回的标题已忘记，只是那首开卷诗不知为什么至今仍记忆犹新：

日出遥遥一点红，飘飘四海影无踪.

三岁孩童千两价，保主跨海去征东.

第一句指山东，二、三两句分别点出薛仁贵（雪、人贵）. 那时识字很少，半看半猜，居然引起了我极大的兴趣，同时也教我认识了许多生字. 这是我有生以来独立看的第一本书. 尝到甜头以后，我便千方百计去找书，向小朋友借，到亲友家找，居然断断续续看了《薛丁山征西》《彭公案》《二度梅》等，樊梨花便成了我心中的女英雄. 我真入迷了. 从此,放牛也罢,车水也罢,我总要带一本书,还练出了边走田间小路边读书的本领,读得津津有味,不知人间别有他事.

当我们安静下来回想往事时,往往会发现一些偶然的小事却影响了自己的一生. 如果不是找到那本《薛仁贵征东》,我的好学心也许激发不起来. 我这一生,也许会走另一条路. 人的潜能,好比一座汽油库,星星之火,可以使它雷声隆隆、光照天地;但若少了这粒火星,它便会成为一潭死水,永归沉寂.

抄,总抄得起

好不容易上了中学,做完功课还有点时间,便常光顾图书馆. 好书借了实在舍不得还,但买不到也买不起,便下决心动手抄书. 抄,总抄得起. 我抄过林语堂写的《高级英文法》,抄过英文的《英文典大全》,还抄过《孙子兵法》,这本书实在爱得狠了,竟一口气抄了两份. 人们虽知抄书之苦,未知抄书之益,抄完毫末俱见,一览无余,胜读十遍.

始于精于一,返于精于博

关于康有为的教学法,他的弟子梁启超说:"康先生之教,专标专精、涉猎二条,无专精则不能成,无涉猎则不能通也."可见康有为强烈要求学生把专精和广博(即"涉猎")相结合.

在先后次序上,我认为要从精于一开始. 首先应集中精力学好专业,并在专业的科研中做出成绩,然后逐步扩大领域,力求多方面的精. 年轻时,我曾精读杜布(J. L. Doob)的《随机过程论》,哈尔莫斯(P. R. Halmos)的《测度论》等世界数学名著,使我终身受益. 简言之,即"始于精于一,返于精于博". 正如中国革命一样,必须先有一块根据地,站稳后再开创几块,最后连成一片.

丰富我文采,澡雪我精神

辛苦了一周,人相当疲劳了,每到星期六,我便到旧书店走走,这已成为生活中的一部分,多年如此.一次,偶然看到一套《纲鉴易知录》,编者之一便是选编《古文观止》的吴楚材.这部书提纲挈领地讲中国历史,上自盘古氏,直到明末,记事简明,文字古雅,又富于故事性,便把这部书从头到尾读了一遍.从此启发了我读史书的兴趣.

我爱读中国的古典小说,例如《三国演义》和《东周列国志》.我常对人说,这两部书简直是世界上政治阴谋诡计大全.即以近年来极时髦的人质问题(伊朗人质、劫机人质等),这些书中早就有了,秦始皇的父亲便是受害者,堪称"人质之父".

《庄子》超尘绝俗,不屑于名利.其中"秋水""解牛"诸篇,诚绝唱也.《论语》束身严谨,勇于面世,"己所不欲,勿施于人",有长者之风.司马迁的《报任少卿书》,读之我心两伤,既伤少卿,又伤司马;我不知道少卿是否收到这封信,希望有人做点研究.我也爱读鲁迅的杂文,果戈理、梅里美的小说.我非常敬重文天祥、秋瑾的人品,常记他们的诗句:"人生自古谁无死,留取丹心照汗青""休言女子非英物,夜夜龙泉壁上鸣".唐诗、宋词、《西厢记》《牡丹亭》,丰富我文采,澡雪我精神,其中精粹,实是人间神品.

读了邓拓的《燕山夜话》,既叹服其广博,也使我动了写《科学发现纵横谈》的心.不料这本小册子竟给我招来了上千封鼓励信.以后人们便写出了许许多多的“纵横谈”.

从学生时代起,我就喜读方法论方面的论著.我想,做什么事情都要讲究方法,追求效率、效果和效益,方法好能事半而功倍.我很留心一些著名科学家、文学家写的心得体会和经验.我曾惊讶为什么巴尔扎克在51年短短的一生中能写出上百本书,并从他的传记中去寻找答案.文史哲和科学的海洋无边无际,先哲们的明智之光沐浴着人们的心灵,我衷心感谢他们的恩惠.

读书的另一面

以上我谈了读书的好处,现在要回过头来说说事情的另一面.

读书要选择.世上有各种各样的书:有的不值一看,有的只值看20分钟,有的可看5年,有的可保存一辈子,有的将永远不朽.即使是不朽的超级名著,由于我们的精力与时间有限,也必须加以选择.决不要看坏书,对一般书,要学会速读.

读书要多思考.应该想想,作者说得对吗?完全吗?适合今天的情况吗?从书本中迅速获得效果的好办法是有的放矢地读书,带着问题去读,或偏重某一方面去读.这时我们的思维处于主动寻找的地位,就像猎人追找猎物一样主动,很快就能找到答案,或者发现书中的问题.

有的书浏览即止,有的要读出声来,有的要心头记住,有的要笔头记录.对重要的专业书或名著,要勤做笔记,“不动笔墨不读书”.动脑加动手,手脑并用,既可加深理解,又可避忘备查,特别是自己的灵感,更要及时抓住.清代章学诚在《文史通义》中说:“札记之功必不可少,如不札记,则无穷妙绪如雨珠落大海矣.”

许多大事业、大作品,都是长期积累和短期突击相结合的产物.涓涓不息,将成江河;无此涓涓,何来江河?

爱好读书是许多伟人的共同特性,不仅学者专家如此,一些大政治家、大军事家也如此.曹操、康熙、拿破仑、毛泽东都是手不释卷,嗜书如命的人.他们的巨大成就与毕生刻苦自学密切相关.

王梓坤

目录

第一编　二进制与 p 进制

第二编 p-adic 数与赋值论

第三编 中国学者的若干研究成果

第四编 代数数论与群论中的 p-adic 数

第五编 p-adic 方法的若干习题及解答

第六编　Serre 的 p-adic 模形式概览

第一编

二进制与 p 进制

几道用二进制巧解的数学奥林匹克试题

第 1 章

1.1 一道第 20 届全苏中学生数学奥林匹克试题

题目 如果多项式 $p(x)$ 的所有系数都是 0,1,2 或 3,那么称之为"容许的". 对于给定的自然数 n,求满足 $p(2)=n$ 的所有"容许的多项式"的个数.

解 设 $p(x)=a_0+a_1x+a_2x^2+\cdots$ 是满足题设的多项式,那么它的系数 $a_i\in\{0,1,2,3\}$. $p(2)$ 启发我们化 a_i 为二进制数中的两位数

$$a_i = b_i \cdot 2^0 + c_i \cdot 2^1$$

其中 $b_i, c_i \in \{0,1\}$，且每个 $p(x)$ 由 b_i, c_i 所唯一确定

$$p(x) = \sum (b_i + 2c_i) x^i$$

这里及下面的总和指标 i 遍历某个有限的非负整数的集合.

再分别考虑对每个 $m = 0, 1, 2, \cdots, \left[\frac{n}{2}\right]$ 的值给出的多项式

$$p_m(x) = \sum (b_i + 2c_i) x^i$$

其中 $b_i, c_i \in \{0,1\}$ 分别是 $n-2m, m$ 表示为二进制的数字，即由下面的展开式所确定

$$n - 2m = b_0 \cdot 2^0 + b_1 \cdot 2^1 + b_2 \cdot 2^2 + \cdots$$
$$m = c_0 \cdot 2^0 + c_1 \cdot 2^1 + c_2 \cdot 2^2 + \cdots \qquad (*)$$

可以检验

$$p_m(2) = \sum (b_i + 2c_i) \cdot 2^i = \sum b_i \cdot 2^i + 2\sum c_i \cdot 2^i$$
$$= (n - 2m) + 2m = n$$

这样一来，每个满足题设的多项式 $p(x)$ 恰与

$$p_0(x), p_1(x), \cdots, p_{[\frac{n}{2}]}(x)$$

中的一个多项式恒等.

最后说明由 $(*)$ 给出的 m 为什么不超过 $\left[\frac{n}{2}\right]$. 事实上

$$n = p(2) = \sum (b_i + 2c_i) \cdot 2^i > 2\sum c_i \cdot 2^i = 2m$$

所以
$$m \leqslant \left[\frac{n}{2}\right]$$

于是，对给定的自然数 n，所有满足 $p(2) = n$ 的"容许的多项式"有 $\left[\frac{n}{2}\right]$ 个.

1.2　毒药与不动点

我们先来看一个题目：

有 1 000 瓶药水，其中有一瓶是毒药，目前有 10 只小白鼠，小白鼠一旦服用毒药一天内死亡，只用一天时间如何找出那瓶毒药？

看上去这件事情不可思议，小白鼠的数目远远少于药水的数目，给的时间又短，意味着实验次数有限，要用一年半载枚举实验是不可能的．我们目前面临的情况就仿佛一个有 1 000 个未知量却只有 10 个方程的方程组，似乎是无法解决的．

这个时候不起眼的二进制就该登场起到作用了，大多数人都听说过二进制，毕竟计算机语言用的就是二进制，只有 1 与 0 两个数字，和逻辑语言的是与否恰好对应，于是可以形成一套独特的布尔代数．然而，如果给出一个二进制数，那么我们又该如何化为十进制数呢？我们按以下的方式进行转化

$$(a_n a_{n-1} \cdots a_1 a_0)_2 = a_n \cdot 2^n + a_{n-1} \cdot 2^{n-1} + \cdots + a_1 \cdot 2^1 + a_0 \cdot 2^0$$

自然，按照这种方法反过来我们就可以把一个十进制数转化为二进制数．比如二进制数 1101 按这种方法转化为十进制数就是 13，而十进制数 30 转为二进制数就是 11110.

现在，我们回头来看这个题目．我们先给 1 000 瓶药水依次标号为 1 到 1 000，再分别转化成二进制数，位数不足 10 位的前面全补上 0．如此一来，1 号药水为 0000000001，2 号药水就是 0000000010，1 000 号药水

就是 1111101000. 标完号之后，我们该如何分配这些药水给小白鼠喝呢？我们给小白鼠编号为 1 到 10，把所有第 1 位为 1 的药水混合，然后给第 1 只小白鼠喝，自然相对应地，把第 2 位为 1 的药水混合给第 2 只小白鼠喝，依此类推，10 只小白鼠都会喝到自己对应的混合药水.

接下来，只需要静静等待一天，看第二天哪些小白鼠已经静悄悄地死去. 如果第 1 只小白鼠死了，那么说明毒药肯定在第 1 位为 1 的编号的药水中，没死就说明第 1 位为 1 的编号的药水全部无毒. 我们现在来得到一个十位数，第 n 只小白鼠死了我们就把从左往右的第 n 位设为 1，没死就把这一位设为 0，如此得到的十位数便是毒药的编号. 因为这瓶药是那几只死去小白鼠喝的药水中唯一共同的一瓶. 比如，第 1 只，第 2 只，第 6 只，第 8 只小白鼠死了，那么毒药编号为 1100010100，转化回十进制数是 788，也就是 788 号药水是毒药.

小白鼠死亡不是重点，目前神奇的事情是在引入二进制数后，看似无法解决的问题解决了. 毕竟虽然每一位只有两个选择，然而指数式增长是会爆炸的. 而且我们可以进一步推广说，只要 $2^n > m$，我们便可以用 n 只小白鼠找到 m 瓶药水中那瓶唯一的毒药.

上面我们说的都是整数如何转化，那么一个二进制小数如何转化为十进制数呢，事情同样很简单，我们按下面的方式转化

$$(0.a_1a_2\cdots a_n\cdots)_2 = a_1\cdot 2^{-1} + a_2\cdot 2^{-2} + \cdots + a_n\cdot 2^{-n} + \cdots$$

如此，所有二进制数我们都可以转化为十进制数，更简单的写法为

$$(\cdots a_1 a_0 . a_{-1} \cdots)_2 = \sum_{n=-\infty}^{+\infty} a_n \cdot 2^n$$

引入二进制小数又可以解决什么样的问题呢？我们先来看一个函数

$$f(x) = \begin{cases} 2x-1, \frac{1}{2} \leqslant x < 1 \\ 2x, 0 \leqslant x < \frac{1}{2} \end{cases}$$

我们来找一下它的五阶不动点，也就是经过五次复合运算后变回原来值的那些值. 每一次复合就会形成新的分段，如果非要分类讨论的话，那么最后会有 32 个分段，计算工程是相当巨大的. 我们把初始值写成二进制形式

$$x_0 = (0. a_1 a_2 \cdots)_2$$

如果第 1 位为 1，也就是说初始值大于$\frac{1}{2}$，那么我们可以得到

$$\begin{aligned} x_1 = 2x_0 - 1 &= 2(2^{-1} + a_2 \cdot 2^{-2} + a_3 \cdot 2^{-3} + \cdots) - 1 \\ &= a_2 \cdot 2^{-1} + a_3 \cdot 2^{-2} + \cdots \\ &= (0. a_2 a_3 \cdots)_2 \end{aligned}$$

如果第 1 位为 0，也就是说初始值小于$\frac{1}{2}$，那么我们就可以得到

$$\begin{aligned} x_1 = 2x_0 &= 2(a_2 \cdot 2^{-2} + a_3 \cdot 2^{-3} + \cdots) \\ &= a_2 \cdot 2^{-1} + a_3 \cdot 2^{-2} + \cdots \\ &= (0. a_2 a_3 \cdots)_2 \end{aligned}$$

我们可以看到，也就是说，无论第 1 位为几，函数值都相当于把第 1 位给去掉，小数点后整体往左移了一位. 依此类推，进行五次复合运算后得到

$$x_5 = (0. a_6 a_7 \cdots)_2$$

由于我们要找的是五阶不动点，也就是 $x_5=x_0$ 的点，对比我们得到的结果，我们可以判断出初始值应该在二进制表示下是一个循环节为 5 的小数. 由于没对循环节给出限制，从而每一位有两个选择，这样的小数一共有 32 个，但循环节不能为 11111，否则便成为一个所有位数都为 1 的小数，也就成了 1，不在定义域之内，所以满足条件的五阶不动点一共有 31 个. 同时我们可以把二进制数转化为十进制数，求出它们分别为

$$0,\frac{1}{31},\frac{2}{31},\frac{3}{31},\cdots,\frac{30}{31}$$

自然，我们也可以拓展以上结果，n 阶不动点分别为

$$0,\frac{1}{2^n-1},\frac{2}{2^n-1},\cdots,\frac{2^n-2}{2^n-1}$$

我们也不一定要局限于二进制，可以扩展到 m 进制，类似地，m 进制数转化为十进制数的方法为

$$(\cdots a_1a_0.a_{-1}\cdots)_2=\sum_{n=-\infty}^{+\infty}a_n\cdot m^n$$

只是每一位只能选择 $0,1,2,\cdots,m-1$. 我们依然可以如上构造一个在自身上的映射

$$f(x)=\begin{cases}mx-(m-1),\frac{m-1}{m}\leqslant x<1\\ \vdots\\ mx-k,\frac{k}{m}\leqslant x<\frac{k+1}{m}\\ \vdots\\ mx-1,\frac{1}{m}\leqslant x<\frac{2}{m}\\ mx,0\leqslant x<\frac{1}{m}\end{cases}$$

和上面一样的讨论方式，我们可以得到 p 阶不动点一

共有 m^p-1 个.

每一个数学问题的背后都有一些有趣的事实，也存在一些紧密的联系，某些我们看着没用的东西，可能会服务现实，可能会服务真理.

1.3　一道 1988 年国际数学奥林匹克试题的妙解

题目　设 $\mathbf{N}_+$ 为正整数集. 在 $\mathbf{N}_+$ 上定义函数 f 如下：

$f(1)=1, f(3)=3$，且对 $n\in\mathbf{N}_+$，有

$$f(2n)=f(n)$$

$$f(4n+1)=2f(2n+1)-f(n)$$

$$f(4n+3)=3f(2n+1)-2f(n)$$

问：有多少个 $n\in\mathbf{N}_+$ 且 $n\leqslant 1\ 988$，使得 $f(n)=n$？

（1988 年 IMO 试题）

解　按照题设中的公式，我们可以求出相对于 n 的 $f(n)$ 的数值如下表：

n	1	2	3	4	5	6	7	8	9	10	11	12	13	14	15	16	17
$f(n)$	1	1	3	1	5	3	7	1	9	5	13	3	11	7	15	1	17

这张表显示出的规律好像是

$$f(2^k)=1, f(2^k-1)=2^k-1, f(2^k+1)=2^k+1$$

这就启发我们要讨论自然数的“二进制”展开式，我们的猜想是：

$f(n)=n$ 的二进制展开式的反向排列所形成的二进制数.

用归纳法来证明上述猜想. 由于 $f(2n)=f(n)$，所

以只需考虑 n 为奇数的情形.

如果 n 具有 $4m+1$ 的形式,设

$$4m+1=\varepsilon_k 2^k+\cdots+\varepsilon_1 2+\varepsilon_0 1(\varepsilon_i=0,1)$$

那么显然应有 $\varepsilon_0=1,\varepsilon_1=0$,于是

$$4m=\varepsilon_k 2^k+\cdots+\varepsilon_2 2^2$$

由此得

$$m=\varepsilon_k 2^{k-2}+\cdots+\varepsilon_3 2+\varepsilon_2$$

故

$$2m+1=\varepsilon_k 2^{k-1}+\cdots+\varepsilon_3 2^2+\varepsilon_2 2+1$$

由归纳假设可知

$$f(2m+1)=2^{k-1}+\sum_{j=2}^{k}\varepsilon_j 2^{k-j}$$

$$f(m)=\sum_{j=2}^{k}\varepsilon_j 2^{k-j}$$

由此得出

$$\begin{aligned}f(4m+1)&=2f(2m+1)-f(m)\\&=2^k+\sum_{j=2}^{k}\varepsilon_j 2^{k+1-j}-\sum_{j=2}^{k}\varepsilon_j 2^{k-j}\\&=2+\sum_{j=2}^{k}\varepsilon_j 2^{k-j}\\&=\sum_{j=0}^{k}\varepsilon_j 2^{k-j}\end{aligned}$$

符合我们的猜想.

再设 n 具有 $4m+3$ 的形式,仍设

$$4m+3=\sum_{j=0}^{k}\varepsilon_j 2^j$$

显然,这时有 $\varepsilon_0=\varepsilon_1=1$. 因此

$$4m=\sum_{j=2}^{k}\varepsilon_j 2^j$$

因为$\{\alpha,\beta\}\neq\{\gamma,\delta\}$，所以

$$\alpha>\gamma\geqslant\delta>\beta$$

于是，存在正整数 N 满足：

(1)$(\alpha-\gamma)N>1$；

(2)$(\delta-\beta)N>1$；

(3)$\beta N>1$.

对任意的 $m>N$，上述三个条件均成立. 此时

$$[\alpha m]-[\gamma m]\geqslant 1,[\delta m]-[\beta m]\geqslant 1,[\beta m]\geqslant 1$$

先证明一个引理.

引理　当 $m>N$ 时，在上述条件下，αm，βm，γm，δm 均为正整数.

证明　固定 $m>N$. 设$[\alpha m]=A$，$\{\alpha m\}=a$，a 的二进制表示为 $a=(0.a_1a_2\cdots)_2$；

类似地，可定义$[\beta m]=B$，$\{\beta m\}=b$，b 的二进制表示为 $b=(0.b_1b_2\cdots)_2$；

$[\gamma m]=C$，$\{\gamma m\}=c$，c 的二进制表示为 $c=(0.c_1c_2\cdots)_2$；

$[\delta m]=D$，$\{\delta m\}=d$，d 的二进制表示为 $d=(0.d_1d_2\cdots)_2$.

根据题目条件知

$$[\alpha m][\beta m]=[\gamma m][\delta m]$$

则 $AB=CD$，且 $A>C\geqslant D>B\geqslant 1$.

取 $n=2m$，则

$$[2\alpha m]=2A+a_1,[2\beta m]=2B+b_1$$

$$[2\gamma m]=2C+c_1,[2\delta m]=2D+d_1$$

由$[2\alpha m][2\beta m]=[2\gamma m][2\delta m]$，知

$$(2A+a_1)(2B+b_1)=(2C+c_1)(2D+d_1)$$

$$\Rightarrow 2Ab_1+2Ba_1+a_1b_1=2Cd_1+2Dc_1+c_1d_1\ (2)$$

(1) 当 $a_1=1,b_1=1$ 时,由于式(2)左边为奇数,故右边为奇数.因此,$c_1=1,d_1=1$.由式(2)可得 $A+B=C+D$,再结合 $AB=CD$,得 $\{A,B\}=\{C,D\}$ 与 $A>C\geqslant D>B\geqslant 1$ 矛盾.

(2) 当 $a_1=1,b_1=0$ 时,由于式(2)左边为偶数,故右边为偶数.因此,$c_1d_1=0$.式(2)变为 $B=d_1C+c_1D\in\{0,C,D\}$,矛盾.

(3) 当 $a_1=0,b_1=1$ 时,由于式(2)左边为偶数,故右边为偶数.因此,$c_1d_1=0$.式(2)变为 $A=d_1C+c_1D\in\{0,C,D\}$,矛盾.

(4) 当 $a_1=0,b_1=0$ 时,由式(2)得

$$c_1=d_1=0$$

从而,$a_1=b_1=c_1=d_1=0$.

取 $n=4m$,则

$$[4\alpha m]=4A+a_2,[4\beta m]=4B+b_2$$

$$[4\gamma m]=4C+c_2,[4\delta m]=4D+d_2$$

由 $[4\alpha m][4\beta m]=[4\gamma m][4\delta m]$,知

$$(4A+a_2)(4B+b_2)=(4C+c_2)(4D+d_2)$$

$$\Rightarrow 4Ab_2+4Ba_2+a_2b_2=4Cd_2+4Dc_2+c_2d_2$$

类似于之前的讨论知

$$a_2=b_2=c_2=d_2=0$$

利用数学归纳法可以证明对于任意的 $k\in\mathbf{N}_+$,$a_k=b_k=c_k=d_k=0$.

故 $a=b=c=d=0$,$\alpha m,\beta m,\gamma m,\delta m$ 均为正整数.

引理得证.

根据引理知 $(m+1)\alpha,(m+1)\beta,(m+1)\gamma,(m+1)\delta$ 均为正整数.

因此,$\alpha,\beta,\gamma,\delta$ 均为正整数.

p 进制在解数学奥林匹克试题中的应用

第 2 章

2.1　一道全国高中数学联赛山东赛区预选题

在 2013 年全国高中数学联赛山东赛区预赛中有一道试题与 p 进制有关，如下：

题目　若 n,a,b 均为正整数，且 $n=a+b$，p 为一素数，n,a,b 的 p 进制表示分别为

$$n=\sum_{i=0}^{s}n_ip^i,a=\sum_{i=0}^{s}a_ip^i,b=\sum_{i=0}^{s}b_ip^i$$

其中，$0\leqslant n_i,a_i,b_i\leqslant p-1(i=0,1,\cdots,s)$.

证明：(1) 若 $n=\sum_{i=0}^{s}d_i p^i(d_i\geqslant 0, i=0,1,\cdots,s)$，且对整数 $j(0\leqslant j\leqslant s)$ 均有

$$\sum_{i<j}d_i p^i\leqslant\sum_{i<j}(p-1)p^i$$

则 $\left[\frac{n}{p^j}\right]=\sum_{i=j}^{s}d_i p^{i-j}$，其中，$[x]$ 表示不超过 x 的最大整数.

(2) $$p^{\beta}\mid\frac{n!}{a!\cdot b!},p^{\beta+1}\nmid\frac{n!}{a!\cdot b!}$$

$$\Leftrightarrow\beta=|\{i\mid a_i+b_i>n_i(i=0,1,\cdots,s)\}|$$

其中，$|A|$ 表示集合 A 中元素的个数.

证明　(1) 注意到

$$p^j=(p-1)p^{j-1}+(p-1)p^{j-2}+\cdots+(p-1)p+p$$

于是

$$\sum_{i<j}(p-1)p^i=p^j-1$$

则

$$\frac{n}{p^j}=\sum_{i<j}d_i p^{i-j}+\sum_{i=j}^{s}d_i p^{i-j}$$

$$\leqslant\frac{p^j-1}{p^j}+\sum_{i=j}^{s}d_i p^{i-j}$$

故

$$\left[\frac{n}{p^j}\right]=\sum_{i=j}^{s}d_i p^{i-j}$$

(2) 若 $p^{\alpha}\mid n!$，且 $p^{\alpha+1}\nmid n!$，则记 $\alpha(p,n)=\alpha$.

以 $p=2,n=20$ 为例，易得

$$\alpha(2,20)=\left[\frac{20}{2}\right]+\left[\frac{20}{4}\right]+\left[\frac{20}{8}\right]+\left[\frac{20}{16}\right]=18$$

一般地，关于 $\alpha(p,n)$ 不难得出公式

$$\alpha(p,n)=\sum_{i=1}^{s}\left[\frac{n}{p^i}\right]$$

由(1) 得

$$\left[\frac{n}{p^j}\right]=\sum_{i=j}^{s}n_i p^{i-j}$$

$$\left[\frac{a}{p^j}\right]=\sum_{i=j}^{s}a_i p^{i-j}$$

$$\left[\frac{b}{p^j}\right]=\sum_{i=j}^{s}b_i p^{i-j}$$

令 $c_i=a_i+b_i(i=0,1,\cdots,s)$，则

$$\sum_{i=0}^{s}c_i p^i=\sum_{i=0}^{s}a_i p^i+\sum_{i=0}^{s}b_i p^i=a+b=n$$

先证明两个引理.

引理 1　$\left[\frac{n}{p^j}\right]=\left[\sum_{i<j}c_i p^{i-j}\right]+\left[\frac{a}{p^j}\right]+\left[\frac{b}{p^j}\right]$

其中，$0\leqslant j\leqslant s$.

引理 1 的证明　事实上，由

$$\frac{n}{p^j}=\sum_{i<j}c_i p^{i-j}+\sum_{i=j}^{s}c_i p^{i-j}$$

可知

$$\begin{aligned}\left[\frac{n}{p^j}\right]&=\left[\sum_{i<j}c_i p^{i-j}\right]+\sum_{i=j}^{s}a_i p^{i-j}+\sum_{i=j}^{s}b_i p^{i-j}\\&=\left[\sum_{i<j}c_i p^{i-j}\right]+\left[\frac{a}{p^j}\right]+\left[\frac{b}{p^j}\right]\end{aligned}$$

引理 2　若存在整数 $l(0\leqslant l\leqslant s)$，有

$$\sum_{i<l}c_i p^i=\sum_{i<l}n_i p^i$$

而 $n_l\neq c_l$，则存在整数 $u(1\leqslant u\leqslant s-l)$，有

$$c_i=\begin{cases}n_l+p,i=l\\n_i+p-1,l<i<l+u\\n_{l+u},i=l+u\end{cases}$$

引理 2 的证明　由 $a+b=n$，即

$$\sum_{i=0}^{s}(c_i-n_i)p^i=0$$

又由 $\sum_{i<l}c_ip^i=\sum_{i<l}n_ip^i$，得

$$\begin{aligned}(c_l-n_l)p^l&=-\sum_{i=l+1}^{s}(c_i-n_i)p^i\\&=p^{l+1}\sum_{i=l+1}^{s}(n_i-c_i)p^{i-(l+1)}\end{aligned}$$

于是，$p\mid(c_l-n_l)$.

因为 $0\leqslant n_l\leqslant p-1, 0\leqslant c_l\leqslant 2(p-1)$，所以

$$c_l=n_l+p$$

故

$$\begin{aligned}(c_l-n_l)p^l&=pp^l\\&=(n_{l+1}-c_{l+1})p^{l+1}+p^{l+2}\sum_{i=l+2}^{s}(n_i-c_i)p^{i-l-2}\end{aligned}$$

从而
$$p\mid(1+c_{l+1}-n_{l+1})$$

若 $1+c_{l+1}-n_{l+1}=0$，则 $c_{l+1}=n_{l+1}-1$，即 $u=1$.

若 $1+c_{l+1}-n_{l+1}=p$，则 $c_{l+1}=n_{l+1}+(p-1)$.

由

$$\begin{aligned}&p^{l+1}+(c_{l+1}-n_{l+1})p^{l+1}\\=&p^{l+1}+(p-1)p^{l+1}\\=&p^{l+2}\end{aligned}$$

知

$$p^{l+2}=(n_{l+2}-c_{l+2})p^{l+2}+p^{l+3}\sum_{i=l+3}^{s}(n_i-c_i)p^{i-l-3}$$

于是
$$p\mid(1+c_{l+2}-n_{l+2})$$

所以，$c_{l+2}=n_{l+2}-1$，即 $u=2$.

否则，$c_{l+2}=n_{l+2}+(p-1)$，…

由于 $\sum_{i=0}^{s}c_ip^i=\sum_{i=0}^{s}n_ip^i$，从而，一定存在整数

$u(1\leqslant u\leqslant s-l)$，使得

$$1+c_{l+u}-n_{l+u}=0$$

即

$$c_{l+u}=n_{l+u}-1$$

回到原题：

相对于 n 的 p 进制表示，称 $\sum_{i=0}^{s}c_ip^i$ 中的一段 $\sum_{i=l}^{l+u}c_ip^i$ 是长度为 u 的一个"下移段"，记为 (l,u). 显然

$$\sum_{i=l}^{l+u}c_ip^i=\sum_{i=l}^{l+u}n_ip^i$$

从而

$$\sum_{i=0}^{l+u}c_ip^i=\sum_{i=0}^{l+u}n_ip^i$$

即为引理 2 的条件.

因此，当 $i>l+u$ 时，若 $n_i\neq c_i$，则 $c_i=n_i+p$，存在另一个下移段.

由上述讨论，可知若 $\{c_i\mid i=0,1,\cdots,s-1\}$ 中有 t 个 $c_i=n_i+p$，则 $\sum_{i=0}^{s}c_ip^i$ 中存在 t 个下移段 $(l_k,u_k)(k=1,2,\cdots,t)$.

当 $j\notin[l_k,l_k+u_k](k=1,2,\cdots,t)$ 时，显然

$$n_j=c_j$$

且

$$\sum_{i<j}c_ip^i=\sum_{i<j}n_ip^i$$

当 $j=l_k(k=1,2,\cdots,t)$ 时

$$c_j=n_j+p$$

仍有

$$\sum_{i<j}c_ip^i=\sum_{i<j}n_ip^i$$

上述两种情形均有

$$\sum_{i<j} c_i p^i = \sum_{i<j} n_i p^i$$

由引理 1 及(1) 知

$$\left[\frac{n}{p^j}\right] = \left[\frac{a}{p^j}\right] + \left[\frac{b}{p^j}\right]$$

对任意的$k(1\leqslant k\leqslant t)$,当$j\in[l_k+1,l_k+u_k]$时,由引理 1 知

$$\begin{aligned}
&\left[\frac{n}{p^j}\right]-\left[\frac{a}{p^j}\right]-\left[\frac{b}{p^j}\right]\\
=&\left[\frac{1}{p^j}\sum_{i<j} c_i p^i\right]\\
=&\left[\left\{\frac{1}{p^j}\sum_{i<j} n_i p^i + \frac{1}{p^j}[p p^{l_k} + (p-1)p^{l_{k+1}} + \cdots + (p-1)p^{j-1}]\right\}\right]\\
=&\left[\frac{p^j-1}{p^j}+\frac{p^j}{p^j}\right]=1
\end{aligned}$$

综上所述,即得

$$\begin{aligned}
\alpha(p,n) &= \sum_{i=1}^{s}\left[\frac{n}{p^i}\right]\\
&= \sum_{i=1}^{s}\left[\frac{a}{p^i}\right] + \sum_{i=1}^{s}\left[\frac{b}{p^i}\right] + \sum_{k=1}^{t} u_k
\end{aligned}$$

令$\sum_{k=1}^{t} u_k = \beta$,则

$$\alpha(p,n) = \alpha(p,a) + \alpha(p,b) + \beta$$

故

$$\begin{aligned}
& p^\beta \mid \frac{n!}{a!\ b!},\ p^{\beta+1} \nmid \frac{n!}{a!\ b!}\\
\Leftrightarrow & \alpha(p,n) = \alpha(p,a) + \alpha(p,b) + \beta\\
\Leftrightarrow & \beta = |\{i \mid c_i > n_i, i=0,1,\cdots,s\}|
\end{aligned}$$

2.2　一道 2006 年中国国家集训队选拔考试试题

题目　设 a,b,b',c,m,q 均为正整数，且 $m>1$，$q>1$，$|b-b'|\geqslant a$. 已知存在正整数 M，使得

$$S_q(an+b)\equiv S_q(an+b')+c \pmod m$$

对所有整数 $n\geqslant M$ 成立. 这里，$S_q(x)$ 为正整数 x 在 q 进制表示下的数字之和. 证明：

(1) 上式对一切正整数 n 均成立；

(2) 对一切正整数 L，有

$$S_q(L+b)\equiv S_q(L+b')+c \pmod m$$

证明　(1) 设

$$J=\max\{aM+b,aM+b'\}$$

在 q 进制下为 j 位数，对于小于 M 的正整数 r，均有

$$ar+b<J<q^j,ar+b'<J<q^j$$

存在正整数 $\alpha>j$，使得 $q^\alpha>M$.

取 $n=q^\alpha+r>M$，则

$$\begin{aligned}S_q(an+b)&=S_q(aq^\alpha+(ar+b))\\&=S_q(a)+S_q(ar+b)\\S_q(an+b')&=S_q(aq^\alpha+(ar+b'))\\&=S_q(a)+S_q(ar+b')\end{aligned}$$

代入原条件得

$$S_q(ar+b)=S_q(ar+b')$$

命题得证.

(2) 不妨设 $b>b'$，则 $b-b'\geqslant a$. 故存在正整数 r，使得 $b'<ar\leqslant b$.

取 $n=q^t-r$，t 为充分大的整数，使得 $aq^t>ar-b'$，且 $aq^t>b-ar$. 此时

$$\begin{aligned}&S_q(an+b)-S_q(an+b')\\=&S_q(aq^t+b-ar)-S_q(aq^t-(ar-b'))\\=&S_q(a)+S_q(b-ar)-S_q(aq^t-(ar-b'))\quad(1)\end{aligned}$$

一方面，根据条件知对任意整数 $n=q^t-r\geqslant M$，式(1) 的左端模 m 为常数.

另一方面，固定整数 s，使得 $q^s>ar-b'$，则对任意的 $t>s+1$，结合

$$q^t>q^t-q^s>q^s>q^s-(ar-b')$$

可知式(1) 的右端为

$$\begin{aligned}&S_q(a)+S_q(b-ar)-S_q((a-1)q^t+\\&(q^t-q^s)+(q^s-(ar-b')))\\=&S_q(a)+S_q(b-ar)-S_q(a-1)-\\&S_q(q^t-q^s)-S_q(q^s-(ar-b'))\end{aligned}$$

上式右边除了 $S_q(q^t-q^s)$，其余项均为常数.

因此，对充分大的 t，$S_q(q^t-q^s)$ 模 m 为常数. 而 q^t-q^s 的 q 进制表示为

$$q^t-q^s=(q-1)q^{t-1}+(q-1)q^{t-2}+\cdots+(q-1)q^s$$

故 $S_q(q^t-q^s)=(q-1)(t-s)$ 模 m 为常数. 于是，必有 $m\mid(q-1)$.

此时，对任意正整数 x，易知

$$S_q(x)\equiv x(\bmod m)$$

则

$$S_q(L+b)\equiv L+b(\bmod m)$$
$$S_q(L+b')\equiv L+b'(\bmod m)$$

故 $$S_q(L+b)-S_q(L+b')\equiv b-b'(\bmod m)$$

注意到

$$S_q(an+b)\equiv S_q(an+b')+c(\bmod m)$$

对所有正整数 $n\geqslant M$ 成立,则

$$b-b'\equiv c(\bmod m)$$

因此,$S_q(L+b)\equiv S_q(L+b')+c(\bmod m)$ 对一切正整数 L 均成立.

2.3　一个数论问题的初步结果

题目　已知 p,q 是两个给定的不同素数,问是否存在正常数 a,使得有无穷多个正整数 n,满足 $\frac{v_p(n!)}{v_q(n!)}=a$,这里 $v_p(m)$ 表示正整数 m 所含素因子 p 的次数.

我们给出一个初步的结果,即证明如下结论.

结论　已知 p,q 是两个给定的不同素数,如果存在正常数 a,使得有无穷多个正整数 n,满足 $\frac{v_p(n!)}{v_q(n!)}=a$,则必有 $a=\frac{q-1}{p-1}$,且 n 的 p 进制表示与它的 q 进制表示的数字和相等.

证明　将 n 表示成 p 进制形式,即令

$$n=n_kp^k+n_{k-1}p^{k-1}+\cdots+n_1p+n_0$$
$$(0\leqslant n_i<p,0\leqslant i\leqslant k-1,0<n_k<p)$$

则

$$v_p(n!)=\sum_{j=1}^{k}\left[\frac{n}{p^j}\right]=\sum_{j=1}^{k}\sum_{i=j}^{k}n_ip^{i-j}=\sum_{i=1}^{k}\sum_{j=1}^{i}n_ip^{i-j}$$
$$=\frac{1}{p-1}\sum_{i=1}^{k}n_i(p^i-1)=\frac{1}{p-1}\left(n-\sum_{i=0}^{k}n_i\right)\tag{1}$$

同样地,可令

$$n = m_l q^l + m_{l-1} q^{l-1} + \cdots + m_1 q + m_0$$

$$(0 \leqslant m_i < q, 0 \leqslant i \leqslant l-1, 0 < m_l < q)$$

则

$$v_q(n!) = \frac{1}{q-1}\left(n - \sum_{i=0}^{l} m_i\right) \tag{2}$$

若存在满足题意的常数 a,则由(1)(2)得

$$\frac{v_p(n!)}{v_q(n!)} = \frac{(q-1)\left(n - \sum_{i=0}^{k} n_i\right)}{(p-1)\left(n - \sum_{i=0}^{l} m_i\right)} = a \tag{3}$$

所以有

$$\frac{(p-1)a\sum_{i=0}^{l} m_i - (q-1)\sum_{i=0}^{k} n_i}{n} = (p-1)a - (q-1) \tag{4}$$

因为 $n \geqslant p^k, n \geqslant q^l$,所以 $k \leqslant \log_p n, l \leqslant \log_q n$,所以

$$\begin{aligned}
&\left|(p-1)a\sum_{i=0}^{l} m_i - (q-1)\sum_{i=0}^{k} n_i\right| \\
\leqslant &\left|(p-1)a\sum_{i=0}^{l} m_i\right| + \left|(q-1)\sum_{i=0}^{k} n_i\right| \\
\leqslant &\, a(p-1)q(l+1) + (q-1)p(k+1) \\
\leqslant &\, a(p-1)q(\log_q n + 1) + (q-1)p(\log_p n + 1)
\end{aligned}$$

由于

$$\lim_{n\to+\infty} \frac{\log_p n}{n} = \lim_{n\to+\infty} \frac{\log_q n}{n} = 0$$

若 $(p-1)a - (q-1) \neq 0$,则任取 $0 < \varepsilon < |(p-1)a - (q-1)|$,存在一个正整数 N,当 $n > N$ 时,必有

$$\frac{\left|(p-1)a\sum_{i=0}^{l}m_i-(q-1)\sum_{i=0}^{k}n_i\right|}{n}$$
$$\leqslant a(p-1)q\left(\frac{\log_q n+1}{n}\right)+$$
$$(q-1)p\left(\frac{\log_p n+1}{n}\right)<\varepsilon$$

这与式(4)矛盾.

所以,此时使得式(4)成立的正整数 n 只有有限多个,与题意不符.

综上所述,如果存在正常数 a 符合题意,则必有 $a=\frac{q-1}{p-1}$.

将 $a=\frac{q-1}{p-1}$ 代入式(3),进而可得 $\sum_{i=0}^{k}n_i=\sum_{i=0}^{l}m_i$,即 n 的 p 进制表示与它的 q 进制表示的数字和相等.

2.4　关于 n 进制及其有关计数函数①

1993 年,美国数论专家 F. Smaranelache 在他所著的 *Only Problems, Not Solutions* 一书中提出了初等数论及集合论中 105 个未解决的问题,其中第 21 个问题是“研究十进制中数字之和数列的性质”. 西北大学数学系的李海龙,渭南师范学院数学系的杨倩丽两位教授 2002 年将这一问题一般化,讨论了 n 进制中数字之和这一计数函数均值的计算问题,给出了一个精

---

① 本节摘编自《纯粹数学与应用数学》,2002,18(1):13-19.

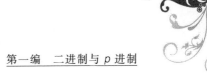

确的计算公式.为叙述方便,我们先引入如下定义:

设 $n \geqslant 2$ 为一个给定的正整数,对任一正整数 m,假定 m 在 n 进制中的表示式为

$$m = a_1 n^{k_1} + a_2 n^{k_2} + \cdots + a_s n^{k_s}$$

其中 $1 \leqslant a_i \leqslant n-1, i=1,2,\cdots,s; k_1 > k_2 > \cdots > k_s \geqslant 0$.

记 $a(m,n) = a_1 + a_2 + \cdots + a_s$,并令 $A_k(N,n) = \sum\limits_{m<N} a^k(m,n)$.在这一记号下,我们有下列定理:

定理 设

$$N = a_1 n^{k_1} + a_2 n^{k_2} + \cdots + a_s n^{k_s}$$

其中 $1 \leqslant a_i < n, i=1,2,\cdots,s; k_1 > k_2 > \cdots > k_s \geqslant 0$,则

$$A_1(N,n) = \sum_{i=1}^{s} \left(\frac{n-1}{2} k_i + \sum_{j=1}^{i} a_j - \frac{a_i+1}{2} \right) a_i n^{k_i}$$

特别地,当 $n=2,4,10$ 时,我们有下面三个推论:

推论 1 设 $N = 2^{k_1} + 2^{k_2} + \cdots + 2^{k_s}$,其中 $k_1 > k_2 > \cdots > k_s \geqslant 0$,则

$$A_1(N,2) = \sum_{i=1}^{s} (k_i 2^{k_i - 1} + (i-1) 2^{k_i})$$

推论 2 设 $N = a_1 4^{k_1} + a_2 4^{k_2} + \cdots + a_s 4^{k_s}$,其中 $1 \leqslant a_i < 4, i=1,2,\cdots,s; k_1 > k_2 > \cdots > k_s \geqslant 0$,则

$$A_1(N,4) = \sum_{i=1}^{s} a_i \left(\frac{3}{2} k_i + \sum_{j=1}^{i} a_j - \frac{a_i+1}{2} \right) 4^{k_i}$$

推论 3 设 $N = a_1 10^{k_1} + a_2 10^{k_2} + \cdots + a_s 10^{k_s}$,其中 $1 \leqslant a_i < 10, i=1,2,\cdots,s; k_1 > k_2 > \cdots > k_s \geqslant 0$,则

$$A_1(N,10) = \sum_{i=1}^{s} a_i \left(\frac{9}{2} k_i + \sum_{j=1}^{i} a_j - \frac{a_i+1}{2} \right) 10^{k_i}$$

为了完成定理的证明，我们需要引入下面两个引理，首先有：

引理 1　$A_1(n^k,n)=\sum\limits_{m<n^k}a(m,n)=\frac{n-1}{2}kn^k.$

引理 1 的证明

$$
\begin{aligned}
A_1(n^k,n)&=\sum_{m<n^k}a(m,n)\\
&=\sum_{m<n^{k-1}}a(m,n)+\sum_{n^{k-1}\leqslant m<2n^{k-1}}a(m,n)+\\
&\quad\sum_{2n^{k-1}\leqslant m<3n^{k-1}}a(m,n)+\cdots+\\
&\quad\sum_{(n-1)n^{k-1}\leqslant m<n^k}a(m,n)
\end{aligned}
$$

因为

$$
\begin{aligned}
\sum_{in^{k-1}\leqslant m<(i+1)n^{k-1}}a(m,n)&=\sum_{0\leqslant m<n^{k-1}}a(m+in^{k-1},n)\\
&=\sum_{0\leqslant m<n^{k-1}}[a(m,n)+i]\\
&=\sum_{m<n^{k-1}}a(m,n)+in^{k-1}
\end{aligned}
$$

所以

$$A_1(n^k,n)=nA_1(n^{k-1},n)+\frac{n-1}{2}n^k$$

同理

$$nA_1(n^{k-1},n)=n^2A_1(n^{k-2},n)+\frac{n-1}{2}n^k$$

$$\vdots$$

$$n^{k-2}A_1(n^2,n)=n^{k-1}A_1(n,n)+\frac{n-1}{2}n^k$$

所以

$$A_1(n^k,n)=n^{k-1}A_1(n,n)+(k-1)\frac{n-1}{2}n^k$$

又因为

$$A_1(n,n)=1+2+\cdots+n-1=\frac{n(n-1)}{2}$$

所以

$$A_1(n^k,n)=\frac{n-1}{2}kn^k$$

引理 2 $A_1(bn^k,n)=\frac{b}{2}[(n-1)k+(b-1)]n^k$，其中 b 为自然数.

引理 2 的证明

$$\begin{aligned}A_1(bn^k,n)&=\sum_{m<bn^k}a(m,n)\\&=\sum_{m<n^k}a(m,n)+\\&\quad\sum_{n^k\leqslant m<2n^k}a(m,n)+\cdots+\\&\quad\sum_{(b-1)n^k\leqslant m<bn^k}a(m,n)\end{aligned}$$

因为

$$\begin{aligned}\sum_{in^k\leqslant m<(i+1)n^k}a(m,n)&=\sum_{0\leqslant m<n^k}[a(m,n)+i]\\&=\sum_{m<n^k}a(m,n)+in^k\\&=A_1(n^k,n)+in^k\end{aligned}$$

由上式和引理 1 得

$$\begin{aligned}A_1(bn^k,n)&=bA_1(n^k,n)+\frac{b(b-1)}{2}n^k\\&=\frac{b}{2}[(n-1)k+(b-1)]n^k\end{aligned}$$

所以

$$A_1(bn^k,n)=\frac{b}{2}[(n-1)k+(b-1)]n^k$$

有了以上两个引理,我们容易给出定理的证明,事实上,由引理 2,我们有

$$
\begin{aligned}
A_1(N,n) &= \sum_{m<N} a(m,n) \\
&= \sum_{m<a_1n^{k_1}} a(m,n) + \sum_{a_1n^{k_1}\leqslant p<N} a(m,n) \\
&= A_1(a_1n^{k_1},n) + \sum_{0\leqslant m<N-a_1n^{k_1}} a(m+a_1n^{k_1},n) \\
&= A_1(a_1n^{k_1},n) + \sum_{0\leqslant m<N-a_1n^{k_1}} [a(m+n)+a_1] \\
&= A_1(a_1n^{k_1},n) + A_1(N-a_1n^{k_1},n) + \\
&\quad a_1(N-a_1n^{k_1})
\end{aligned}
$$

同理

$$
\begin{aligned}
&A_1(N-a_1n^{k_1},n) \\
=&A_1(a_2n^{k_2},n) + A_1(N-a_1n^{k_1}-a_2n^{k_2},n) + \\
&a_2(N-a_1n^{k_1}-a_2n^{k_2}) + \cdots + \\
&A_1(N-a_1n^{k_1}-a_2n^{k_2}-\cdots-a_{s-1}n^{k_{s-1}},n) \\
=&A_1(a_{s-1}n^{k_{s-1}},n) + A_1(a_sn^{k_s},n) + a_{s-1}\cdot a_sn^{k_s}
\end{aligned}
$$

则

$$
A_1(N,n) = \sum_{i=1}^{s} A_1(a_in^{k_i},n) + \sum_{i=1}^{s}\sum_{j=1}^{i-1} a_ja_in^{k_i}
$$

由引理 2 得

$$
\begin{aligned}
A_1(N,n) &= \sum_{i=1}^{s} \frac{a_i}{2}[(n-1)k_i + (a_i-1)]n^{k_i} + \\
&\quad \sum_{i=1}^{s}\sum_{j=1}^{i-1} a_ja_in^{k_i} \\
&= \sum_{i=1}^{s} \frac{a_i}{2}[(n-1)k_i + (a_i-1) + \\
&\quad 2\sum_{j=1}^{i-1} a_j]n^{k_i}
\end{aligned}
$$

$$= \sum_{i=1}^{s} \frac{a_i}{2}[(n-1)k_i - (a_i+1) +$$

$$2\sum_{j=1}^{i} a_j]n^{k_i}$$

$$= \sum_{i=1}^{s} a_i \left[\frac{n-1}{2}k_i + \sum_{j=1}^{i} a_j - \frac{a_i+1}{2}\right] n^{k_i}$$

所以

$$A_1(N,n) = \sum_{i=1}^{s} a_i \left[\frac{n-1}{2}k_i + \sum_{j=1}^{i} a_j - \frac{a_i+1}{2}\right] n^{k_i}$$

$\mathrm{pot}_p(x)$的应用

第3章

3.1　一道中国女子数学竞赛试题的解答

题目　设整数m,n互质,且都大于1.证明:存在正整数a,b,c,满足$m^a=1+n^bc$,且c与n互质.

证明　对非零整数t和素数p,我们定义$v_p(t)$为t中所含p的幂次,即满足$p^\alpha \mid t$的最大非负整数α.我们先证明如下引理.

引理　若d是大于1的整数,s是正整数,p是素数,且$v_p(d-1)=u\geqslant 2$,则

$$v_p(d^s-1)=u+v_p(s)$$

引理的证明 令 $e=d-1$，则 $d^s-1=(e+1)^s-1=\sum_{i=1}^{s}e^i\cdot C_s^i$. 下面考虑求和中每一项里 p 的幂次.

当 $i=1$ 时，$v_p(e^i\cdot C_s^i)=v_p(es)=u+v_p(s)$；

当 $2\leqslant i\leqslant s$ 时

$$\begin{aligned}v_p(e^i\cdot C_s^i)&=iu+v_p(s(s-1)\cdots(s-i+1))-v_p(i!)\\&=iu+v_p(s)-v_p(i)+v_p(C_{s-1}^{i-1})\\&\geqslant iu+v_p(s)-v_p(i)\\&=(u+v_p(s))+(i-1)u-v_p(i)\\&\geqslant(u+v_p(s))+i-v_p(i)>u+v_p(s)\end{aligned}$$

因此 $v_p(d^s-1)=u+v_p(s)$，引理得证.

回到原题，先设 $a_1=\varphi(n^2)$，这里 φ 是 Euler 函数. 由 Euler 定理知 $n^2\mid m^{a_1}-1$. 设 $d=m^{a_1}$，$n=p_1^{\alpha_1}p_2^{\alpha_2}\cdots p_k^{\alpha_k}$，$d-1=p_1^{\beta_1}p_2^{\beta_2}\cdots p_k^{\beta_k}\cdot N$，这里 $(n,N)=1$. 由前述知 $\beta_1,\beta_2,\cdots,\beta_k$ 均不小于 2. 取正整数 b 满足 $b\alpha_i\geqslant\beta_i(i=1,2,\cdots,k)$，令

$$a=a_1p_1^{b\alpha_1-\beta_1}p_2^{b\alpha_2-\beta_2}\cdots p_k^{b\alpha_k-\beta_k}$$

则由引理知，对 $i=1,2,\cdots,k$ 均有

$$v_{p_i}(m^a-1)=v_{p_i}(d^{a/a_1}-1)=\beta_i+(b\alpha_i-\beta_i)=b\alpha_i$$

因此 $\frac{m^a-1}{n^b}$ 是一个与 n 互质的整数. 设其为 c，则 a,b,c 满足题目条件，证毕.

3.2 一道第 57 届 IMO 试题的解答

题目 设 $P=A_1A_2\cdots A_k$ 为平面上的一个凸多边形，顶点 $A_1,A_2,\cdots,A_k$ 的横、纵坐标均为整数，且均在

一个圆上，凸多边形 P 的面积记为 S. 设 n 为正奇数，满足凸多边形 P 的每条边长度的平方为被 n 整除的整数，证明：$2S$ 为整数，且被 n 整除.

证明　由 Pick 定理，知 S 为半整数，因此，$2S$ 为整数.

以下只需对 $n=p^t$ 为奇素数方幂的情况证明

$$n \mid 2S$$

对凸多边形 P 的边数 k 进行归纳.

若凸多边形 P 为三角形，设其三边长分别为 a,b,c. 由假设可知 a^2,b^2,c^2 均被 n 整除.

根据 Heron 公式得

$$16S^2=2a^2b^2+2b^2c^2+2c^2a^2-a^4-b^4-c^4\equiv 0(\bmod n^2)$$

因此，$n \mid 2S$.

假设 $k\geqslant 4$，且结论在小于 k 时均成立.

假设凸多边形 P 没有一条对角线长度的平方被 $n=p^t$ 整除.

在所有对角线 A_iA_j 中，选取其中一条使得 $v_p(A_iA_j^2)$ 最小.

不妨设

$$v_p(A_1A_m^2)=\alpha=\min v_p(A_iA_j^2)<t(2<m<k)$$

再设

$$A_1A_{m-1}=a,A_{m-1}A_m=b,A_mA_{m+1}=c$$
$$A_{m+1}A_1=d,A_{m-1}A_{m+1}=e,A_1A_m=f$$

对圆的内接四边形 $A_1A_{m-1}A_mA_{m+1}$ 应用 Ptolemy 定理得

$$ac+bd=ef\Rightarrow a^2c^2+b^2d^2+2abcd=e^2f^2 \quad (1)$$

由 a^2,b^2,c^2,d^2,e^2,f^2 均为正整数，知 $2abcd$ 也为

正整数.

分析式(1) 两边素因子 p 的次数得

$$v_p(a^2c^2)=v_p(c^2)+v_p(a^2)\geqslant t+\alpha$$

$$v_p(b^2d^2)=v_p(b^2)+v_p(d^2)\geqslant t+\alpha$$

$$v_p(2abcd)=\frac{1}{2}(v_p(a^2c^2)+v_p(b^2d^2))\geqslant t+\alpha$$

则

$$v_p(a^2c^2+b^2d^2+2abcd)\geqslant t+\alpha$$

而 $v_p(e^2f^2)=v_p(e^2)+v_p(f^2)<t+\alpha$,矛盾.

从而,凸多边形 P 有一条对角线,其长度的平方为被 n 整除的整数,用这条对角线将凸多边形 P 分成两个凸多边形 P_1,P_2,设面积分别为 S_1,S_2,由归纳假设,知 $2S_1,2S_2$ 均为被 n 整除的整数,因此 $2S=2S_1+2S_2$ 也被 n 整除,结论获证.

3.3 两道国外数学奥林匹克试题及解答

题目 1 对于一个素数 p 和一个正整数 n,设 $v_p(n)$ 表示 $n!$ 的素因数分解中素数 p 的次数. 已知正整数 d 和一个有限的素数集 $\{p_1,p_2,\cdots,p_t\}$. 证明:有无穷多个正整数 n,使得对于所有的 $i(1\leqslant i\leqslant t)$,有 $d\mid v_{p_i}(n)$.

(第 48 届 IMO 预选题)

证明 对于任意的素数 p 和正整数 n,设 $\mathrm{ord}_p(n)$ 为 n 的素因数分解中素数 p 的次数. 于是

$$v_p(n)=\mathrm{ord}_p(n!)=\sum_{i=1}^{n}\mathrm{ord}_p(i)$$

首先证明一个引理.

引理1 设 p 为素数,q 为正整数,正整数 k,r 满足 $p^k>r$,则

$$v_p(qp^k+r)=v_p(qp^k)+v_p(r)$$

引理1的证明 只需证明对于所有的整数 $i(0<i<p^k)$,有 $\mathrm{ord}_p(qp^k+i)=\mathrm{ord}_p(i)$.

事实上,若 $d=\mathrm{ord}_p(i)$,则 $d<k$. 因此

$$p^d\mid(qp^k+i)$$

而 $p^{d+1}\mid qp^k$,则 $p^{d+1}\nmid(qp^k+i)$. 于是

$$\begin{aligned}v_p(qp^k+r)&=\sum_{i=1}^{qp^k}\mathrm{ord}_p(i)+\sum_{i=qp^k+1}^{qp^k+r}\mathrm{ord}_p(i)\\&=\sum_{i=1}^{qp^k}\mathrm{ord}_p(i)+\sum_{i=1}^{r}\mathrm{ord}_p(i)\\&=v_p(qp^k)+v_p(r)\end{aligned}$$

回到原题:

对于任意的整数 a,设 $\overline{a}$ 为 a 模 d 的剩余,两个剩余的和也为在模 d 意义下的,即 $\overline{a}+\overline{b}=\overline{a+b}$.

对于任意的正整数 n,设 $f(n)=(f_1(n),f_2(n),\cdots,f_t(n))(f_i(n)=\overline{v_{p_i}(n)})$.

定义数列 $n_1=1,n_{l+1}=(p_1p_2\cdots p_t)^{n_l}$.

接下来证明:对于任意的 $l_1<l_2<\cdots<l_m$,有

$$f(n_{l_1}+n_{l_2}+\cdots+n_{l_m})=f(n_{l_1})+f(n_{l_2})+\cdots+f(n_{l_m})$$

对 m 用数学归纳法.

当 $m=1$ 时,结论显然成立.

假设 $m>1$,且 $m-1$ 时结论成立.

对于所有的 $i(1\leqslant i\leqslant t)$ 有 $p_i^{n_{l_1}}>n_{l_1}$,由数列的定义得 $p_i^{n_{l_1}}\mid(n_{l_2}+n_{l_3}+\cdots+n_{l_m})$.

在引理1中,设

$$p=p_i, k=r=n_{l_1}, qp^k=n_{l_2}+n_{l_3}+\cdots+n_{l_m}$$

则对于所有的 $i(1\leqslant i\leqslant t)$ 有

$$f_i(n_{l_1}+n_{l_2}+\cdots+n_{l_m})$$
$$=f_i(n_{l_1})+f_i(n_{l_2}+n_{l_3}+\cdots+n_{l_m})$$

于是，由归纳假设有

$$f(n_{l_1}+n_{l_2}+\cdots+n_{l_m})=f(n_{l_1})+f(n_{l_2}+n_{l_3}+\cdots+n_{l_m})$$
$$=f(n_{l_1})+f(n_{l_2})+\cdots+f(n_{l_m})$$

因为 $f(n_1),f(n_2),\cdots$ 只有有限个可能的值，所以，存在无穷多个下标 $l_1<l_2<\cdots$，使得 $f(n_{l_1})=f(n_{l_2})=\cdots$.

于是，对于所有的正整数 m 有

$$f(n_{l_{m+1}}+n_{l_{m+2}}+\cdots+n_{l_{m+d}})$$
$$=f(n_{l_{m+1}})+f(n_{l_{m+2}})+\cdots+f(n_{l_{m+d}})$$
$$=df(n_{l_1})=(0,0,\cdots,0)$$

因此，存在无穷多个正整数 $n_{l_{m+1}}+n_{l_{m+2}}+\cdots+n_{l_{m+d}}$，使得 $d\mid v_{p_i}(n_{l_{m+1}}+n_{l_{m+2}}+\cdots+n_{l_{m+d}})$ 对于任意的 $i(1\leqslant i\leqslant t)$ 成立.

题目 2　证明：对于所有的整数 $a_1,a_2,\cdots,a_n(n>2)$，有

$$\prod_{1\leqslant i<j\leqslant n}(j-i)\,\Big|\prod_{1\leqslant i<j\leqslant n}(a_j-a_i)$$

（2005 年土耳其国家队选拔考试试题）

证明　先证明一个引理.

引理 2　设 $x_1,x_2,\cdots,x_n;y_1,y_2,\cdots,y_m$ 为两组非零整数. 若对任意大于 1 的正整数 k，均有 $x_1,x_2,\cdots,x_n$ 中能被 k 整除的数的个数不多于 $y_1,y_2,\cdots,y_m$ 中能被 k 整除的数的个数，则 $x_1x_2\cdots x_n\mid y_1y_2\cdots y_m$.

引理 2 的证明　设 $f(k)$ 表示 $x_1,x_2,\cdots,x_n$ 中能

被 k 整除的数的个数，$g(k)$ 表示 $y_1,y_2,\cdots,y_m$ 中能被 k 整除的数的个数．对素数 p 和非零整数 x，定义 $v_p(x)$ 为 $|x|$ 的素因数分解式中 p 的幂次．

对任意的素数 p，有

$$\begin{aligned} v_p(x_1x_2\cdots x_n) &= \sum_{i=1}^{n} v_p(x_i) \\ &= \sum_{i=1}^{n} |\{k \mid k\in \mathbf{Z}_+,p^k \mid x_i\}| \\ &= |\{(i,k) \mid i,k\in \mathbf{Z}_+,p^k \mid x_i\}| \\ &= \sum_{k=1}^{+\infty} |\{i \mid i\in \mathbf{Z}_+,p^k \mid x_i\}| \\ &= \sum_{k=1}^{+\infty} f(p^k) \end{aligned}$$

同理

$$v_p(y_1y_2\cdots y_m) = \sum_{k=1}^{+\infty} g(p^k)$$

而 $f(p^k)\leqslant g(p^k)$，故

$$v_p(x_1x_2\cdots x_n)\leqslant v_p(y_1y_2\cdots y_m)$$

又因为 p 可取任意素数，所以

$$x_1x_2\cdots x_n \mid y_1y_2\cdots y_m$$

回到原题：

若 $a_1,a_2,\cdots,a_n$ 中有两个数相等，则 $\prod\limits_{1\leqslant i<j\leqslant n}(a_j-a_i)=0$．故 $\prod\limits_{1\leqslant i<j\leqslant n}(j-i)\Big|\prod\limits_{1\leqslant i<j\leqslant n}(a_j-a_i)$．

若 $a_1,a_2,\cdots,a_n$ 两两不等，则接下来证明：对任意正整数 k，$(j-i)(1\leqslant i<j\leqslant n)$ 这 C_n^2 个数中能被 k 整除的数的个数不多于 $(a_j-a_i)(1\leqslant i<j\leqslant n)$ 这 C_n^2 个数中能被 k 整除的数的个数．

对 n 用数学归纳法．

当 $n=2$ 时，命题显然成立．

假设命题对 $n-1$ 成立,证明命题对 n 也成立.

若 $k\geqslant n$,则 $(j-i)(1\leqslant i<j\leqslant n)$ 这 C_n^2 个数均不能被 k 整除,所以,命题成立.

若 $k<n$,由抽屉原理,知在 $a_1,a_2,\cdots,a_n$ 这 n 个数中一定存在 $\left[\frac{n-1}{k}\right]+1$($[x]$ 表示不超过实数 x 的最大整数)个数模 k 的余数相同,不妨设其中一个为 a_n. 于是,$(a_n-a_i)(1\leqslant i<n)$ 这 $n-1$ 个数中至少有 $\left[\frac{n-1}{k}\right]$ 个能被 k 整除,而 $(n-i)(1\leqslant i<n)$ 这 $n-1$ 个数中恰有 $\left[\frac{n-1}{k}\right]$ 个能被 k 整除.

由归纳假设,$(a_j-a_i)(1\leqslant i<j\leqslant n-1)$ 这 C_{n-1}^2 个数中能被 k 整除的数的个数不少于 $(j-i)(1\leqslant i<j\leqslant n-1)$ 这 C_{n-1}^2 个数中能被 k 整除的数的个数.

所以,$(a_j-a_i)(1\leqslant i<j\leqslant n)$ 这 C_n^2 个数中能被 k 整除的数的个数不少于 $(j-i)(1\leqslant i<j\leqslant n)$ 这 C_n^2 个数中能被 k 整除的数的个数.

因此,命题对 n 也成立.

由引理 2 立得 $\prod\limits_{1\leqslant i<j\leqslant n}(j-i)\Big|\prod\limits_{1\leqslant i<j\leqslant n}(a_j-a_i)$.

3.4 $\mathrm{pot}_p(x)$ 函数在初等数论中的若干应用例子

例 1 已知 $x^n+y^n=p^k$,n 是奇数,x,y 是正整数,p 是奇素数,求证:n 是 p 的幂.

证明 只需考虑 x,y 都不是 p 的倍数的情况.

$x+y \mid x^n+y^n \Rightarrow x+y$ 是 p 的幂.

设 $p^k \parallel n, n=p^k t \Rightarrow x^t+y^t \mid x^n+y^n \Rightarrow x^t+y^t$ 是 p 的幂,则

$$\begin{aligned}\operatorname{pot}_p(x^t+y^t)&=\operatorname{pot}_p(x+y)+\operatorname{pot}_p(t)\\&=\operatorname{pot}_p(x+y)\\&\Rightarrow x^t+y^t=x+y\Rightarrow t=1\end{aligned}$$

所以 n 是 p 的幂.

例 2 解整除式 $(n^2+1)(n+1) \mid 10^n$.

解 $(n^2+1, n+1) \mid 2$.

情形 1:$n^2+1, n+1$ 都是奇数.此时 $n^2+1, n+1$ 都是 5 的幂,小的应该整除大的.

$(n+1) \mid (n^2+1)$,无解.

情形 2:$n^2+1=2\times 5^a, n+1=2^b$.这是因为奇平方数除以 4 余 1,所以

$$(2^b-1)^2+1=2\times 5^a \Rightarrow 2^b(2^{b-1}-1)=5^a-1$$

$b=2,3$ 是解,n 可以是 3,7,我们证明没有更大的解,于是

$$\operatorname{pot}_2(2^b(2^{b-1}-1))=\operatorname{pot}_2(5^a-1)$$

$$b=\operatorname{pot}_2(5^a-1)=\operatorname{pot}_2(5-1)+\operatorname{pot}_2 a=\operatorname{pot}_2 a+2$$

$$\begin{aligned}5^a-1&=2^b(2^{b-1}-1)=2^{\operatorname{pot}_2 a+2}(2^{\operatorname{pot}_2 a+1}-1)\\&\leqslant 4a(2a-1)\end{aligned}$$

可见 a 不可以超过 2,所以没有其他解.

例 3 求证:对固定的正整数 k,存在自然数 n,使得

$$k!+(2k)!+(3k)!+\cdots+(nk)!$$

包含超过 $k!$ 的素因子.

证明 设

$$S_n=k!+(2k)!+(3k)!+\cdots+(nk)!$$

小于 $k!$ 的素数分三类：

第一类：$p < k+1$，此时注意到 $k! \left| \dfrac{S_n}{k!} - 1 \right. \Rightarrow \mathrm{pot}_p(S_n)$ 有界；

第二类：$2k < p < k!$，并且存在 m 满足

$$\mathrm{pot}_p(S_m) < \mathrm{pot}_p(S_{m+1} - S_m)$$

那么对任意 $r > m$，$\mathrm{pot}_p(S_m) < \mathrm{pot}_p(S_r)$，$\mathrm{pot}_p(S_n)$ 有界；

第三类：$2k < p < k!$，并且对 m 总成立

$$\mathrm{pot}_p(S_m) \geqslant \mathrm{pot}_p(S_{m+1} - S_m)$$

令 $p \mid nk+k+1$，此时

$$p \nmid (nk-k+1)(nk-k+2)(nk-k+3)\cdots(nk+k)$$

$$\mathrm{pot}_p(S_{n+1}) \geqslant \mathrm{pot}_p((nk+2k)!) > \mathrm{pot}_p((nk+k)!) = \mathrm{pot}_p((nk)!)$$

$$\mathrm{pot}_p(S_n) \geqslant \mathrm{pot}_p(S_{n+1} - (nk+k)!) = \mathrm{pot}_p((nk+k)!) = \mathrm{pot}_p((nk)!)$$

取足够大的 n 满足 $p \mid nk+k+1$，可得出矛盾(这样的 n 有无数个).

如果 S_n 的素因子全小于 $k!$，那么对于第三类素数 p，有

$$\mathrm{pot}_p((nk)!) = \mathrm{pot}_p(S_n) = \mathrm{pot}_p(k! + (2k)! + (3k)! + \cdots + (nk)!)$$

对于第一类素数 p，有

$$\mathrm{pot}_p((nk)!) > \mathrm{pot}_p(S_n) = \mathrm{pot}_p(k! + (2k)! + (3k)! + \cdots + (nk)!)$$

对于第二类素数 p，有

$$\mathrm{pot}_p((nk)!) > \mathrm{pot}_p(S_n) = \mathrm{pot}_p(k! + (2k)! + (3k)! + \cdots + (nk)!)$$

我们已经假定 n 是足够大的，所以后两个都是严格大于号. 注意到 $(nk)!$ 还含有这三类素数之外的素数，所以 S_n 一定有超过 $k!$ 的素因子.

例 4　已知 m 是正整数，试给出 $\text{pot}_3(2^m-1)$ 的上界.

解　如果 m 是奇数，那么 $\text{pot}_3(2^m-1)=0$. 当 m 是偶数时，设 $2^k\parallel m, m=2^k\times t$，有

$$\text{pot}_3(2^m-1)=1+\text{pot}_3 t$$

所以 $\text{pot}_3(2^m-1)$ 的一个上界是 $\log_3(1.5m)$.

例 5　求 $(2^a-1)(3^b-1)=c!$ 的整数解.

解　容易凑出一些解

$$(2^1-1)(3^1-1)=2!$$

$$(2^2-1)(3^1-1)=3!$$

$$(2^2-1)(3^2-1)=4!$$

$$(2^4-1)(3^2-1)=5!$$

$$(2^6-1)(3^4-1)=7!$$

$$\text{pot}_2((2^a-1)(3^b-1))=\text{pot}_2(c!)$$

$$\Rightarrow \text{pot}_2(3^b-1)=\text{pot}_2(c!)$$

$$\Rightarrow c-S_2(c)\leqslant \log_2(4b)$$

当 $c>32$ 时

$$b\geqslant 2^{c-S_2(c)-2}\geqslant 2^{\frac{5c}{6}}, c!\geqslant 3^b-1\geqslant 3^{2^{\frac{5c}{6}}}-1$$

不成立. c 不超过 32 的情况留给读者讨论. 其实 32 是一个很弱的界，前面几道题给出的界也是很弱的.

例 6　已知奇素数 p，求证：$p^p\parallel(p-1)^{p^{p+1}}+(p+1)^{p^{p-1}}$.

证明　为了使用升幂定理，先把素数变成 p 的同次幂. 于是

$$(p-1)^{p^{p+1}}+(p+1)^{p^{p-1}}$$

$$=((p-1)^{p^2})^{p^{p-1}}+(p+1)^{p^{p-1}}$$

$$\mathrm{pot}_p((p-1)^{p^{p+1}}+(p+1)^{p^{p-1}})$$

$$=\mathrm{pot}_p(((p-1)^{p^2})^{p^{p-1}}+(p+1)^{p^{p-1}})$$

$$=p-1+\mathrm{pot}_p((p-1)^{p^2}+p+1)$$

如果 $\mathrm{pot}_p(x)<\mathrm{pot}_p(y)$,那么

$$\mathrm{pot}_p(x+y)=\mathrm{pot}_p(x)$$

所以,为了证明 $\mathrm{pot}_p((p-1)^{p^2}+p+1)=1$,只需证明

$$\mathrm{pot}_p((p-1)^{p^2}+1)>1$$

$$\mathrm{pot}_p((p-1)^{p^2}+1)=\mathrm{pot}_p((p-1)^{p^2}+1^{p^2})=3$$

综上所述,结论成立.

换成合数仍能创造条件使用升幂定理.

例 7　$1\,991^k \parallel 1\,990^{1\,991^{1\,992}}+1\,992^{1\,991^{1\,990}}$,求 k.

解　$1\,991=11\times 181$,先看 11 在被除数中的次数,于是

$$1\,990^{1\,991^{1\,992}}+1\,992^{1\,991^{1\,990}}$$

$$=(1\,990^{1\,991^2})^{1\,991^{1\,990}}+1\,992^{1\,991^{1\,990}}$$

$$\mathrm{pot}_{11}(1\,990^{1\,991^{1\,992}}+1\,992^{1\,991^{1\,990}})$$

$$=\mathrm{pot}_{11}((1\,990^{1\,991^2})^{1\,991^{1\,990}}+1\,992^{1\,991^{1\,990}})$$

$$=1\,990+\mathrm{pot}_{11}(1\,990^{1\,991^2}+1\,992)$$

$$=1\,990+\mathrm{pot}_{11}(1\,990^{1\,991^2}+1^{1\,991^2}+1\,991)$$

$$\mathrm{pot}_{11}(1\,990^{1\,991^2}+1^{1\,991^2})=2+1=3$$

$$\Rightarrow \mathrm{pot}_{11}(1\,990^{1\,991^2}+1^{1\,991^2}+1\,991)=1$$

理由与上题相同.

11 在被除数中的次数是 1 991,同理 181 在被除数中的次数是 1 991. 所以 $k=1\,991$.

例 8　固定正整数 m,求证:$n!\ =m^a(m^b-1)$ 至

多只有有限组正整数解.

证明　固定 m,n,那么满足方程的 a,b 的个数有限.若 n 足够大,则 $n!$ 含有与 m 互质的奇素因子.

任取这样的素因子 p,有

$$\frac{n-S_p(n)}{p-1}=\mathrm{pot}_p(m^{\delta_p(m)}-1)+\mathrm{pot}_p(b)$$

当 n 足够大时,存在正的实数 k 满足

$$\frac{n-S_p(n)}{p-1}-\mathrm{pot}_p(m^{\delta_p(m)}-1)>kn$$

于是 $b>p^{kn}$,且

$$n!=m^a(m^b-1)>m^b-1>m^{p^{kn}}-1$$

比较两边的增长速度,得出解数有限.

p-adic 数域

第4章

4.1 背景概述:Hensel 发现的 p-adic 数域

设 p 是 $\mathbf{Z}$ 中的一个固定的素数,如果 a 不为 0,并且 $a \in \mathbf{Q}$,我们将 a 表示为 $a = p^k \cdot \frac{b}{c}$,这里 $(b,p)=1=(c,p)$,$k \in \mathbf{Z}$ 由 a 唯一确定,记作 $v_p(a)$,并且定义 $v_p(0)=\infty$,我们将其称为 $\mathbf{Q}$ 的 p-adic 指数赋值. 对任意的 $a,b \in \mathbf{Q}$,我们容易验证如下的性质

$$v_p(a) = \infty \Leftrightarrow a = 0$$

$$v_p(ab) = v_p(a) + v_p(b)$$

$$v_p(a+b) \geqslant \min\{v_p(a), v_p(b)\}$$

现在,我们在 $\mathbf{Q}$ 上定义一个 p-adic 绝对值 $|a|_p$ 为

$$|a|_p := p^{-v_p(a)}$$

那么容易验证,它确实是$\mathbf{Q}$上的一个绝对值,然而除了三角不等式,我们有更强的关系

$$|a+b|_p \leqslant \max\{|a|_p, |b|_p\}$$

以示区别,我们将 $\mathbf{Q}$ 上通常的绝对值 $|\cdot|$,记作 $|\cdot|_\infty$.

注意到,由 $\mathbf{Q}$ 上p-adic 绝对值 $|\cdot|_p$ 可以定义 $\mathbf{Q}$ 上的距离为

$$d_p(x,y) := |x-y|_p, x, y \in \mathbf{Q}$$

正如同由 $\mathbf{Q}$ 上通常的绝对值 $|\cdot|_\infty$ 诱导的距离 d_∞,将 $\mathbf{Q}$ 完备化而得到 $\mathbf{R}$,我们考虑 $\mathbf{Q}$ 在 p-adic 绝对值 $|\cdot|_p$ 诱导出的距离 d_p 下的完备化所得到的数学对象,这就是p-adic 数域 $\mathbf{Q}_p$.

p-adic 数域的这种构造方法是由 Kürschák 给出的. 而数学家 Hensel 是在 20 世纪初期发现p-adic 数域的第一人,其实 Hensel 引入p-adic 整数环的方法本质上是将其作为环 $\mathbf{Z}/(p^n)(n \in \mathbf{N}_+)$ 的逆极限. 现在,我们通过构造有限域 $\mathbf{F}_p$ 上的 Witt 向量的方法也能得到 p-adic 整数环.

事实证明p-adic 数域和实数域一样自然,在数论中它们起着很重要的作用. 局部整体原则说的是,如果有理系数的多项式方程在 $\mathbf{Q}$ 中有解,那么方程在 $\mathbf{R}$ 中有解,并且对任意的素数 p,方程在 $\mathbf{Q}_p$ 中也有解;而有理数域$\mathbf{Q}$上的两个二次型等价当且仅当它们在$\mathbf{R}$上等价,以及对于任意的素数 p,它们在 $\mathbf{Q}_p$ 上等价,这就是关于 $\mathbf{Q}$ 上二次型分类的 Hasse-Minkowski 定理; Mazur 通过 Kubota-Leopoldt ζ — 函数的p-adic 插值得到 Riemann ζ — 函数在负的奇整数处的值; 而

Dwork 则利用 p-adic 分析的方法证明了有限域上方程组的 ζ 一函数的有理性，Dwork 更是开创了 p-adic 微分方程的新局面；法国数学家 Fontain 则在重读 Tate 的关于 p-可除群的文章后开创了 p-adic Hodge 理论. 在热门的 Schneider-Teitelbaum-Emerton 的 p-adic 李群的 p-adic 表示以及 p-adic Langlands 对应的研究中都需要 p-adic 数域上的泛函分析的知识，由此可见 p-adic 分析的重要性.

另外，这个来自于数论的 p-adic 数从一个方面也引导出了域的赋值理论，而在代数几何中为了给代数曲线的 Riemann 曲面提供一个准确的定义，由 Dedekind 和 Weber 引入的除子的概念也引导出了域的赋值理论. 在 Hensel 发现 p-adic 数域后，Kürschák 引入了域的实值赋值，也就是现在被我们称为绝对值的概念，并且证明了 p-adic 数域可以视为有理数域 $\mathbf{Q}$ 相对于 p-adic 赋值的完备化. 关于绝对值，根据其满足的是三角不等式或强三角不等式，可以将其区分为 Archimedes 的和非 Archimedes 的. 而非 Archimedes 赋值的概念又被 Krull 在 1934 年推广到了一般的有序 Abel 群值的赋值. 赋值在这个意义下，等价于另外的两个概念，那就是赋值环和除子.

数学家 Ostrowski 证明了完备的 Archimedes 赋值域在同构的意义下只有实数域 $\mathbf{R}$ 以及复数域 $\mathbf{C}$，而这表明 Archimedes 赋值域上的分析不多不少，正好就是我们的 $\mathbf{R}$ 和 $\mathbf{C}$ 上的分析理论. p-adic 数域以及域 $\mathbf{F}$ 上的形式 Laurent 级数域 $\mathbf{F}(x)$ 都是非 Archimedes 赋值域，我们甚至还能给出一些其他的非 Archimedes 赋值域，然而基于 p-adic 数域的广泛应用和非

Archimedes 赋值域的一些共性,我们有必要对 p-adic 数域上的分析理论尤其是泛函分析做重要研究.

建立 p-adic 数域上的分析理论,对其基域有一定要求.建立类似数学分析的基本结果在 $\mathbf{Q}_p$ 上研究即可,如果考虑复分析的类似理论,那么要求在 $\mathbf{Q}_p$ 的完备代数封闭域 $\mathbf{C}_p$ 上考虑问题,当然还可在 $\mathbf{C}_p$ 上讨论泛函分析的算子理论,但是如果要考虑有界线性泛函的问题,那么还需要有类似 Hahn-Banach 延拓定理,这就涉及了 $\mathbf{C}_p$ 的球完备化域 $\mathbf{\Omega}_p$.基于数学对象的结构决定了它的性质,而它的性质又反映出它的结构.这就需要对 p-adic 数域的构造和结构的重要结果有所了解.

在一些具体问题的解决中,需要用到非 Archimedes 赋值域上赋范向量空间上的特殊算子谱的结果.对于特殊算子的谱已有一些研究,而关于特殊空间上的算子的谱的研究也有部分结果.这使得我们想要对一般的 $\mathbf{C}_p$-Banach 代数中元素的谱有一个整体的把握,虽然一些资料对一般结果有所论述,表明完备非 Archimedes 赋值域上 Banach 代数中元素的谱可能是空集,并给出了推广的谱的结果,但为什么 $\mathbf{C}_p$ 上的结果会与 $\mathbf{C}$ 上的情形表现出不同？另外,对于一般 $\mathbf{C}_p$ 一向量空间上是否有自然的内积结构？这也是有趣的问题.在本章中,我们将研究群逆的扰动问题,利用群逆的扰动上界估计,来研究 Drazin 逆的扰动上界估计.

4.2 p-adic 数域 $\mathbf{Q}_p$

1. $\mathbf{Q}_p$ 的构造

我们现在从有理数域 $\mathbf{Q}$ 出发来构造 p-adic 数域 $\mathbf{Q}_p$，如果对任意的 $\varepsilon > 0$，存在一个正整数 N，使得对所有的 $m, n \geqslant N$，都有 $|x_m - x_n|_p < \varepsilon$，那么 $\mathbf{Q}$ 中一个相对于距离 d_p 的序列 $\{x_n\}$ 称为 Cauchy 序列. 容易验证 $\mathbf{Q}$ 上所有相对于距离 d_p 的 Cauchy 序列在自然的加法和乘法下形成一个环 R，而所有的收敛到 0 的序列形成 R 的一个极大理想 M. 我们定义 p-adic 数域 $\mathbf{Q}_p$ 为剩余类域

$$\mathbf{Q}_p := R/M$$

我们将 $\mathbf{Q}$ 嵌入到 $\mathbf{Q}_p$ 中，通过将每个 $a \in \mathbf{Q}$ 映到常数序列 $(a, a, \cdots, a)$ 的剩余类，我们可以将 $\mathbf{Q}$ 上的 p-adic 绝对值扩张到 $\mathbf{Q}_p$ 上，通过对元素 $x = \{x_n\} + M \in R/M$ 给定绝对值

$$|x|_p := \lim_{n \to \infty} |x_n|_p \in \mathbf{R}$$

这个极限是存在的，因为由强三角不等式可以得到：对任意的 $x, y \in \mathbf{Q}$ 有

$$\big||x|_p - |y|_p\big|_\infty \leqslant |x - y|_p$$

因此 $|x_n|_p$ 是 $\mathbf{R}$ 中的 Cauchy 序列，从而它的极限存在，并且 M 中元素的极限为 0，所以 $|x|_p$ 的定义合理. 而且这个绝对值在 $\mathbf{Q}$ 上的限制就是 $\mathbf{Q}$ 上的 p-adic 绝对值. 同时我们也可以将 $\mathbf{Q}$ 上的 p-adic 指数赋值扩张到 $\mathbf{Q}_p$ 上面来，它是 $\mathbf{Q}$ 上的 p-adic 指数赋值的扩张，并且

满足 p-adic 指数赋值的性质.

因为 $\mathbf{Q}$ 上的 p-adic 绝对值是离散的，所以很容易验证 $\mathbf{Q}$ 嵌入到 $\mathbf{Q}_p$ 中是稠密的，并且 $\mathbf{Q}_p$ 相对于其上的 p-adic 绝对值是完备的.

如果仔细观察，那么可以注意到 $\mathbf{Q}$ 及 $\mathbf{Q}_p$ 上的 p-adic 绝对值和 p-adic 指数赋值是一致的，也就是说它们表达的是同一个东西，只是相差一个指数幂. 因为 p-adic 指数赋值的表达更简单，所以通常更倾向于使用 p-adic 指数赋值表达. 关于 $\mathbf{Q}_p$，有三个特殊的子集，分别是

$$\mathbf{O}_p=\{x\in\mathbf{Q}_p\mid v_p(x)\geqslant 0\}=\{x\in\mathbf{Q}_p\mid |x|_p\leqslant 1\}$$
$$\mathbf{O}_p^*=\{x\in\mathbf{Q}_p\mid v_p(x)=0\}=\{x\in\mathbf{Q}_p\mid |x|_p=1\}$$
$$P=\{x\in\mathbf{Q}_p\mid v_p(x)>0\}=\{x\in\mathbf{Q}_p\mid |x|_p<1\}$$

容易证明 $\mathbf{O}_p$ 是一个环，称为 p-adic 数域 $\mathbf{Q}_p$ 的整数环，它的元素称为 p-adic 整数，而 $\mathbf{O}_p^*$ 是 $\mathbf{O}_p$ 的乘法单位群，P 是 $\mathbf{O}_p$ 的唯一极大理想，因此 $\mathbf{O}_p$ 是局部环.

另外，极大理想 $P=p\mathbf{O}_p$ 是主理想，而 $\mathbf{O}_p$ 的任意非零理想 I 都形如

$$I=P^n\ (n\in\mathbf{N})$$

因此 $\mathbf{O}_p$ 是一个主理想整环.

$\mathbf{Q}_p$ 是整环 $\mathbf{O}_p$ 的分式域，并且 $\mathbf{O}_p$ 是整闭整环.

$\mathbf{O}_p/P$ 是一个域，把它称为 $\mathbf{Q}_p$ 相对于 p-adic 指数赋值 v_p（或 p-adic 绝对值 $|\cdot|_p$）的剩余类域. 容易证明 $\mathbf{O}_p/P\cong\mathbf{Z}/p\mathbf{Z}=\mathbf{F}_p$.

2. 非 Archimedes 赋值域

有理数域 $\mathbf{Q}$ 为我们提供了丰富的赋值，并且这些赋值明显是不同的，为了对 $\mathbf{Q}$ 上的赋值有更好的了解，

我们有必要对其上的赋值做一个整体的研究.

定义 1 一般地,映射 $|\cdot|:\mathbf{F}\to\mathbf{R}, x\to|x|$ 称为域 $\mathbf{F}$ 上的绝对值,$(\mathbf{F},|\cdot|)$ 称为赋值域,如果对任意的 $x,y\in\mathbf{F}$ 有:

(1) $|x|\geqslant 0$, $|x|=0\Leftrightarrow x=0$;

(2) $|xy|=|x||y|$;

(3) $|x+y|\leqslant|x|+|y|$.

特别地,如果域 $\mathbf{F}$ 上的绝对值 $|\cdot|$ 满足强三角不等式,那么:

(3)′ $|x+y|\leqslant\max\{|x|,|y|\}, \forall x,y\in\mathbf{F}$,

则称 $|\cdot|$ 是 $\mathbf{F}$ 上的非 Archimedes 绝对值,相应地,$(\mathbf{F},|\cdot|)$ 称为非 Archimedes 赋值域;否则 $|\cdot|$ 就称为 Archimedes 绝对值,而 $(\mathbf{F},|\cdot|)$ 称为 Archimedes 赋值域.

实值赋值的概念是 Kürschák 首先给出的,$\mathbf{F}$ 上绝对值有一些简单的结果

$$|1|=1;\ |u|=1, u^n=1;\ |-a|=|a|$$

$$|a^{-1}|=|a|^{-1}, a\neq 0$$

$$||a|-|b||_\infty\leqslant|a-b|$$

域 $\mathbf{F}$ 有一个平凡的绝对值 $|\cdot|$: $|0|=0$, $|a|=1$,其中 $a\neq 0$. 任意一个有限域上只有平凡的绝对值. 我们讨论的赋值都是非平凡绝对值.

$\mathbf{Q}$ 上通常的绝对值 $|\cdot|_\infty$ 是 Archimedes 绝对值,而对任意的素数 p, p-adic 绝对值 $|\cdot|_p$ 是非 Archimedes 绝对值.

命题 1 设 p 是素数,非 Archimedes 赋值域 $(\mathbf{Q}_p,|\cdot|_p)$ 有如下性质:

(1) 如果 $x,y\in\mathbf{Q}_p$, $|x|_p\neq|y|_p$, 那么

$|x+y|_p=\max\{|x|_p,|y|_p\}$;

(2) 如果 $x_1,x_2,\cdots,x_n\in\mathbf{Q}_p$, $2\leqslant n\in\mathbf{N}_+$, $x_1+x_2+\cdots+x_n=0$,那么有 $1\leqslant i<j\leqslant n$,使得 $|x_i|_p=|x_j|_p=\max\limits_{1\leqslant i\leqslant n}\{|x_i|_p\}$;

(3) 假设 $\{x_n\}_{n=1}^{\infty}$ 是 $\mathbf{Q}_p$ 中的 Cauchy 序列,并且 $\lim\limits_{n\to\infty}x_n=x_0\neq 0$,则存在 $N\in\mathbf{N}_+$,使得对任意的 $n\geqslant N$,都有 $|x_n|_p=|x_0|_p$;

(4) $\mathbf{Q}_p$ 中的序列 $\{x_n\}_{n=1}^{\infty}$ 是 Cauchy 序列,当且仅当 $\lim\limits_{n\to\infty}|x_{n+1}-x_n|_p=0$;

(5) $\mathbf{Q}_p$ 中的级数 $\sum\limits_{n=1}^{\infty}x_n$ 收敛,当且仅当 $\lim\limits_{n\to\infty}x_n=0$,并且当级数收敛时,有 $\left|\sum\limits_{n=1}^{\infty}x_n\right|_p\leqslant\max\limits_{n\in\mathbf{N}_+}\{|x_n|_p\}$.

证明　(1) 不妨设 $|x|_p<|y|_p$,则由强三角不等式有 $|x+y|_p\leqslant|y|_p$. 如果 $|x+y|_p<|y|_p$,那么有 $|y|_p=|x+y-x|_p\leqslant\max\{|x+y|_p,|x|_p\}<|y|_p$,矛盾.

(2) 假设只有某个 $1\leqslant k\leqslant n$,使得 $|x_k|_p=\max\{|x_i|_p\}$,那么由

$$-x_k=x_1+\cdots+x_{k-1}+x_{k+1}+\cdots+x_n$$

有

$$\begin{aligned}|x_k|_p&=|x_1+\cdots+x_{k-1}+x_{k+1}+\cdots+x_n|_p\\&\leqslant\max\{x_1,\cdots,x_{k-1},x_{k+1},\cdots,x_n\}\\&<\max_{1\leqslant i\leqslant n}\{|x_i|_p\}\end{aligned}$$

矛盾.

(3) 因为 $x_0\neq 0$,所以 $|x_0|_p>0$. 又由 $\lim\limits_{n\to\infty}x_n=x_0$,则对任意的 $0<\varepsilon<|x_0|_p$,存在 $N\in\mathbf{N}_+$,使得对

任意的 $n>N$，都有 $|x_n-x_0|_p<\varepsilon$，这样必有 $|x_n|_p=|x_0|_p$，否则 $|x_n|_p\neq|x_0|_p$，就有 $|x_n-x_0|_p=\max\{|x_n|_p,|x_0|_p\}>\varepsilon$，矛盾.

(4) 如果 $\{x_n\}_{n=1}^{\infty}$ 是 Cauchy 序列，那么对任意的 $\varepsilon>0$，存在 $N\in\mathbf{N}_+$，使得对任意的 $m,n>N$，都有 $|x_m-x_n|_p<\varepsilon$，特别地，取 $m=n+1$，有 $|x_{n+1}-x_n|_p<\varepsilon$. 这表明 $\lim\limits_{n\to\infty}|x_{n+1}-x_n|_p=0$.

反之，如果 $\mathbf{Q}_p$ 中的序列 $\{x_n\}_{n=1}^{\infty}$ 满足 $\lim\limits_{n\to\infty}|x_{n+1}-x_n|_p=0$，那么对任意的 $\varepsilon>0$，存在 $N\in\mathbf{N}_+$，使得对任意的 $n>N$，都有 $|x_{n+1}-x_n|_p<\varepsilon$. 于是对任意的 $m,n>N$，不妨设 $m>n$，有

$$\begin{aligned}|x_m-x_n|_p&=|(x_m-x_{m-1})+(x_{m-1}-x_{m-2})+\cdots+(x_{n+1}-x_n)|_p\\&\leqslant\max\{|x_m-x_{m-1}|_p,|x_{m-1}-x_{m-2}|_p,\cdots,|x_{n+1}-x_n|_p\}\\&<\varepsilon\end{aligned}$$

因此 $\{x_n\}_{n=1}^{\infty}$ 是 Cauchy 序列.

(5) 级数 $\sum\limits_{n=1}^{\infty}x_n$ 收敛，当且仅当部分和 $S_n=\sum\limits_{i=1}^{n}x_i$ 收敛，而这又等价于 $\{S_n\}_{n=1}^{\infty}$ 是 $\mathbf{Q}_p$ 中的 Cauchy 序列，这进一步等价于

$$\lim_{n\to\infty}x_{n+1}=\lim_{n\to\infty}(S_{n+1}-S_n)=0$$

现在假设 $\sum\limits_{n=1}^{\infty}x_n$ 收敛，如果 $\sum\limits_{n=1}^{\infty}x_n=0$，那么结果不需要证明. 如果级数不收敛到 0，那么对任意的部分和，我们有 $\left|\sum\limits_{n=1}^{N}x_n\right|_p\leqslant\max\limits_{1\leqslant n\leqslant N}|x_n|_p$. 因为 $\lim\limits_{n\to\infty}x_n=0$，所以对充分大的 $N\in\mathbf{N}_+$，我们有 $\max\limits_{1\leqslant n\leqslant N}|x_n|_p=\max\limits_{n}\{|x_n|_p\}$，

并且 $\left|\sum_{n=1}^{\infty}x_n\right|_p=\left|\sum_{n=1}^{N}x_n\right|_p$，由此可得待证不等式.

这些性质对于一般的完备的非 Archimedes 赋值域都成立，这很容易验证. 后面我们还将其推广到 $\mathbf{C}_p$ 一赋范向量空间上.

3. p -adic **数的表示**

注意到，在 $\mathbf{Q}_p$ 及其p-adic 指数赋值 v_p 之下，我们有 $v_p(p)=1$，素数 p 称为 $\mathbf{Q}_p$ 中的素元. 由此可以将 $\mathbf{Q}_p$ 中的元素表示成 p 的幂级数的形式.

命题 2　设 $R=\{0,1,2,\cdots,p-1\}\subseteq\mathbf{Q}_p$ 是 $\mathbf{Q}_p/P$ 的一个完全代表系，则对每个 $x\in\mathbf{Q}_p$，都可以唯一地表示成

$$x=\sum_{n=m}^{\infty}a_np^n$$

这里 $m=v_p(x)$，$a_n\in R$，$n\geqslant m$.

证明　设 $m=v_p(x)$，则 $v_p\left(\frac{x}{p^m}\right)=0$，于是 $0\neq\overline{\frac{x}{p^m}}\in\mathbf{O}_p/P$，从而存在 $0\neq a_m\in R$，使得 $\overline{a_m}=\overline{\frac{x}{p^m}}$. 所以 $\frac{x}{p^m}-a_m\in P$，即 $x-a_mp^m\in p^{m+1}\mathbf{O}_p$. 于是又有 $a_{m+1}\in R$，使 $\frac{x-a_mp^m}{p^{m+1}}-a_{m+1}\in P$，从而 $x-a_mp^m-a_{m+1}p^{m+1}\in p^{m+2}\mathbf{O}_p$. 如此继续下去，可得 $x-\left(\sum_{n=m}^{m+r}a_np^n\right)\in p^{m+r+1}\mathbf{O}_p$，其中任意的 $r\in\mathbf{N}$，$a_i\in R$，$m\leqslant i\leqslant m+r$. 令 $r\to\infty$，有 $x=\sum_{n=m}^{\infty}a_np^n$.

现在假设还有 $x=\sum_{n=s}^{\infty}b_np^n, b_n\in R, n\geqslant s$，则 $s=v_p(x)=m$. 于是 $\sum_{n=m}^{\infty}(a_n-b_n)p^n=0$. 如果 $a_m\neq b_m$，那么由 $a_m, b_m\in R$，有 $a_m-b_m\in \mathbf{O}_p^*$，即 $v_p(a_m-b_m)=0$，这使得

$$\begin{aligned}\infty=v_p(0)&=v_p\Big(\sum_{n=m}^{\infty}(a_n-b_n)p^n\Big)\\&=v_p((a_m-b_m)p^m)=m\end{aligned}$$

于是必有 $a_m=b_m$，进而 $\sum_{n=m+1}^{\infty}(a_n-b_n)p^n=0$. 从而又有 $a_{m+1}=b_{m+1}$，如此下去可知 $a_n=b_n$，其中任意的 $n\geqslant m$. 所以 x 的表达是唯一的.

作为拓扑域，我们也可以考虑 $\mathbf{Q}_p$ 上方程的根的问题，特别地，可以研究 $\mathbf{Q}_p$ 上多项式方程的根.

定理1 设 $f(x)\in \mathbf{O}_p[x]$，$f'(x)$ 是 $f(x)$ 的形式导数，如果存在 $a_0\in \mathbf{O}_p$ 使得 $v_p(f(a_0))>0$，而 $v_p(f'(a_0))=0$，那么存在唯一的 $a\in \mathbf{O}_p$，$v_p(a-a_0)>0$，使得 $f(a)=0$.

证明 设 $f(x)=\sum_{i=0}^{n}c_ix^i, c_i\in \mathbf{O}_p$，我们称存在唯一的有理整数列 $\{a_n\}_{n=1}^{\infty}$，使得：

(1) $f(a_n)\equiv 0 \pmod{p^{n+1}}$；

(2) $a_n\equiv a_{n-1} \pmod{p^n}$；

(3) $0\leqslant a_n<p^{n+1}$.

我们对 n 归纳证明这样的 a_n 是唯一存在的.

如果 $n=1$，那么首先令 $\widetilde{a_0}\in R=\{0,1,\cdots,p-1\}$ 使得 $\widetilde{a_0}\equiv a_0 \pmod p$. 任意的满足(2)和(3)的 a_1 必有

形式$\widetilde{a_0}+b_1p$，这里 $b_1\in R$. 现在，考虑 $f(a_1)$，有

$$f(a_1)=f(\widetilde{a_0}+b_1p)=\sum_{i=0}^{n}c_i(\widetilde{a_0}+b_1p)^i$$

$$\equiv\sum_{i=0}^{n}c_i\widetilde{a_0}^i+(\sum_{i=0}^{n}ic_i\widetilde{a_0}^{i-1})b_1p\pmod{p^2}$$

即

$$f(a_1)\equiv f(\widetilde{a_0})+f'(\widetilde{a_0})b_1p\pmod{p^2}$$

因为 $f(a_0)\equiv 0\pmod p$，所以我们有 $\alpha\in R$，使得 $f(\widetilde{a_0})\equiv\alpha p\pmod{p^2}$. 因此为使 $f(a_1)\equiv 0\pmod{p^2}$，我们必须使 $\alpha p+f'(\widetilde{a_0})b_1p\equiv 0\pmod{p^2}$，也就是要使$\alpha+f'(\widetilde{a_0})b_1\equiv 0\pmod p$. 但是，因为 $f'(a_0)\not\equiv 0\pmod p$，所以对于未知元 b_1，这个方程总是可解的，并且解是唯一确定的.

现在假设我们已经有 $a_1,a_2,\cdots,a_{n-1}$，我们来找 a_n. 由(2) 和(3)，我们需要 $a_n=a_{n-1}+b_np^n$，这里 $b_n\in R$. 像 $n=1$ 的情形一样，考虑 $f(a_n)$，我们有

$$f(a_n)=f(a_{n-1}+b_np^n)$$

$$\equiv f(a_{n-1})+f'(a_{n-1})b_np^n\pmod{p^{n+1}}$$

因为 $f(a_{n-1})\equiv 0\pmod{p^n}$，我们有

$$f(a_{n-1})\equiv\alpha'p^n\pmod{p^{n+1}}$$

所以我们要求的条件 $f(a_n)\equiv 0\pmod{p^{n+1}}$ 现在变为 $\alpha'p^n+f'(a_{n-1})b_np^n\equiv 0\pmod{p^{n+1}}$，也就是 $\alpha'+f'(a_{n-1})b_n\equiv 0\pmod p$. 现在因为 $a_{n-1}\equiv a_0\pmod p$，所以易得 $f'(a_{n-1})\equiv f'(a_0)\not\equiv 0\pmod p$，正如 $n=1$ 的情形，我们可以找到待求的 $b_n\in R$，这便完成了归纳步骤，因此完成了结论的证明.

定理由我们的结论可以立刻完成证明. 这只需要

令 $a=\widetilde{a_0}+b_1p+b_2p^2+\cdots$，因为对所有的 n，我们有 $f(a)\equiv f(a_n)\equiv 0(\bmod p^{n+1})$，所以必有 $f(a)=0$. 反之，任意的 $a=\widetilde{a_0}+b_1p+b_2p^2+\cdots$ 给出了一个满足结论的 a_n 的序列，而这个序列的唯一性蕴涵着 a 的唯一性. 定理证毕.

这个定理被称为 Hensel 引理，事实上它的证明类似于数学分析里的 Newton 折线法求方程根的原理.

定理 2　设 $f(x)\in \mathbf{O}_p[x]$，$f'(x)$ 是 $f(x)$ 的形式导数，如果存在 $a_0\in \mathbf{O}_p$ 使得 $v_p(f(a_0))\geqslant n$，而 $k=v_p(f'(a_0))<\frac{n}{2}$，那么存在唯一的 $a\in \mathbf{O}_p$，使得 $v_p(a-a_0)\geqslant n-k$，$v_p(f'(a))=v_p(f'(a_0))$，$f(a)=0$.

4.3　$\mathbf{Q}_p$ 的性质

实数域 $\mathbf{R}$ 是完备的 Archimedes 序域.

正是因为实数域 $\mathbf{R}$ 具有这样丰富的性质，数学分析里才会有那么多精彩的结果. 由此可以预见我们要在 $\mathbf{Q}_p$ 上建立分析的理论和结果，这完全取决于 $\mathbf{Q}_p$ 本身的性质，而我们将得到的一些分析的结果也是 $\mathbf{Q}_p$ 的各种性质的综合表现. 因此有必要进一步研究 $\mathbf{Q}_p$ 的更多的性质.

首先，我们看到作为赋值域 $\mathbf{Q}_p$ 和 $\mathbf{R}$ 显然是“不同”的，对于不同的素数 p 和 q，$\mathbf{Q}_p$ 和 $\mathbf{Q}_q$ 也是“不同”的. 事实上，我们有如下命题：

命题 1　如果 p,q 是不同的素数，那么域 $\mathbf{R}$，$\mathbf{Q}_p$，$\mathbf{Q}_q$ 互不同构.

证明　对于素数 p，因为 $\sqrt{p}\in\mathbf{R}$，但是在 $\mathbf{Q}_p$ 中，有 $v_p=1$，所以 $\sqrt{p}\notin\mathbf{Q}_p$，因此域 $\mathbf{R}$ 和 $\mathbf{Q}_p$ 不同构.

当 $p=2$ 时，$\mathbf{Q}_p$ 的单位根群是 $\{1,-1\}$，为 2 阶循环群；当 $p>2$ 时，由 Hensel 引理可知，$f(x)=x^{p-1}-1$ 在 $\mathbf{O}_p$ 的剩余类域 $\mathbf{F}_p$ 中分裂，因此可知 $f(x)$ 在 $\mathbf{O}_p$ 中分裂，从而 $\mathbf{Q}_p$ 有 $p-1$ 次单位根，并且所有 $p-1$ 次单位根组成 $p-1$ 次循环群，这也是 $\mathbf{Q}_p$ 所有的单位根. 如果 p,q 是不同的素数，那么显然 $\mathbf{Q}_p$，$\mathbf{Q}_q$ 互不同构.

这一定理表明 p-adic 数域 $\mathbf{Q}_p$ 确实是一个不同于实数域 $\mathbf{R}$ 的新的域. 在数学中代数结构、拓扑结构以及序结构是三个非常重要的结构，作为拓扑域，$\mathbf{Q}_p$ 的代数和拓扑我们都清楚，那么 $\mathbf{Q}_p$ 是否是有序结构呢？更准确地说，$\mathbf{Q}_p$ 是否是有序域呢？

命题 2　$\mathbf{Q}_p$ 不是有序域.

证明　根据 Artin-Schreier 定理，域 F 是有序域当且仅当它是形式实域，也就是 -1 不是 F 中元素的平方和.

当 $p>2$ 时，考虑多项式 $f(x)=x^2-(1-p)\in\mathbf{O}_p[x]$，我们有 $f'(x)=2x$，易知 $x=1$ 满足 Hensel 引理的条件，因此 $f(x)$ 在 $\mathbf{O}_p$ 中有根，记为 $\sqrt{1-p}$，则有 $(\sqrt{1-p})^2+(p-1)\cdot 1^2=0$，由此可知 $\mathbf{Q}_p$ 不是有序域.

当 $p=2$ 时，我们证明：如果 $a\in\mathbf{O}_2^*$，那么 a 是 $\mathbf{O}_2^*$ 中的平方元当且仅当 $a\in 1+8\mathbf{O}_2$. 如果 $a=b^2$，$b\in\mathbf{O}_2^*$，那么由 $v_2(a)=0$，可得 $v_2(b)=0$，因此 $b=1+b_1\cdot 2+b_2\cdot 2^2+\cdots=1+2c$，$c\in\mathbf{O}_2$，从而 $b^2=(1+2c)^2=1+4(c+c^2)$，由于 $c\equiv c^2\pmod{2\mathbf{O}_2}$，我们有 $b^2\equiv$

$1(\mathrm{mod}\ 8\mathbf{O}_2)$. 反之,如果 $a\equiv 1(\mathrm{mod}\ 8\mathbf{O}_2)$,那么对于多项式 $f(x)=x^2-a\in\mathbf{O}_2[x]$,取 $x=1$ 满足推广的Hensel 引理的条件,因而 $f(x)$ 在 $\mathbf{O}_2^*$ 中有根. 注意到 $-7\equiv 1(\mathrm{mod}\ 8\mathbf{O}_2)$, 因此 $\sqrt{-7}\in\mathbf{O}_2^*$, 从而有 $(\sqrt{-7})^2+2^2+3\times 1^2=0$,这样 $\mathbf{Q}_2$ 不是有序域.

鉴于 $\mathbf{Q}_p$ 不是有序域,一般地,我们不能以 $\mathbf{Q}_p$ 替代 $\mathbf{R}$ 来研究更多的东西,例如在距离、范数等概念中,就不能用它来代替 $\mathbf{R}$. 而在考虑 $\mathbf{Q}_p$ 上的一般的"内积"和"型"时,也无法处理诸如正定性的问题,当然其上的正交关系还是可以定义的.

命题 3 $\mathbf{Q}_p$ 的整数环 $\mathbf{O}_p$ 是紧集,$\mathbf{Q}_p$ 是局部紧拓扑域.

证明 注意到,度量空间中的子集是紧集当且仅当它是自列紧集,因此只需证明 $\mathbf{O}_p$ 中的任意序列都有收敛到 $\mathbf{O}_p$ 的子列. 假设 $\{x_n\}_{n=1}^{\infty}$ 是 $\mathbf{O}_p$ 中的任一序列,将每一项 x_n 按标准表示展开

$$x_n=\sum_{i=0}^{\infty}a_{ni}p^i$$

这里 $a_{ni}\in R=\{0,1,2,\cdots,p-1\}$. 因为 $\{x_n\}_{n=1}^{\infty}$ 是无穷序列,而对任意的 $n\in\mathbf{N}_+$,x_n 的展开式中首项系数 a_{n0} 只有 p 种选择,因此一定有 $\{x_n\}_{n=1}^{\infty}$ 中的无限项,它们的展开式中首项系数相同,将这个无穷子列记为 $\{x_{0n}\}_{n=1}^{\infty}$;同理,这个无穷序列中又必有无穷子列,它们的展开式中第二项的系数都相同,将 $\{x_{0n}\}_{n=1}^{\infty}$ 中的这个无穷子列记作 $\{x_{1n}\}_{n=1}^{\infty}$;一直下去,将其写成如下无穷矩阵形式

$$\begin{matrix} x_{00} & x_{01} & x_{02} & \cdots & x_{0n} & \cdots \\ x_{10} & x_{11} & x_{12} & \cdots & x_{1n} & \cdots \\ x_{20} & x_{21} & x_{22} & \cdots & x_{2n} & \cdots \\ \vdots & \vdots & \vdots & & \vdots & \end{matrix}$$

取主对角线上的项得到无穷子列 $\{x_{nn}\}_{n=0}^{\infty}$，则它显然收敛到 $\mathbf{O}_p$ 中的一点，因此 $\mathbf{O}_p$ 是自列紧集，从而它是紧集.

任取 $x_0 \in \mathbf{Q}_p$，$x_0+\mathbf{O}_p=\{x \in \mathbf{Q}_p \mid |x-x_0|_p \leqslant 1\}$ 是 x_0 的紧邻域，因为显然 $x_0+\mathbf{O}_p$ 与 $\mathbf{O}_p$ 同胚，所以 $\mathbf{Q}_p$ 是局部紧的.

推论 1　$\mathbf{Q}_p$ 的子集是紧集当且仅当它是有界闭集.

由这个结果我们进一步推出了如下一般的结果：

推论 2　赋值域的紧集和有界闭集是一致的，当且仅当赋值域是局部紧的.

命题 4　$\mathbf{Q}_p$ 是完全不连通的拓扑域.

证明　对任意的 $a \in \mathbf{Q}_p$，以及 $n \in \mathbf{N}_+$，集合

$$\overline{B}_n(a)=\{x \in \mathbf{Q}_p \mid |x-a|_p \leqslant p^{-n}\}$$

是 a 的既开又闭的邻域. 如果 A 是真包含 a 的 $\mathbf{Q}_p$ 的任意子集，那么存在 $n \in \mathbf{N}_+$，使得 $\overline{B}_n(a) \cap A \neq A$，则 A 是 $\mathbf{Q}_p$ 中两个既开又闭非空子集的并

$$A=(\overline{B}_n(a) \cap A) \cup (\overline{B}_n(a)^c \cap A)$$

从而 A 是不连通的，这表明 $\mathbf{Q}_p$ 中任意多于一点的子集都是不连通的，因此 $\mathbf{Q}_p$ 是完全不连通的.

命题 5　$\mathbf{Q}_p$ 不是代数封闭的.

证明　我们已知 $\mathbf{O}_p$ 是主理想整环，从而也是唯一因子分解整环，且 p 是 $\mathbf{O}_p$ 中的素元，因此有 $\mathbf{O}_p$ 上的 Eisenstein 判别法：

设 $f(x)=\sum_{i=0}^{n}a_ix^i \in \mathbf{O}_p[x]$，如果 $p \mid a_i, i=0, 1,\cdots,n-1, p\nmid a_n, p^2\nmid a_1$，那么 $f(x)$ 在 $\mathbf{O}_p$ 上不可约.

而 $\mathbf{O}_p$ 是唯一因子分解整环 $\mathbf{O}_p$ 的分式域，$f(x)$ 在 $\mathbf{O}_p[x]$ 上不可约当且仅当 $f(x)$ 在 $\mathbf{Q}_p[x]$ 上不可约，由此容易得到 $\mathbf{Q}_p[x]$ 上的高次不可约多项式，因此 $\mathbf{Q}_p$ 不是代数封闭的.

推论 3　设 $\mathbf{Q}_p^{\mathrm{alg}}$ 是 $\mathbf{Q}_p$ 的代数闭包，则 $\mathbf{Q}_p^{\mathrm{alg}}$ 作为 $\mathbf{Q}_p$ 一向量空间是无限维的.

第二编

p-adic 数与赋值论

第5章　级数论中的 p-adic 数

设 $p \in \mathbf{N}$ 是固定的，$p \geqslant 2$. 若存在 $n \in \mathbf{N}^r$ 使 $rp^n \in \mathbf{Z}$，则有理数 r 称为 p 进制有理数. p 进制有理数的全体是 $\mathbf{Q}$ 的一个子环，是由 $\frac{1}{p}$ 生成的，我们把它记为 $\mathbf{Z}\left(\frac{1}{p}\right)$.

例1　证明：每一正 p 进制有理数 r 可以被唯一地写成 $r = \sum_{k=m}^{n} \frac{a_k}{p^k}$，其中 $(m, n) \in \mathbf{Z}^2$，$m \leqslant n$，$a_k \in \{0,1,2,\cdots,p-1\}$，而且 $a_n \neq 0$，$a_m \neq 0$.

我们首先证明每一个自然数 N 可以唯一地表示成

$$N = \sum_{k=0}^{m} b_k p^k \text{，其中 } b_k \in \{0,1,2,\cdots,p-1\}$$

$$b_m \neq 0$$

$$p^m \leqslant b_m p^m \leqslant N \leqslant (p-1)\sum_{k=0}^{m} p^k$$
$$=(p-1)\frac{1-p^{m+1}}{1-p}=p^{m+1}-1$$

并且

$$N=b_m p^m + N_1 (0 \leqslant N_1 < p^m)$$

实际上 m 是使 $p^m \leqslant N$ 的最大自然数，而 b_m 和 N_1 是 N 被 p^m 除后的商和余数，这样 m 和 b_m 就被唯一地确定了.

其次

$$N_1 = b_{m-1} p^{m-1} + N_2 (0 \leqslant N_2 < p^{m-1})$$

又确定了商 b_{m-1}（可能为零）. 重复这一过程，我们就可以唯一地把全部系数 b_k 确定下来.

现在设 $r \in \mathbf{Z}\left(\frac{1}{p}\right)$，而 n 是使 $rp^n \in \mathbf{Z}$ 的最小自然数. 若 $r > 0$，则有唯一确定的一组系数 b_k 使

$$rp^n = \sum_{k=0}^{m'} b_k p^k$$
$$b_{m'} \neq 0, b_0 \neq 0$$

（否则 n 就可能不是最小的自然数了）. 于是

$$r = \sum_{k=0}^{m'} \frac{b_k}{p^{n-k}} = \sum_{k=n-m'}^{n} \frac{a_k}{p^k}$$

就是所求的表示.

例 2　设 $\{a_n\}_{n\in\mathbf{N}}$ 是一个自然数序列，满足

$$a_n \in \{0,1,2,\cdots,p-1\}$$

证明：序列 $\left\{\sum_{k=1}^{n}\frac{a_k}{p^k}\right\}_{n\in\mathbf{N}}$ 收敛. 此外，若存在 n_0 使 $(n > n_0)\ a_n = p-1$，则对该序列的极限能说些什么？

该序列是增加的，而且 $u_n \leqslant \sum_{k=1}^{n}\frac{p-1}{p^k} = 1 - \frac{1}{p^n} <$

1,从而序列收敛于一个实数 $x \leqslant 1$. 可以更精确地说,若存在某一 a_k 异于 $p-1$,则 $x<1$. 我们记 $x=\sum\limits_{k=1}^{\infty} \frac{a_k}{p^k}$.

如果当 $n>n_0$ 时,$a_n=p-1(a_{n_0} \neq p-1)$,那么

$$\sum_{k=n_0+1}^{n} \frac{a_k}{p^k}=(p-1) \sum_{k=n_0+1}^{n} \frac{1}{p^k}=\frac{p-1}{p^{n_0+1}} \frac{1-\frac{1}{p^{n-n_0}}}{1-\frac{1}{p}}$$

$$=\frac{1}{p^{n_0}}-\frac{1}{p^n}$$

因此

$$x=\sum_{k=1}^{\infty} \frac{a_k}{p^k}=\sum_{k=1}^{n_0} \frac{a_k}{p^k}+\frac{1}{p^{n_0}}=\sum_{k=0}^{n_0-1} \frac{a_k}{p^k}+\frac{a_{n_0}+1}{p^{n_0}} \in \mathbf{Z}\left(\frac{1}{p}\right)$$

例 3　证明有一种一一对应的方式,使每一实数 $x \in[0,1]$ 和一个自然数的序列 $\{a_n\}_{n \in \mathbf{N}_+}$ 相对应,这个序列的项取值于 $\{0,1,2,\cdots,p-1\}$ 中,但不是从某项以后全为 $p-1$,并且使得 $x=\sum\limits_{k=1}^{\infty} \frac{a_k}{p^k}$.

唯一性. 设 $\{a_n\}$ 和 $\{a_n'\}$ 是两个这样的序列. 若 $a_m<a_m'$ 且当 $n<m$ 时 $a_n=a_n'$,则

$$x=\sum_{k=0}^{\infty} \frac{a_k}{p^k}=\sum_{k=0}^{m} \frac{a_k}{p^k}+\sum_{k=m+1}^{\infty} \frac{a_k}{p^k}$$

$$<\sum_{k=0}^{m} \frac{a_k}{p^k}+(p-1) \sum_{k=m+1}^{\infty} \frac{1}{p^k}$$

从而

$$x<\sum_{k=0}^{m} \frac{a_k}{p^k}+\frac{1}{p^m}$$

(上述不等式是严格的,因为对于 $k>m$,不是所有的 a_k 都等于 $p-1$). 又

$$x' = \sum_{k=0}^{\infty} \frac{a'_k}{p^k} \geqslant \sum_{k=0}^{m} \frac{a'_k}{p^k} = \sum_{k=0}^{m} \frac{a_k}{p^k} + \frac{a'_m - a_m}{p^m}$$
$$\geqslant \sum_{k=0}^{m} \frac{a_k}{p^k} + \frac{1}{p^m}$$

从而不可能有 $x = x'$.

存在性. 设 $x \in [0,1]$. 对任一 $m \in \mathbf{N}$, 有 $q_m \in \mathbf{N}$, 使

$$x_m = \frac{q_m}{p^m} \leqslant x < \frac{q_m + 1}{p^m} = x_m + \frac{1}{p^m}$$

这里 x_m 是一个和 x 相差不超过 $\frac{1}{p^m}$ 的 p 进制有理数

$$x_m = \sum_{k=1}^{m} \frac{a_k}{p^k}$$

现在把上式中的最后一项去掉而考虑 $x'_{m-1} = \sum_{k=1}^{m-1} \frac{a_k}{p^k}$, 则 x'_{m-1} 满足不等式

$$x'_{m-1} \leqslant x < x'_{m-1} + \frac{a_m + 1}{p^m} \leqslant x'_{m-1} + \frac{1}{p^{m-1}}$$

而这个不等式恰好是确定 x_{m-1} 的不等式. 由此我们可以定义出一个序列 $\{a_n\}_{n \in \mathbf{N}_+}$, 使得对任一 m, 这个序列的前 m 项就是定义 x_m 的那一列数. 我们还注意到从

$$\sum_{k=1}^{m} \frac{a_k}{p^k} \leqslant x < \sum_{k=1}^{m} \frac{a_k}{p^k} + \frac{1}{p^m}$$

可以得到

$$a_m + p\left(\sum_{k=1}^{m-1} p^{m-k-1} a_k\right)$$
$$\leqslant p^m x < a_m + 1 + p\left(\sum_{k=1}^{m-1} p^{m-k-1} a_k\right)$$

因此 a_m 和 $p^m x$ 的整数部分关于模 p 是同余的.

由构造知道 $x=\lim_{m\to\infty} x_m=\sum_{k=1}^{\infty}\frac{a_k}{p^k}$.

注 对 $p=10$,我们得到 x 的十进制展开.对 $p=2$,我们得到 x 的二进制展开.

例 4 证明:若序列 $\{a_n\}$ 是循环的(即有 $(m,h)\in\mathbf{N}^2$ 使 $\forall n,n>m,a_{n+h}=a_n$),则 $x=\sum_{k=1}^{\infty}\frac{a_k}{p^k}$ 是有理数.反过来,如果 $x=\frac{s}{q}$ 是有理数,那么试研究 $p^n s$ 被 q 除后所得的余数,然后导出 $\frac{s}{q}$ 的 p 进制展开是循环的.

我们有(用例 3 中的符号)

$$x=\lim_{q\to\infty} x_{m+qh}$$

其中

$$\begin{aligned}x_{m+qh}&=x_m+\sum_{s=0}^{q-1}\left(\sum_{k=1}^{h}\frac{a_{m+k+sh}}{p^{m+k+sh}}\right)\\&=x_m+\sum_{s=0}^{q-1}\left(\sum_{k=1}^{h}\frac{a_{m+k}}{p^{m+k}}\right)\frac{1}{p^{sh}}\\&=x_m+(x_{m+h}-x_m)\sum_{s=0}^{q-1}\frac{1}{p^{sh}}\\&=x_m+(x_{m+h}-x_m)\frac{1-\frac{1}{p^{qh}}}{1-\frac{1}{p^h}}\end{aligned}$$

因此

$$x=x_m+(x_{m+h}-x_m)\frac{p^h}{p^h-1}\in\mathbf{Q}$$

反过来设 $x=\frac{s}{q}$. $s,ps,p^2s,\cdots,p^ns,\cdots$ 被 q 除后所得的余数不可能都不一样(因为它们都比 q 小).现在

用 m 和 $m+h$ 记 n 的给出相同余数的最小两个值

$$p^m s \equiv r(\bmod q), p^{m+h} s \equiv r p^h \equiv r(\bmod q)$$

于是

$$p^{m+2h} s \equiv r p^h \equiv r(\bmod q)$$

更一般地

$$p^{m+kh} s \equiv p^m s(\bmod q)(\forall k \in \mathbf{N})$$

设 λ 是 $\{1,2,\cdots,h\}$ 中任意一个固定的自然数，则

$$p^{m+kh+\lambda} s \equiv p^{m+\lambda} s(\bmod q p^\lambda)(\forall k \in \mathbf{N})$$

从而

$$p^{m+kh+\lambda} \frac{s}{q} \equiv p^{m+\lambda} \frac{s}{q}(\bmod p^\lambda)$$

由例 3 末尾的说明得知上面这些结论可以表示成

$$a_{m+kh+\lambda} = a_{m+\lambda}(\forall \lambda \in \{1,2,\cdots,h\}, \forall k \in \mathbf{N})$$

因此 $\{a_n\}$ 是循环的，循环节长为 h.

这是我们所知道的有理数的十进制展开性质的一种推广.

p-adic 数域 $\mathbf{Q}_p$ 上的级数理论①

第 6 章

6.1　引　　言

传统的微积分理论结果在 p-adic 分析中得到了推广，但是它们还是有区别的，能否将实分析中已经成熟的级数理论也推广到 p-adic 数域上，得到与实分析类似，甚至更好的结论？西安文理学院数学系的赵艳、马巧云两位教授 2010 年讨论了 p-adic 数域上的级数理论.

① 本章摘编自《纯粹数字与应用数学》，2010，26(5)：751-754.

6.2 p-adic 数域上数项级数的收敛

我们先给出p-adic 数域 $\mathbf{Q}_p$ 上数列收敛的定义及其收敛的一个充要条件.

定义 1 把给定的数列$\{\alpha_k\}$的各项依次相加,即$\alpha_1+\alpha_2+\cdots+\alpha_n+\cdots$称为$p$-adic 数域上的数项级数,简记为

$$\sum_{n=1}^{\infty}\alpha_n, \alpha_k \in \mathbf{Q}_p(k=1,2,3,\cdots) \tag{1}$$

级数(1) 的前 n 项和记为

$$S_n=\sum_{k=1}^{n}\alpha_k=\alpha_1+\alpha_2+\cdots+\alpha_n$$

定义 2 若级数(1) 的部分和数列$\{S_n\}$收敛于S,即$\lim\limits_{n\to\infty}S_n=S$,则称级数(1) 收敛,$S$为级数的和,记$S=\sum\limits_{k=1}^{\infty}\alpha_k$.

引理 1 p-adic 数域 $\mathbf{Q}_p$ 上的数列$\{\alpha_k\}$收敛的充要条件是对于任意给定的ε_p,总存在正整数 N,当 m,$n>N$ 时,有

$$|\alpha_m-\alpha_n|_p<\varepsilon_p \tag{2}$$

成立,其中 $\alpha_m,\alpha_n,\varepsilon_p \in \mathbf{Q}_p(m,n=1,2,3,\cdots)$.

接下来,我们来研究p-adic 数域 $\mathbf{Q}_p$ 上级数收敛的判定定理.

引理 2 设 $\mathbf{Q}_p$ 中的数项级数

$$\sum_{k=1}^{\infty}\alpha_k, \alpha_k \in \mathbf{Q}_p(k=1,2,3,\cdots)$$

则该级数收敛的充要条件是$\lim\limits_{n\to\infty}|a_n|_p=0$,即$\lim\limits_{n\to\infty}a_n=0$成立.

在实数域上,这只是级数收敛的必要条件. 而在p-adic 数域中,这是级数收敛的充要条件,因此使得p-adic 级数收敛的判断更简单. 又因为p-adic 赋值的性质,所以p-adic 数域上的级数没有条件收敛和绝对收敛的问题.

定理 p-adic 数域 $\mathbf{Q}_p$ 上级数 $\sum\limits_{k=1}^{\infty}\alpha_k$ 收敛的充要条件是对于任意给定的 ε_p,总存在正整数 N,当 m,$n>N$ 时,有

$$|\alpha_{m+1}+\alpha_{m+2}+\cdots+\alpha_{m+n}|_p<\varepsilon_p \tag{3}$$

成立.

证明 "$\Rightarrow$". 因为 $\sum\limits_{k=1}^{\infty}\alpha_k$ 收敛,由引理 2,$\lim\limits_{n\to\infty}a_n=0$,即对于任意给定的 ε_p,总存在正整数 N,使得对于 $k>N$ 的一切 α_k,有 $|\alpha_k|_p<\varepsilon_p$ 成立. 所以

$$\begin{aligned}&|\alpha_{m+1}+\alpha_{m+2}+\cdots+\alpha_{m+n}|_p\\ \leqslant\ &\max\{|\alpha_{m+1}|_p,|\alpha_{m+2}|_p,\cdots,|\alpha_{m+n}|_p\}<\varepsilon_p\end{aligned}$$

"$\Leftarrow$". 设级数 $\sum\limits_{k=1}^{\infty}\alpha_k$ 的部分和是 S_n,则有

$$|\alpha_{m+1}+\alpha_{m+2}+\cdots+\alpha_{m+n}|_p=|S_{m+n}-S_m|_p<\varepsilon_p$$

对级数 $\sum\limits_{k=1}^{\infty}\alpha_k$ 的部分和数列 $\{S_n\}$ 应用引理 3,有 $\{S_n\}$ 收敛,即 $\sum\limits_{k=1}^{\infty}\alpha_k$ 收敛.

6.3 p-adic 数域上函数项级数的收敛

定义 1 设 $f_1(x), f_2(x), \cdots, f_n(x), \cdots$ 是定义在 $\mathbf{Q}_p$ 上的p-adic 函数列，简记为

$$\{f_n(x)\} \tag{1}$$

设 $x_0 \in \mathbf{Q}_p$，把 x_0 代入式(1)，可得数列

$$f_1(x_0), f_2(x_0), \cdots, f_n(x_0), \cdots \tag{2}$$

若式(2)收敛，则称函数列$\{f_n(x)\}$在 x_0 处收敛；若函数列在 $K \subseteq \mathbf{Q}_p$ 上每一点处都收敛，则称函数列$\{f_n(x)\}$在 K 上收敛.

定义 2 设 $f_n(x)$ 是定义在 $K \subseteq \mathbf{Q}_p$ 上的p-adic 函数列，把

$$f_1(x) + f_2(x) + \cdots + f_n(x) + \cdots (x \in \mathbf{Q}_p)$$

称为定义在 $K \subseteq \mathbf{Q}_p$ 上的函数项级数，简记为 $\sum\limits_{n=1}^{\infty} f_n(x)$. 称

$$S_n(x) = \sum_{k=1}^{\infty} f_k(x) (x \in \mathbf{Q}_p ; n = 1, 2, 3, \cdots)$$

为函数项级数 $\sum\limits_{n=1}^{\infty} f_n(x)$ 的部分和.

取 $x_0 \in \mathbf{Q}_p$，若部分和 $S_n(x_0)$ 在 $n \to \infty$ 时极限 $S(x_0)$ 存在，即数项级数 $\sum\limits_{n=1}^{\infty} f_n(x_0)$ 收敛，则称函数项级数 $\sum\limits_{n=1}^{\infty} f_n(x)$ 在点 x_0 处收敛.

若级数在$\mathbf{Q}_p$ 的某个子集K 上的每一点处都收敛，

则函数项级数 $\sum_{n=1}^{\infty} f_n(x)$ 在 K 上收敛，K 称为函数项级数的收敛域.

再记和函数

$$S(x)=\lim_{n\to\infty} S_n(x)$$

余项 $R_n(x)=S(x)-S_n(x)$，与实数域上级数收敛条件类似，我们有：

引理 1　p-adic 数域上的函数列收敛的充要条件是对于任意给定的 ε_p，总存在正整数 N，当 $m,n>N$ 时，对一切 x，有

$$|f_{m+n}(x)-f_n(x)|_p<\varepsilon_p \tag{3}$$

成立，其中 $x,f_m,f_n,\varepsilon_p\in\mathbf{Q}_p(m,n=1,2,3,\cdots)$.

引理 2　函数项级数 $\sum_{n=1}^{\infty} f_n(x)$ 在数集 $K\in\mathbf{Q}_p$ 上收敛的充要条件是 $f_n(x)\to 0$.

定理 1　函数项级数 $\sum_{n=1}^{\infty} f_n(x)$ 在数集 $K\in\mathbf{Q}_p$ 上收敛的充要条件是对于任意的 ε_p，总存在正整数 N，使得当 $n>N$ 时，对于一切 $x\in\mathbf{Q}_p$ 和一切正整数 m，有

$$|S_{m+n}(x)-S_n(x)|_p<\varepsilon_p$$

成立.

证明　"⇒". 因为 $\sum_{n=1}^{\infty} f_n(x)$ 收敛，所以 $f_n(x)\to 0$，即对于任意的 ε_p，总存在正整数 N，使得当 $n>N$ 时，对于一切 $x\in\mathbf{Q}_p$，有

$$\begin{aligned}
&|f_n(x)|_p\\
&<\varepsilon\,|S_{m+n}-S_n|_p\\
&=|f_{m+1}+f_{m+2}+\cdots+f_{m+n}|_p\\
&\leqslant\max\{|f_{m+1}|_p,|f_{m+2}|_p,\cdots,|f_{m+n}|_p\}<\varepsilon_p
\end{aligned}$$

"$\Leftarrow$". 由定理的条件，对于任意给定的 ε_p，总存在正整数 N，当 $m,n>N$ 时，对一切 $x\in\mathbf{Q}_p$，函数列 $\{S_n\}$ 都满足

$$|S_{m+n}(x)-S_n(x)|_p<\varepsilon_p \tag{4}$$

所以函数列 $\{S_n\}$ 收敛，即函数项级数 $\sum\limits_{n=1}^{\infty}f_n(x)$ 收敛.

定理 2 如果定义在 $\mathbf{Q}_p$ 上的 p-adic 函数项级数 $\sum\limits_{n=1}^{\infty}f_n(x)$ 在 $[a_p,b_p]\subseteq\mathbf{Q}_p$ 上满足以下条件：

(1) $|f_n(x)|_p\leqslant\alpha_n, n=1,2,3,\cdots$;

(2) $\sum\limits_{n=1}^{\infty}\alpha_n$ 收敛，

则有函数项级数 $\sum\limits_{n=1}^{\infty}f_n(x)$ 在 $[a_p,b_p]$ 上收敛.

证明 由条件(2)，有 $\alpha_n\to 0(n\to\infty)$，即对任意的 ε_p，总存在正整数 N，使得当 $n>N$ 时，有 $|\alpha_n|<\varepsilon_p$，即

$$\begin{aligned}&|S_{m+n}(x)-S_n(x)|_p\\=&|f_{m+1}+f_{m+2}+\cdots+f_{m+n}|_p\\\leqslant&\max\{|f_{m+1}|_p,|f_{m+2}|_p,\cdots,|f_{m+n}|_p\}\\\leqslant&\max\{|\alpha_{m+1}|_p,|\alpha_{m+2}|_p,\cdots,|\alpha_{m+n}|_p\}<\varepsilon_p\end{aligned}$$

由引理 2，可知 $\sum\limits_{n=1}^{\infty}f_n(x)$ 收敛.

以上，我们讨论了 p-adic 分析最基本的级数理论，结果表明：在级数方面，由于 p-adic 赋值的性质，我们在级数敛散性判断上能得到比实分析更好的结果、更简单的证明. 除了级数理论，还有哪些 p-adic 分析上的问题有比实分析更好的结论？这将是我们今后要研究的问题.

赋 值 论

第 7 章

7.1 p-adic 数

p-adic 数是由数学家 Kurt Hensel(1861—1941)在 20 世纪初创造的,目的是将函数论中占统治地位的幂级数展开的方法引进到数论中来.数 $f \in \mathbf{Z}$ 可以与多项式 $f(z) \in \mathbf{C}[z]$ 类比地看作 $\mathbf{Z}$ 中的素数空间 X 上的函数,对点 $p \in X$ 关联一个"值",即在剩余类域 $k(p) = \mathbf{Z}/p\mathbf{Z}$ 中的元

$$f(p) := f(\bmod p)$$

这个观点暗示进一步的问题:是否不仅整数 $f \in \mathbf{Z}$ 在 p 的"值"能合理地定义,而且 f 的高阶导数也能合理地定义.对

于多项式 $f(z) \in \mathbf{C}[z]$ 这种情形，它在 $z=a$ 的高阶导数由下面展开式

$$f(z)=a_0+a_1(z-a)+\cdots+a_n(z-a)^n$$

的系数给出. 更一般地，对于有理函数 $f(z)=\dfrac{g(z)}{h(z)} \in \mathbf{C}(z)$，$g,h \in \mathbf{C}[z]$，它们由 Taylor 展开式

$$f(z)=\sum_{v=0}^{\infty} a_v(z-a)^v$$

给出，只要函数在 $z=a$ 没有极点，即 $(z-a) \nmid h(z)$. 对于 $\mathbf{Z}$ 中的素数 p，只要有理数 $f \in \mathbf{Q}$ 在局部环

$$\mathbf{Z}_{(p)}=\left\{\frac{g}{h} \,\middle|\, g,h \in \mathbf{Z}, p \nmid h\right\}$$

中，这样的展开式也能表示出来的事实让我们引出 p-adic 数的概念. 首先，每个正整数 $f \in \mathbf{N}$ 有一个 p-adic 展开式

$$f=a_0+a_1p+\cdots+a_np^n$$

系数 a_i 在 $\{0,1,\cdots,p-1\}$ 中，即在“值域”$k(p)=\mathbf{F}_p$ 的一个固定的代表系中. 这个表示显然是唯一的. 它可以通过连续除 p 清楚地算出，形成下面的等式组

$$\begin{aligned}
f &= a_0+pf_1\\
f_1 &= a_1+pf_2\\
&\vdots\\
f_{n-1} &= a_{n-1}+pf_n\\
f_n &= a_n
\end{aligned}$$

这里 $a_i \in \{0,1,\cdots,p-1\}$ 为 $f_i(\bmod p) \in \mathbf{Z}/p\mathbf{Z}$ 的代表. 在具体的情形，人们有时把数 f 简单地写成数字序列 $a_0,a_1a_2\cdots a_n$，例如

$$216=0,0011011(\text{二进制})$$

$$216=0,0022(\text{三进制})$$

$$216 = 1{,}331(\text{五进制})$$

只要试着写下负整数的 p-adic 展开式，更不用说是有理数的，人们就被迫承认无限级数

$$\sum_{v=0}^{\infty} a_v p^v = a_0 + a_1 p + a_2 p^2 + \cdots$$

这个记号首先应该理解为纯形式的，即 $\sum\limits_{v=0}^{\infty} a_v p^v$ 仅代表部分和序列

$$s_n = \sum_{v=0}^{n-1} a_v p^v (n = 1, 2, \cdots)$$

定义 1　固定素数 p，一个 p-adic 整数是如下形式的无限级数

$$a_0 + a_1 p + a_2 p^2 + \cdots$$

其中 $0 \leqslant a_i < p, i = 0, 1, 2, \cdots$. 所有 p-adic 整数的集合记为 $\mathbf{Z}_p$.

由下面关于 $\mathbf{Z}/p^n\mathbf{Z}$ 中的剩余类的命题知任何数 $f \in \mathbf{Z}_{(p)}$ 有 p-adic 展开式.

命题 1　剩余类 $a(\bmod p^n) \in \mathbf{Z}/p^n\mathbf{Z}$ 可以唯一地表示为下面的形式

$$a \equiv a_0 + a_1 p + a_2 p^2 + \cdots + a_{n-1} p^{n-1} (\bmod p^n)$$

其中 $0 \leqslant a_i < p, i = 0, 1, \cdots, n-1$.

证明　对 n 作归纳：当 $n = 1$ 时结论显然成立. 假定结论对 $n-1$ 成立，则我们有唯一的表示

$$a = a_0 + a_1 p + a_2 p^2 + \cdots + a_{n-2} p^{n-2} + g p^{n-1}$$

对某个整数 g 成立. 若 $g \equiv a_{n-1} (\bmod p)$ 使得 $0 \leqslant a_{n-1} < p$，则 a_{n-1} 由 a 唯一决定，从而命题中的同余式成立.

对每个整数 f，更一般地，对每个分母不被 p 整除

的有理数 $f \in \mathbf{Z}_{(p)}$，定义剩余类序列

$$\bar{s}_n \equiv f(\bmod\ p^n) \in \mathbf{Z}/p^n\mathbf{Z}(n=1,2,\cdots)$$

由上述命题，我们发现

$$\bar{s}_1 \equiv a_0(\bmod\ p)$$

$$\bar{s}_2 \equiv a_0 + a_1 p(\bmod\ p^2)$$

$$\bar{s}_3 \equiv a_0 + a_1 p + a_2 p^2(\bmod\ p^3)$$

$$\vdots$$

其中系数 $a_0, a_1, a_2, \cdots \in \{0,1,\cdots,p-1\}$ 是唯一决定的，且从上一行到下一行的表达含义一样. 这一系列数

$$s_n = a_0 + a_1 p + a_2 p^2 + \cdots + a_{n-1} p^{n-1}(n=1,2,\cdots)$$

定义了一个 p-adic 整数

$$\sum_{v=0}^{\infty} a_v p^v \in \mathbf{Z}_p$$

我们称之为 f 的 p-adic 展开式.

与 Laurent 级数 $f(z) = \sum_{v=-m}^{\infty} a_v (z-a)^v$ 类似，我们现在把 p-adic 整数的范围延拓为形式级数

$$\sum_{v=-m}^{\infty} a_v p^v = a_{-m} p^{-m} + \cdots + a_{-1} p^{-1} + a_0 + a_1 p + \cdots$$

其中 $m \in \mathbf{Z}, 0 \leqslant a_v < p$. 我们把这些级数简称为 p-adic 数，把所有的 p-adic 数的集合记为 $\mathbf{Q}_p$. 若 $f \in \mathbf{Q}$ 是任一有理数，则我们写成

$$f = \frac{g}{h} p^{-m}$$

其中 $g, h \in \mathbf{Z}, (gh, p) = 1$，且如果

$$a_0 + a_1 p + a_2 p^2 + \cdots$$

是 $\frac{g}{h}$ 的 p-adic 展开式，那么我们让 p-adic 数

$$a_0 p^{-m} + a_1 p^{-m+1} + \cdots + a_m + a_{m+1} p + \cdots \in \mathbf{Q}_p$$

附于 f 作为它的 p-adic 展开式.

用这种方式我们得到典型映射

$$\mathbf{Q}\to\mathbf{Q}_p$$

它将 $\mathbf{Z}$ 映到 $\mathbf{Z}_p$，且是单射，因为若 $a,b\in\mathbf{Z}$ 有相同的 p-adic 展开式，则 $a-b$ 被 p^n 整除对任意 n 成立，从而 $a=b$. 我们现在将 $\mathbf{Q}$ 等同于它在 $\mathbf{Q}_p$ 中的象，则我们可以写成 $\mathbf{Q}\subseteq\mathbf{Q}_p$，$\mathbf{Z}\subseteq\mathbf{Z}_p$. 因此，对每个有理数 $f\in\mathbf{Q}$，我们得到

$$f=\sum_{v=-m}^{\infty}a_v p^v$$

这就建立了我们要寻找的函数论中幂级数展开的算术类比.

例 1 $-1=(p-1)+(p-1)p+(p-1)p^2+\cdots$. 事实上，我们有

$$-1=(p-1)+(p-1)p+\cdots+(p-1)p^{n-1}-p^n$$

因此

$$-1\equiv(p-1)+(p-1)p+\cdots+(p-1)p^{n-1}\pmod{p^n}$$

例 2 $\dfrac{1}{1-p}=1+p+p^2+\cdots$. 事实上

$$1=(1+p+\cdots+p^{n-1})(1-p)+p^n$$

因此，$\dfrac{1}{1-p}\equiv1+p+\cdots+p^{n-1}\pmod{p^n}$.

我们可以定义 p-adic 数的加法和乘法将 $\mathbf{Z}_p$ 变为环，将 $\mathbf{Q}_p$ 变为它的分式域. 但是用直接的方法，就像人们处理十进制小数那样通过通常的数字移位法定义和与积，将会导致困难. 一旦我们用 p-adic 数 $f=\sum\limits_{v=0}^{\infty}a_v p^v$ 的另一表示，不将它看作整数和的序列

$$s_n = \sum_{v=0}^{n-1} a_v p^v \in \mathbf{Z}$$

而是看作剩余类的序列

$$\bar{s}_n \equiv s_n (\bmod\ p^n) \in \mathbf{Z}/p^n\mathbf{Z}$$

这些困难就会消失.

这一序列的项尽管在不同的环 $\mathbf{Z}/p^n\mathbf{Z}$ 中,但是它们由典型投射

$$\mathbf{Z}/p\mathbf{Z} \xleftarrow{\lambda_1} \mathbf{Z}/p^2\mathbf{Z} \xleftarrow{\lambda_2} \mathbf{Z}/p^3\mathbf{Z} \xleftarrow{\lambda_3} \cdots$$

相联系,且我们发现

$$\lambda_n(\bar{s}_{n+1}) = \bar{s}_n$$

在直积

$$\prod_{n=1}^{\infty} \mathbf{Z}/p^n\mathbf{Z} = \{(x_n)_{n\in\mathbf{N}} \mid x_n \in \mathbf{Z}/p^n\mathbf{Z}\}$$

中,我们考虑所有具有性质

$$\lambda_n(x_{n+1}) = x_n (n=1,2,\cdots)$$

的元$(x_n)_{n\in\mathbf{N}}$. 这个集合称为环 $\mathbf{Z}/p^n\mathbf{Z}$ 的射影极限,记为$\varprojlim_n \mathbf{Z}/p^n\mathbf{Z}$. 换句话说,我们有

$$\varprojlim_n \mathbf{Z}/p^n\mathbf{Z} = \{(x_n)_{n\in\mathbf{N}} \in \prod_{n=1}^{\infty} \mathbf{Z}/p^n\mathbf{Z} \mid \lambda_n(x_{n+1}) = x_n, n=1,2,\cdots\}$$

上面提及的改进的 p-adic 数的表示由下面的命题得到.

命题 2　对每个 p-adic 整数,有

$$f = \sum_{v=0}^{\infty} a_v p^v$$

联系剩余类序列$\{\bar{s}_n\}_{n\in\mathbf{N}}$,有

$$\bar{s}_n \equiv \sum_{v=0}^{n-1} a_v p^v (\bmod\ p^n) \in \mathbf{Z}/p^n\mathbf{Z}$$

则得到双射

$$\mathbf{Z}_p \xrightarrow{\sim} \varprojlim_n \mathbf{Z}/p^n\mathbf{Z}$$

射影极限 $\varprojlim_n \mathbf{Z}/p^n\mathbf{Z}$ 有显然是环的优点. 事实上，它是直积 $\prod_{n=1}^{\infty} \mathbf{Z}/p^n\mathbf{Z}$ 的子环，其中加法和乘法按分量来定义. 我们将 $\mathbf{Z}_p$ 与 $\varprojlim_n \mathbf{Z}/p^n\mathbf{Z}$ 等同，得到 p-adic 整数环 $\mathbf{Z}_p$.

因为每个元 $f \in \mathbf{Q}_p$ 有一个表示

$$f = p^{-m}g, g \in \mathbf{Z}_p$$

$\mathbf{Z}_p$ 上的加法和乘法可以延拓到 $\mathbf{Q}_p$ 上，如此 $\mathbf{Q}_p$ 称为 $\mathbf{Z}_p$ 的分式域.

在 $\mathbf{Z}_p$ 中，我们曾找到有理整数 $a \in \mathbf{Z}$，它由同余式组

$$a \equiv a_0 + a_1 p + \cdots + a_{n-1} p^{n-1} (\bmod\ p^n) (0 \leqslant a_i < p)$$

决定. 由等同

$$\mathbf{Z}_p = \varprojlim_n \mathbf{Z}/p^n\mathbf{Z}$$

$\mathbf{Z}$ 取为元素组

$$(a(\bmod\ p), a(\bmod\ p^2), a(\bmod\ p^3), \cdots) \in \prod_{n=1}^{\infty} \mathbf{Z}/p^n\mathbf{Z}$$

的集合，从而作为 $\mathbf{Z}_p$ 的子环出现. 以同样的方式，我们得到 $\mathbf{Q}$ 成为 p-adic 数域 $\mathbf{Q}_p$ 的子域.

尽管源于函数论的思想，p-adic 数注定完全应用在算术中，更准确地说是在经典的中心——Diophantine 方程中. 这样的方程

$$F(x_1, x_2, \cdots, x_n) = 0$$

是由一个多项式 $F \in \mathbf{Z}[x_1, x_2, \cdots, x_n]$ 给出的，问题是

它是否有整数解.这个困难的问题可以减弱为考虑同余式组

$$F(x_1,x_2,\cdots,x_n)\equiv 0(\bmod m)$$

而不是方程.

由中国剩余定理,这就相当于考虑模所有素数幂的同余式组

$$F(x_1,x_2,\cdots,x_n)\equiv 0(\bmod p^v)$$

希望通过用这种方式得到原方程的信息.这些同余式组通过 p-adic 数再次合成为一个方程.事实上,我们有:

命题 3　令 $F(x_1,x_2,\cdots,x_n)$ 为整系数多项式,固定素数 p.对任意 $v\geqslant 1$,同余式

$$F(x_1,x_2,\cdots,x_n)\equiv 0(\bmod p^v)$$

有解当且仅当方程

$$F(x_1,x_2,\cdots,x_n)=0$$

有 p-adic 整数解.

证明　如上所说,我们将环 $\mathbf{Z}_p$ 看作射影极限

$$\mathbf{Z}_p=\lim_{\overleftarrow{v}}\mathbf{Z}/p^v\mathbf{Z}\subseteq\prod_{v=1}^{\infty}\mathbf{Z}/p^v\mathbf{Z}$$

从右边的环上看,方程 $F=0$ 在各个环 $\mathbf{Z}/p^n\mathbf{Z}$ 上分裂为分支,即有同余式组

$$F(x_1,x_2,\cdots,x_n)\equiv 0(\bmod p^v)$$

如果

$$(x_1,x_2,\cdots,x_n)=(x_1^{(v)},x_2^{(v)},\cdots,x_n^{(v)})_{v\in\mathbf{N}}\in\mathbf{Z}_p^n$$

$$(x_i^{(v)})_{v\in\mathbf{N}}\in\mathbf{Z}_p=\lim_{\overleftarrow{v}}\mathbf{Z}/p^v\mathbf{Z}$$

是方程 $F(x_1,x_2,\cdots,x_n)=0$ 的一个 p-adic 数解,那么由同余式组解得

$$F(x_1^{(v)},x_2^{(v)},\cdots,x_n^{(v)})\equiv 0(\bmod p^v)(v=1,2,\cdots)$$

反之,对每个 $v\geqslant 1$,令

$$F(x_1,x_2,\cdots,x_n)\equiv 0(\bmod p^v)$$

有一个解 $(x_1^{(v)},x_2^{(v)},\cdots,x_n^{(v)})$. 若对 $i=1,2,\cdots,n$, $(x_i^{(v)})_{v\in\mathbf{N}}\in\prod\limits_{v=1}^{\infty}\mathbf{Z}/p^v\mathbf{Z}$ 已经在 $\lim\limits_{\overleftarrow{v}}\mathbf{Z}/p^v\mathbf{Z}$ 中,则我们有了方程 $F=0$ 的一个 p-adic 数解. 但是这种情形不会自动出现. 因此我们要从序列 $(x_1^{(v)},x_2^{(v)},\cdots,x_n^{(v)})$ 中抽出一个子序列满足我们的要求. 为记号简单起见,我们只对 $n=1$ 的情形进行证明,记 $x_v=x_1^{(v)}$. 一般的情形依同样的方式可得.

以下我们将 $\{x_v\}$ 看作 $\mathbf{Z}$ 中的序列. 因为 $\mathbf{Z}/p\mathbf{Z}$ 有限,有无限多项 x_v 模 p 与同一个元 $y_1\in\mathbf{Z}/p\mathbf{Z}$ 同余,所以我们可以选择 $\{x_v\}$ 的子序列 $\{x_v^{(1)}\}$,使得

$$x_v^{(1)}\equiv y_1(\bmod p),F(x_v^{(1)})\equiv 0(\bmod p)$$

类似地,我们从 $\{x_v^{(1)}\}$ 中选出子序列 $\{x_v^{(2)}\}$,使得

$$x_v^{(2)}\equiv y_2(\bmod p^2),F(x_v^{(2)})\equiv 0(\bmod p^2)$$

其中 $y_2\in\mathbf{Z}/p^2\mathbf{Z}$ 显然满足 $y_2\equiv y_1(\bmod p)$. 依此类推,对每个 $k\geqslant 1$,我们得到 $\{x_v^{(k-1)}\}$ 的一个子序列 $\{x_v^{(k)}\}$,其中的项满足同余式

$$x_v^{(k)}\equiv y_k(\bmod p^k),F(x_v^{(k)})\equiv 0(\bmod p^k)$$

其中 $y_k\in\mathbf{Z}/p^k\mathbf{Z}$ 满足 $y_k\equiv y_{k-1}(\bmod p^{k-1})$.

这些 y_k 定义了一个 p-adic 整数 $y=(y_k)_{k\in\mathbf{N}}\in\lim\limits_{\overleftarrow{k}}\mathbf{Z}/p^k\mathbf{Z}=\mathbf{Z}_p$,使对所有 $k\geqslant 1$,有

$$F(y_k)\equiv 0(\bmod p^k)$$

成立. 换句话说,$F(y)=0$.

习题 1　p-adic 数 $a=\sum\limits_{v=-m}^{\infty}a_vp^v\in\mathbf{Q}_p$ 是有理数当且仅当它的数字序列是周期的(可能在第一个周期前

有一个有限位数字串).

提示:写成 $p^m = b + c\dfrac{p^l}{1-p^n}$, $0 \leqslant b < p^l$, $0 \leqslant c < p^n$.

习题 2 p-adic 整数 $a = a_0 + a_1 p + a_2 p^2 + \cdots$ 是 $\mathbf{Z}_p$ 中的单位当且仅当 $a_0 \neq 0$.

习题 3 证明方程 $x^2 = 2$ 在 $\mathbf{Z}_7$ 中有解.

习题 4 将 $\dfrac{2}{3}$, $-\dfrac{2}{3}$ 写成 5 进制数.

习题 5 p-adic 数域 $\mathbf{Q}_p$ 除了恒等映射没有其他自同构.

习题 6 有理数的加、减、乘、除是如何反映在用 p-adic 数字给出的表示中的?

7.2 *p*-adic 绝对值

p-adic 整数的表示

$$a_0 + a_1 p + a_2 p^2 + \cdots (0 \leqslant a_i < p) \tag{1}$$

很像 0 到 10 之间的实数的十进制小数表示

$$a_0 + a_1\left(\frac{1}{10}\right) + a_2\left(\frac{1}{10}\right)^2 + \cdots (0 \leqslant a_i < 10)$$

但它不像十进制小数那样收敛. 尽管如此, p-adic 数域 $\mathbf{Q}_p$ 还是能像实数域 $\mathbf{R}$ 那样从 $\mathbf{Q}$ 中构造出来. 这里的关键是用一种新的"p-adic"绝对值 $|\quad|_p$ 代替普通的绝对值, 相对它, 级数(1)收敛使得 p-adic 数像通常那样作为有理数的 Cauchy 序列的极限出现. 这种方法是匈牙利数学家 J. Kürschák 提出的. p-adic 绝对值 $|\quad|_p$ 的定义如下:

令 $a=\frac{b}{c}$，$b,c\in\mathbf{Z}$ 是一个非零的有理数，我们从 b,c 中尽量提取素数 p 的高次幂

$$a=p^m\frac{b'}{c'},(b'c',p)=1 \qquad (2)$$

记

$$|a|_p=\frac{1}{p^m}$$

于是 p-adic 值不再度量数 $a\in\mathbf{N}$ 的大小. 若这个数被 p 的高次幂整除，则它反而变小了. 这就把命题 3 暗含的思想详尽地阐述出来了：若一个整数被 p 无限可除，则它必定为 0. 特别地，p-adic 级数 $a_0+a_1p+a_2p^2+\cdots$ 的部分和构成关于 $|\quad|_p$ 的收敛于 0 的数列.

a 在表示式(2) 中的指数 m 记为 $v_p(a)$，我们也形式地记 $v_p(0)=\infty$. 这样得到函数

$$v_p:\mathbf{Q}\to\mathbf{Z}\cup\{\infty\}$$

容易验证它满足性质：

(1)$v_p(a)=\infty\Leftrightarrow a=0$；

(2)$v_p(ab)=v_p(a)+v_p(b)$；

(3)$v_p(a+b)\geqslant\min\{v_p(a),v_p(b)\}$.

其中 $x+\infty=\infty,\infty+\infty=\infty,\infty>x$ 对所有 $x\in\mathbf{Z}$ 成立. 函数 v_p 称为 $\mathbf{Q}$ 的 p-adic 指数赋值. p-adic 绝对值由

$$|\quad|_p:\mathbf{Q}\to\mathbf{R},a\to|a|_p=p^{-v_p(a)}$$

给出. 基于(1)(2)(3)，p-adic 绝对值满足 $\mathbf{Q}$ 上的范的条件：

(1) $|a|_p=0\Leftrightarrow a=0$；

(2) $|ab|_p=|a|_p|b|_p$；

(3) $|a+b|_p\leqslant\max\{|a|_p,|b|_p\}$.

我们可以证明绝对值$|\quad|_p$和$|\quad|$本质上穷尽了$\mathbf{Q}$上的所有范;任何其他范是幂$|\quad|_p^s$或者$|\quad|^s$,$s>0$是某个实数.通常的绝对值$|\quad|$在下文中记为$|\quad|_\infty$.这样做的正当理由将在适当的时候解释.绝对值$|\quad|$与$|\quad|_p$一起满足下面重要的乘积公式.

命题 1　对每一个有理数$a\neq 0$,有

$$\prod_p |a|_p = 1$$

其中p过所有素数和记号∞.

证明　在a的素数分解式中

$$a=\pm\prod_{p\neq\infty} p^{v_p}$$

p的指数v_p恰好是指数赋值$v_p(a)$,且符号是$\frac{a}{|a|_\infty}$,所以等式读作

$$a=\frac{a}{|a|_\infty}\prod_{p\neq\infty}\frac{1}{|a|_p}$$

因此我们的确有$\prod\limits_p |a|_p=1$.

通常的绝对值记号$|\quad|_\infty$是受到有理数域$\mathbf{Q}$与有限域k上的有理函数域$k(t)$之间的类比的启发,我们对此开始考察.取代$\mathbf{Z}$,我们在$k(t)$中有多项式环$k[t]$,它的素理想$\mathfrak{p}\neq 0$由首一不可约多项式$p(t)\in k[t]$给出.对每个这样的$\mathfrak{p}$,我们定义绝对值如下

$$|\quad|_{\mathfrak{p}}: k(t)\rightarrow\mathbf{R}$$

设$f(t)=\frac{g(t)}{h(t)}$,$g(t),h(t)\in k[t]$是一个非零的有理函数.我们从$g(t),h(t)$提取不可约多项式$p(t)$的尽可能高的幂次

$$f(t)=p(t)^m\frac{\tilde{g}(t)}{\tilde{h}(t)},(\tilde{g}\tilde{h},p)=1$$

令

$$v_{\mathfrak{p}}(f)=m,\ |f|_{\mathfrak{p}}=q_{\mathfrak{p}}^{-v_{\mathfrak{p}}(f)}$$

其中 $q_{\mathfrak{p}}=q^{d_{\mathfrak{p}}}$，$d_{\mathfrak{p}}$ 是 $\mathfrak{p}$ 在 k 上的剩余类域次数，$q>1$ 是一个固定的实数. 此外，令 $v_{\mathfrak{p}}(0)=\infty$，$|0|_{\mathfrak{p}}$，我们得到 $v_{\mathfrak{p}}$，$|\quad|_{\mathfrak{p}}$ 满足条件(1)(2)(3)，就像 v_p，$|\quad|_p$ 那样. 在 $\mathfrak{p}=(t-a)$，$a\in k$ 的情形，赋值 $v_{\mathfrak{p}}(f)$ 显然是函数 $f=f(t)$ 在 $t=a$ 的零点或极点的阶.

但是对于函数域 $k(t)$，还有一个指数赋值

$$v_{\infty}:k(t)\to\mathbf{Z}\cup\{\infty\}$$

即

$$v_{\infty}(f)=\deg(h)-\deg(g)$$

其中 $f=\frac{g}{h}\neq 0$，$g,h\in k[t]$. 它描述了函数 $f(t)$ 在 ∞ 的零点或极点的阶，即 $f(\frac{1}{t})$ 在 $t=0$ 的零点或极点的阶. 与它相关的是环 $k[\frac{1}{t}]\subseteq k(t)$ 的素理想 $\mathfrak{p}=(\frac{1}{t})$，关联的方式与将指数赋值 $v_{\mathfrak{p}}$ 关联 $k[t]$ 的素理想 $\mathfrak{p}$ 一样. 令

$$|f|_{\infty}=q^{-v_{\infty}(f)}$$

就像上面的命题一样，由 $k(t)$ 的唯一分解得到公式

$$\prod_{\mathfrak{p}}|f|_{\mathfrak{p}}=1$$

其中 $\mathfrak{p}$ 过 $k[t]$ 的所有素理想以及记号 ∞，现在它指无穷远点.

上面的考察表明 $\mathbf{Q}$ 上的绝对值 $|\quad|$ 应该认为是与在无穷远处的虚拟点相关的. 这个观点是使用记号 $|\quad|_{\infty}$ 的根据，符合我们从几何的角度将数当作函数研究这一永恒的思想. 然而，$\mathbf{Q}$ 上的绝对值 $|\quad|_{\infty}$ 和

$k(t)$ 上的绝对值 $|\quad|_\infty$ 之间的关键差别在于前者不是由任何附于一个素理想的指数赋值 $v_\mathfrak{p}$ 导出的.

已经介绍了域 $\mathbf{Q}$ 上的 p-adic 绝对值,现在让我们模仿实数域的构造来给出 p-adic 数域 $\mathbf{Q}_p$ 的一个新的定义. 我们随后将验证这个新的、解析的构造的确与 Hensel 受函数论启发的定义一致.

依定义,关于 $|\quad|_p$ 的一个 Cauchy 序列是一个有理数列 $\{x_n\}$,使得对任何 $\varepsilon > 0$,存在正整数 n_0 满足

$$| x_n - x_m | < \varepsilon$$

对所有 $n, m \geqslant n_0$ 成立.

例 1 每个形式级数

$$\sum_{v=0}^{\infty} a_v p^v (0 \leqslant a_v < p)$$

通过部分和

$$x_n = \sum_{v=0}^{n-1} a_v p^v$$

提供一个 Cauchy 序列,因为对 $n > m$,有

$$| x_n - x_m |_p = | \sum_{v=m}^{n-1} a_v p^v |_p \leqslant \max_{m \leqslant v < n} \{ | a_v p^v |_p \} \leqslant \frac{1}{p^m}$$

若 $\{| x_n |_p\}$ 是通常意义下收敛于 0 的序列,则 $\mathbf{Q}$ 中的序列 $\{x_n\}$ 称为关于 $|\quad|_p$ 的零序列.

例 2 $1, p, p^2, p^3, \cdots$.

Cauchy 序列作成一个环 R,零序列成为一个极大理想 $\mathfrak{m}$,我们重新定义 p-adic 数为剩余类域

$$\mathbf{Q}_p := R/\mathfrak{m}$$

通过将每个有理数 $a \in \mathbf{Q}$ 联系到常数列 $(a, a, a, \cdots)$ 的剩余类,我们将 $\mathbf{Q}$ 嵌入到 $\mathbf{Q}_p$ 中. 通过给元 $x = (x_n) (\bmod \mathfrak{m}) \in R/\mathfrak{m}$ 取绝对值

$$|x_p|:=\lim_{n\to\infty}|x_n|_p\in\mathbf{R}$$

$\mathbf{Q}$ 上的 p-adic 绝对值 $|\quad|_p$ 延拓到 $\mathbf{Q}_p$ 上，因为 $\{|x_n|_p\}$ 是 $\mathbf{R}$ 中的 Cauchy 序列，这个极限存在，它与 mod $\mathfrak{m}$ 类中的序列 $\{x_n\}$ 的选取无关，因为任何 p-adic 零序列 $\{y_n\}\in\mathfrak{m}$ 满足 $\lim\limits_{n\to\infty}|y_n|_p=0$.

$\mathbf{Q}$ 上的 p-adic 指数赋值 v_p 延拓为指数赋值

$$v_p:\mathbf{Q}_p\to\mathbf{Z}\cup\{\infty\}$$

事实上，若 $x\in\mathbf{Q}_p$ 是 Cauchy 序列 $\{x_n\}$，$x_n\neq 0$ 所在类，则

$$v_p(x_n)=-\log|x_n|_p$$

或者发散到 ∞，或者 $\mathbf{Z}$ 中的 Cauchy 序列最终对于大的 n 为常数，因为 $\mathbf{Z}$ 是离散的. 对 $n\geqslant n_0$，令

$$v_p(x)=\lim_{n\to\infty}v_p(x_n)=v_p(x_n)$$

我们再次发现对所有 $x\in\mathbf{Q}_p$，有

$$|x|_p=p^{-v_p(x)}$$

就像实数域那样，我们证明：

命题 2　p-adic 数域 $\mathbf{Q}_p$ 关于绝对值 $|\quad|_p$ 是完备的，即 $\mathbf{Q}_p$ 中的每个 Cauchy 序列关于 $|\quad|$ 收敛.

从而连同域 $\mathbf{R}$，对每个素数 p 我们得到新的域 $\mathbf{Q}_p$，它们具有相同的性质，因此 $\mathbf{Q}$ 引出无限个域的族

$$\mathbf{Q}_2,\mathbf{Q}_3,\mathbf{Q}_5,\mathbf{Q}_7,\mathbf{Q}_{11},\cdots,\mathbf{Q}_\infty=\mathbf{R}$$

p-adic 绝对值 $|\quad|_p$ 的一个重要的特殊性质在于有事实：它们不仅满足通常的三角不等式，而且有更强的版本

$$|x+y|_p\leqslant\max\{|x|_p,|y|_p\}$$

由此得到下面精彩的命题，它给了我们的 p-adic 整数一个新的定义.

命题 3　集合

$$\mathbf{Z}_p := \{x \in \mathbf{Q}_p \mid |x|_p \leqslant 1\}$$

是 $\mathbf{Q}_p$ 的子环，它是环 $\mathbf{Z}$ 在 $\mathbf{Q}_p$ 中关于 $|\quad|_p$ 的闭包.

证明　由于

$$|x+y|_p \leqslant \max\{|x|_p, |y|_p\}$$

$$|xy|_p = |x|_p |y|_p$$

$\mathbf{Z}_p$ 对加法和乘法是封闭的. 若 $\{x_n\}$ 是 $\mathbf{Z}$ 中的 Cauchy 序列且 $x = \lim\limits_{n\to\infty} x_n$，则 $|x_n|_p \leqslant 1$，也有 $|x|_p \leqslant 1$，因此 $x \in \mathbf{Z}_p$. 反之，对 $\mathbf{Q}$ 中的 Cauchy 序列 $\{x_n\}$，令 $x = \lim\limits_{n\to\infty} x_n \in \mathbf{Z}_p$，由上我们看到有 $|x|_p = |x_n|_p \leqslant 1$ 对 $n \geqslant n_0$ 成立，即 $x_n = \dfrac{a_n}{b_n}$，$a_n, b_n \in \mathbf{Z}$，$(b_n, p) = 1$. 对每个 $n \geqslant n_0$，选取同余式 $b_n y_n \equiv a_n \pmod{p^n}$ 的一个解 $y_n \in \mathbf{Z}$，得到 $|x_n - y_n|_p \leqslant \dfrac{1}{p^n}$，于是 $x = \lim\limits_{n\to\infty} y_n$，因此 x 属于 $\mathbf{Z}$ 的闭包.

$\mathbf{Z}_p$ 的单位群显然是

$$\mathbf{Z}_p^* = \{x \in \mathbf{Z}_p \mid |x|_p = 1\}$$

每个元 $x \in \mathbf{Q}_p^*$ 有唯一的表示

$$x = p^m u, m \in \mathbf{Z}, u \in \mathbf{Z}_p^*$$

若 $v_p(x) = m \in \mathbf{Z}$，则 $v_p(xp^{-m}) = 0$，于是 $|xp^{-m}|_p = 1$，即 $u = xp^{-m} \in \mathbf{Z}_p^*$. 此外我们有：

命题 4　环 $\mathbf{Z}_p$ 中的非零理想是主理想

$$p^n\mathbf{Z}_p = \{x \in \mathbf{Q}_p \mid v_p(x) \geqslant n\} (n \geqslant 0)$$

而且我们有

$$\mathbf{Z}_p / p^n\mathbf{Z}_p \cong \mathbf{Z}/p^n\mathbf{Z}$$

证明　令 $\mathfrak{a} \neq 0$ 是 $\mathbf{Z}_p$ 中的非零理想，$x = p^m u$，$u \in \mathbf{Z}_p^*$ 是 $\mathfrak{a}$ 的有最小可能 m 的元(因 $|x|_p \leqslant 1$，我们有 $m \geqslant 0$)，则 $\mathfrak{a} = p^m\mathbf{Z}_p$，因为 $y = p^n u'$，$u' \in \mathbf{Z}_p^*$ 意味

$n \geqslant m$，于是 $y=(p^{n-m}u')p^m \in p^m\mathbf{Z}_p$. 同态

$$\mathbf{Z} \to \mathbf{Z}_p/p^n\mathbf{Z}_p, a \to a(\bmod p^n\mathbf{Z}_p)$$

有核 $p^n\mathbf{Z}$ 且是满射. 事实上，对每个 $x \in \mathbf{Z}_p$，由命题 3，存在 $a \in \mathbf{Z}$ 使得

$$|x-a|_p \leqslant \frac{1}{p^n}$$

即 $v_p(x-a) \geqslant n$，因此 $x-a \in p^n\mathbf{Z}_p$，于是 $x \equiv a(\bmod p^n\mathbf{Z}_p)$. 所以我们得到同构

$$\mathbf{Z}_p/p^n\mathbf{Z}_p \cong \mathbf{Z}/p^n\mathbf{Z}$$

我们现在建立与 7.1 节中给出的 Hensel 对环 $\mathbf{Z}_p$ 和域 $\mathbf{Q}_p$ 的定义之间的联系. 在那里，我们定义 p-adic 整数为形式级数

$$\sum_{v=0}^{\infty} a_v p^v (0 \leqslant a_v < p)$$

我们将它等同序列

$$\bar{s}_n \equiv s_n(\bmod p^n) \in \mathbf{Z}/p^n\mathbf{Z}(n=1,2,\cdots)$$

其中 s_n 是部分和

$$s_n = \sum_{v=0}^{n-1} a_v p^v$$

这些序列构成射影极限

$$\varprojlim_n \mathbf{Z}/p^n\mathbf{Z} = \{(x_n)_{n\in\mathbf{N}} \in \prod_{n=1}^{\infty} \mathbf{Z}/p^n\mathbf{Z} \mid x_{n+1} \to x_n\}$$

我们将 p-adic 整数视为这个环中的元素. 因

$$\mathbf{Z}_p/p^n\mathbf{Z}_p \cong \mathbf{Z}/p^n\mathbf{Z}$$

对每个 $n \geqslant 1$ 成立，我们得到满同态

$$\mathbf{Z}_p \to \mathbf{Z}/p^n\mathbf{Z}$$

显然这族同态产生一个同态

$$\mathbf{Z}_p \to \varprojlim_n \mathbf{Z}/p^n\mathbf{Z}$$

现在通过下面的命题能够将 $\mathbf{Z}_p$ 的两个定义等同(从而对 $\mathbf{Q}_p$ 也如此).

命题 5　同态

$$\mathbf{Z}_p \to \varprojlim_n \mathbf{Z}/p^n\mathbf{Z}$$

是同构.

证明　若 $x \in \mathbf{Z}_p$ 映到零,则意味对所有 $n \geqslant 1$ 有 $x \in p^n\mathbf{Z}_p$,即 $|x|_p \leqslant \frac{1}{p^n}$ 对所有 $n \geqslant 1$ 成立,因此 $|x|_p = 0$,从而 $x = 0$. 这就证明了单性.

$\varprojlim_n \mathbf{Z}/p^n\mathbf{Z}$ 中的元由部分和序列

$$s_n = \sum_{v=0}^{n-1} a_v p^v (0 \leqslant a_v < p)$$

给出.

我们上面已看到这个序列是 $\mathbf{Z}_p$ 中的 Cauchy 序列,于是收敛到一个元

$$x = \sum_{v=0}^{\infty} a_v p^v \in \mathbf{Z}_p$$

因为

$$x - s_n = \sum_{v=n}^{\infty} a_v p^v \in p^n\mathbf{Z}_p$$

所以,对所有 n 有 $x \equiv s_n (\mathrm{mod}\ p^n)$,即 x 映到 $\varprojlim_n \mathbf{Z}/p^n\mathbf{Z}$ 中由序列 $\{s_n\}_{n\in\mathbf{N}}$ 定义的元,这就证明了满性.

我们要强调同构

$$\mathbf{Z}_p \xrightarrow{\sim} \varprojlim_n \mathbf{Z}/p^n\mathbf{Z}$$

中右边的元形式地由部分和序列

$$s_n = \sum_{v=0}^{n-1} a_v p^v (n = 1, 2, \cdots)$$

给出.然而在左边,序列关于绝对值收敛,且

$$x=\sum_{v=0}^{\infty}a_v p^v$$

作为收敛的无限级数以熟知的方式产生 $\mathbf{Z}_p$ 中的一个元.

下面还有一个非常优美的方法来介绍 p-adic 数.令 $\mathbf{Z}[[X]]$ 记所有整系数形式幂级数 $\sum_{i=0}^{\infty}a_iX^i$ 的环,则有:

命题 6 我们有典型同构

$$\mathbf{Z}_p\cong\mathbf{Z}[[X]]/(X-p)$$

证明 考虑显然的满同态 $\mathbf{Z}[[X]]\to\mathbf{Z}_p$,它将每个形式幂级数 $\sum_{i=0}^{\infty}a_iX^i$ 与收敛级数 $\sum_{v=0}^{\infty}a_v p^v$ 相联系.主理想 $(X-p)$ 显然属于这个映射的核.为了证明这就是整个核,令 $f(X)=\sum_{v=0}^{\infty}a_vX^v$ 是一个幂级数,使得 $f(p)=\sum_{v=0}^{\infty}a_vp^v=0$.因为 $\mathbf{Z}_p/p^n\mathbf{Z}_p\cong\mathbf{Z}/p^n\mathbf{Z}$,所以,这意味对所有 $n\geqslant 1$,有

$$a_0+a_1p+\cdots+a_{n-1}p^{n-1}\equiv 0(\bmod p^n)$$

对 $n\geqslant 1$,令

$$b_{n-1}=-\frac{1}{p^n}(a_0+a_1p+\cdots+a_{n-1}p^{n-1})$$

则我们相继得到

$$a_0=-pb_0$$
$$a_1=b_0-pb_1$$
$$a_2=b_1-pb_2$$
$$\vdots$$

但是这实际上是等式

$$(a_0 + a_1X + a_2X^2 + \cdots)$$
$$= (X - p)(b_0 + b_1X + b_2X^2 + \cdots)$$

即 $f(X)$ 属于主理想 $(X-p)$.

习题 1 $|x-y|_p \geqslant ||x|_p - |y|_p|$.

习题 2 令 n 是一个自然数，$n = a_0 + a_1p + \cdots + a_{r-1}p^{r-1}$，$0 \leqslant a_i < p$ 是 p-adic 展开式，$s = a_0 + a_1 + \cdots + a_{r-1}$. 证明：$v_p(n!) = \dfrac{n-s}{p-1}$.

习题 3 序列 $1, \dfrac{1}{10}, \dfrac{1}{10^2}, \dfrac{1}{10^3}, \cdots$ 对任何 p，在 $\mathbf{Q}_p$ 中不收敛.

习题 4 令 $\varepsilon \in 1 + p\mathbf{Z}_p$，$\alpha = a_0 + a_1p + a_2p^2 + \cdots$ 为 p-adic 整数，部分和写成 $s_n = a_0 + a_1p + \cdots + a_{n-1}p^{n-1}$. 证明序列 $\{\varepsilon^{s_n}\}$ 收敛到 $1 + p\mathbf{Z}_p$ 中的一个数 ε^{α}，进而证明 $1 + p\mathbf{Z}_p$ 成为一个乘法 $\mathbf{Z}_p$ — 模.

习题 5 对每个 $a \in \mathbf{Z}$，$(a, p) = 1$，序列 $\{a^{p^n}\}_{n \in \mathbf{N}}$ 在 $\mathbf{Q}_p$ 中收敛.

习题 6 除非 $p = q$，否则 $\mathbf{Q}_p$ 与 $\mathbf{Q}_q$ 不同构.

习题 7 $\mathbf{Q}_p$ 的代数闭包的次数无限.

习题 8 在 $\mathbf{Z}_p$ 上的形式幂级数 $\sum_{v=0}^{\infty} a_v X^v$ 的环 $\mathbf{Z}_p[[X]]$ 中有下面的带余除法. 令 $f, g \in \mathbf{Z}_p[[X]]$，$f(X) = a_0 + a_1X + \cdots$ 使得 $p \mid a_v$，$v = 0, 1, \cdots, n-1$，但 $p \nmid a_n$，则我们可以唯一地写成

$$g = qf + r$$

其中 $q \in \mathbf{Z}_p[[X]]$，且 $r \in \mathbf{Z}_p[[X]]$ 是次数小于或等于 $n-1$ 的多项式.

提示：令 τ 是算子 $\tau(\sum_{v=0}^{\infty} b_v X^v) = \sum_{v=n}^{\infty} a_v X^{v-n}$. 证明 $U(X) = a_n + a_{n+1}X + \cdots = \tau(f(X))$ 是 $\mathbf{Z}_p[[X]]$ 中的单位，写成 $f(X) = pP(X) + X^n U(X)$，$P(X)$ 是次数小于或等于 $n-1$ 的多项式. 证明

$$q(X) = \frac{1}{U(X)} \sum_{i=0}^{\infty} (-1)^i p^i \left(\tau \circ \frac{P}{U}\right)^i \circ \tau(g)$$

是 $\mathbf{Z}_p[[X]]$ 中定义良好的幂级数使得 $\tau(qf) = \tau(g)$.

习题 9　(p-adic Weierstrass 预备定理)　每个非零的幂级数

$$f(X) = \sum_{v=0}^{\infty} a_v X^v \in \mathbf{Z}_p[[X]]$$

有唯一的表示

$$f(X) = p^{\mu} P(X) U(X)$$

其中 $U(X)$ 是 $\mathbf{Z}_p[[X]]$ 中的单位，$P(X) \in \mathbf{Z}_p[[X]]$ 是满足 $P(X) \equiv X^n \pmod{p}$ 的首一多项式.

7.3　赋　　值

上一节我们由域 $\mathbf{Q}$ 得到 p-adic 数的过程用(乘法)赋值的概念能够推广到任意域上.

定义 1　域 K 的一个赋值是一个函数

$$|\quad|: K \to \mathbf{R}$$

满足性质：

(1) $|x| \geqslant 0$，且 $|x| = 0 \Leftrightarrow x = 0$；

(2) $|xy| = |x||y|$；

(3) $|x+y| \leqslant |x| + |y|$ (三角不等式).

我们以后默认将对所有 $x \neq 0$ 满足 $|x| = 1$ 的 K

的平凡赋值排除在外. 定义两点 $x,y\in K$ 的距离为

$$d(x,y)=|x-y|$$

使 K 成为度量空间,因此特别地,它成为一个拓扑空间.

定义 2 K 的两个赋值称为等价的,如果它们定义 K 的同一个拓扑.

命题 1 K 的两个赋值 $|\ \ |_1$, $|\ \ |_2$ 等价当且仅当存在实数 $s>0$ 使得对所有 $x\in K$ 有 $|x|_1=|x|_2^s$.

证明 如果 $|\ \ |_1=|\ \ |_2^s$, $s>0$,那么 $|\ \ |_1$, $|\ \ |_2$ 显然等价. 对 K 上的任何赋值 $|\ \ |$,不等式 $|x|<1$ 相当于条件 $\{x^n\}_{n\in\mathbf{N}}$ 在 $|\ \ |$ 定义的拓扑中收敛于零. 因此,若 $|\ \ |_1$ 和 $|\ \ |_2$ 等价,则我们有蕴涵关系

$$|x|_1<1\Rightarrow|x|_2<1$$

现在令 $y\in K$ 是一个固定元,满足 $|y|_1>1$. 令 $x\in K, x\neq 0$,则有某个 $\alpha\in\mathbf{R}$ 使 $|x|_1=|y|_1^\alpha$. 令 $\{\frac{m_i}{n_i}\}$, $n_i>0$ 是有理数列,从上方收敛到 α,则我们有 $|x|_1=|y|_1^\alpha<|y|_1^{m_i/n_i}$,于是

$$\left|\frac{x^{n_i}}{y^{m_i}}\right|_1<1\Rightarrow\left|\frac{x^{n_i}}{y^{m_i}}\right|_2<1$$

因此 $|x|_2\leqslant|y|_2^{m_i/n_i}$,从而 $|x|_2\leqslant|y|_2^\alpha$. 由从下方收敛到 α 的序列 $\{\frac{m_i}{n_i}\}$ 告诉我们 $|x|_2\geqslant|y|_2^\alpha$. 所以我们有 $|x|_2=|y|_2^\alpha$. 因此,对所有 $x\in K, x\neq 0$,我们得到

$$\frac{\log|x|_1}{\log|x|_2}=\frac{\log|y|_1}{\log|y|_2}=:s$$

于是 $|x|_1=|x|_2^s$. 但是 $|y|_1>1$ 意味 $|y|_2>1$,因

此 $s>0$.

证明表明 $|\quad|_1$，$|\quad|_2$ 的等价性相当于条件

$$|x|_1<1\Rightarrow|x|_2<1$$

我们用它来证明下面的逼近定理，这个定理可以看作中国剩余定理的一个变体.

定理 1（逼近定理）　令 $|\quad|_1$，$|\quad|_2$，…，$|\quad|_n$ 是域 K 的两两不等价的赋值，令 $a_1,a_2,\cdots,a_n\in K$ 是给定的元，则对任何 $\varepsilon>0$，存在 $x\in K$ 使得对所有 $i=1,2,\cdots,n$，有

$$|x-a_i|_i<\varepsilon$$

证明　由上面的论述，因 $|\quad|_1$，$|\quad|_n$ 不等价，所以，存在 $\alpha\in K$ 使得 $|\alpha|_1<1$，$|\alpha|_n\geqslant 1$. 同理，存在 $\beta\in K$ 使得 $|\beta|_n<1$，$|\beta|_1\geqslant 1$. 令 $y=\beta=\dfrac{\beta}{\alpha}$，我们发现 $|y|_1>1$，$|y|_n<1$.

我们对 n 作归纳证明，存在 $z\in K$ 使得

$$|z|_1>1,\ |z|_j<1(j=2,\cdots,n)$$

我们已经对 $n=2$ 证明了结论. 假定我们已经找到 $z\in K$ 满足

$$|z|_1,\ |z|_j<1(j=2,\cdots,n-1)$$

若 $|z|_n\leqslant 1$，则对大的 m，$z^m y$ 满足要求. 但若 $|z|_n>1$，则序列 $\{t_m=\dfrac{z^m}{(1+z^m)}\}$ 关于 $|\quad|_1$，$|\quad|_n$ 将收敛到 1，而关于 $|\quad|_2$，$|\quad|_3$，…，$|\quad|_{n-1}$ 收敛到 0. 于是，对大的 m，$t_m y$ 满足要求.

序列 $\{\dfrac{z^m}{(1+z^m)}\}$ 关于 $|\quad|_1$ 将收敛到 1，而关于 $|\quad|_2$，$|\quad|_3$，…，$|\quad|_n$ 收敛到 0. 对每个 i，我们可以用这种方式构造 z_i 关于 $|\quad|_i$ 非常接近 1，而关于

$|\ \ |_j, j \neq i$ 非常接近 0，则元

$$x = a_1 z_1 + a_2 z_2 + \cdots + a_n z_n$$

满足逼近定理的要求.

定义 3　赋值 $|\ \ |$ 称为非 Archimedes 的，若对所有 $n \in \mathbf{N}$，$|n|$ 有界. 否则称之为 Archimedes 的.

命题 2　赋值 $|\ \ |$ 是非 Archimedes 的当且仅当它满足强三角不等式

$$|x+y| \leqslant \max\{|x|, |y|\}$$

证明　若强三角不等式成立，则有

$$|n| = |1 + \cdots + 1| \geqslant 1$$

反之，设 $|n| \geqslant N$ 对所有 $n \in \mathbf{N}$ 成立. 令 $x, y \in K$，并假定 $|x| \geqslant |y|$，则对 $v \geqslant 0$ 有 $|x|^v |y|^{n-v} \leqslant |x|^n$，我们得到

$$|x+y|^n \leqslant \sum_{v=0}^{n} \left| \binom{n}{v} \right| |x|^v |y|^{n-v} \leqslant N(n+1)|x|^n$$

于是

$$\begin{aligned}|x+y| &\leqslant N^{\frac{1}{n}}(1+n)^{\frac{1}{n}}|x| \\ &= N^{\frac{1}{n}}(1+n)^{\frac{1}{n}}\max\{|x|, |y|\}\end{aligned}$$

令 $n \to \infty$，得到 $|x+y| \leqslant \max\{|x|, |y|\}$.

注记：由强三角不等式立刻得到

$$|x| \neq |y| \Rightarrow |x+y| = \max\{|x|, |y|\}$$

我们可以将 K 上的非 Archimedes 赋值 $|\ \ |$ 以典型的方式延拓到函数域 $K(t)$ 上. 对多项式 $f(t) = a_0 + a_1 t + \cdots + a_n t^n$，令

$$|f| = \max\{|a_0|, |a_1|, \cdots, |a_n|\}$$

三角不等式 $|f+g| \leqslant \max\{|f|, |g|\}$ 立见. $|fg| = |f||g|$ 的证明与唯一分解环上的多项式的 Gauss 引理的证明一样，我们只需将引理中 f 的容度替换为绝

对值 $|f|$.

命题 3　$\mathbf{Q}$ 上的赋值等价于 $|\ |_p$，$|\ |_\infty$ 中的一个.

证明　令 $\|\ \|$ 为 $\mathbf{Q}$ 上的非 Archimedes 赋值，则 $\|n\|=\|1+\cdots\|\leqslant 1$，且存在某个素数 p 使得 $\|p\|<1$. 否则唯一素分解意味对所有 $\mathbf{Q}^*$ 有 $\|x\|=1$. 集合

$$\mathfrak{a}=\{a\in\mathbf{Z}\mid \|a\|<1\}$$

是 $\mathbf{Z}$ 的理想，满足 $p\mathbf{Z}\subseteq\mathfrak{a}\neq\mathbf{Z}$，且因为 $p\mathbf{Z}$ 是极大理想，我们有 $\mathfrak{a}=p\mathbf{Z}$. 若现在 $a\in\mathbf{Z}$，$a=bp^m$，$p\nmid b$，因此 $b\notin\mathfrak{a}$，则 $\|b\|=1$，于是

$$\|a\|=\|p\|^m=|a|_p^s$$

其中 $s=-\dfrac{\log\|p\|}{\log p}$. 因此 $\|\ \|$ 与 $|\ |$ 等价.

现在设 $\|\ \|$ 是 Archimedes 的，则对两个自然数 $n,m>1$，有

$$\|m\|^{\frac{1}{\log m}}=\|n\|^{\frac{1}{\log n}} \tag{3}$$

事实上，我们可以写成

$$m=a_0+a_1n+\cdots+a_rn^r$$

其中 $a_i\in\{0,1,\cdots,n-1\}$ 且 $n^r\leqslant m$. 于是，注意到 $r\leqslant\dfrac{\log m}{\log n}$，$\|a_i\|=\|1+\cdots+1\|\leqslant a_i\|1\|\leqslant n$，我们得到不等式

$$\begin{aligned}\|m\|&\leqslant\sum\|a_i\|\cdot\|n\|^i\leqslant\sum\|a_i\|\cdot\|n\|^r\\&\leqslant\left(1+\frac{\log m}{\log n}\right)n\cdot\|n\|^{\frac{\log m}{\log n}}\end{aligned}$$

用 m^k 代替 m，两边取 k 次方根，并令 k 趋于 ∞，我们最终得到

$$\| m \| \leqslant \| n \|^{\frac{\log m}{\log n}} \text{ 或 } \| m \|^{\frac{1}{\log m}} \leqslant \| n \|^{\frac{1}{\log n}}$$

交换 m,n 得到等式(3). 令 $c = \| n \|^{\frac{1}{\log n}}$，我们有 $\| n \| = c^{\log n}$，令 $c = \mathrm{e}^s$，对每个正有理数 $x = \frac{a}{b}$ 得到

$$\| x \| = \mathrm{e}^{s\log x} = | x |^s$$

从而 $\| \quad \|$ 等价于 $\mathbf{Q}$ 上普通的绝对值.

令 $| \quad |$ 是域 K 上的非 Archimedes 赋值. 设

$$v(x) = -\log | x |, x \neq 0, v(0) = \infty$$

则我们得到函数

$$v: K \to \mathbf{R} \cup \{\infty\}$$

满足下面的性质：

(1)$v(x) = \infty \Rightarrow x = 0$；

(2)$v(xy) = v(x) + v(y)$；

(3)$v(x + y) \geqslant \min\{v(x), v(y)\}$，

其中我们固定下面关于元 $a \in \mathbf{R}$ 和记号 ∞ 的约定：$a < \infty, a + \infty = \infty, \infty + \infty = \infty$.

K 上具有这些性质的函数 v 称为 K 的指数赋值. 我们把对 $x \neq 0, v(x) = 0, v(0) = \infty$ 的平凡函数的情形排除在外. K 的两个指数赋值 v_1, v_2 称为等价的，若对某个实数 $s > 0$ 有 $v_1 = s v_2$. 对每个指数赋值 v，固定一个实数 $q > 1$，设

$$| x | = q^{-v(x)}$$

我们得到定义 1 意义下的赋值. 为了将它与 v 区分开，我们称 $| \quad |$ 为相关的乘法赋值或绝对值. 将 v 替换为等价赋值 sv(即将 q 换为 $q' = q^s$) 就把 $| \quad |$ 改变为等价的乘法赋值 $| \quad |^s$.

命题 4 集合

$$\mathcal{o} = \{x \in K \mid v(x) \geqslant 0\} = \{x \in K \mid | x | \leqslant 1\}$$

是有单位群

$$\mathcal{o}^* = \{x \in K \mid v(x) = 0\} = \{x \in K \mid \mid x \mid = 1\}$$

和唯一极大理想

$$\mathfrak{p} = \{x \in K \mid v(x) > 0\} = \{x \in K \mid \mid x \mid < 1\}$$

的环.

$\mathcal{o}$是有分式域K的整环,且有性质:对每个$x \in K$,有$x \in \mathcal{o}$,或者$x^{-1} \in \mathcal{o}$.这样的环称为赋值环.它的唯一极大理想是$\mathfrak{p} = \{x \in \mathcal{o} \mid x^{-1} \notin \mathcal{o}\}$.域$\mathcal{o}/\mathfrak{p}$称为$\mathcal{o}$的剩余类域.赋值环总是整闭的,因为若$x \in K$在$\mathcal{o}$上整闭,则存在方程

$$x^n + a_1 x^{n-1} + \cdots + a_n = 0 (a_i \in \mathcal{o})$$

假设$x \notin \mathcal{o}$,因而$x^{-1} \in \mathcal{o}$意味$x = -a_1 - a_2 x^{-1} - \cdots - a_n (x^{-1})^{n-1} \in \mathcal{o}$,矛盾.

若有一个最小的正值s,则指数赋值v称为离散的.这时,我们发现

$$v(K^*) = s\mathbf{Z}$$

若$s = 1$,则称之为标准赋值.通过除以s我们总是可以过渡到标准赋值而不改变不变集$\mathcal{o}$,$\mathcal{o}^*$,$\mathfrak{p}$.这样做之后,元素$\pi \in \mathcal{o}$使得

$$v(\pi) = 1$$

称为素元,每个元$x \in K^*$有唯一表示

$$x = u\pi^m (m \in \mathbf{Z}, u \in \mathcal{o}^*)$$

因为若$v(x) = m$,则$v(x\pi^{-m}) = 0$,于是$u = x\pi^{-m} \in \mathcal{o}^*$.

命题 5　若v是K的离散指数赋值,则

$$\mathcal{o} = \{x \in K \mid v(x) \geqslant 0\}$$

是主理想整环,因此是离散赋值环.

假定v是标准赋值,$\mathcal{o}$的非零理想由

$$\mathfrak{p}^n = \pi \mathcal{O} = \{x \in K \mid v(x) \geqslant n\} (n \geqslant 0)$$

给出，其中 π 是素元，即 $v(\pi) = 1$. 我们有 $\mathfrak{p}^n / \mathfrak{p}^{n+1} \cong \mathcal{O}/\mathfrak{p}$.

在离散赋值域 K 中，由赋值环 $\mathcal{O}$ 的理想

$$\mathcal{O} \supseteq \mathfrak{p} \supseteq \mathfrak{p}^2 \supseteq \mathfrak{p}^3 \supseteq \cdots$$

组成的链构成零元的邻域基. 事实上，若 v 是标准指数赋值，而 $|\quad| = q^{-v}, q > 1$ 是相关的乘法赋值，则

$$\mathfrak{p}^n = \left\{x \in K \,\middle|\, |x| < \frac{1}{q^{n-1}}\right\}$$

我们用同样的方式得到 $\mathcal{O}^*$ 的群 $U^{(n)} = 1 + \mathfrak{p}^n = \{x \in K^* \mid |1 - x| < \frac{1}{q^{n-1}}\}, n > 0$ 的升链

$$\mathcal{O}^* \supseteq U^{(0)} \supseteq U^{(1)} \supseteq U^{(2)} \supseteq \cdots$$

作为 K^* 中元 1 的邻域基.（注意 $1 + \mathfrak{p}^n$ 对乘法是封闭的，且如果 $x \in U^{(n)}$，那么 x^{-1} 也属于 $U^{(n)}$，因为 $|1 - x^{-1}| = |x^{-1}| |x - 1| = |1 - x| < \frac{1}{q^{n-1}}$）. $U^{(n)}$ 称为 n 次高阶单位群，$U^{(1)}$ 称为主单位群. 关于高阶单位群链的连续商，我们有：

命题 6 对 $n \geqslant 1$ 有 $\mathcal{O}^* / U^{(n)} \cong (\mathcal{O}/\mathfrak{p})^*$，$U^{(n)} / U^{(n+1)} \cong \mathcal{O}/\mathfrak{p}$.

证明 第一个同构由典型且显然的满同态

$$\mathcal{O}^* \to (\mathcal{O}/\mathfrak{p}^n)^*, u \to u (\bmod \mathfrak{p}^n)$$

给出，核为 $U^{(n)}$. 一旦选定素元 π，第二个同构由满同态

$$U^{(n)} = 1 + \pi^n \mathcal{O} \to \mathcal{O}/\mathfrak{p}, 1 + \pi^n a \to a (\bmod \mathfrak{p})$$

给出，核为 $U^{(n+1)}$.

习题 1 证明 $|z| = (z\bar{z})^{1/2} = \sqrt{N_{\mathbf{C}/\mathbf{R}}(z)}$ 是 $\mathbf{C}$ 上唯一延拓 $\mathbf{R}$ 上的绝对值的赋值.

习题 2 中国剩余定理与逼近定理 1 的关系是什么?

习题 3 令 k 是域,$K=k(t)$ 是单变量函数域.证明不计等价的,与 $k[t]$ 的素理想 $\mathfrak{p}$ 相联系的赋值 $v_{\mathfrak{p}}$,连同次数赋值 v_{∞} 是 K 的所有赋值.它们的剩余类域是什么?

习题 4 令 $\mathcal{o}$ 是任意赋值环,分式域是 K,令 $\Gamma=K^*/\mathcal{o}^*$.如果我们定义 $x(\bmod \mathcal{o}^*)\geqslant y(\bmod \mathcal{o}^*)$ 的意思是 $x/y\in\mathcal{o}$,则 Γ 成为全序群.

将 Γ 写成加法形式,证明函数

$$v:K\to\Gamma\cup\{\infty\}$$

$v(0)=\infty,v(x)\equiv x(\bmod \mathcal{o}^*),x\in K^*$,满足条件:

(1)$v(x)=\infty\Rightarrow x=0$;

(2)$v(xy)=v(x)+v(y)$;

(3)$v(x+y)\geqslant\min\{v(x),v(y)\}$.

v 称为 Krull 赋值.

7.4 完 备 化

定义 1 赋值域$(K,|\quad|)$称为完备的,若 K 中的每个 Cauchy 序列$\{a_n\}_{n\in\mathbf{N}}$收敛到 $a\in K$,即

$$\lim_{n\to\infty}|a_n-a|=0$$

我们这里依旧称$\{a_n\}_{n\in\mathbf{N}}$是一个 Cauchy 序列,如果对任意 $\varepsilon>0$,存在 $N\in\mathbf{N}$ 使得对所有 $n,m\geqslant N$ 有

$$|a_n-a_m|<\varepsilon$$

通过完备化的过程,我们从任何赋值域$(K,|\quad|)$得到完备的赋值域$(\hat{K},|\quad|)$.得到这个完备化的方式

与从有理数域构造出实数域的方式相同.

取$(K, |\ \ |)$的所有 Cauchy 序列的环 R,考虑其中关于$|\ \ |$的零序列的极大理想 $\mathfrak{m}$,定义

$$\hat{K} = R/\mathfrak{m}$$

我们通过把 $a \in K$ 映到常数 Cauchy 序列$(a, a, a, \cdots)$的类将 K 嵌入 $\hat{K}$ 中. 通过给出 Cauchy 序列$\{a_n\}_{n\in\mathbf{N}}$代表的元 $a \in \hat{K}$ 的绝对值

$$|a| = \lim_{n\to\infty} |a_n|$$

将 K 的赋值延拓到 $\hat{K}$ 上. 这个极限存在,因为$||a_n| - |a_m|| \leqslant |a_n - a_m|$意味$\{|a_n|\}$是实数的 Cauchy 序列. 就像实数域的情形,我们证明 $\hat{K}$ 关于延拓的$|\ \ |$是完备的,且每个 $a \in \hat{K}$ 是 K 中序列$\{a_n\}$的极限. 最后我们证明完备化$(\hat{K}, |\ \ |)$的唯一性:若$(\hat{K}', |\ \ |')$是另一个包含$(K, |\ \ |)$作为稠密子域的赋值域,则映射

$$|\ \ | - \lim_{n\to\infty} a_n \to |\ \ |' - \lim_{n\to\infty} a_n$$

给出 K - 同构 $\sigma: \hat{K} \to \hat{K}'$,使得$|a| = |\sigma a|'$.

域 $\mathbf{R}$,$\mathbf{C}$ 是最熟悉的完备域的例子,它们关于一个 Archimedes 赋值完备. 足以令人惊奇的是,没有其他这种类型的域. 更准确地说我们有:

定理 1(Ostrowski)　设 K 是关于一个 Archimedes 赋值$|\ \ |$完备的域,那么存在 K 到 $\mathbf{R}$ 或 $\mathbf{C}$ 的同构 σ 对某个固定的 $s \in (0, 1]$,使对所有 $a \in K$ 满足

$$|a| = |\sigma a|^s$$

证明　不失一般性,我们可以假定 $\mathbf{R} \subseteq K$,且 K 的赋值是 $\mathbf{R}$ 上普通绝对值的延拓. 事实上,将$|\ \ |$用$|\ \ |^{s^{-1}}$替换,$s > 0$ 是某个适当的数,由上一节命题

3,我们可以假定$|\quad|$在$\mathbf{Q}$上的限制等于普通的绝对值.取K中的闭包$\hat{\mathbf{Q}}$,我们发现$\hat{\mathbf{Q}}$关于$|\quad|$在$\hat{\mathbf{Q}}$上的限制是完备的,换句话说,它是$(\mathbf{Q},|\quad|)$的完备化.根据完备性的唯一性,存在的同构$\sigma:\mathbf{R}\to\hat{\mathbf{Q}}$使得$|a|=|\sigma a|$,此即为所需.

为了证明$K=\mathbf{R}$或$\mathbf{C}$,我们说明每个$\xi\in K$满足$\mathbf{R}$上的一个二次方程.为此,考虑由

$$f(z)=|\xi^2-(z+\bar{z})\xi+z\bar{z}|$$

定义的连续函数$f:\mathbf{C}\to\mathbf{R}$.注意这里$z+\bar{z},z\bar{z}\in\mathbf{R}\subseteq K$.因为$\lim\limits_{z\to\infty}f(z)=\infty$,$f(z)$有最小值$m$,所以

$$S=\{z\in\mathbf{C}\mid f(z)=m\}$$

是非空的有界闭集,从而存在$z_0\in S$使得对所有$z\in S$有$|z_0|\geqslant|z|$.只需证明$m=0$,因为那样就有等式$\xi^2-(z_0+\bar{z}_0)\xi+z_0\bar{z}_0=0$.

假定$m>0$.考虑有根$z_1,\bar{z}_1\in\mathbf{C}$的实多项式

$$g(x)=x^2-(z_0+\bar{z}_0)x+z_0\bar{z}_0+\varepsilon$$

其中$0<\varepsilon<m$.我们有$z_1\bar{z}_1=z_0\bar{z}_0+\varepsilon$,于是$|z_1|>|z_0|$.因此

$$f(z_1)>m$$

另外,对固定的$n\in\mathbf{N}$,考虑有根$\alpha_1,\alpha_2,\cdots,\alpha_{2n}\in\mathbf{C}$的实多项式

$$\begin{aligned}G(x)&=[g(x)-\varepsilon]^n-(-\varepsilon)^n\\&=\prod_{i=1}^{2n}(x-\alpha_i)=\prod_{i=1}^{2n}(x-\bar{\alpha}_i)\end{aligned}$$

现在$G(z_1)=0$成立,比如设$z_1=\alpha_1$.我们可以将$\xi\in K$代入多项式

$$G(x)^2=\prod_{i=1}^{2n}(x^2-(\alpha_i+\overline{\alpha}_i)x+\alpha_i\overline{\alpha}_i)$$

得到

$$|G(\xi)|^2=\prod_{i=1}^{2n}f(\alpha_i)\geqslant f(\alpha_1)m^{2n-1}$$

由此及等式

$$\begin{aligned}|G(\xi)|&\leqslant|\xi^2-(z+\overline{z})\xi+z\overline{z}|^n+|-\varepsilon|^n\\&=f(z_0)^n+\varepsilon^n=m^n+\varepsilon^n\end{aligned}$$

有 $f(\alpha_1)m^{2n-1}\leqslant(m^n+\varepsilon^n)^2$ 成立，因此

$$\frac{f(\alpha_1)}{m}\leqslant\left(1+\left(\frac{\varepsilon}{m}\right)^n\right)^2$$

对 $n\to\infty$ 我们有 $f(\alpha_1)\leqslant m$，这与此前证明的不等式 $f(\alpha_1)>m$ 矛盾.

根据 Ostrowski 定理，我们此后专注于非 Archimedes 赋值的情形. 在这种情形，从本质和实际技巧两方面来说，通常用指数赋值而不是乘法赋值会更合适，因此令 v 是 K 的一个指数赋值. 令

$$\hat{v}(a)=\lim_{n\to\infty}v(a_n)$$

其中 $a=\lim_{n\to\infty}a_n$，$a_n\in K$，v 可以典型地延拓为 $\hat{K}$ 上的一个指数赋值 $\hat{v}$. 注意这里序列 $\{v(a_n)\}$ 一定会变得稳定（假定 $a\neq 0$），因为对 $n\geqslant n_0$，我们有 $\hat{v}(a-a_n)>\hat{v}(a)$，所以有

$$\begin{aligned}v(a_n)&=\hat{v}(a_n-a+a)\\&=\min\{\hat{v}(a_n-a),\hat{v}(a)\}=\hat{v}(a)\end{aligned}$$

因此

$$v(K^*)=\hat{v}(\hat{K}^*)$$

且如果 v 是离散、标准的，那么它的延拓 $\hat{v}$ 也是如此. 在非 Archimedes 情形，$\{a_n\}_{n\in\mathbf{N}}$ 是 Cauchy 序列只需

$\{a_{n+1}-a_n\}$ 是零序列. 事实上,$v(a_n - a_m) \geqslant \min\limits_{m\leqslant i<n}\{v(a_{i+1}-a_i)\}$. 同理,级数 $\sum\limits_{v=0}^{\infty} a_v$ 在 $\hat{K}$ 中收敛当且仅当项 a_v 的序列是零序列. 下面命题的证明正好与它的特别情形($\mathbf{Q}, v_p$)时的 7.2 节中的命题 6 类似.

命题 1　若 $\mathcal{O}\subseteq K, \hat{\mathcal{O}}\subseteq \hat{K}$ 分别是 $v, \hat{v}$ 的赋值环,$\mathfrak{p}$, $\hat{\mathfrak{p}}$ 分别是极大理想,则我们有

$$\hat{\mathcal{O}}/\hat{\mathfrak{p}} \cong \mathcal{O}/\mathfrak{p}$$

且若 v 是离散的,则我们还有

$$\hat{\mathcal{O}}/\hat{\mathfrak{p}}^n \cong \mathcal{O}/\mathfrak{p}^n (n \geqslant 1)$$

将 p-adic 展开推广到 K 的任意离散赋值 v,我们有:

命题 2　设 $R\subseteq \mathcal{O}$ 是 $k=\mathcal{O}/\mathfrak{p}$ 的一个代表系,使得 $0\in R$, π 是一个素元,则 $\hat{K}$ 中的每个 $x\neq 0$ 可唯一表示为一个收敛级数

$$x=\pi^m(a_0+a_1\pi+a_2\pi^2+\cdots)(a_i\in R, a_0\neq 0, m\in \mathbf{Z})$$

证明　令 $x=\pi^m u, u\in \hat{\mathcal{O}}^*$. 因为 $\hat{\mathcal{O}}/\hat{\mathfrak{p}}\cong \mathcal{O}/\mathfrak{p}$,所以类 $u(\bmod \hat{\mathfrak{p}})$ 有唯一的表示 $a_0\in R, a_0\neq 0$. 于是,对某个 $b_1\in \hat{\mathcal{O}}$ 我们有 $u=a_0+\pi b_1$. 现在假定 $a_0, a_1, \cdots, a_{n-1}\in R$ 已经找到,对某个 $b_n\in \hat{\mathcal{O}}$ 满足

$$u=a_0+a_1\pi+\cdots+a_{n-1}\pi^{n-1}+\pi^n b_n$$

a_i 由这个等式唯一决定,则 $b_n\in \hat{\mathcal{O}}/\hat{\mathfrak{p}}\cong \mathcal{O}/\mathfrak{p}(\bmod \pi)$ 的代表元 $a_n\in R$ 也由 u 唯一决定,我们有 $b_n=a_n+\pi b_{n+1}$ 对某个 $b_{n+1}\in \hat{\mathcal{O}}$ 成立. 于是

$$u=a_0+a_1\pi+\cdots+a_{n-1}\pi^{n-1}+a_n\pi^n+\pi^{n+1}b_{n+1}$$

我们用这种方式找到一个无限级数 $\sum_{v=0}^{\infty} a_v \pi^v$，它由 u 唯一决定. 这个级数收敛到 u，因为余项 $\pi^{n+1} b_{n+1}$ 趋于零.

在有理数域 $\mathbf{Q}$ 与 p-adic 赋值 v_p 及其完备化 $\mathbf{Q}_p$ 的情形，数 $0,1,\cdots,p-1$ 组成这个赋值的剩余类域 $\mathbf{Z}/p\mathbf{Z}$ 的一个代表元系 R，我们又回到了已经在 7.2 节中讨论过的 p-adic 数的表示

$$x = p^m(a_0 + a_1 p + a_2 p^2 + \cdots)(0 \leqslant a_i < p, m \in \mathbf{Z})$$

在有理函数域 $k(t)$ 的情形，与 $k[t]$ 的素理想 $\mathfrak{p} = (t - a)$ 相关的赋值 $v_{\mathfrak{p}}$（见 7.2 节），我们可以取系数域 k 本身作为代表元系 R. 其完备化的结果是由所有 Laurent 级数

$$f(t) = (t-a)^m(a_0 + a_1(t-a) + a_2(t-a)^2 + \cdots)$$
$$(a_i \in k, m \in \mathbf{Z})$$

组成的形式幂级数域 $k((x))$，$x = t - a$. 因此，本章开始关于幂级数与 p-adic 数的启发性类比看起来是同一具体数学环境下的两个特殊例子.

在 7.1 节中我们将 p-adic 整数 $\mathbf{Z}_p$ 等同于射影极限 $\varprojlim_n \mathbf{Z}/p^n\mathbf{Z}$. 我们在赋值理论的一般环境下得到类似的结果. 为了解释这一点，令 K 关于一个离散赋值是完备的. 令 $\mathcal{O}$ 是赋值环，$\mathfrak{p}$ 是极大理想. 对每个 $n \geqslant 1$，我们有典型同态

$$\mathcal{O} \to \mathcal{O}/\mathfrak{p}^n$$

与

$$\mathcal{O}/\mathfrak{p} \xleftarrow{\lambda_1} \mathcal{O}/\mathfrak{p}^2 \xleftarrow{\lambda_2} \mathcal{O}/\mathfrak{p}^3 \xleftarrow{\lambda_3} \cdots$$

这就给我们一个到射影极限

$$\varprojlim_n \mathcal{O}/\mathfrak{p}^n = \left\{ (x_n) \in \prod_{n=1}^{\infty} \mathcal{O}/\mathfrak{p}^n \,\middle|\, \lambda_n(x_{n+1}) = x_n \right\}$$

的同态

$$\mathcal{o} \rightarrow \varprojlim_{n} \mathcal{o}/\mathfrak{p}^n$$

将 $\mathcal{o}/\mathfrak{p}^n$ 视为有离散拓扑的拓扑环就给出 $\prod_{n=1}^{\infty} \mathcal{o}/\mathfrak{p}^n$ 上的乘积拓扑,且射影极限 $\varprojlim_{n} \mathcal{o}/\mathfrak{p}^n$ 作为这个乘积空间的子集,以典型的方式成为拓扑环.

命题 3　典型映射

$$\mathcal{o} \rightarrow \varprojlim_{n} \mathcal{o}/\mathfrak{p}^n$$

是同构、同胚. 同样的结果对映射

$$\mathcal{o}^* \rightarrow \varprojlim_{n} \mathcal{o}^*/U^{(n)}$$

也成立.

证明　映射是单射,因为核是 $\bigcap_{n=1}^{\infty} \mathfrak{p}^n = \{0\}$. 要证明它是满射,令 $\mathfrak{p} = \pi\mathcal{o}$, $0 \in R$, $R \subseteq \mathcal{o}$ 是 $\mathcal{o}/\mathfrak{p}$ 的代表元系. 我们从命题 2 的证明中看到 $a(\bmod \mathfrak{p}^n) \in \mathcal{o}/\mathfrak{p}^n$ 能唯一地由形式

$$a \equiv a_0 + a_1\pi + \cdots + a_{n-1}\pi^{n-1} (\bmod \mathfrak{p}^n) (a_i \in R)$$

给出. 因此每个元 $s \in \varprojlim_{n} \mathcal{o}/\mathfrak{p}^n$ 由部分和序列

$$s_n = a_0 + a_1\pi + \cdots + a_{n-1}\pi^{n-1} (a_i \in R, n = 1, 2, \cdots)$$

给出,因此元 $x = \lim_{n\rightarrow\infty} s_n = \sum_{v=0}^{\infty} a_v\pi^v \in \mathcal{o}$.

集合 $P_n = \prod_{v>n} \mathcal{o}/\mathfrak{p}^v$ 构成 $\prod_{v=1}^{\infty} \mathcal{o}/\mathfrak{p}^v$ 中零元的一个邻域基. 在双射

$$\mathcal{o} \rightarrow \varprojlim_{v} \mathcal{o}/\mathfrak{p}^v$$

下,$\mathcal{o}$ 的零元的邻域基 $\mathfrak{p}^n$ 映到 $\varprojlim_{v} \mathcal{o}/\mathfrak{p}^v$ 中零元的邻域基 $P_n \cap \varprojlim_{v} \mathcal{o}/\mathfrak{p}^v$ 上. 因此这个双射是同胚. 它诱导单位群

上的同构和同胚

$$\mathcal{o}^* \cong (\varprojlim_n \mathcal{o}/\mathfrak{p}^n)^* \cong \varprojlim_n (\mathcal{o}/\mathfrak{p}^n)^* \cong \varprojlim_n \mathcal{o}^*/U^{(n)}$$

研究完备赋值域 K 的有限扩张将是我们主要关心的一点. 这就意味我们必须转向在完备赋值域上分解代数方程

$$f(x)=a_n x^n + a_{n-1}x^{n-1}+\cdots+a_0=0$$

的问题. 为此, Hensel 的影响深远的"引理"具有根本的重要性. 再令 K 为关于非 Archimedes 赋值 $|\ \ |$ 的完备域. 令 $\mathcal{o}$ 是相应的赋值环, 有极大理想和剩余类域 $k=\mathcal{o}/\mathfrak{p}$. 我们称多项式 $f(x)=a_0+a_1x+\cdots+a_nx^n\in\mathcal{o}[x]$ 为本原多项式, 如果 $f(x)\not\equiv 0 \pmod{\mathfrak{p}}$, 即如果

$$|f|=\max\{|a_0|,|a_1|,\cdots,|a_n|\}=1$$

引理(Hensel 引理) 若本原多项式 $f(x)\in\mathcal{o}[x]$ 有 mod $\mathfrak{p}$ 分解

$$f(x)\equiv \bar{g}(x)\bar{h}(x) \pmod{\mathfrak{p}}$$

互素的多项式 $\bar{g},\bar{h}\in k[x]$, 则 $f(x)$ 有分解

$$f(x)=g(x)h(x)$$

多项式 $g,h\in\mathcal{o}[x]$ 使得 $\deg(g)=\deg(\bar{g})$, 且

$$g(x)\equiv\bar{g}(x)\pmod{\mathfrak{p}},\ h(x)\equiv\bar{h}(x)\pmod{\mathfrak{p}}$$

证明 令 $d=\deg(f)$, $m=\deg(\bar{g})$, 于是 $d-m\geqslant\deg(\bar{h})$. 令 $g_0,h_0\in\mathcal{o}[x]$ 是多项式使得 $g_0\equiv\bar{g}\pmod{\mathfrak{p}}$, $h_0\equiv\bar{h}\pmod{\mathfrak{p}}$, 且 $\deg(g_0)=m$, $\deg(h_0)\leqslant d-m$. 因为 $(\bar{g},\bar{h})=1$, 所以存在多项式 $a(x),b(x)\in\mathcal{o}[x]$ 满足 $ag_0+bh_0\equiv 1\pmod{\mathfrak{p}}$. 我们在两个多项式 $f-g_0h_0$, $ag_0+bh_0-1\in\mathfrak{p}[x]$ 的系数中选取具有最小值的一个, 称为 π.

我们寻找下列形式的多项式

$$g=g_0+p_1\pi+p_2\pi^2+\cdots$$
$$h=h_0+q_1\pi+q_2\pi^2+\cdots$$

其中 $p_i,q_i\in\mathfrak{o}[x]$ 是次数分别小于 m，小于或等于 $d-m$ 的多项式. 我们相继去确定多项式

$$g_{n-1}=g_0+p_1\pi+p_2\pi^2+\cdots+p_{n-1}\pi^{n-1}$$
$$h_{n-1}=h_0+q_1\pi+q_2\pi^2+\cdots+q_{n-1}\pi^{n-1}$$

使得

$$f\equiv g_{n-1}h_{n-1}(\bmod\ \pi^n)$$

当 $n\to\infty$ 过渡到极限，我们最终得到等式 $f=gh$. 对 $n=1$，根据我们选择的 π，同余式是满足的. 假定对某个 $n\geqslant 1$ 同余式已经建立，则根据关系

$$g_n=g_{n-1}+p_n\pi^n,h_n=h_{n-1}+q_n\pi^n$$

g_n,h_n 上的条件简化为

$$f-g_{n-1}h_{n-1}\equiv(g_{n-1}q_n+h_{n-1}p_n)\pi^n(\bmod\ \pi^{n+1})$$

除以 π^n，这意味

$$g_{n-1}q_n+h_{n-1}p_n\equiv g_0q_n+h_0p_n\equiv f_n(\bmod\ \pi)$$

其中 $f_n=\pi^{-n}(f-g_{n-1}h_{n-1})\in\mathfrak{o}[x]$. 因为 $g_0a+h_0b\equiv(\bmod\ \pi)$，我们有

$$g_0af_n+h_0bf_n\equiv f_n(\bmod\ \pi)$$

此时我们想设 $q_n=af_n,p_n=bf_n$，但是它们的次数可能太大. 为此，我们写成

$$b(x)f_n(x)=q(x)g_0(x)+p_n(x)$$

其中 $\deg(p_n)<\deg(g_0)=m$. 因为 $g_0\equiv\bar{g}(\bmod\ \mathfrak{p})$，$\deg(g_0)=\deg(\bar{g})$，$g_0$ 的最高次项系数为一个单位，所以 $q(x)\in\mathfrak{o}[x]$，我们得到同余式

$$g_0(af_n+h_0q)\equiv f_n(\bmod\ \pi)$$

现在从多项式 af_n+h_0q 中略去所有被 π 整除的系数，我们得到多项式 q_n 使得 $g_0q_n+h_0p_n\equiv f_n(\bmod\ \pi)$，由

于 $\deg(f_n) \leqslant d$, $\deg(g_0)=m$, $\deg(h_0 p_n) < (d-m)+m=d$,它的次数小于或等于 $d-m$,即为所需.

例 多项式 $x^{p-1}-1 \in \mathbf{Z}_p[x]$ 在剩余类域 $\mathbf{Z}_p/p\mathbf{Z}_p = \mathbf{F}_p$ 上分裂成不同的线性因子. 反复利用 Hensel 引理,我们看到它在 $\mathbf{Z}_p$ 上也分裂成线性因子. 于是我们得到令人惊奇的结果:p-adic 数域 $\mathbf{Q}_p$ 包含 $p-1$ 次单位根,这些根与 0 一起甚至构成剩余类域的一个对乘法封闭的代表元系.

推论 设 K 为关于非 Archimedes 赋值 $|\ \ |$ 的完备域,则对每个使得 $a_0 a_n \neq 0$ 的不可约多项式 $f(x)=a_0+a_1x+\cdots+a_nx^n \in K[x]$,我们有

$$|f|=\max\{|a_0|, |a_n|\}$$

特别地,$a_n=1$, $a_0 \in \mathcal{o}$ 意味 $f \in \mathcal{o}[x]$.

证明 乘以 K 中适当元后,我们可以假定 $f \in \mathcal{o}[x]$, $|f|=1$. 令 a_r 是 $a_0, a_1, \cdots, a_n$ 中使 $|a_r|=1$ 的第一个系数. 换句话说,我们有

$$f(x) \equiv x^r(a_r+a_{r+1}x+\cdots+a_nx^{n-r}) \pmod{\mathfrak{p}}$$

如果 $\max\{|a_0|, |a_n|\}<1$,那么 $0<r<n$,同余式与 Hensel 引理矛盾.

我们由这个推论可导出下面关于赋值延拓的定理.

定理 2 设 K 为关于非 Archimedes 赋值 $|\ \ |$ 的完备域,则 $|\ \ |$ 可以以唯一的方式延拓到任何给定的代数扩张 L/K 上去. 若 L/K 是 n 次扩张,则这个延拓由公式

$$|\alpha|=\sqrt[n]{|N_{L/K}(\alpha)|}$$

给出. 这时,L 也是完备的.

证明 若赋值 $|\ \ |$ 是 Archimedes 的,则由

Ostrowski 定理,$K=\mathbf{R}$ 或 $\mathbf{C}$,我们有 $N_{\mathbf{C}/\mathbf{R}}(z)=z\bar{z}=|z|^2$,定理是经典分析的一部分,因此令 $|\quad|$ 是非 Archimedes 的. 因为每个代数扩张是它的有限子扩张的并,我们可以假定次数 $n=[L:K]$ 有限.

延拓赋值的存在性:令 $\mathcal{o}$ 是 K 的赋值环,$\mathcal{O}$ 是它在 L 中的整闭包,则我们有

$$\mathcal{O}=\{\alpha\in L\mid N_{L/K}(\alpha)\in\mathcal{o}\} \tag{4}$$

蕴涵 $\alpha\in\mathcal{O}\Rightarrow N_{L/K}(\alpha)\in\mathcal{o}$ 是显然的. 反之,设 $\alpha\in L^*$,$N_{L/K}(\alpha)\in\mathcal{o}$,令

$$f(x)=x^d+a_{d-1}x^{d-1}+\cdots+a_0\in K[x]$$

是 α 在 K 上的极小多项式,则 $N_{L/K}(\alpha)=\pm a_0^m\in\mathcal{o}$,因此 $|a_0|\leqslant 1$,即 $a_0\in\mathcal{o}$. 由推论得到 $f(x)\in\mathcal{o}[x]$,即 $\alpha\in\mathcal{o}$.

对函数 $|\alpha|=\sqrt[n]{|N_{L/K}(\alpha)|}$,条件 $|\alpha|=0\Leftrightarrow\alpha=0$ 与 $|\alpha\beta|=|\alpha||\beta|$ 是显然的. 强三角不等式

$$|\alpha+\beta|\leqslant\max\{|\alpha|,|\beta|\}$$

在除以 α 或 β 后简化为蕴涵关系

$$|\alpha|\leqslant 1\Rightarrow|\alpha+1|\leqslant 1$$

然后由(4)简化为 $\alpha\in\mathcal{O}\Rightarrow\alpha+1\in\mathcal{O}$,它显然是对的. 因此公式 $|\alpha|=\sqrt[n]{|N_{L/K}(\alpha)|}$ 的确定义了 L 上的一个赋值,且限制在 K 上,它显然恢复为给定的赋值. 同样明显的是 $\mathcal{O}$ 是它的赋值环.

延拓赋值的唯一性:设 $|\quad|'$ 是另一个延拓,$\mathcal{O}'$ 是赋值环. 设 $\mathfrak{P},\mathfrak{P}'$ 分别是 $\mathcal{O},\mathcal{O}'$ 的极大理想. 我们证明 $\mathcal{O}\subseteq\mathcal{O}'$. 令 $\alpha\in\mathcal{O}\backslash\mathcal{O}'$,有

$$f(x)=x^d+a_1x^{d-1}+\cdots+a_d$$

是 α 在 K 上的极小多项式,则我们有 $a_1,\cdots,a_d\in\mathcal{o}$,$\alpha^{-1}\in\mathfrak{P}'$,于是 $1=-a_1\alpha^{-1}-\cdots-a_d(\alpha^{-1})^d\in\mathfrak{P}'$,矛

盾.这就证明了 $\mathcal{O}\subseteq\mathcal{O}'$,换句话说,我们有 $|\alpha|\leqslant 1\Rightarrow|\alpha|'\leqslant 1$. 这意味赋值 $|\ \ |$,$|\ \ |'$ 等价,因为若非如此,强逼近定理 1(7.1 节)将使我们找到 $\alpha\in L$ 使得 $|\alpha|\leqslant 1\Rightarrow|\alpha|'>1$. 于是 $|\ \ |$,$|\ \ |'$ 相同,因为它们在 K 上一致.

L 关于这个延拓的赋值完备的事实可以由下面的一般结果推出.

命题 4　设 K 是关于赋值 $|\ \ |$ 的完备域,V 是 K 上的 n 维赋范向量空间,则对 V 的任何基 $\boldsymbol{v}_1,\cdots,\boldsymbol{v}_n$,最值范

$$\|x_1\boldsymbol{v}_1+\cdots+x_n\boldsymbol{v}_n\|=\max\{|x_1|,\cdots,|x_n|\}$$

等价于 V 上给定的范.特别地,V 完备,且同构

$$K^n\to V,(x_1,\cdots,x_n)\to x_1\boldsymbol{v}_1+\cdots+x_n\boldsymbol{v}_n$$

是同胚.

证明　设 $\boldsymbol{v}_1,\cdots,\boldsymbol{v}_n$ 是 V 的一组基,$\|\ \ \|$ 是相应的最值范.只需证明,对 V 上的任意范,存在常数 ρ,$\rho'>0$ 使得对任何 $\boldsymbol{x}\in V$,有

$$\rho\|\boldsymbol{x}\|\leqslant|\boldsymbol{x}|\leqslant\rho'\|\boldsymbol{x}\|$$

则范 $|\ \ |$ 与 $\|\ \ \|$ 定义了 V 上相同的拓扑,且我们得到拓扑同构 $K^n\to V,(x_1,\cdots,x_n)\to x_1\boldsymbol{v}_1+\cdots+x_n\boldsymbol{v}_n$. 事实上,$\|\ \ \|$ 变为 K^n 上的最值范.

对 ρ',我们显然可取 $|\boldsymbol{v}_1|+\cdots+|\boldsymbol{v}_n|$. ρ 的存在性可以对 n 作归纳证明.当 $n=1$ 时,我们可取 $\rho=|\boldsymbol{v}_1|$. 假定对 $n-1$ 维向量空间一切都证明了.设

$$V_i=K\boldsymbol{v}_1+\cdots+K\boldsymbol{v}_{i-1}+K\boldsymbol{v}_{i+1}+\cdots+K\boldsymbol{v}_n$$

因此 $V=V_i+K\boldsymbol{v}_i$,则由归纳法,V_i 关于 $|\ \ |$ 的限制完备,于是它在 V 中闭,从而 $V_i+\boldsymbol{v}_i$ 也是闭的.因为 $\boldsymbol{0}\notin\bigcup\limits_{i=1}^{n}(V_i+\boldsymbol{v}_i)$,所以存在 $\boldsymbol{0}$ 的一个与 $\bigcup\limits_{i=1}^{n}(V_i+\boldsymbol{v}_i)$ 不

相交的邻域，即存在 $\rho>0$ 使得

$$|\boldsymbol{w}_i+\boldsymbol{v}_i|\geqslant\rho(\forall\,\boldsymbol{w}_i\in V_i,i=1,\cdots,n)$$

对 $\boldsymbol{x}=x_1\boldsymbol{v}_1+\cdots+x_n\boldsymbol{v}_n\neq\boldsymbol{0}$，$|x_r|=\max\{|x_i|\}$，我们发现

$$|x_r^{-1}\boldsymbol{x}|=|\frac{x_1}{x_r}\boldsymbol{v}_1+\cdots+\boldsymbol{v}_r+\cdots+\frac{x_n}{x_r}\boldsymbol{v}_n|\geqslant\rho$$

因此有 $|\boldsymbol{x}|\geqslant\rho|x_r|=\rho\|\boldsymbol{x}\|$.

K 上与 $|\quad|$ 相关的指数赋值可以唯一地延拓到 L 上的事实是定理2的平凡结果. 若 $n=[L:K]<\infty$，则延拓 w 由公式

$$w(\alpha)=\frac{1}{n}v(N_{L/K}(\alpha))$$

给出.

习题 1　完备域的无限代数扩张不完备.

习题 2　设 $X_0,X_1,\cdots$ 是无限未定元序列，p 是固定的素数，且 $W_n=X_0^{p^n}+pX_1^{p^{n-1}}+\cdots+p^nX_n,n\geqslant0$. 证明存在多项式 $S_0,S_1,\cdots;P_0,P_1,\cdots\in\mathbf{Z}[X_0,X_1,\cdots;Y_0,Y_1,\cdots]$ 使得

$$W_n(S_0,S_1,\cdots)=W_n(X_0,X_1,\cdots)+W_n(Y_0,Y_1,\cdots)$$
$$W_n(P_0,P_1,\cdots)=W_n(X_0,X_1,\cdots)+W_n(Y_0,Y_1,\cdots)$$

习题 3　设 A 是交换环. 对 $\boldsymbol{a}=(a_0,a_1,\cdots)$，$\boldsymbol{b}=(b_0,b_1,\cdots)$，$a_i,b_i\in A$，令

$$\boldsymbol{a}+\boldsymbol{b}=(S_0(\boldsymbol{a},\boldsymbol{b}),S_1(\boldsymbol{a},\boldsymbol{b}),\cdots)$$
$$\boldsymbol{a}\cdot\boldsymbol{b}=(P_0(\boldsymbol{a},\boldsymbol{b}),P_1(\boldsymbol{a},\boldsymbol{b}),\cdots)$$

证明在这些运算下，向量 $\boldsymbol{a}=(a_0,a_1,\cdots)$ 作成有 $\boldsymbol{e}$ 的交换环 $W(A)$，称为 A 上的 Witt 向量环.

习题 4　若 k 是特征为 p 的完全域，则 $W(k)$ 是剩余类域为 k 的完备离散赋值环.

7.5 局　部　域

在所有完备(非 Archimedes)赋值域中,那些作为整体域,即 $\mathbf{Q}$ 或 $\mathbf{F}_p(t)$ 的有限扩张的完备化出现的,与数论有最显著的相关性. 我们看到,这样的完备化上的赋值是离散的,且剩余类域有限. 与整体域对比,所有关于离散赋值完备且剩余类域有限的域称为局部域. 对这样的局部域,其标准指数赋值记为 v_p, $|\quad|_p$ 指标准绝对值

$$|x|_p = q^{-v_p(x)}$$

其中 q 是剩余类域的基数.

命题 1　局部域 K 是局部紧的,它的赋值环是紧的.

证明　由命题 4(7.4 节),我们有代数、拓扑同构 $\mathcal{o} \cong \varprojlim_n \mathcal{o}/\mathfrak{p}^n$. 因为 $\mathfrak{p}^v/\mathfrak{p}^{v+1} \cong \mathcal{o}/\mathfrak{p}$,环 $\mathcal{o}/\mathfrak{p}^n$ 有限,故紧. 作为紧空间的直积 $\prod_{n=1}^{\infty} \mathcal{o}/\mathfrak{p}^n$ 的闭子集,射影极限为 $\varprojlim_n \mathcal{o}/\mathfrak{p}^n$,于是 $\mathcal{o}$ 也是紧的. 对每个 $a \in K$,集 $a+\mathcal{o}$ 是开的,同时也是紧的邻域,因此 K 是局部紧的.

与整体域作为 $\mathbf{Q}$ 和 $\mathbf{F}_p(t)$ 的有限扩张的定义有意想不到的一致,我们现在得到下面关于局部域的刻画.

命题 2　局部域恰好是 $\mathbf{Q}_p$ 和 $\mathbf{F}_p(t)$ 的有限扩张.

证明　由定理 2(7.4 节),$k=\mathbf{Q}_p$ 或 $k=\mathbf{F}_p(t)$ 的有限扩张关于延拓赋值 $|\alpha| = \sqrt[n]{|N_{L/K}(\alpha)|}$ 是完备的,且它本身显然还是离散的. 因 K/k 是有限扩张,剩

余类域扩张$\kappa/\mathbf{F}_p$也是如此，所以若$\overline{x}_1,\cdots,\overline{x}_n\in\kappa$线性无关，那么任意选取的原象$x_1,\cdots,x_n\in K$在$k$上也线性无关. 事实上，在非平凡的$k$-线性关系$\lambda_1x_1+\cdots+\lambda_nx_n=0,\lambda_i\in k$上除以有最大绝对值的系数$\lambda_i$，得到系数在$k$的赋值环中的线性组合，第$i$个系数为1，降到$\kappa$上，我们得到非平凡关系$\overline{\lambda}_1\overline{x}_1+\cdots+\overline{\lambda}_n\overline{x}_n=0$. 因此$K$是局部域.

反之，设K是局部域，v是离散指数赋值，p是剩余类域κ的特征. 若K的特征为0，则v限制到$\mathbf{Q}$上等价于$\mathbf{Q}$上的p-adic 赋值v_p，因$v(p)>0$. 由K的完备性，$\mathbf{Q}$在K中的闭包是$\mathbf{Q}$关于v_p的完备化，换句话说，$\mathbf{Q}_p\subseteq K$. $K/\mathbf{Q}_p$是有限次的事实是线性空间K局部紧的结果，这由拓扑线性代数的一般结果得出. 另外，若K的特征不等于0，则一定等于p. 这种情形下我们发现$K=k(t)$，t是K的一个素元，因此$\mathbf{F}_p(t)\subseteq K$. 事实上，若$\kappa=\mathbf{F}_p(\alpha)$，$p(X)\in\mathbf{F}_p[X]\subseteq K[X]$是$\alpha$在$\mathbf{F}_p$上的极小多项式，则由 Hensel 引理，$p(X)$在$K$上分裂为线性因子. 因此我们可以将$\kappa$看作$K$的子域，由上一节命题 2，$K$中的元结果是系数在$\kappa$中的关于$t$的 Laurent 级数.

注　我们能够证明关于一个非离散拓扑局部紧的域K同构于$\mathbf{R}$，$\mathbf{C}$或$\mathbf{Q}_p$，$\mathbf{F}_p(t)$的有限扩张，即局部域.

我们已经看到特征为p的局部域是幂级数域$\mathbf{F}_q((t))$，$q=p^f$. 特征为0的局部域，即p-adic 数域$\mathbf{Q}_p$的有限扩张$K/\mathbf{Q}_p$称为$\mathfrak{p}$-adic 数域. 对它们，我们有指数函数和对数函数. 但是，与实数、复数情形相比，前者不是定义在整个K上，而后者是定义在整个K^*上. 为定义对数,我们要用到下面的事实.

命题 3　局部域 K 的乘法群有分解

$$K^* = (\pi) \times \mu_{q-1} \times U^{(1)}$$

这里 π 是素元,$(\pi)=\{\pi^k \mid k \in \mathbf{Z}\}$,$q=\#\kappa$ 是剩余类域 $\kappa = \mathcal{O}/\mathfrak{p}$ 的元素个数,且 $U^{(1)} = 1 + \mathfrak{p}$ 是主单位群.

证明　对每个 $\alpha \in K^*$,我们有唯一表示 $\alpha = \pi^n u$,$n \in \mathbf{Z}, u \in \mathcal{O}$,因此 $K^* = (\pi) \times \mathcal{O}^*$. 由 Hensel 引理,因多项式 $X^{q-1}-1$ 分裂为线性因子,所以 $\mathcal{O}^*$ 包含 $q-1$ 次单位根群 μ_{q-1}. 同态 $\mathcal{O}^* \to \kappa^*$,$u \to u(\bmod \mathfrak{p})$ 有核 $U^{(1)}$,且将 μ_{q-1} 双射地映到 κ^*. 因此 $\mathcal{O}^* = \mu_{q-1} \times U^{(1)}$.

命题 4　对 p-adic 数域 K,存在唯一决定的连续同态

$$\log: K^* \to K$$

使得 $\log p = 0$,它在主单位 $1+x \in U^{(1)}$ 的值由

$$\log(1+x) = x - \frac{x^2}{2} + \frac{x^3}{3} - \cdots$$

给出.

证明　由 7.2 节,我们能够认为 $\mathbf{Q}_p$ 的 p-adic 赋值 v_p 可延拓到 K 上. 注意到 $v_p(x) > 0$,因而 $c = p^{v_p(x)} > 1$,$p^{v_p(\nu)} \leqslant \nu$,得到 $v_p(\nu) \leqslant \dfrac{\ln \nu}{\ln p}$(通常的对数),我们计算级数中项 $\dfrac{x^\nu}{\nu}$ 的赋值

$$v_p\left(\frac{x^\nu}{\nu}\right) = \nu v_p(x) - v_p(\nu) \geqslant \nu \frac{\ln c}{\ln p} - \frac{\ln \nu}{\ln p} = \frac{\ln(c^\nu/\nu)}{\ln p}$$

这意味 $\dfrac{x^\nu}{\nu}$ 是零空间,即对数级数收敛. 它定义一个同态,因为

$$\log((1+x)(1+y)) = \log(1+x) + \log(1+y)$$

是形式幂级数的等式，且只要 $1+x,1+y\in U^{(1)}$，其中所有的级数就收敛.

对每个 $\alpha\in K^*$，选取素元 π，我们有唯一表示

$$\alpha=\pi^{v_{\mathfrak{p}}(\alpha)}\omega(\alpha)\langle\alpha\rangle$$

其中 $v_{\mathfrak{p}}=\mathrm{e}v_p$ 是 K 的标准赋值，$\omega(\alpha)\in\mu_{q-1}$，$\langle\alpha\rangle\in U^{(1)}$，如等式 $p=\pi^{\mathrm{e}}\omega(p)\langle p\rangle$ 暗示的，我们定义 $\log\pi=-\frac{1}{\mathrm{e}}\log\langle p\rangle$，于是得到同态 $\log:K^*\to K$，即

$$\log\alpha=v_{\mathfrak{p}}(\alpha)\log\pi+\log\langle\alpha\rangle$$

显然，它是连续的且有性质 $\log p=0$. 若 $\lambda:K^*\to K$ 是 $\log:U^{(1)}\to K$ 的任意延拓，使得 $\lambda(p)=0$，则我们发现对每个 $\xi\in\mu_{q-1}$ 有 $\lambda(\xi)=\frac{1}{q-1}\lambda(\xi^{q-1})=0$. 由此得到 $0=\mathrm{e}\lambda(\pi)+\lambda(\langle p\rangle)=\mathrm{e}\lambda(\pi)+\log\langle p\rangle$，因此 $\lambda(\pi)=\log(\pi)$，从而对所有 $\alpha\in K^*$，有 $\lambda(\alpha)=v_{\mathfrak{p}}(\alpha)\lambda(\pi)+\lambda(\langle\alpha\rangle)=v_{\mathfrak{p}}(\alpha)\log\pi+\log(\langle\alpha\rangle)=\log\alpha$. 因此 log 是唯一确定的，且与 π 的选择无关.

命题 5　设 $K/\mathbf{Q}_p$ 是赋值环为 $\mathcal{O}$ 和极大理想为 $\mathfrak{p}$ 的 $\mathfrak{p}$-adic 数域. 令 $p\mathcal{O}=\mathfrak{p}^{\mathrm{e}}$，则幂级数

$$\exp(x)=1+x+\frac{x^2}{2!}+\frac{x^3}{3!}+\cdots$$

$$\log(1+z)=z-\frac{z^2}{2}+\frac{z^3}{3}-\cdots$$

对 $n>\frac{\mathrm{e}}{p-1}$ 得到两个互逆的同构(与同胚)

$$\mathfrak{p}^n\underset{\log}{\overset{\exp}{\rightleftharpoons}}U^{(n)}$$

我们用下面的初等引理为证明做准备.

引理　设 $\mu=\sum\limits_{i=0}^{r}a_ip^i$，$0\leqslant a_i<p$ 是自然数 $\mu\in$

N 的 p-adic 展开式，则

$$v_p(\nu!)=\frac{1}{p-1}\sum_{i=0}^{r}a_i(p^i-1)$$

证明 令$[c]$表示小于或等于c的最大整数，则我们有

$$[\nu/p]=a_1+a_2p+\cdots+a_rp^{r-1}$$
$$[\nu/p^2]=a_2+\cdots+a_rp^{r-2}$$
$$\vdots$$
$$[\nu/p^r]=a_r$$

现在我们计算有多少数 $1,2,\cdots,\nu$ 被 p 整除，然后有多少数被 p^2 整除，等等. 我们发现

$$\begin{aligned}v_p(\nu!)&=[\nu/p]+\cdots+[\nu/p^r]\\&=a_1+(p+1)a_2+\cdots+(p^{r-1}+\cdots+1)a_r\end{aligned}$$

于是

$$\begin{aligned}(p-1)v_p(\nu!)&=(p-1)a_1+(p^2-1)a_2+\cdots+\\&\quad(p^r-1)a_r=\sum_{i=0}^{r}a_i(p^i-1)\end{aligned}$$

命题 5 的证明 我们再次将 $\mathbf{Q}_p$ 的 p-adic 赋值 v_p 视为延拓到K上，则 $v_{\mathfrak{p}}=\mathrm{e}v_p$ 是K上的标准赋值. 对每个自然数 $\mu>1$，我们有估计

$$\frac{v_p(\nu)}{\nu-1}\leqslant\frac{1}{p-1}$$

因为，若 $\nu=p^a\nu_0,(\nu_0,p)=1,a>0$，则

$$\begin{aligned}\frac{v_p(\nu)}{\nu-1}&=\frac{a}{p^a\nu_0-1}\leqslant\frac{a}{p^a-1}\\&=\frac{1}{p-1}\,\frac{a}{p^{a-1}+\cdots+p+1}\leqslant\frac{1}{p-1}\end{aligned}$$

对 $v_p(z)>\dfrac{1}{p-1},z\neq0$，即 $v_{\mathfrak{p}}(z)>\dfrac{\mathrm{e}}{p-1}$，我们得到

$$v_p\left(\frac{z^\nu}{\nu}\right)-v_p(z)=(\nu-1)v_p(z)-v_p(\nu)$$

$$>(\nu-1)\left(\frac{1}{p-1}-\frac{v_p(\nu)}{\nu-1}\right)\geqslant 0$$

从而 $v_\mathfrak{p}(\log(1+z))=v_\mathfrak{p}(z)$. 因此对 $n>\frac{e}{p-1}$, log 把 $U^{(n)}$ 映到 $\mathfrak{p}^n$.

对于指数级数 $\sum_{\nu=0}^{\infty}\frac{x^\nu}{\nu!}$，我们计算赋值 $v_p\left(\frac{x^\nu}{\nu!}\right)$ 如下：对 $\nu>0$，写成

$$\nu=a_0+a_1p+\cdots+a_rp^r(0\leqslant a_i<p)$$

我们由引理得到

$$v_p(\nu!)=\frac{1}{p-1}\sum_{i=0}^{r}a_i(p^i-1)$$

$$=\frac{1}{p-1}(\nu-(a_0+a_1+\cdots+a_r))$$

令 $s_\nu=a_0+a_1+\cdots+a_r$，这就成为

$$v_p\left(\frac{x^\nu}{\nu!}\right)=\nu v_p(x)-\frac{\nu-s_\nu}{p-1}$$

$$=\nu\left(v_p(x)-\frac{1}{p-1}\right)+\frac{s_\nu}{p-1}$$

对 $v_p(x)>\frac{e}{p-1}$，即 $v_p(x)>\frac{1}{p-1}$，这就意味指数级数的收敛性. 此外，若 $x\neq 0,\nu>1$，则我们有

$$v_p\left(\frac{x^\nu}{\nu!}\right)-v_p(x)=(\nu-1)v_p(x)-\frac{\nu-1}{p-1}+\frac{s_\nu-1}{p-1}$$

$$>\frac{s_\nu-1}{p-1}\geqslant 0$$

因此，$v_\mathfrak{p}(\exp(x)-1)=v_p(x)$，即对 $n>\frac{e}{p-1}$，exp 把

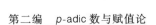

群 $\mathfrak{p}^n$ 映到 $U^{(n)}$. 此外,对 $v_{\mathfrak{p}}(x), v_{\mathfrak{p}}(z) > \frac{e}{p-1}$,我们有

$$\exp \log(1+z) = 1+z, \log \exp(z) > \frac{e}{p-1}$$

因为这些都是形式幂级数的等式,且所有级数收敛. 这就证明了命题.

对任何的局部域 K,主单位群 $U^{(1)}$ 以典型方式成为 $\mathbf{Z}_p$ — 模(其中 $p = \text{char}(\kappa)$),即对每个元 $1+x \in U^{(1)}$, $z \in \mathbf{Z}_p$, 我们有 $(1+x)^z \in U^{(1)}$. 这可由事实 $U^{(1)}/U^{(n+1)}$ 对所有 n 有阶 q^n(其中 $q = \# \mathfrak{o}/\mathfrak{p}$,其原因是由 7.3 节中命题 6, $U^{(i)}/U^{(i+1)} \cong \mathfrak{o}_{\mathfrak{p}}$,因此 $U^{(1)}/U^{(n+1)}$ 是 $\mathbf{Z}_p$ — 模),与公式

$$U^{(1)} = \lim_{\overleftarrow{n}} U^{(1)}/U^{(n+1)}, \mathbf{Z}_p = \lim_{\overleftarrow{n}} \mathbf{Z}/q^n\mathbf{Z}$$

得到. 这显然延拓了 $U^{(1)}$ 的 $\mathbf{Z}$ — 模结构. 函数

$$f(z) = (1+x)^z$$

连续,因为同余式 $z \equiv z' (\bmod q^n \mathbf{Z}_p)$ 意味 $(1+x)^z \equiv (1+x)^{z'} (\bmod U^{(n+1)})$,因此 z 的邻域 $z + q^n\mathbf{Z}_p$ 映到 $f(z)$ 的邻域 $(1+x)^z U^{(n+1)}$ 中. 特别地,若 $z = \lim_{i\to\infty} z_i$,则 $(1+x)^z$ 可以表示为普通幂 $(1+x)^{z_i}$, $z_i \in \mathbf{Z}$ 的极限

$$(1+x)^z = \lim_{i\to\infty} (1+x)^{z_i}$$

在此讨论后,我们能清楚地决定局部域 K 的局部紧群 K^* 的结构.

命题 6 设 K 是局部域,它的剩余类域的元素个数为 $q = p^f$,则以下成立:

(1) 若 K 的特征为 0,则我们有代数和拓扑同构

$$K^* \cong \mathbf{Z} \oplus \mathbf{Z}/(q-1)\mathbf{Z} \oplus \mathbf{Z}/p^a\mathbf{Z} \oplus \mathbf{Z}_p^d$$

其中 $a \geqslant 0, d = [K : \mathbf{Q}_p]$.

(2) 若 K 的特征为 p,则我们有代数和拓扑同构

$$K^* \cong \mathbf{Z} \oplus \mathbf{Z}/(q-1)\mathbf{Z} \oplus \mathbf{Z}_p^{\mathbf{N}}$$

证明　由命题 3,我们有代数和拓扑同构

$$K^* = (\pi) \times \mu_{q-1} \times U^{(1)} \cong \mathbf{Z} \oplus \mathbf{Z}/(q-1)\mathbf{Z} \oplus U^{(1)}$$

由此我们简化为 $\mathbf{Z}_p$ 一模 $U^{(1)}$ 的计算.

(1) 假定 $\mathrm{char}(K)=0$. 对 n 充分大,命题 5 给出同构

$$\log: U^{(n)} \to \mathfrak{p}^n = \pi^n \mathcal{O} \cong \mathcal{O}$$

因 log,exp,$f(z)=(1+x)^z$ 连续,这是 $\mathbf{Z}_p$ 一模的拓扑同构. $\mathcal{O}$ 有 $\mathbf{Z}_p$ 上的一组整基 $\alpha_1,\cdots,\alpha_d$, 即 $\mathcal{O} = \mathbf{Z}_p\alpha_1 \oplus \cdots \oplus \mathbf{Z}_p\alpha_d \cong \mathbf{Z}_p^d$. 因此 $U^{(1)} \cong \mathbf{Z}_p^d$. 因指数 $(U^{(1)} : U^{(n)})$ 有限,故 $U^{(n)}$ 是秩为 d 的有限生成 $\mathbf{Z}_p$ 一模. $U^{(1)}$ 的挠群是 K 的 p 幂阶单位根群 μ_{p^a}. 由主理想整环上模的主要定理,$U^{(1)}$ 中存在秩为 d 的有限生成,因此闭的 $\mathbf{Z}_p$ 一子模 V 使得

$$U^{(1)} = \mu_{p^a} \times V \cong \mathbf{Z}/p^a\mathbf{Z} \oplus \mathbf{Z}_p^d$$

为代数和拓扑同构.

(2) 若 $\mathrm{char}(K)=p$,则我们有 $K \cong \mathbf{F}_p((t))$,且

$$U^{(1)} = 1 + \mathfrak{p} = 1 + t\mathbf{F}_q[[t]]$$

下面的论证摘自 K. Iwasawa 的书.

令 $\omega_1,\cdots,\omega_f$ 是 $\mathbf{F}_q/\mathbf{F}_p$ 的一组基. 对每个与 p 互素的自然数 n,我们考虑连续同态

$$g_n: \mathbf{Z}_p^f \to U^{(n)}, g_n(a_1,\cdots,a_f) = \prod_{i=1}^{f} (1+\omega_i t^n)^{a_i}$$

这个函数有如下性质:若 $m = np^s, s \geqslant 0$,则

$$U^{(m)} = g_n(p^s \mathbf{Z}_p^f) U^{(m+1)} \tag{1}$$

且对 $\alpha = (a_1,\cdots,a_f) \in \mathbf{Z}_p^f$,有

$$\alpha \notin p\mathbf{Z}_p^f \Leftrightarrow g_n(p^s\alpha) \notin U^{(m+1)} \tag{2}$$

事实上,对 $\omega = \sum_{i=1}^{f} b_i\omega_i \in \mathbf{F}_q, b_i \in \mathbf{Z}, b_i \equiv a_i \pmod p$,

我们有

$$g_n(\alpha) \equiv \prod_{i=1}^{f}(1+\omega_i t^n)^{b_i} \equiv 1+\omega t^n (\bmod \mathfrak{p}^{n+1})$$

因为我们考虑的是特征 p，于是

$$g_n(p^s\alpha) = g_n(\alpha)^{p^s} \equiv 1+\omega^{p^s} t^m (\bmod \mathfrak{p}^{m+1})$$

由于 α 在 $\mathbf{Z}_p^f$ 中元变动，从而 ω^{p^s} 在 $\mathbf{F}_q$ 中元变动，我们得到(1). 此外我们有 $g_n(p^s\alpha) \equiv 1(\bmod \mathfrak{p}^{m+1}) \Leftrightarrow \omega = 0 \Leftrightarrow b_i \equiv 0(\bmod p), i=1,\cdots,f \Leftrightarrow a_i \equiv 0(\bmod p), i=1,\cdots,f \Leftrightarrow \alpha \in p\mathbf{Z}_p^f$，这等价于(2).

我们现在考虑 $\mathbf{Z}_p$ 一模的连续同态

$$g = \prod_{(n,p)=1} g_n : A = \prod_{(n,p)=1} \mathbf{Z}_p^f \to U^{(1)}$$

其中乘积 $\prod_{(n,p)=1} \mathbf{Z}_p^f$ 取遍所有使得 $(n,p)=1$ 的 n，每个因子都是 $\mathbf{Z}_p^f$. 注意乘积 $g(\xi) = \prod g_n(\alpha_n)$ 收敛，因 $g_n(\alpha_n) \in U^{(n)}$. 令 $m=np^s$，$(n,p)=1$，为任意自然数. 因 $g_n(\mathbf{Z}_p^f) \subseteq g(A)$，由(1)，$U^{(m)}/U^{(m+1)}$ 的每个陪集由 $g(A)$ 的一个元表示. 这意味 $g(A)$ 在 $U^{(1)}$ 中稠密. 因 A 紧且 g 连续，g 实际上是满射.

另外，令 $\xi=(\cdots,\alpha_n,\cdots) \in A, \xi \neq 0$，即对某个 n 有 $\alpha_n \neq 0$. 这样的 α_n 形如 $\alpha_n = p^s\beta_n$，其中 $s=s(\alpha_n) \geqslant 0$，$\beta \in \mathbf{Z}_p^f \backslash p\mathbf{Z}_p^f$. 现在由(2) 有

$$g_n(\alpha_n) \in U^{(m)}, g_n(\alpha_n) \notin U^{(m+1)}, m=m(\alpha_n)=np^s$$

因为 n 与 p 互素，所以 $m(\alpha_n)$ 对 $\alpha_n \neq 0$ 一定不同. 令 n 是与 p 互素且使得 $\alpha_n \neq 0$ 的自然数，满足对所有 $\alpha_{n'} \neq 0$ 的 $n' \neq n$ 有 $m(\alpha_n) < m(\alpha_{n'})$，则我们对所有 $n' \neq n$ 有

$$g_{n'} \in U^{(m+1)}$$

其中 $m=m(\alpha_n) < m(\alpha_{n'})$. 因此

$$g(\xi) \equiv g_n(\alpha_n) \not\equiv 1 (\bmod U^{(m+1)})$$

所以 $g(\xi) \neq 1$. 这就证明了 g 的单性. 因 $A = \mathbf{Z}_p^{\mathbf{N}}$, 这就证明了断言(2).

推论　若自然数 n 不被 K 的特征整除, 则我们发现下面 n 次幂子群 K^{*n} 与 $U^{(n)}$ 分别在 K^* 与单位群 U 中的指数为

$$(K^* : K^{*n}) = n(U : U^n) = \frac{n}{|n|_{\mathfrak{p}}} \# \mu_n(K)$$

证明　第一个等式是 $K^* = (\pi) \times U$ 的结果. 由命题 6, 当 $\mathrm{char}(K) = 0$ 和 $p > 0$ 时, 我们分别有

$$U \cong \mu(K) \times \mathbf{Z}_p^d, U \cong \mu_K \times \mathbf{Z}_p^{\mathbf{N}}$$

由正合列

$$1 \to \mu_n(K) \to \mu(K) \xrightarrow{n} \mu(K) \to \mu(K)/\mu(K)^n \to 1$$

我们有 $\# \mu_n(K) = \# \mu(K)/\mu(K)^n$. 当 $\mathrm{char}(K) = 0$ 时, 这就给出

$$\begin{aligned}(U : U^n) &= \# \mu_n(K) \# (\mathbf{Z}_p / n\mathbf{Z}_p)^d \\ &= \# \mu_n(K) p^{d v_p(n)} = \# \mu_n(K) / |n|_{\mathfrak{p}}\end{aligned}$$

当 $\mathrm{char}(K) = p$ 时, 我们仅得到 $(U : U^n) = \# \mu_n(K) = \# \mu_n(K) / |n|_{\mathfrak{p}}$, 因为 $(n, p) = 1$, 即 $n\mathbf{Z}_p = \mathbf{Z}_p$.

习题 1　对数函数能延拓为连续同态 $\log : \overline{\mathbf{Q}}_p^* \to \mathbf{Q}$, 指数函数能延拓为连续同态 $\exp : \overline{\mathfrak{p}}^{\frac{1}{1-p}} \to \overline{\mathbf{Q}}_p^*$, 其中 $\overline{\mathfrak{p}}^{\frac{1}{1-p}} = \{x \in \overline{\mathbf{Q}}_p \mid v_p(x) > \frac{1}{1-p}\}$, v_p 是 $\mathbf{Q}_p$ 上的标准赋值的唯一延拓.

习题 2　设 $K/\mathbf{Q}_p$ 为 $\mathfrak{p}$-adic 数域. 对 $1 + x \in U^{(1)}$, $z \in \mathbf{Z}_p$, 我们有

$$(1 + x)^z = \sum_{\nu=0}^{\infty} \binom{z}{\nu} x^{\nu}$$

级数甚至对满足 $v_{\mathfrak{p}}(x) > \frac{e}{p-1}$ 的 $x \in K$ 成立.

习题 3　在上面的假设下,我们有

$(1+x)^z = \exp(z\log(1+x))$,$\log(1+x)^z = z\log(1+x)$

习题 4　对 $\mathfrak{p}$-adic 数域 K,K^* 的每个有限指标子群是既开又闭的.

习题 5　对 K 为 $\mathfrak{p}$-adic 数域,则群 K^{*n},$n \in \mathbf{N}$ 构成 K^* 中 1 的邻域基.

习题 6　设 K 为 $\mathfrak{p}$-adic 数域,$v_{\mathfrak{p}}$ 是 K 上的标准指数赋值,$\mathrm{d}x$ 是局部紧加群 K 上的 Haar 测度并调节成 $\int_{\mathcal{O}} \mathrm{d}x = 1$,则我们有 $v_{\mathfrak{p}}(a) = \int_{a\mathcal{O}} \mathrm{d}x$. 此外

$$I(f) = \int_{K\setminus\{0\}} f(x) \frac{\mathrm{d}x}{|x|_{\mathfrak{p}}}$$

是局部紧群 K^* 上的 Haar 测度.

第三编
中国学者的若干研究成果

第8章 关于 p-adic E—函数值的算术性质[①]

1929 年 Siegel 定义了在代数数域 **K** 上的 E—函数，并证明它们在代数点上值的代数无关性. 1959 年 Shidlovsky 将 Siegel 的结果推广到一般的形式，建立了 Siegel-Shidlovsky 关于一般 E—函数值代数无关性的定理.

1962 年 Lang 得到无关性的度量：设 $f_1(z),\cdots,f_m(z)$ 是满足 Siegel-Shidlovsky 定理的假设下的 E—函数，α 是 **K** 上满足一定条件的代数数，存在有效的（即可计算的）常数 C_1 和函数 $\Omega(d)\geqslant 0$，使对任意非零多项式 $P(x_1,\cdots,x_n)\in\mathbf{Z}[x_1,\cdots,x_m]$（它的次数最多为 d，高 $H(P)\leqslant H$），有下面估计

① 本章摘编自《数学学报》，1986，29(4)：444-452.

$$|P(f_1(\alpha),\cdots,f_m(\alpha))|>\Omega(d)H^{-C_1d^m} \qquad (1)$$

1977 年 Nesterenko 给出 C_1 和 $\Omega(d)$ 的明显形式

$$C_1=4^m k^m(mk^2+k+1)$$

和

$$\Omega(d)=\exp(-\exp(\tau d^{2m}\log(d+1)))$$

这里 $k=[\mathbf{K}:\mathbf{Q}]$，$\tau$ 是只依赖于 $\{f_i(z)\}$ 的常数，它与 H 和 d 无关，一般来说，它不是有效的.

Brownawell 改进了上面的结果，证明了

$$|P(f_1(\alpha),\cdots,f_m(\alpha))|>\min\{\Omega_1(d)H^{-C_1d^m},\tau_1\} \qquad (2)$$

这里 $\Omega_1(d)=\exp(-\exp(C_2d^{2m}\log(d+1)))$，$\tau_1$ 是只依赖于 $\{f_i(z)\}$ 的非有效常数（一般来说），C_2 是只依赖于 $\mathbf{K}$，m，α 和 $\{f_i(z)\}$ 的有效常数.

中国科学院数学研究所的徐广善研究员 1986 年建立了 p-adic E－函数在代数点上无关性的下界估计.

8.1　定义、记号和定理

设 $\mathbf{Q}_p$ 表示 p-adic 有理数域，$\mathbf{C}_p$ 表示 $\mathbf{Q}_p$ 的完备代数闭包，$\mathbf{K}$ 表示代数数域（$\mathbf{C}_p$ 的子域），记 $k=[\mathbf{K}:\mathbf{Q}]$，$O_{\mathbf{K}}$ 是 $\mathbf{K}$ 上的整数环. 用 $|\quad|_p$ 表示规范化的 p-adic 赋值（即 $|p|_p=p^{-1}$），用 $\prod$ 表示 $\mathbf{K}$ 上元素以及它的所有共轭元素的绝对值的最大值，如果 $\theta\in\mathbf{K}$，它的绝对高定义为 $h(\theta)=\prod\limits_v\max\{1,|\theta|_v\}$，这里 v 跑过所有 Archimedes 赋值和非 Archimedes 赋值，显然有

$$-\log h(\theta) \leqslant \log |\theta|_p \leqslant \log h(\theta)$$

下面我们给出p-adic E－函数的定义，设 $f(z)$ 表示幂级数 $f(z)=\sum_{n=0}^{\infty}\frac{a_n z^n}{n!}$，并满足如下条件：

(1)$a_n \in \mathbf{K}(n=0,1,\cdots)$，存在常数 $\mu>0$ 和 $C\geqslant 1$，使得对所有的 n 有$\overline{|a_n|}\leqslant \mu C^n$；

(2) 存在自然数序列$\{q_n\}$ 和常数 $\nu>0$，使得对所有的 n 有 $q_n a_i \in O_{\mathbf{K}}(0\leqslant i\leqslant n)$，并且

$$q_n \leqslant \nu C^n$$

(3) 我们立刻有 $|a_n|_p \leqslant |q_n|_p^{-1}\leqslant q_n \leqslant \nu C^n$，于是 $f(z)$ 在 $\mathbf{C}_p$ 上的圆 $|z|_p < C^{-1}p^{-\frac{1}{p-1}}$ 内是p-adic 解析函数，我们称 $f(z)$ 是p-adic E－函数，记它属于 $\mathbf{K}E(\mu,C,\nu,C)$ 类.

设 $f_1(z),\cdots,f_m(z)\in \mathbf{K}E(C,C,C,C)$，并且满足一阶线性微分方程组

$$y_i'=\sum_{j=1}^{m}Q_{ij}(z)y_j(1\leqslant i\leqslant m) \tag{1}$$

这里 $Q_{ij}(z)\in \mathbf{C}(z)$.

设 $T(z)\in O_{\mathbf{K}}[z]$，对所有的 i,j，使得 $T(z)Q_{ij}(z)\in O_{\mathbf{K}}[z]$. 记

$$S=\max_{i,j}\{\deg T(z),\deg T(z)Q_{ij}(z)\}$$

$$T=\max_{i,j}\{\overline{|T(z)|},\overline{|T(z)Q_{ij}(z)|}\}$$

令 $E_i(z)=E_k(z)=f_1^{k_1}(z)\cdots f_m^{k_m}(z)$，$0\leqslant k_1+\cdots+k_m\leqslant h$，$d\leqslant h\in \mathbf{N}$，显然 $0\leqslant i\leqslant M=\binom{m+h}{m}$. 我们有

$$\{E_i(z)\}\in \mathbf{K}E(C^h,C^h,C^h,C^{\log(h+1)})$$

并且$\{E_i(z)\}$在圆$|z|_p < C^{-\log(h+1)} p^{-\frac{1}{p-1}}$内是$p$-adic解析函数，容易验证$\{E_i(z)\}$满足形式为(1)的一阶线性微分方程组，方程组的系数是$Q_{ij}(z)$的线性组合，又记$M_1 = \binom{h-d+m}{m}$，$N = M - M_1$.

定理1 设$f_1(z),\cdots,f_m(z)$是上面定义的p-adic E－函数，并在$\mathbf{C}(z)$上是代数无关的．ε和δ是满足$0<\varepsilon<1$和$0<\delta<\frac{1}{2}$的两个数，令$\varepsilon_1=\frac{\varepsilon}{2}$，$h=\left(1+\left[\frac{mk}{\varepsilon_1}\right]\right)d$. 如果$\alpha$满足下面条件：$\alpha\in\mathbf{K}$，$\alpha T(\alpha)\neq 0$，它位于$\{f_i(z)\}$的$p$-adic解析圆内

$$\log|\alpha|_p < -\varepsilon\log h(\alpha)$$

和

$$\log h(\alpha) > \frac{4((\delta+2)k+C_0)}{\varepsilon_1}\log\max\{\log H, \exp(C_3 d^{2m}\log(d+1)), \tau_2 d^\gamma \log(\tau_2 d^\gamma)\} \tag{2}$$

那么，我们有下面估计

$$|P(f_1(\alpha),\cdots,f_m(\alpha))|_p > \min(\overline{\Omega}(d) H^{-((s+2)\log h(\alpha)+1)C_1 d^m/\varepsilon_1^m}, \tau_1) \tag{3}$$

这里$P(x_1,\cdots,x_m)\in\mathbf{Z}[x_1,\cdots,x_m]$是次数$\leqslant d$，高$\leqslant H$的任意非零多项式，$\overline{\Omega}(d)=\exp(-\exp(C_2 d^{2m}\cdot\log(d+1)))$，$\gamma=(m+1)^{(m+1)}+(m+1)$，$C_0$，$C_2$和$C_3$是依赖于$\mathbf{K}$，$m$，$\varepsilon$，$\{f_i(z)\}$和微分方程组(1)的有效常数($C_2$还依赖于$h(\alpha)$)，在定理的证明中将明显地给以表出，常数$\tau_1$和$\tau_2$可明显地表示成依赖于下一节引理2中非有效常数$\Omega(m)$，$C_1$取前面给出的形式.

定理 2　在定理 1 的假设下，如果

$$\log h(\alpha) > \frac{4((\delta+2)k+C_0)}{\varepsilon_1}\log\log H \quad (4)$$

和

$$\log H > \max(\exp(C_3 d^{2m}\log(d+1)), \tau_2 d^{\gamma}\log(\tau_2 d^{\gamma})) \quad (5)$$

那么我们有下面估计

$$|P(f_1(\alpha),\cdots,f_m(\alpha))|_p > H^{-((s+2)\log h(\alpha)+1)C_1 d^m/\varepsilon_1^m} \quad (6)$$

这里常数 C_0，C_1，C_3 和 τ_2 的含义与定理 1 相同.

8.2　引　　理

引理 1　令 $0<\delta<1$，对任意自然数 h 和 n，存在一组多项式

$$P_i(z)=n!\sum_{l=0}^{n}\frac{p_{il}z^l}{l!}(1\leqslant i\leqslant M)$$

并满足：

(1) $p_{il}\in O_{\mathbf{K}}$，$\overline{|p_{il}|}\leqslant C_4^{M^2(n+1)\log(h+1)}$，这里 $C_4=(4C^{2k+1}e^{k+1+2\log k})^{\frac{1}{\delta}}$；

(2) 令 $R(z,f_1(z),\cdots,f_m(z))=\sum_{i=1}^{M}P_i(z)E_i(z)=\sum_{\mu=0}^{\infty}\frac{b_\mu z^\mu}{\mu!}$，它在 $z=0$ 点具有零的阶至少为 $\sigma=[(M-\delta)(n+1)]$，有

$$|\overline{b_\mu}|\leqslant n^n(CC_4)^{M^2(n+1)\log(h+1)}(2Ch)^\mu(\mu>\sigma)$$

和

$$|b_\mu|_p\leqslant C^hC^{\mu\log(h+1)}(\mu>\sigma)$$

(3) 在圆 $|z|_p < C^{-\log(h+1)} p^{-\frac{1}{p-1}}$ 内

$$|R(z)|_p \leqslant C^h (C^{\log(h+1)} p^{\frac{1}{p-1}} |z|_p)^\sigma$$

这个引理应用p-adic E — 函数的定义,容易得到证明. 令

$$R_l(z) = \left(T(z)\frac{\mathrm{d}}{\mathrm{d}z}\right)^{l-1} R(z) = \sum_{i=1}^{M} P_{li}(z) E_i(z)$$

显然

$$P_{li}(z) \in O_{\mathbf{K}}[z], \deg P_{li}(z) \leqslant n + ls$$

引理 2(Shidlovsky-Nesterenko) 设$f_1(z),\cdots,f_m(z)$是上面定义的一组 E — 函数,在 $\mathbf{C}(z)$ 上是代数无关的,令 $P \in \mathbf{C}[z,x_1,\cdots,x_m]$,$\deg_z P \leqslant n$,$\deg_x P \leqslant h$,$U(z) = P(z,f_1(z),\cdots,f_m(z))$,设 S_0 是由导数 $U^{(i)}(z)(i=0,1,2,\cdots)$ 张成的向量空间的维数,那么 P 在 $z=0$ 点零的阶 $O(P)$ 满足

$$O(P) \leqslant S_0 n + \Omega(m) h^\gamma \tag{1}$$

这里 $\Omega(m)$ 是只依赖于$\{f_i(z)\}$和微分方程组(1)(8.1 节)的常数,一般是非有效的.

应用这个引理到 $R(z)$ 上,容易验证,当 n 满足

$$(1-\delta)n > \Omega(m) h^\gamma \tag{2}$$

时,$R_1(z),\cdots,R_M(z)$ 是线性无关的,即

$$\det(P_{li}(z))_{1\leqslant l,i\leqslant M} \neq 0$$

我们得到,矩阵

$$(P_{li}(\alpha))_{\substack{1\leqslant i\leqslant M \\ 1\leqslant l\leqslant M+t}}$$

的秩为 M,这里 $t = [\delta n] + \frac{s}{2}M(M-1)$.

引理 3 令 $\alpha \in \mathbf{K}$,$\alpha T(\alpha) \neq 0$,对所有的 $i=1,\cdots,M$;$l=0,1,\cdots,M+t-1$,我们有

$$\overline{|P_{l+1,i}(\alpha)|} \leqslant n^{(1+\delta)n} C_5^{M^2(n+1)\log(h+1)} \max\{1, |\overline{\alpha}|\}^{ls+n}$$

这里 $C_5=C_4\mathrm{e}^{6m(1+s)}(T(s+2))^{3(s+1)}$. 当

$$|\alpha|_p<C^{-\log(h+1)}p^{-\frac{1}{p-1}}$$

时,我们有

$$|R_l(\alpha)|_p<C_6^{M^2(n+1)\log(h+1)}|\alpha|_p^{(M-\delta)(n+1)-l}(1\leqslant l\leqslant M)$$

这里 $C_6=C^2p^{\frac{1}{p-1}}$.

证明 只要注意到,当 $0\leqslant l\leqslant M+t-1$ 时,有

$$P_{l+1,i}(z)\ll n!\ (Th)^l(1+z)^{ls+n}\prod_{\eta=0}^{l-1}(\eta s+M+n)\cdot\max_{i,j}|\overline{p_{ij}}|$$

应用引理 1 的(1),立刻得到

$$|\overline{P_{l+1,i}(\alpha)}|\leqslant n^{(1+\delta)n}C_5^{M^2(n+1)\log(h+1)}\max\{1,|\overline{\alpha}|\}^{ls+n}$$

我们再应用引理 1 的(3),直接得到

$$|R_l(\alpha)|_p\leqslant(C^2p^{\frac{1}{p-1}})^{M^2(n+1)\log(h+1)}|\alpha|_p^{\sigma-l}$$
$$\leqslant C_6^{M^2(n+1)\log(h+1)}|\alpha|_p^{(M-\delta)(n+1)-l}$$

引理证毕.

引理 4 假设 $(1-\delta)n>\Omega(m)h^{\gamma}$,我们有一组数 $q_i\in O_{\mathbf{K}}(1\leqslant l\leqslant M+t,1\leqslant i\leqslant M)$,并且满足

$$|\overline{q_i}|\leqslant n^{(1+\delta)n}C_5^{M^2(n+1)\log(h+1)}h(\alpha)^{(M+t)s+n}$$

令

$$\overline{R}_l(\alpha)=\sum_{i=1}^{M}q_{li}E_i(\alpha)(1\leqslant l\leqslant M+t)$$

当 $\log|\alpha|_p\leqslant-\varepsilon\log h(\alpha)$ 时,我们有

$$|\overline{R}_l(\alpha)|_p\leqslant C_6^{M^2(n+1)\log(h+1)}h(\alpha)^{-\varepsilon(Mn-2\delta n-s/2M^2-\delta)}$$
$$(1\leqslant l\leqslant M+t)$$

证明 设 $a>0$ 是 α 满足的不可约代数方程的首项系数,那么 $a\alpha\in O_{\mathbf{K}}$,令

$$q_{li}=a^{(M+t)s+n}P_{li}(\alpha)(1\leqslant l\leqslant M+t,1\leqslant i\leqslant M)$$

显然 $q_{li} \in O_K$，然后应用引理 3，并注意到

$$a\max\{1, |\bar{\alpha}|\} \leqslant a\prod_{1\leqslant i\leqslant k}\max\{1, |\alpha|_i\} = h(\alpha)$$

我们立刻得到引理 4 的两个不等式的证明.

8.3 8.1 节中定理 2 的证明

令 $\lambda = \left[\frac{mk}{\varepsilon_1}\right]$，$\nu = mk^2 + 1$，我们有

$$M = \binom{m+h}{m} = \binom{m+(1+\lambda)d}{m}$$

$$\leqslant \left(\frac{kd}{\varepsilon_1}\right)^m \frac{(2m+1)\cdots(m+2)}{m!}$$

$$< \frac{4^m k^m d^m}{\varepsilon_1^m} \tag{1}$$

$$N = M - M_1 < \frac{m}{1+\lambda}M < \frac{4^m k^{m-1} d^m}{\varepsilon_1^{m-1}}$$

于是

$$\varepsilon M - kN > \varepsilon_1 M \tag{2}$$

自然数 n 是由下面不等式定义的

$$n^n \leqslant H^{k+\nu} < (n+1)^{n+1} \tag{3}$$

于是 $n\log n \leqslant (k+\nu)\log H$，对 $x > \mathrm{e}$，$\frac{x}{\log x}$ 是 x 的非减函数，所以

$$\frac{n\log n}{\log n + \log\log n} \leqslant \frac{(k+\nu)\log H}{\log(k+\nu) + \log\log H}$$

$$< \frac{(n+1)\log(n+1)}{\log(n+1) + \log\log(n+1)}$$

根据定理 2 的假设(5)，取 C_3 很大(H 也很大)，使得

$$\frac{n}{2} \leqslant (k+\nu) \frac{\log H}{\log \log H} < 2n \tag{4}$$

成立，同样由假设(5)，我们有

$$\tau_2 d^\gamma < \frac{2\log H}{\log \log H} \tag{5}$$

于是

$$\Omega(m) h^\gamma = \Omega(m)(1+\lambda)^\gamma d^\gamma < \frac{2\Omega(m)(1+\lambda)^\gamma \log H}{\tau_2 \log \log H} \tag{6}$$

我们选取

$$\tau_2 = \frac{4\Omega(m)(1+\lambda)^\gamma}{(1-\delta)(k+\nu)} \tag{7}$$

由(6) 和(4)，我们立刻得到$(1-\delta)n > \Omega(m)h^\gamma$，即式(2)(8.2 节) 成立，这样上一节引理 4 的假设也成立，我们再选取 δ 如下

$$\delta = \min\left\{\frac{\varepsilon_1 M}{2(3+(s+1)k)N}, \frac{1}{4\lambda(k+\nu)}\right\} \tag{8}$$

显然 $0 < \delta < \frac{1}{2}$. 由于

$$n > \frac{(k+\nu)\log H}{2\log \log H} \geqslant \frac{(k+\nu)\exp(C_3 d^{2m} \log (d+1))}{C_3 d^{2m} \log(d+1)}$$

和

$$\frac{s^2/2M^2 + \delta M + \delta}{\delta} < \frac{4^{2m}(s+1)^2 k^{2m} d^{2m}}{\delta \varepsilon_1^{2m}}$$

而且$\frac{1}{\delta} \leqslant \max\left\{\frac{2(3+(s+1)k)}{\varepsilon_1}, 4\lambda(k+\nu)\right\}$，于是选取较大值 C_3，可以保证

$$n > \frac{s^2 M^2/2 + \delta M + \delta}{\delta} \tag{9}$$

设 $0 \leqslant r_1 + \cdots + r_m \leqslant \lambda d$，令

$L_i(\alpha) = L_r(\alpha)$

$$=f_1^{r_1}(\alpha)\cdots f_m^{r_m}(\alpha)P(f_1(\alpha),\cdots,f_m(\alpha))$$
$$=\sum_{j=1}^{M}C_{ij}E_j(\alpha)(1\leqslant i\leqslant M_1)$$

这里 C_{ij} 是多项式 $P(x_1,\cdots,x_m)$ 的系数或者零. 显然 $\{L_i(\alpha)\}$ 作为 $\{E_j(\alpha)\}$ 的线性型是线性无关的,根据引理 4,我们可以选取 N 个 $\overline{R}_l(\alpha)$ 使得它们与 $\{L_i(\alpha)\}$ 组成 M 个线性无关的线性型,不妨设这一组线性型为

$$\overline{R}_1(\alpha),\cdots,\overline{R}_N(\alpha),L_1(\alpha),\cdots,L_{M_1}(\alpha)$$

于是

$$\Delta(\alpha)=\begin{vmatrix} q_{11} & \cdots & q_{1M} \\ \vdots & & \vdots \\ q_{N1} & \cdots & q_{NM} \\ C_{11} & \cdots & C_{1M} \\ \vdots & & \vdots \\ C_{M_1 1} & \cdots & C_{M_1 M} \end{vmatrix}\neq 0 \tag{10}$$

根据上一节引理 4 和本节式(9),我们有

$$\overline{|\Delta(\alpha)|}\leqslant M!\ H^{M_1}n^{(1+\delta)nN}C_5^{M^2N(n+1)\log(h+1)}h(\alpha)^{N(M+t)s+nN}$$
$$\leqslant H^{M_1}n^{(1+\delta)nN}C_7^{M^2N(n+1)\log(h+1)}h(\alpha)^{((s+1)\delta+1)nN} \tag{11}$$

这里 $C_7=\mathrm{e}C_5$. 由于 $\Delta(\alpha)\in O_{\mathbf{K}}$,我们有

$$|\Delta(\alpha)|_p\geqslant\frac{1}{|\mathrm{Norm}\Delta(\alpha)|}\geqslant\frac{1}{|\overline{\Delta(\alpha)}|^k}$$
$$\geqslant H^{-M_1k}n^{-(1+\delta)knN}C_7^{-M^2N(n+1)k\log(h+1)}\cdot$$
$$h(\alpha)^{-kNn((s+1)\delta+1)} \tag{12}$$

式(10) 还可改写成(注意到 $E_1(\alpha)=1$)

$$\Delta(\alpha)=\begin{vmatrix} \overline{R}_1(\alpha) & q_{12} & \cdots & q_{1M} \\ \vdots & \vdots & & \vdots \\ \overline{R}_N(\alpha) & q_{N2} & \cdots & q_{NM} \\ L_1(\alpha) & C_{12} & \cdots & C_{1M} \\ \vdots & \vdots & & \vdots \\ L_{M_1}(\alpha) & C_{M_1 2} & \cdots & C_{M_1 M} \end{vmatrix}$$

$$|L(\alpha)|_p \leqslant \max_{l,i}\{|\overline{R}_l(\alpha)|_p, |L_i(\alpha)|_p\} \tag{13}$$

再根据上一节引理 4 和本节式(9),我们有

$$|\overline{R}_l(\alpha)|_p \leqslant C_6^{M^2(n+1)\log(h+1)} h(\alpha)^{-\varepsilon(M-3\delta)n} \tag{14}$$

下面我们将证明

$$h(\alpha)^{\varepsilon(M-3\delta)n-kNn((s+1)\delta+1)} > (C_6C_7^{kN})^{M^2(n+1)\log(h+1)} H^{M_1k} n^{(1+\delta)knN} \tag{15}$$

不等式的左边

$$\begin{aligned} & h(\alpha)^{\varepsilon(M-3\delta)n-kNn((s+1)\delta+1)} \\ \geqslant\ & h(\alpha)^{(\varepsilon M-kN)n-(3\varepsilon+kN(s+1)\delta n)} \\ >\ & h(\alpha)^{\varepsilon_1 Mn-\varepsilon_1/2Mn} > h(\alpha)^{\frac{(k+\nu)\varepsilon_1 M\log H}{4\log\log H}} \end{aligned} \tag{16}$$

另外,由 M,N 的估计和 h 的定义以及 8.1 节中式(5),我们有

$$\begin{aligned} 2kNM\log(h+1) & \leqslant \frac{2k(1+\lambda)4^{2m}k^{2m}d^{2m}}{\varepsilon_1^{2m}}\log(d+1) \\ & \leqslant \frac{2\cdot 4^{2m}k^{2m+1}(1+\lambda)}{\varepsilon_1^m}\log\log H \end{aligned}$$

令 $C_8=\dfrac{2\cdot 4^{2m}k^{2m+1}(1+\lambda)}{\varepsilon_1^m}$,不等式的左边

$$\begin{aligned} & (C_6C_7^{kN})^{M^2(n+1)\log(h+1)} H^{M_1k} n^{(1+\delta)kNn} \\ \leqslant\ & H^{M_1k+k(1+\delta)(k+\nu)N}(C_6C_7)^{2kNM^2 n\log(h+1)} \\ \leqslant\ & H^{M_1k+k(1+\delta)(k+\nu)N}(C_6C_7)^{2C_8(k+\nu)M\log H} \end{aligned}$$

$$\leqslant H^{(k+\nu)(k(\delta+2)+C_0)M} \tag{17}$$

这里 $C_0=2C_8\log(C_6C_7)$. 由式(16) 和(17),立刻得证式(15) 成立,由式(12) 和(14),我们有

$$|\overline{R}_l(\alpha)|_p<|\Delta(\alpha)|_p$$

由式(13),我们有

$$\max_i |L_i(\alpha)|_p\geqslant|\Delta(\alpha)|_p$$

于是对某个 i,下面不等式成立

$$|f_1^{r_1}(\alpha)\cdots f_m^{r_m}(\alpha)|_p\,|P(f_1(\alpha),\cdots,f_m(\alpha))|_p$$
$$\geqslant|\Delta(\alpha)|_p$$

根据$\{f_i(z)\}$ 的定义,容易验证

$$|f_1^{r_1}(\alpha)\cdots f_m^{r_m}(\alpha)|_p\leqslant C^{r_1+\cdots+r_m}\leqslant C^{M_1}\leqslant C^M$$

这样

$$|P(f_1(\alpha),\cdots,f_m(\alpha))|_p>C^{-M}\,|\Delta(\alpha)|_p$$
$$\geqslant H^{-(M_1+(1+\delta)(k+\nu)N)k}(C\,C_7)^{-2M^2Nn\log(h+1)}h(\alpha)^{-Nk(s+2)n}$$

由 M,N 的估计和 h 的定义,我们有

$$kM^2N\log(h+1)\leqslant\frac{4^{3m}(1+\lambda)k^{3m+1}d^{3m}}{\varepsilon_1^{3m}}\log(d+1)$$

令

$$C_9=\frac{2\cdot4^{3m}k^{3m+1}(1+\lambda)}{\varepsilon_1^{3m}}\log(C\,C_7)$$

再应用式(3) 和 8.1 节中式(6),最后得到

$$|P(f_1(\alpha),\cdots,f_m(\alpha))|_p$$
$$>H^{-(M_1+(1+\delta)(k+\nu)N)k-\frac{2C_9(k+\nu)d^m}{C_3}}\cdot h(\alpha)^{-kN(s+2)n}$$

当选取 $C_3>\dfrac{C_9(1+\lambda)\varepsilon_1^m(k+\nu)}{4^{m-1}k^m}$ 时,我们将证明

$$H^{-(M_1+(1+\delta)(k+\nu)N)k-\frac{2C_9(k+\nu)d^m}{C_3}}>H^{-\frac{C_1d^m}{\varepsilon_1^m}} \tag{18}$$

假设式(18) 不成立,于是

$$(M_1+(1+\delta)(k+\nu)N)k+$$
$$\frac{2C_9(k+\nu)d^m}{C_3}-\frac{C_1d^m}{\varepsilon_1^m}\geqslant 0$$

根据 λ,ν 的定义和 $\delta\leqslant\frac{1}{4\lambda(k+\nu)}$，我们有

$$(M_1+(1+\delta)(k+\nu)N)k-\frac{C_1d^m}{\varepsilon_1^m}$$
$$<\frac{4^mk^{m+1}d^m}{\varepsilon_1^m}+\frac{\varepsilon_1(1+\delta)\lambda C_1}{\varepsilon_1^m(1+\lambda)}-\frac{C_1d^m}{\varepsilon_1^m}$$
$$\leqslant\frac{\varepsilon_1\delta\lambda C_1d^m}{\varepsilon_1^m(1+\lambda)}+\frac{(\varepsilon_1\lambda(k+\nu)-\nu(1+\lambda))4^mk^md^m}{\varepsilon_1^m(1+\lambda)}$$
$$<\frac{\varepsilon_14^mk^md^m}{4\varepsilon_1^m(1+\lambda)}-\frac{4^mk^md^m}{\varepsilon_1^m(1+\lambda)}<-\frac{3\cdot 4^mk^md^m}{4\varepsilon_1^m(1+\lambda)}$$

再根据 C_3 的选取，最后我们有

$$0\leqslant(M_1+(1+\delta)(k+\nu)N)k-$$
$$\frac{C_1d^m}{\varepsilon_1^m}+\frac{2C_9(k+\nu)d^m}{C_3}$$
$$<-\frac{3\cdot 4^mk^md^m}{4\varepsilon_1^m(1+\lambda)}+\frac{2\cdot 4^mk^md^m}{4\varepsilon_1^m(1+\lambda)}$$
$$=-\frac{4^mk^md^m}{4\varepsilon_1^m(1+\lambda)}$$

此种情形不可能发生，式(18) 得证. 另外

$$kN(s+2)n\leqslant\varepsilon(s+2)M(k+\nu)\frac{\log H}{\log\log H}$$
$$<(s+2)C_1(\log H)\frac{d^m}{\varepsilon_1^m}$$

于是

$$h(\alpha)^{-(s+2)kNn}>H^{-((s+2)\log h(\alpha))C_1\frac{d^m}{\varepsilon_1^m}}\qquad(19)$$

最后，由式(18) 和式(19)，我们证明了定理 2.

8.4 8.1 节中定理 1 的证明

如果 $\log H > \max\{\exp(C_3 d^{2m}\log(d+1)), \tau_2 d^{\gamma}\log(\tau_2 d^{\gamma})\}$，那么由定理 2 得到

$$|P(f_1(\alpha),\cdots,f_m(\alpha))|_p > H^{-((s+2)\log h(\alpha)+1)C_1\frac{d^m}{\varepsilon_1^m}}$$

现在假设 $\log H \leqslant \max\{\exp(C_3 d^{2m}\log(d+1)), \tau_2 d^{\gamma}\log(\tau_2 d^{\gamma})\}$，于是

$$\log h(\alpha) > \frac{4(k(\delta+2)+C_0)}{\varepsilon_1}\cdot \log \max\{\exp(C_3 d^{2m}\log(d+1)), \tau_2 d^{\gamma}\log(\tau_2 d^{\gamma})\}$$

我们定义

$$\Phi(d,H) = \min_{\substack{\deg P\leqslant d\\ H(P)\leqslant H}} |P(f_1(\alpha),\cdots,f_m(\alpha))|_p$$

显然 $\Phi(d,H)$ 是 d,H 的非增函数，于是

$$\begin{aligned}\log \Phi(d,H) &\geqslant \log \Phi\{d,\exp\{\max(\exp(C_3 d^{2m}\log(d+1)), \tau_2 d^{\gamma}\log(\tau_2 d^{\gamma}))\}\}\\ &\geqslant -((s+2)\log h(\alpha)+1)C_1\frac{d^m}{\varepsilon_1^m}\max(\exp(C_3 d^{2m}\log(d+1)), \tau_2 d^{\gamma}\log(\tau_2 d^{\gamma}))\end{aligned}$$

分两种情形讨论：

(1) 如果 $\log \tau_2 \geqslant C_3 d^{2m}\log(d+1)$，那么

$$\tau_2 d^{\gamma}\log(\tau_2 d^{\gamma}) \geqslant \exp(C_3 d^{2m}\log(d+1))$$

这时

$$\log \Phi(d,H) > -((s+2)\log h(\alpha)+1)\cdot C_1 d^m/\varepsilon_1^m \tau_2 d^{\gamma}\log(\tau_2 d^{\gamma})$$

由于 $C_3 \geqslant 2, \log \tau_2 > d^{2m}$，于是

$$\log \Phi(d,H) > -((s+2)\log h(\alpha)+1)\cdot \tau_2(1+\gamma/2m)(\log \tau_2)^{\frac{\gamma}{2m}+\frac{3}{2}}C_1 d^m/\varepsilon_1^m \tag{1}$$

（2）如果 $\log \tau_2 < C_3 d^{2m}\log(d+1)$，那么

$$\tau_2 d^\gamma \log(\tau_2 d^\gamma) < (d+1)^{2(C_3 d^{2m}+\gamma)}$$

（a）当 $\tau_2 d^\gamma \log(\tau_2 d^\gamma) \leqslant \exp(C_3 d^{2m}\log(d+1))$ 时，我们有

$$\log \Phi(d,H) > -((s+2)\log h(\alpha)+1)C_1 d^m/\varepsilon_1^m (d+1)^{C_3 d^{2m}} \tag{2}$$

（b）当 $\tau_2 d^\gamma \log(\tau_2 d^\gamma) > \exp(C_3 d^{2m}\log(d+1))$ 时，我们有

$$\begin{aligned}\log \Phi(d,H) &> -((s+2)\log h(\alpha)+1)\cdot \\ &\quad C_1 d^m/\varepsilon_1^m \tau_2 d^\gamma \log(\tau_2 d^\gamma) \\ &> -((s+2)\log h(\alpha)+1)\cdot \\ &\quad (d+1)^{2(C_3 d^{2m}+\gamma)} C_1 d^m/\varepsilon_1^m\end{aligned} \tag{3}$$

我们令

$$C_2 = (m+2(C_3+\gamma)) + \log(((s+2)\log h(\alpha)+1)C_1/\varepsilon_1^m)$$

$$\tau_1 = \exp(-((s+2)\log h(\alpha)+1)\cdot C_1/\varepsilon_1^m(1+\gamma/m)\tau_2(\log \tau_2)^{(\frac{\gamma}{2m}+\frac{3}{2})})$$

结合式(1)(2) 和(3)，最后得到

$$\begin{aligned}&|P(f_1(\alpha),\cdots,f_m(\alpha))|_p \\ &> \min\{H^{-((s+2)\log h(\alpha)+1)C_1^m d^m/\varepsilon_1^m}\cdot \\ &\quad \exp(-\exp(C_2 d^{2m}\log(d+1))),\tau_1\}\end{aligned}$$

这样就得到了 8.1 节中定理 1 的证明.

某些 p-adic 数的超越性和代数无关性(Ⅰ)[①]

第 9 章

9.1 引言

历史上最早被证明为超越数的是 Liouville 数 $\sum_{n=1}^{\infty} g^{-n!}$(其中 $g \geqslant 2$ 是有理整数). 其后许多文献将此结果加以推广,迄今最一般的结果是 Cijsouw 和 Tijdeman 所得到的,他们考察了下列快速收敛的具有代数系数 a_k 的幂级数

$$\sigma(z)=\sum_{k=1}^{\infty} a_k z^{c_k} \tag{1}$$

① 本章摘编自《数学学报》,1987,30(6):742-752.

在代数点上值的超越性.

另外,许多文献考察了p-adic 指数函数、对数函数及幂函数的值的超越性,但对于与(1) 相对应的p-adic 幂级数值的超越性的研究则不多见. 由 Bundschuh 和 Wallisser 的研究结果可以推出:若有理整数 g 适合 $|g|_p<1$(此处 $|\ \ |_p$ 表示p-adic 赋值),无穷自然数列 $\lambda_k(k=1,2,\cdots)$ 适合 $\lim\limits_{k\to\infty}\frac{\lambda_k}{\lambda_{k+1}}=0$,则$p$-adic 数 $\sum\limits_{k=1}^{\infty}g^{\lambda_k}$ 是 Liouville 数. 这是上述 Liouville 数的p-adic 类似.

中国科学院应用数学研究所的朱尧辰研究员 1987 年给出了上述 Cijsouw-Tijdeman 的结果的p-adic 类似,亦即考察p-adic 幂级数

$$\tau(z)=\sum_{k=1}^{\infty}c_k z^{\lambda_k} \tag{2}$$

在代数点上值的超越性,其中 c_k 是p-adic 代数数,$\lambda_k(k=1,2,\cdots)$ 是快速递增的无穷自然数列. 特别地,由此也可推出上述p-adic 数 $\sum\limits_{k=1}^{\infty}g^{\lambda_k}$ 的超越性. 另外,我们还给出某些特殊类型的(2) 形级数的超越值的超越性度量.

9.2　预 备 知 识

我们用 $\mathbf{N},\mathbf{Z},\mathbf{Q},\mathbf{R},\mathbf{C}$ 分别表示全体自然数、有理整数、有理数、实数和复数的集合,用 $\mathbf{Z}[z]$ 表示变量为 z 的整系数多项式的全体所成的集合.

设 p 为一固定素数,$|\ \ |_p$ 表示规范化的p-adic

赋值(即 $|p|_p=\frac{1}{p}$), $|\quad|$ 表示通常的绝对值. $\mathbf{Q}_p$ 表示 p-adic 数域, $\mathbf{C}_p$ 表示 $\mathbf{Q}_p$ 的完备代数闭包.

与 $\mathbf{C}$ 的情况类似,设 $\theta\in\mathbf{C}_p$ 满足一个 $\mathbf{Z}$ 上的非零多项式,则 θ 称为 p-adic 代数数, θ 所满足的次数最低的 $\mathbf{Z}$ 上的非零多项式称为 θ 的极小多项式(它一定不可约). 若 θ 的极小多项式的首项系数为 1,则 θ 称为 p-adic 代数整数. p-adic 代数数的全体形成的集记为 $\mathbf{A}_p$,而 $\mathbf{C}$ 中的代数数全体的集记为 $\mathbf{A}$. 由 Steinitz 定理可知 $\mathbf{A}_p$ 与 $\mathbf{A}$ 关于 $\mathbf{Q}$ 等价,即存在一个由 $\mathbf{A}$ 到 $\mathbf{A}_p$ 上的同构 σ,保持 $\mathbf{Q}$ 中的每个元素不动. 若 $\theta\in\mathbf{A}_p$,则记 $\theta'=\sigma\theta\in\mathbf{A}$,并令 $|\theta|=|\theta'|$.

对于任何多项式 $P(z)\in\mathbf{Z}[z]$,用 $H(P)$ 表示它的高,即 $P(z)$ 的系数绝对值的最大值,用 $\deg(P)$ 表示它的次数,令 $S(P)=\deg(P)+H(P)$,称为 $P(z)$ 的尺度.

设 $\theta\in\mathbf{A}_p$,则其极小多项式的高、次数、尺度分别称为 θ 的高、次数、尺度,记为 $H(\theta)$, $\deg(\theta)$, $S(\theta)$. 又设 $m\in\mathbf{Z}$ 使 $m\theta$ 为 p-adic 代数整数,则 m 称为 θ 的一个分母. 若 $\theta_1,\cdots,\theta_s\in\mathbf{A}_p$, $m\in\mathbf{Z}$ 使 $m\theta_1,\cdots,m\theta_s$ 都是 p-adic 代数整数,则 m 称为 $\theta_1,\cdots,\theta_s$ 的一个公分母. 若 $\theta\in\mathbf{A}_p$ 的共轭元为 $\theta^{(1)}=\theta,\theta^{(2)},\cdots,\theta^{(d)}$,则令 $|\overline{\theta}|=\max\limits_{1\leqslant i\leqslant d}|\theta^{(i)}|$.

显然, $\theta\in\mathbf{A}_p$ 与其对应元素 $\theta'=\sigma\theta\in\mathbf{A}$ 有相同的极小多项式,从而有相同的高、次数、尺度和分母,并且 $|\overline{\theta}|=|\overline{\theta'}|$.

对任何 $a\in\mathbf{C}$,记 $a^*=\max\{1,|a|\}$.

下面给出一些引理.

引理 1　设 $d \geqslant 1, P(z)=a_0 z^d+a_1 z^{d-1}+\cdots+a_d \in \mathbf{Z}[z]$ 在 $\mathbf{C}$(或 $\mathbf{C}_p$)中有根 $\alpha_1, \cdots, \alpha_d$，又设 $i_1, \cdots, i_s$ 是 $\{1, \cdots, d\}$ 中的任意 s 个标号，则 $a_0 \alpha_{i_1} \cdots \alpha_{i_s}$ 是代数整数(或是 p-adic 代数整数).

引理 2　设 $\theta \in \mathbf{A}_p, \deg(\theta)=d, H(\theta)=h, m$ 为 θ 的一个分母，则

$$h \leqslant (2m \mid \bar{\theta} \mid^{*})^d$$

引理 3　设 $f(z), g(z) \in \mathbf{Z}[z]$，次数分别为 $d(f), d(g)$，高分别为 $H(f), H(g)$. 若 f, g 无公根，则对任何 $\omega \in \mathbf{C}_p$，有

$$\begin{aligned}&\max\{\mid f(\omega) \mid_p, \mid g(\omega) \mid_p\}\\ &\geqslant (H(f)^{d(g)} H(g)^{d(f)} (d(f)+\\ &\quad 1)^{d(g)/2})(d(g)+1)^{d(f)/2})^{-1}\end{aligned}$$

引理 4　设 $P(z) \in \mathbf{Z}[z] \neq 0, \deg(P)=D, H(P)=H$. 又设 $\alpha \in \mathbf{A}_p, \deg(\alpha)=d, H(\alpha)=h$，则或者 $P(\alpha)=0$，或者

$$\mid P(\alpha) \mid_p \geqslant (H^d h^D (D+1)^{d/2} (d+1)^{D/2})^{-1} \quad (1)$$

证明　在引理 3 中取 $f=P, g=\alpha$ 的极小多项式，以及 $\omega=\alpha$. 若 $P(\alpha) \neq 0$，则 f, g 无公根，故得(1).

引理 5　设 $d \geqslant 1, P(z)=a_0 z^d+a_1 z^{d-1}+\cdots+a_d \in \mathbf{Z}[z]$. 若 $P(z)$ 在 $\mathbf{C}$ 中有根 $\alpha_1, \cdots, \alpha_d$，则

$$\mid a_0 \mid \alpha_1^{*} \cdots \alpha_d^{*} \leqslant \mid a_0 \mid + \mid a_1 \mid + \cdots + \mid a_d \mid$$

引理 6　设 $d \geqslant 1, P(z)=a_0 z^d+a_1 z^{d-1}+\cdots+a_d \in \mathbf{Z}[z]$ 不可约，$H(P)=H$. 若 $P(z)$ 在 $\mathbf{C}_p$ 中有根 $\alpha_1, \cdots, \alpha_d$，而 Ω 是 $\Delta=\{(i, j) \mid i=1,2, \cdots, d; j=1,2, \cdots, d; i<j\}$ 的任一非空子集，则

$$\prod_{\Omega} \mid \alpha_i-\alpha_j \mid_p \geqslant (2^{\frac{1}{2} d(d-1)} (d+1)^{d-1} H^{d-1})^{-1}$$

证明　因 $P(z)$ 不可约，故 $\alpha_1, \cdots, \alpha_d$ 两两互异，于

是判别式

$$D = a_0^{2d-2} \prod_{\Delta} (\alpha_i - \alpha_j)^2$$

是非零有理整数. 显然有

$$D = a_0^{2d-2} \prod_{\Delta} (\alpha'_i - \alpha'_j)^2$$

其中 $\alpha' = \sigma\alpha \in \mathbf{C}$. 不妨设 $|\alpha'_1| \leqslant |\alpha'_2| \leqslant \cdots \leqslant |\alpha'_d|$, 以及 $a_0 > 0$, 则有

$$\begin{aligned} |D| &= a_0^{2d-2} \prod_{\Delta} (\alpha'_i - \alpha'_j)^2 \leqslant \\ &a_0^{2d-2} \left(\prod_{\Delta} (2\alpha'^{*}_j)\right)^2 \leqslant \\ &2^{d(d-1)} a_0^{2(d-1)} \prod_{j=1}^{d} (\alpha'^{*}_j)^{2(d-1)} \end{aligned}$$

故由引理 5 得

$$|D| \leqslant 2^{d(d-1)} ((d+1)H)^{2(d-1)}$$

于是

$$|a_0|_p^{d-1} \prod_{\Delta} |\alpha_i - \alpha_j|_p \geqslant 2^{-\frac{1}{2}d(d-1)} ((d+1)H)^{-d+1} \tag{2}$$

设 $\Omega' = \Delta - \Omega$, 因 $\Omega' \subseteq \Delta$, 故 Ω' 中元素个数(记为 λ) 小于 $\frac{1}{2}d(d-1)$. 因为

$$a_0^{d-1} \prod_{\Omega'} (\alpha_i - \alpha_j) = \sum a_0^{d-1} \alpha_{i_1} \alpha_{i_2} \cdots \alpha_{i_\lambda}$$

对右边每个加项, 在 $\alpha_{i_1}, \alpha_{i_2}, \cdots, \alpha_{i_\lambda}$ 中, $\alpha_1, \cdots, \alpha_d$ 都至多出现 $d-1$ 次, 故可将 $a_0^{d-1} \alpha_{i_1} \alpha_{i_2} \cdots \alpha_{i_\lambda}$ 表示为 μ 个 ($\mu \leqslant d-1$) 形如

$$a_0 \alpha_{j_1} \alpha_{j_2} \cdots \alpha_{j_s} \quad (1 \leqslant j_1 < \cdots < j_s \leqslant d, s \leqslant d) \tag{3}$$

的数与 $a_0^{d-1-\mu}$ 之积, 依引理 1, (3) 中的数是 p-adic 代数整数, 从而

$$|a_0^{d-1}\alpha_{i_1}\alpha_{i_2}\cdots\alpha_{i_\lambda}|_p\leqslant 1$$

故得

$$\left|a_0^{d-1}\prod_{\Omega'}(\alpha_i-\alpha_j)\right|_p\leqslant 1 \tag{4}$$

由(2)(4)即得引理.

引理 7　设 $P(z)\in\mathbf{Z}[z],\deg(P)=D\geqslant 1$，$H(P)=H,S(P)=S=D+\log H$. 若

$$P=aQ_1^{r_1}\cdots Q_m^{r_m}$$

其中 $a\in\mathbf{Z},Q_1,\cdots,Q_m\in\mathbf{Z}[z]$ 是 P 的不同的非常数不可约因子. 如果 $\xi\in\mathbf{C}_p$ 适合

$$|P(\xi)|_p\leqslant\exp(-\lambda DS)\text{ 且 }\lambda>4$$

那么存在一个标号($1\leqslant i\leqslant m$)使

$$|Q_i(\xi)|_p\leqslant\exp\left(-\frac{\lambda-4}{\tau_i}DS\right)$$

并且

$$\deg(Q_i)\leqslant\frac{D}{\tau_i},S(Q_i)\leqslant\frac{2S}{\tau_i}$$

引理 8　设 $\phi:\mathbf{N}\times[1,\infty)\to\mathbf{R}$ 是具有下列性质的一个函数：

(1) $\phi(n+m,s+t)\geqslant\phi(n,s)$，对于一切 $n\in\mathbf{N}$，$m\in\mathbf{N},s\geqslant 1,t\geqslant 0$；

(2) $\phi(n,s)\geqslant ns$，对于一切 $n\in\mathbf{N},s\geqslant 2$；

(3) $\phi(\rho n,\rho s)\geqslant\rho\phi(n,s)$，对于一切 $n\in\mathbf{N},s\geqslant 1$，$\rho\in\mathbf{N}$.

又设 $\xi\in\mathbf{C}_p$ 是一个超越数，对任何非常数不可约多项式 $Q\in\mathbf{Z}[z]$ 有

$$|Q(\xi)|_p>\exp(-\phi(D(Q),S(Q)))$$

则对于任何非常数多项式 $P\in\mathbf{Z}[z]$ 有

$$|P(\xi)|_p>\exp(-3\phi(D(P),2S(P)))$$

9.3 超越性定理

定理 设p-adic 幂级数

$$\tau(z)=\sum_{k=1}^{\infty}c_k z^{\lambda_k}$$

的收敛半径 $R>0$,系数 $c_k\in\mathbf{A}_p$,$\lambda_k(k=1,2,\cdots)$ 是严格单调递增自然数列,适合

$$\lim_{k\to\infty}(\lambda_k+\log M_k+\log C_k)\frac{D_k}{\lambda_{k+1}}=0 \qquad (1)$$

其中 M_k 是 $c_1,c_2,\cdots,c_k$ 的最小公分母,$C_k=\max\limits_{1\leqslant i\leqslant k}|\overline{c_i}|^*$,$D_k=[\mathbf{Q}(c_1,c_2,\cdots,c_k):\mathbf{Q}](k=1,2,\cdots)$. 则当 $\theta\in\mathbf{A}_p$,$0<|\theta|_p<R$ 时,$\tau(\theta)$ 是p-adic 超越数.

证明 只需证明对任何非零多项式 $P(z)\in\mathbf{Z}[z]$,$P(\tau(\theta))\neq 0$. 显然,可设 $P(z)$ 不可约. 我们设其次数为 $D\geqslant 1$,高为 H.

设 $\deg(\theta)=d$,m 是θ 的一个分母. 令

$$\tau_n(\theta)=\sum_{k=1}^{n}c_k\theta^{\lambda_k}\,(n=1,2,\cdots)$$

$$r_n(\theta)=\tau(\theta)-\tau_n(\theta)(n=1,2,\cdots)$$

对每个 n,$\tau_n(\theta)\in\mathbf{A}_p$,我们用 d_n,h_n 表示其次数和高.

因为 $|\theta|_p<R$,所以 $|\tau_{n+1}(\theta)-\tau_n(\theta)|_p\to 0$ $(n\to\infty)$,故由上一节引理 6 知当 n 充分大时,$P(\tau_n(\theta))$,$P(\tau_{n+1}(\theta))$ 中至少有一个非零. 又因 $P(z)$ 在 $\mathbf{C}_p$ 中的零点个数有限,故不妨设当 $n\geqslant n_0$ 时 $P(\tau_n(\theta))\neq 0$. 于是由上一节引理 4 知当 $n\geqslant n_0$ 时

$$|P(\tau_n(\theta))|_p\geqslant(H^{d_n}h_n^D(D+1)^{d_n/2}(d_n+1)^{D/2})^{-1} \qquad (2)$$

易见

$$d_n \leqslant dD_n \tag{3}$$

又因为

$$|\overline{\tau_n(\theta)}|^* \leqslant nC_n |\overline{\theta}|^{*\lambda_n} \leqslant C_n(2|\overline{\theta}|^*)^{\lambda_n} (n=1,2,\cdots) \tag{4}$$

故知存在实数 $k_0 \geqslant 1, k_1 > 0$，适合

$$|\overline{\tau_n(\theta)}|^* \leqslant k_1 \cdot C_n k_0^{\lambda_n} (n=1,2,\cdots) \tag{5}$$

又由于 $m^{\lambda_n} M_n$ 是 $\tau_n(\theta)$ 的一个分母，故由(13)(15)及引理2得

$$\begin{aligned} h_n &\leqslant (2m^{\lambda_n} M_n \cdot k_1 C_n k_0^{\lambda_n})^{dD_n} \\ &= (2k_1 M_n C_n)^{dD_n} \cdot (mk_0)^{dD_n \lambda_n} \end{aligned} \tag{6}$$

注意

$$(D+1)^{1/\lambda} \leqslant 2^D, (dD_n+1)^{1/2} \leqslant 2^{dD_n}$$

故由(2)(3)(6)得

$$\begin{aligned} &|P(\tau_n(\theta))|_p \\ &> ((8k_1 M_n C_n)^{dD_n(D+\log H)} (mk_0)^{dDD_n\lambda_n})^{-1} \\ &= \exp(-dD_n \log(8k_1 M_n C_n) S - \\ &\quad dD \log(mk_0) D_n \lambda_n) \end{aligned} \tag{7}$$

式中 $S = S(P) = D + \log H$.

另外，由 R 的定义，取 $\rho \in \mathbf{R}$ 适合不等式 $|\theta|_p < \rho < R$，则当 $n \geqslant n_1$ 时，$|C_n|_p < \rho^{-\lambda_n}$，$|C_n \theta^{\lambda_n}|_p \leqslant (\rho^{-1}|\theta|_p)^{\lambda_n}$，于是

$$\begin{aligned} |r_n(\theta)|_p &\leqslant (\rho^{-1}|\theta|_p)^{\lambda_{n+1}} \\ &= \exp(-\log(\rho|\theta|_p^{-1}) \cdot \lambda_{n+1}) \end{aligned} \tag{8}$$

注意式中 $\log(\rho|\theta|_p^{-1}) > 0$.

设 $P(z) = \sum_{i=0}^{D} a_i z^{D-i}$，则

$$|P(\tau(\theta)) - P(\tau_n(\theta))|_p$$

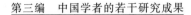

$$=\left|\sum_{i=0}^{D-1}a_i(\tau(\theta)^{D-i}-\tau_n(\theta)^{D-i})\right|_p \qquad (9)$$

因为由(8)知当 $n\geqslant n_2$ 时 $|\tau_n(\theta)|_p=|\tau(\theta)|_p$,所以

$$\begin{aligned}&|\tau(\theta)^k-\tau_n(\theta)^k|_p\\&=|\tau(\theta)-\tau_n(\theta)|_p\cdot|\tau(\theta)^{k-1}+\\&\quad\tau(\theta)^{k-2}\tau_n(\theta)+\cdots+\tau_n(\theta)^{k-1}|_p\\&\leqslant|\tau(\theta)|_p^{k-1}\cdot|r_n(\theta)|_p\\&\leqslant(|\tau(\theta)|_p)^{*D}\cdot|r_n(\theta)|_p(k=1,2,\cdots,D)\end{aligned} \qquad (10)$$

于是由(4)(5)(6)得

$$\begin{aligned}&|P(\tau(\theta))-P(\tau_n(\theta))|_p\\&\leqslant(|\tau(\theta)|_p)^{*D}\cdot|r_n(\theta)|_p\\&\leqslant\exp(-\log(\rho|\theta|_p^{-1})\cdot\lambda_{n+1}+D\log(|\tau(\theta)|_p)^*)\end{aligned} \qquad (11)$$

由(1)可知当 $n\geqslant n_3$ 时,(7)的右边大于(11)的右边,于是当 $n\geqslant\max\{n_0,n_1,n_2,n_3\}$ 时

$$|P(\tau_n(\theta))|_p>|P(\tau(\theta))-P(\tau_n(\theta))|_p$$

从而

$$\begin{aligned}|P(\tau(\theta))|_p&=|P(\tau(\theta))-P(\tau_n(\theta))+P(\tau_n(\theta))|_p\\&=|P(\tau_n(\theta))|_p\end{aligned}$$

故由(7)得到

$$|P(\tau(\theta))|_p>\exp(-dD_n\log(8k_1M_nC_n)\cdot S-dD\log(mk_0)\cdot D_n\lambda_n) \qquad (12)$$

因此 $P(\tau(\theta))\neq 0$. 定理得证.

注 为证明本定理,实际不必引入不等式(5),但为了建立超越性度量,引进参数 k_1,k_0 可以使我们统一处理一些特殊情形.

9.4　超越性度量

我们继续上一节的讨论. 一般地,常数 n_0,n_1,n_2,n_3 是不可计算的,上一节式(12)右边的式子与 λ_n 的具体形式有关,因此它一般不能给出相应的超越性度量. 我们下面只对 $\lambda_n=n!$ 的情形给出超越性度量,特别地,可以得到 Liouville 数 $\sum_{n=1}^{\infty}p^{n!}$ 的超越性度量.

定理　令

$$\tau_0(z)=\sum_{k=1}^{\infty}c_k z^{k!} \tag{1}$$

设系数 $c_k\in\mathbf{K}\subseteq\mathbf{A}_p(k=1,2,\cdots)$,$[\mathbf{K}:\mathbf{Q}]=D_0$,并且

$$M_n\leqslant M_0(n=1,2,\cdots) \tag{2}$$

$$C_n\leqslant C_0^n(n=1,2,\cdots) \tag{3}$$

式中 M_n,C_n 的意义同上一节中的定理,$M_0\in\mathbf{Z}$,$C_0\geqslant 1$ 是两个常数. 又设 $\theta\in\mathbf{A}_p$,$0<|\theta|_p<1$,$\deg(\theta)=d$,m 是 θ 的一个分母. 令

$$\xi=\tau_0(\theta)=\sum_{k=1}^{\infty}c_k\theta^{k!} \tag{4}$$

则存在一个可计算常数 $\gamma>0$(只与 ξ 有关),使对所有次数为 $D\geqslant 1$、尺度为 S 的多项式 $P(z)\in\mathbf{Z}[z]$ 有

$$|P(\xi)|_p>\mathrm{e}^{-\gamma((\beta(D+1))^{\beta(D+1)}+DS(1+\log S)^{3-\delta_{1,C_0}})} \tag{5}$$

式中

$$\delta_{1,C_0}=1(C_0=1),\delta_{1,C_0}=0(C_0>1)$$

$$\beta=\max\left\{\frac{dD_0\log(mk_0)+\log M_0}{\log|\theta|_p^{-1}},1+\log M_0\right\}$$

而 $k_0\geqslant 1$ 是具有下列性质的实数:存在 $k_1>0$ 使

$$\left|\overline{\sum_{k=1}^{n} c_k \theta^{k!}}\right|^* \leqslant k_1 \cdot C_n \cdot k_0^{n!}\ (n=1,2,\cdots) \quad (6)$$

注 由上一节式(4),可取 $k_0 = 2\,|\overline{\theta}|^*$,$k_1 = 1$.在特殊情况下可以有其他取法(见后面推论).

在证定理之前,先证几个引理.

引理 1 级数(1)的收敛半径 $R_0 = 1$.

证明 因 $M_k c_k$ 是代数整数,故 $|M_k c_k|_p \leqslant 1$,于是 $|c_k|_p \leqslant |M_k|_p^{-1}$.但 $M_k \in \mathbf{Z}$,故由(2)得 $|M_k|_p \geqslant M_k^{-1} \geqslant M_0^{-1}$,于是

$$|c_k|_p \leqslant M_0 (k=1,2,\cdots) \quad (7)$$

类似地,若 $\deg(c_k)=\delta_k$,$c_k^{(1)}=c_k, c_k^{(2)},\cdots,c_k^{(\delta_k)}$ 是 c_k 的共轭元,则

$$|c_k^{(\tau)}|_p \leqslant M_0 (\tau=1,\cdots,\delta_k; k=1,2,\cdots) \quad (8)$$

由(7)立得

$$R_0 \geqslant 1 \quad (9)$$

另外,因 $M_k^{\delta_k} c_k^{(1)} \cdots c_k^{(\delta_k)} \in \mathbf{Z}$,故由(3)得

$$|M_k^{\delta_k} c_k^{(1)} \cdots c_k^{(\delta_k)}|_p \geqslant |M_k^{\delta_k} c_k^{(1)} \cdots c_k^{(\delta_k)}|^{-1}$$
$$\geqslant M_k^{-\delta_k}\,|\overline{c_k}|^{-\delta_k} \geqslant M_k^{-\delta_k} C_0^{-k\delta_k}$$

因 $|M_k|_p < 1$,并注意(8)及 $\delta_k \leqslant D_0$,得

$$|c_k|_p \geqslant |c_k^{(2)} \cdots c_k^{(\delta_k)}|_p^{-1} \cdot M_k^{-\delta_k} k C_0^{-k\delta_k}$$
$$\geqslant M_0^{-2D_0+1} C_0^{-kD_0}$$

故得

$$R_0 \leqslant 1 \quad (10)$$

由(9)(10)立得 $R_0 = 1$.

引理 2 对于定理中的 ξ,存在可计算常数 $\gamma_2 > 0$(只与 ξ 有关),使对任何次数为 $D \geqslant 1$、尺度为 S 的不可约多项式 $Q(z) \in \mathbf{Z}[z]$ 有

$$|Q(\xi)|_p > \mathrm{e}^{-\gamma_2((\beta(D+1))^{\beta(D+1)}+DS(\log S)^3-\delta_{1,C_0})} \quad (11)$$

证明　先设 $C_0>1$. 令

$$\xi_n=\sum_{k=1}^{n}c_k\theta^{k!}\ ,r_n=\xi-\xi_n(n=1,2,\cdots)$$

因 $R_0=1$,而 $0<|\theta|_p<1$,故由(7)得

$$|r_n|_p=\left|\sum_{k=n+1}^{\infty}c_k\theta^{k!}\right|_p\leqslant M_0|\theta|_p^{(n+1)!}\ (n=1,2,\cdots) \tag{12}$$

又因

$$|\xi_n|_p=\left|\sum_{k=1}^{n}c_k\theta^{k!}\right|_p\leqslant\max_{1\leqslant k\leqslant n}|c_k|_p|\theta|_p^{k!}$$

故由(7)得

$$|\xi_n|_p\leqslant M_0(n=1,2,\cdots) \tag{13}$$

由(12)并注意 $\log|\theta|_p^{-1}>0$,可知 n 充分大时 $|r_n|_p<|\xi|_p$,故 $|\xi_n|_p=|\xi-r_n|_p=|\xi|_p$,从而由(13)得

$$|\xi|_p\leqslant M_0 \tag{14}$$

现在分别考虑两种情况:

(1) 设

$$S>\max\left\{10^4,\frac{\log(8k_1M_0C_0)}{\log(mk_0)},\frac{1}{\log|\theta|_p^{-1}}\right\} \tag{15}$$

我们记

$$N_1=\min\{n\in\mathbf{Z}\mid(n-1)!\ >\alpha^*S\} \tag{16}$$

$$N_2=\min\{n\in\mathbf{Z}\mid n>\beta(D+1)-1\} \tag{17}$$

$$N=\max\{N_1,N_2\} \tag{18}$$

其中

$$\alpha=\max\left\{\frac{\log(8k_1M_0C_0)}{\log(mk_0)},\frac{1}{\log|\theta|_p^{-1}}\right\}$$

现在设 $n\in\mathbf{Z},n\geqslant N$,并且 $Q(\xi_n)\neq0$,那么由上一节式(7)(用 Q 代 P,ξ_n 代 $\tau_n(\theta)$),并注意(2)(3)及

$D_n \leqslant D_0$,可得

$$|Q(\xi_n)|_p > \exp(-dD_0\log(8k_1M_0C_0)\cdot nS - dD_0\log(mk_0)\cdot Dn!) \tag{19}$$

由于 $n \geqslant N$,从(16)得

$$\log(8k_1M_0C_0)\cdot nS < \log(mk_0)\cdot n!$$

于是

$$|Q(\xi_n)|_p > \exp(-dD_0\log(mk_0)\cdot(D+1)n!) \tag{20}$$

另外,由

$$|\xi^k - \xi_n^k|_p = |r_n|_p \cdot |\xi^{k-1} + \xi^{k-2}\xi_n + \cdots + \xi_n^{k-1}|_p \quad (k=1,2,\cdots,D)$$

并由上一节式(9)和本节式(12)(13)(14),可得

$$|Q(\xi) - Q(\xi_n)|_p \leqslant M_0^D |\theta|_p^{(n+1)!} \tag{21}$$

由(17)可知

$$(n+1)\log|\theta|_p^{-1} > dD_0\log(mk_0)\cdot(D+1) + D\log M_0$$

故由(20)(21)得

$$|Q(\xi) - Q(\xi_n)|_p < |Q(\xi_n)|_p$$

于是当 $n \geqslant N$ 且 $Q(\xi_n) \neq 0$ 时有

$$|Q(\xi)|_p > \exp(-dD_0\log(mk_0)\cdot(D+1)n!) \tag{22}$$

由 9.2 节中引理 6 知 $Q(z)$ 的任意两根 α_i,α_j 适合

$$|\alpha_i - \alpha_j|_p \geqslant (2^{\frac{1}{2}D(D-1)}(D+1)^{D-1}H^{D-1})^{-1}$$

因 $2^{\frac{1}{2}D}(D+1) \leqslant e^{D+1}$,故

$$|\alpha_i - \alpha_j|_p \geqslant (e^{D^2-1}H^{D-1})^{-1} > e^{-DS}$$

而由(7)可知

$$|\xi_{N+1} - \xi_N|_p \leqslant M_0 |\theta|_p^{(N+1)!}$$

由(16)(17)得

$$N! > \frac{1}{\log|\theta|_p^{-1}}S, N+1 > (1+\log M_0)D$$

故得

$$|\alpha_i - \alpha_j|_p > |\xi_{N+1} - \xi_N|_p$$

即 $Q(\xi_N), Q(\xi_{N+1})$ 不可能同时为零. 于是由(22)可知

$$|Q(\xi)|_p > \exp(-dD_0\log(mk_0)(D+1)(N+1)!) \tag{23}$$

现在来估计 $(N+1)!$ 的上界.

(i) 若 $N = N_1$，则由(16)知

$$(N-2)! \leqslant \alpha^* S \tag{24}$$

$$N \leqslant \alpha^* S + 2 \tag{25}$$

因当 $N \geqslant 9$ 时 $N+1 < \log(N-1)!$，故得

$$\begin{aligned}(N+1)! &= (N+1)N(N-1)\cdot(N-2)! \\ &\leqslant (\log(N-1)!)^3\cdot(N-2)! \\ &\leqslant (\log(N-1)+\log(N-2)!)^3\cdot \\ &\quad (N-2)!\end{aligned}$$

由(15)(24)(25)得

$$(N+1)! \leqslant (3\log(a^* S))^3\cdot\alpha^* S \leqslant 6^3\alpha^* S(\log S)^3 \tag{26}$$

(ii) 若 $N = N_2$，则由(17)，有

$$N \leqslant \beta(D+1) \tag{27}$$

因当 $N \geqslant 1$ 时 $N! \leqslant 2N^{N-2}$，故得

$$(N+1)! = (N+1)\cdot N! \leqslant 2N\cdot 2N^{N-2} = 4N^{N-1}$$

于是由(27)得

$$(N+1)! \leqslant 4(\beta(D+1))^{\beta(D+1)-1} \tag{28}$$

由(23)(26)(28)知

$$|Q(\xi)|_p > e^{-\gamma'((\beta(D+1))^{\beta(D+1)}+DS(\log S)^3)} \tag{29}$$

其中 $\gamma' > 0$ 是一个只与 ξ 有关的可计算常数.

(2) 现设(15) 不成立,亦即

$$S \leqslant \max\left\{10^4, \frac{\log(8k_1M_0C_0)}{\log(mk_0)}, \frac{1}{\log|\theta|_p^{-1}}\right\}$$

那么不可约多项式 $Q(z) \in \mathbf{Z}[z]$ 的个数有限,从而存在一个可计算常数 $\gamma'' > 0$ 使

$$|Q(\xi)|_p > \mathrm{e}^{-\gamma''((\beta(D+1))^{\beta(D+1)}+DS(\log S)^3)} \tag{30}$$

令 $\gamma_2 = \max\{\gamma', \gamma''\}$,由(29)(30) 立得(11).

最后,对 $C_0 = 1$,只需将上述证明稍做修改即可,亦即(16) 换为

$$N_1 = \min\{n \in \mathbf{Z} \mid n! > \alpha^* S\}$$

(19) 换为

$$|Q(\xi_n)|_p > \exp(-dD_0\log(8k_1M_0C_0)\cdot S - dD_0\log(mk_0)\cdot Dn!)$$

(24)(25) 分别换为

$$(N-1)! \leqslant \alpha^* S, N \leqslant \alpha^* S + 1$$

注意 $(N+1)! = (N+1)N\cdot(N-1)! \leqslant (\log(N-1)!)^2\cdot(N-1)!$,故(26) 换为

$$(N+1)! \leqslant 4\alpha^* S(\log S)^2$$

于是也得(11),其中 $\delta_{1,C_0} = 1$. 引理证完.

定理之证. 在 9.2 节引理 8 中取

$$\phi(n,s) = \gamma_2((\beta(n+1))^{\beta(n+1)} + ns(\log s)^{3-\delta_{1,C_0}})$$

即可由(11) 得(5),其中 $\gamma = 6\gamma_2$. 定理证完.

推论 1 令

$$\xi_1 = \sum_{k=1}^{\infty} c_k p^{k!}$$

其中 $c_k \in \mathbf{K} \subseteq \mathbf{A}_p (k = 1,2,\cdots)$ 都是代数整数,$[\mathbf{K} : Q] = D_0, C_n \leqslant C_0^n (n = 1,2,\cdots)$,则对任何次数为 $D \geqslant 1$、尺度为 S 的多项式 $P(z) \in \mathbf{Z}[z]$ 有

$$|P(\xi_1)|_p > \mathrm{e}^{-\gamma_3((D_0(D+1))^{D_0(D+1)}+DS(\log S)^3-\delta_{1,C_0})}$$

其中 $\gamma_3>0$ 是一个只与 ξ_1 有关的可计算常数.

证明　易见此时 $M_0=1, m=1, d=1$, $|\theta|_p=|p|_p=p^{-1}$,又因

$$\overline{\left|\sum_{k=1}^{n}c_k p^{k!}\right|}^{*}\leqslant C_n\sum_{k=1}^{n}p^{k!}\leqslant\frac{p}{p-1}\cdot C_n\cdot p^{n!}$$

故 $k_0=p$,于是 $\beta=D_0$,故得结果.

推论 2　令

$$\xi_2=\sum_{k=1}^{\infty}p^{k!}$$

则对任何次数为 $D\geqslant1$、尺度为 S 的多项式 $P(z)\in\mathbf{Z}[z]$ 有

$$|P(\xi_2)|_p > \mathrm{e}^{-\gamma_4((D+1)^{D+1}+DS(\log S)^2)}$$

其中 $\gamma_4>0$ 是一个只与 p 有关的可计算常数.

证明　此时 $D_0=1, C_0=1, \delta_{1,C_0}=1$,故得结果.

关于 p-adic 数的 Mahler 分类①

第10章

10.1 引言

1932年,K. Mahler将全部实数分为互不相同的四类:A－数,S－数,T－数和U－数.这样的分类被称为Mahler分类.从此,这一课题构成了超越数论的一个重要分支.关于这一课题的研究有很多重要结果:

(1) 代数相关的实数属于同一类;

(2)A－数的全体恰为代数数的全体;

(3) 在Lebesgue测度的意义上,几

① 本章摘编自《纯粹数学与应用数学》,1989,5:73-80.

乎一切数都是 S— 数；

(4) 任意阶的 U— 数都是存在的；

(5) 实 T— 数是存在的.

1939 年，Koksma 给出了另一种分类. 他将全部实数分为 A^* — 数，S^* — 数，T^* — 数和 U^* — 数. 可以证明，A^* — 数，S^* — 数，T^* — 数和 U^* — 数分别恰为 Mahler 的 A — 数，S — 数，T — 数和 U — 数.

1934 年，K. Mahler 将 $\mathbf{Q}_p$ 上的数进行了分类. 他将 $\mathbf{Q}_p$ 中的数也分为 A — 数，S — 数，T — 数和 U — 数. 1981 年，H. P. Schlickwei 证明了 p-adic T — 数是存在的.

西北大学的辛小龙教授 1989 年研究了 p-adic 数域 $\mathbf{Q}_p$ 上的 Mahler 分类，并将实数 Mahler 分类的若干性质类似于 p-adic 数域的 Mahler 分类中.

10.2　定义和结果

设 p 表示一个固定的素数，$|\cdot|$ 表示通常的绝对值，$|\cdot|_p$ 表示 p-adic 赋值，$\mathbf{Q}_p$ 表示 p-adic 域.

(1) p-adic 数的 Mahler 分类的定义.

设 $P(x)=a_nx^n+a_{n-1}x^{n-1}+\cdots+a_0\in\mathbf{Z}[x]$，定义 $P(x)$ 的高 $H(p)=\max\limits_{0\leqslant i\leqslant n}\{|a_i|\}$. 设 $\xi\in\mathbf{Q}_p$，$n\in\mathbf{N}$，令 $W_n(H,\xi)=\min|P(\xi)|_p$，其中 min 是取在所有 $\deg P\leqslant n$，$H(p)\leqslant H$，$P(\xi)\neq O$ 的多项式 $P(x)$ 上；进而令 $W_n(\xi)=\varlimsup\limits_{H\to\infty}\left(-\dfrac{\log W_n(H,\xi)}{\log H}\right)$；$W(\xi)=\varlimsup\limits_{n\to\infty}\dfrac{W_n(\xi)}{n}$.

定义 $\mu(\xi)$ 为使得 $W_n(\xi)=\infty$ 的自然数 n 中的最小值. 否则,令 $\mu(\xi)=\infty$.

如果 $W(\xi)=0,\mu(\xi)=\infty$,那么称 ξ 为 A— 数;

如果 $0<W(\xi)<\infty,\mu(\xi)=\infty$,那么称 ξ 为 S—数;

如果 $W(\xi)=\infty,\mu(\xi)=\infty$,那么称 ξ 为 T— 数;

如果 $W(\xi)=\infty,\mu(\xi)<\infty$,那么称 ξ 为 U— 数.

(2)Koksma 分类的定义.

设 α 是p-adic 代数数,我们定义它的高 $H(\alpha)$ 是 α 的极小多项式 $P(x)\in\mathbf{Z}[x]$ 的高,这里 $P(x)$ 是正规化多项式,即它的系数是互素的.

对 $\xi\in\mathbf{Q}_p,n\in\mathbf{N}$,设 $W_n^*(H,\xi)=\min|\xi-\alpha|_p$,min 是取在所有 $\deg\alpha\leqslant n,H(\alpha)\leqslant H,\alpha\neq\xi$ 的p-adic 代数数 α 之上的.

进而,设 $W_n^*(\xi)=\overline{\lim_{H\to\infty}}\left(-\dfrac{\log W_n^*(H,\xi)}{\log H}\right)$;$W^*(\xi)=\overline{\lim_{n\to\infty}}\dfrac{W_n^*(\xi)}{n}$.

定义 $\mu^*(\xi)$:若 $\exists n\in\mathbf{N}$,使得 $W_n^*(\xi)=\infty$,则令这样的自然数 n 中的最小者为 $\mu_x(\xi)^*$;否则,定义 $\mu^*(\xi)=\infty$.

类似于p-adic 数的 Mahler 分类中关于 A — 数,S — 数,T — 数和 U — 数的定义,我们定义 A^* — 数,S^* — 数,T^* — 数和 U^* — 数.

以上的两种分类具有以下性质:

(a) 属于不同类的两个p-adic 数是代数无关的.

(b) 每一个 A^* — 数,S^* — 数,T^* — 数和 U^* — 数分别是一个 A — 数,S — 数,T — 数和 U — 数;反之亦然.

(3)Haar 测度的定义.

设 $M=\{W\in \mathbf{Q}_p \mid |W-W_0|_p\leqslant p^{-k-1}\}=C(W_0,p^{-k-1})$,其中 $W_0\in \mathbf{Q}_p$,$k\in \mathbf{Z}$. 我们称 M 为中心在 W_0,半径为 p^{-k-1} 的初等圆盘.

设 I 是有限指标集,$\forall i\in I$,M_i 是一个初等圆盘. 进而设 $M_0=\bigcup_{i\in I}M_i$,则 M_0 可以被表示为 $M_0=\sum_{i\in I'}M_i$,其中 I' 是 I 的子集合,而"$\sum$"表示对互不相交的有限个初等圆盘的并,称 M_0 为一个圆盘.

定义 M 的 Haar 测度 $\mu(M)=p^{-k}$,其中 $M=C(W_0,p^{-k-1})$.

进而定义 M_0 的 Haar 测度为 $\mu(M_0)=\sum_{i\in I'}\mu(M_i)$,其中 $M_0=\sum_{i\in I'}M_i$.

设 C 是全体圆盘构成的集合,B 是包含 C 的一个最小的 σ 一域,$\forall M\in B$,定义 M 的 Haar 测度 $\mu(M)=\inf\sum_{i\in I}\mu(M_i)$,其中 inf 是取在 M 的全体可数覆盖上,即 $MC\bigcup_{i\in I}M_i$,$M_i\in C$.

本节给出了以下结果.

定理 1　p-adic 代数数的全体恰为 p-adic A 一数的全体.

定理 2　在 $\mathbf{Q}_p$ 上的 Haar 测度的意义上,几乎一切 p-adic 数都是 p-adic S 一数.

同实数的 Mahler 分类一样,我们可以将 p-adic U 一数按阶分为更细的子类.

设 $\xi\in \mathbf{Q}_p$,当 $\mu(\xi)=m$ 时,我们称 ξ 为 m 阶的 U 一数. m 阶的 U 一数的全体构成的集合,我们记之为

U_m. 显然,$U=\bigcup\limits_{m=1}^{\infty} U_m$ 是 U 的一个分类,其中 U 表示 p-adic U 一数的全体形成的集合. 类似地可定义 m 阶的 U^* 一数. m 阶的 U^* 的全体记之为 U_m^*,全体 U^* 一数的集合记之为 U^*,则 $U^*=\bigcup\limits_{m=1}^{\infty} U_m^*$ 是 U^* 的一个分类. 类似于实数的性质,我们有:

定理 3　$U_m=U_m^*$.

1982 年,K. Alniacik 应用 m 阶实代数数的连分式给出了一批实 U_m 一数. 以下,我们应用王连祥 1985 年给出的简单 p-adic 连分数的展式,构造出一批 p-adic U_m 一数,从而证明任意阶的 p-adic U 一数都是存在的. 由定理 3 知道,$U_m=U_m^*$. 所以,我们只需构造出 U_m^* 一数即可.

设 $\xi\in\mathbf{Q}_p$,ξ 的 p-adic 简单连分数展开式为

$$\xi=b_0+\cfrac{1}{b_1+\cfrac{1}{b_2+\ddots+\cfrac{1}{b_v+\ddots}}}=[b_0,b_1,\cdots,b_v,\cdots]$$

其中 b_v 称为 p-adic 分数.

定义 ξ 的第 n 次渐近值 $\dfrac{p_n}{q_n}$ 如下

$$p_{-1}=1,p_0=b_0,p_n=b_np_{n-1}+p_{n-2}(n\geqslant 1)$$

$$q_{-1}=0,q_0=1,q_n=b_nq_{n-1}+q_{n-2}(n\geqslant 1)$$

这样定义的 p_n,q_n 满足

$$[b_0,b_1,\cdots,b_n]=\frac{p_n}{q_n}(n\geqslant 0)$$

定理 4　设 α 是阶 $m>1$ 的 p-adic 代数数,且具有简单连分数展式

$$\alpha=[a_0,a_1,\cdots,a_n,\cdots] \tag{1}$$

它的第 n 次渐近值为$\frac{p_n}{q_n}(n=0,1,2,\cdots)$.

设$\{r_j\},\{S_j\}(j=0,1,2,\cdots)$ 是两列非负整数,且具有以下性质

$$\begin{cases}O=r_0<s_0<r_1<s_1<r_2<s_2<\cdots\\ r_{n+1}-s_n\geqslant 2\end{cases} \tag{2}$$

$$\begin{cases}\lim\limits_{n\to\infty}\left(\dfrac{\log|q_{s_n}|_p}{\log|q_{r_n}|_p}\right)=\infty\\ \overline{\lim\limits_{n\to\infty}}\left(\dfrac{\log|q_{r_n+1}|\lambda}{\log|q_{s_n}|_p}\right)<\infty\end{cases} \tag{3}$$

最后,定义p-adic 分数 $b_j(j=0,1,2,\cdots)$ 如下

$$b_j=\begin{cases}a_j,\text{当 } r_n\leqslant j\leqslant s_n(n=0,1,2,\cdots)\\ V_j(1\leqslant|V_j|_p\leqslant K_1|a_j|_p^{k^2},\sum\limits_{j=s_n+1}^{r_{n+1}-1}(a_j-V_j)^2\neq 0),\\ \text{当 } s_n<j<r_{n+1}(n=0,1,2,\cdots)\end{cases} \tag{4}$$

其中 K_1,K_2 是正整数,则具有以下p-adic 简单连分数展式的p-adic 数

$$\xi=[b_0,b_1,\cdots,b_n,\cdots]$$

是一个p-adic U_m 一数.

10.3 结果的证明

(1) 上一节中定理 1 的证明.

先给出几个引理.

引理 1 设 ξ 是 m 次p-adic 代数数,$P(x)\in$

$\mathbf{Z}[x]$,$\deg P \leqslant n, H(P)=H$,则

$$P(\xi)=0 \text{ 或 } |P(\xi)|_p \geqslant C(n,\xi)H^{-m}$$

式中 $C(n,\xi)$ 是与 H 无关的常数.

引理 2 设 $\xi \in \mathbf{Q}_p$,若 ξ 是 p-adic 超越数,则对任意的自然数 $n>1$,都存在无限多个多项式 $P(x) \in \mathbf{Z}[x]$,适合

$$|P(\xi)|_p \leqslant CH(P)^{-n-1}$$

式中 C 为仅与 n,ξ 有关的常数,$\deg P \leqslant n$.

证明 不失一般性,可以假定 ξ 是一个 p-adic 整数来证明引理.

应用 Dirichlet 抽屉原理可以证明,$\forall n \in \mathbf{N}$ 和 $H>1$,都 $\exists P(x) \in [x]$,$\deg P \leqslant n, H(P) \leqslant H$,满足引理中的不等式. 当 $H \to \infty$ 时,必存在无限多个多项式 $P(x) \in \mathbf{Z}[x]$,$\deg P \leqslant n, H(P) \leqslant H$,使 $|P(\xi)|_p < PH^{-n-1} \leqslant PH(P)^{-n-1}$.

上一节中定理 1 的证明:

设 ξ 为 m 次 p-adic 代数数,设 $P(x) \in \mathbf{Z}[x]$,$\deg P \leqslant n, H(p) \leqslant H$,由引理 1,$P(\xi)=0$ 或 $|P(\xi)|_p \geqslant C(n,\xi)H^{-m}$. 从而 $W_n(H,\xi) \geqslant H^{-m}$,进而 $W_n(\xi) \leqslant m$. 而 $W(\xi)=\overline{\lim\limits_{n\to\infty}}\dfrac{W_n(\xi)}{n} \leqslant \lim\limits_{n\to\infty}\dfrac{m}{n}=0$. 故 $W(\xi)=0$,ξ 是 p-adic $A-$数.

另外,设 ξ 为一 p-adic 超越数,由引理 2,$\forall n>1$,都存在无限多个 $P(x) \in \mathbf{Z}[x]$,$\deg P \leqslant n$,使得 $|P(\xi)|_p \leqslant CH(P)^{-n-1}$, 这样就可以推出 $W_n(\xi) \geqslant n+1$,进而有 $W(\xi) \geqslant 1$. ξ 不是 p-adic $A-$数.

(2) 上一节中定理 2 的证明.

引理 3　设 $\xi \in \mathbf{Q}_p$, $W \geqslant n+1$, 假定不等式 $|x_0\xi^n + x_1\xi^{n-1} + \cdots + x_n|_p \leqslant C(\max|x_\nu|)^{-W}$(其中 C 是只与 ξ, n 有关的常数) 有无限多组解 $(x_0, x_1, \cdots, x_n) \in Z^{n+1}$, 那么存在无限多个代数数 α, $\deg\alpha \leqslant n$, 满足 $|\xi-\alpha|_p \leqslant DH(\alpha)^{-W^*}$, 式中 $W^* = \max\left\{W-n+1, \min\left(n, \frac{w+2}{2}\right)\right\}$, D 是只与 C 有关的常数.

上一节中定理 2 的证明:

由上一节中定理 1, 只需证明 $T-$数和 $U-$数的 Haar 测度为 0 即可.

设 $\xi \in T \cup U$, 那么由定义, $\exists n \in \mathbf{N}$, 使得对无穷多个 $P(x) \in Z[x]$, $\deg P \leqslant n$, 有 $|P(\xi)|_p \leqslant H(p)^{-5n}$.

在引理 3 中, 取 $w=5n \geqslant n+1$. 那么, 存在无穷多个 p-adic 代数数 α, $\deg\alpha \leqslant n$, 满足 $|\xi-\alpha|_p \leqslant DH(\alpha)^{-(4n+1)} \leqslant H(\alpha)^{-4n}$($H[\alpha]$ 充分大时).

设 k_h 是满足 $P^{k_n} \leqslant h \leqslant P^{k_h+1}$ 的整数, 则

$$|\xi-\alpha|_p \leqslant H(\alpha)^{-4n} \leqslant (P^{k_{H(\alpha)}})^{-4n} = P^{-4nk_{H(\alpha)}}$$

设 $R_h(n) = \bigcup\limits_{\alpha \in s_h(n)} C(\alpha, P^{-4nk_h})$, 其中 $s_h(n)$ 为满足 $d\tan\alpha \leqslant n$, $H(\alpha) \leqslant h$ 的 p-adic 代数数 α 的集合, 而 $C(\alpha, P^{-4n}k_h)$ 是初等圆盘. 那么显然有

$$\mu(R_h(n)) \leqslant \sum_{\alpha \in s_h(n)} \mu(C(a, P^{-4nk_h})) \ll h^{n+1} \cdot h^{-4n} \leqslant h^{-2}$$

从以上的讨论可得: $\forall \xi \in T \cup U$, 都 $\exists n$, 使得 $\forall N \in \mathbf{N}$, $\xi \in \bigcup\limits_{h=N}^{\infty} R_h(n)$.

设 $E_n = \{\xi \in \bigcup\limits_{h=N}^{\infty} s_h(n) \mid \xi \in T \cup U, N=1,2,\cdots\}$,

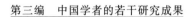

则 $E_n C \bigcup\limits_{h=N}^{\infty} s_h(n), N=1,2,\cdots$. 故 $\mu(E_n) \ll \sum\limits_{h=N}^{\infty} h^{-2}$. 由于 $\sum\limits_{h=1}^{\infty} h^{-2}$ 收敛，故 $\lim\limits_{N\to\infty} \sum\limits_{h=N}^{\infty} h^{-2}=0$，即 $\mu(E_n)=0$，显然有 $(T \cup U) \subseteq \bigcup\limits_{n=1}^{\infty} E_n$，故 $\mu(T \cup U)=0$.

(3) 上一节中定理 3 的证明.

设 $\xi \in U_m$，则由定义，$\forall W \geqslant m+1$，都存在无穷多个 $P(x) \in \mathbf{Z}[x]$，$\deg P \leqslant m$，$P(\xi) \neq 0$，满足 $|P(\xi)|_p \leqslant H(P)^{-W}$. 由引理 3，则存在无穷多个代数数 α，$\deg \alpha \leqslant m$，且 $|\xi-\alpha|_p \leqslant DH(\alpha)^{-W^*}$. 从而 $W_m^*(\xi) \geqslant W_m^*$. 而 $\lim\limits_{W\to\infty} W^*=\infty$，故 $W_m^*(\xi)=\infty$，$\xi \in \bigcup\limits_{j=1}^{m} u_j^*$.

另外，由 $\xi \in U_m$ 可知：$\forall F(x) \in \mathbf{Z}[x]$，$\deg F \leqslant m-1$，$|F(\xi)|_p \neq 0$，都存在常数 $C>0$ 和 $K \in /N$，且它们只依赖于 ξ 和 m，使得

$$|F(\xi)|_p \geqslant CH(P)^{-k} \tag{1}$$

若 $\xi \in \bigcup\limits_{j=1}^{m-1} u_j^*$，则 $\forall W^*>0$，存在无穷多个代数数 β，$\deg \beta \leqslant m-1$，使 $0<|\xi-\beta| p \leqslant H(\beta)^{-W^*}$.

设 β 的极小多项式为 $P(x)$，则

$$\begin{aligned} 0 &< |P(\xi)|_p \\ &= |\xi-\beta|_p \left| P'(\beta)+\frac{1}{2}P''(\beta)(\xi-\beta)+\cdots \right|_p \\ &\leqslant H(\beta)^{-W^*} C(\xi) \end{aligned}$$

当 W^* 充分大时，显然 $H(P)^{-W^*}C(\xi) < CH(\beta)^{-k}$. 这矛盾于(1). 从而 $\xi \notin \bigcup\limits_{j=1}^{m-1} u_j^*$，即 $\xi \in U_m^*$.

因为 U_m 和 U_m^* 都是 U 的一个分类，故 $U_m=U_m^*$.

(4) 上一节中定理 4 的证明.

引理 4　设 $\alpha_1,\alpha_2,\cdots,\alpha_k(k\geqslant 1)$ 是阶为 g 的代数数域 k 中的代数数，η 是一个代数数，$F(y,x_1,\cdots,x_k)$ 是一个整系数多项式，它对变量 y 的阶数至少是 1；其次，假定 $F(\eta,\alpha_1,\cdots,\alpha_k)=0$，则 η 的阶 $\deg\eta\leqslant d\cdot g$，并且 $h_\eta\leqslant 3^{2dg+(l_1+\cdots+l_k)g}\cdot H^g ha_1^{l_1g}ha_2^{l_2g}\cdots ha_k^{l_kg}$，这里 h_η 是 η 的高，$h_{a_i}(i=1,2,\cdots,k)$ 是 a_i 的高，H 是 F 的系数绝对值的极大值，$l_i(i=1,2,\cdots,k)$ 是 F 关于变量 x_i 的阶数，d 是 F 关于变量 y 的阶.

引理 5　设 α 是 $\mathbf{Q}_p$ 中的代数数，则对于任意的 $\varepsilon>0$，都仅有有限多个代数数 $\beta\in\mathbf{Q}_p$，满足 $\deg\beta\leqslant k$，使 $|\alpha-\beta|_p<H(\beta)^{-k-1-\varepsilon}$.

上一节中定理 4 的证明：定义代数数 $\alpha_{\gamma_n}(n=0,1,2,\cdots)\in\mathbf{Q}_p$，如下

$$\alpha_{r_n}=[c_0,c_1,\cdots,c_n,\cdots],C_r=\begin{cases}b_r,r\leqslant r_n\\a_r,r>r_n\end{cases}(n=0,1,\cdots)\tag{2}$$

令
$$\beta_{r_n}=[\alpha_{r_{n+1}},\alpha_{r_{n+2}},\cdots]\tag{3}$$

$$\frac{p'k}{q'k}=[b_0,b_1,\cdots,b_k]\tag{4}$$

则 α_{r_n} 和 β_{r_n} 都是 $\mathbf{Q}_p$ 中的 m 阶代数数. 由 α 及 β_{r_n} 的定义有 $\alpha=\dfrac{\beta_{r_n}P_{r_n}+P_{r_{n-1}}}{\beta_{r_n}q_{r_n}+q_{r_{n-1}}}$，亦即

$$\alpha q_{r_n}\beta_{r_n}+q_{r_{n-1}}\alpha-\beta_{r_n}P_{r_n}-P_{r_{n-1}}=0(n=0,1,2,\cdots)$$

令

$$A_{r_n}=\max\{|P_{r_n}|_p,|P_{r_{n-1}}|_p,|q_{r_n}|_p,|q_{r_{n-1}}|_p\}$$

则

$$F(y,x_1)=A_{r_n}(q_{r_n}yx_1+q_{r_{n-1}}x_1-P_{r_n}y-P_{r_{n-1}})$$

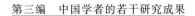

是整系数多项式，且 $F(\beta_{r_n},\alpha)=0$. 应用引理 4 于 F 得

$$H(\beta_{r_n})\leqslant 3^{3m}H(\alpha)^m H(F)^m$$
$$=3^{3m}H(\alpha)^m A_{r_n^m}\max\{|P_{r_n}|,$$
$$|P_{r_{n-1}}|,|q_{r_n}|,|q_{r_{n-1}}|\}^m$$

由 p_n 和 q_n 的性质可得

$$H(\beta_{r_n})\leqslant C_1|q_{r_n}|_p^{3m} \tag{5}$$

其中 C_1 为与 α 有关的常数.

类似地，由(2)(3) 和(4)，有

$$q'_{r_n}\beta_{r_n}\alpha_{r_n}+q'_{r_{n-1}}\alpha_{r_n}-P'_{r_n}\beta_{r_n}-P'_{r_{n-1}}=0 \tag{6}$$

应用引理 4，取 $\eta=\alpha_{r_n}$，$\alpha_1=\beta_{r_n}$，并应用(5) 得

$$H(\alpha_{r_n})\leqslant 3^{3m}(c_1|qr_n|p^{3m}(p+1)^m\delta'^m|q'_{r_n}|_p^{3m}) \tag{7}$$

其中 $\delta=\max\{1,|b_0|p\}$.

再由 p_n，q_n 的性质可得：$\exists$ 正整数 n_1，当 $n>n_1$ 时

$$H(\alpha_{r_n})\leqslant|q_{r_n}|_p^{C_3}$$

为了证明 $\xi\in\bigcup_{j=1}^{m}u_j^*$，我们将用 m 阶的代数数 $\alpha_{r_n}(n=0,1,\cdots)$ 来逼近 ξ.

由 ξ 和 α_{r_n} 的定义可得

$$|\xi-\alpha_{r_n}|p\leqslant\max\left\{|\xi-\frac{P's_n}{q's_n}|_p,|\alpha_{r_n}-\frac{P's_n}{q's_n}|_p\right\}$$
$$=\max\{|bs_n+1|_p^{-1}|q's_n|_p^{-2},$$
$$|\alpha_{sn+1}|_p^{-1}|q'_{s_n}|_p^{-2}\}\leqslant|q'_{s_n}|_p^{-2} \tag{8}$$

由 q_n 的性质可推出

$$|q_{s_n}|^2p\leqslant|q_{r_n}|_p^2|q'_{s_n}|_p^2 \tag{9}$$

$\exists n_2\in\mathbf{N}$，当 $n>\max\{n_1,n_2\}$ 时

$$|q_{s_n}|_p\geqslant|q_{r_n}|_p^2 \tag{10}$$

结合(9) 和(10) 有：当 $n>\max\{n_1,n_2\}$ 时

$$|q_{s_n}|_p \leqslant \frac{|q_{r_n}|p^2}{|q_{s_n}|_p}|q'_{s_n}|^2 \leqslant |q'_{s_n}|_p^2 \quad (11)$$

在(8)中应用(11)得：$\forall w > 0, \exists n_3$，当 $n > \max\{n_1, n_2, n_3\}$ 时

$$\begin{aligned}|\xi - a_{r_n}|_p &\leqslant |q'_{s_n}|_p^{-2} \leqslant |q_{s_n}|_p^{-1} \\ &= H^{-w}(\alpha_{r_n})(H^w(a_{r_n}) \cdot |q_{r_n}|_p^{-c_3 w}) \\ &\quad (|q_{r_n}|_p^{c_3 w}|q_{s_n}|_p^{-1}) \leqslant H(a_{r_n})^{-w}\end{aligned}$$

则由 U_m^* 一数的定义可知 $\xi \in \bigcup_{j=1}^{m} u_{j^*}$. 以下只需证 $\xi \notin \bigcup_{j=1}^{m-1} u_{j^*}$ 即可.

设 β 是阶为 $f(\leqslant m-1)$ 的代数数. 故 $|\alpha_{r_n} - \beta|_p \neq 0$，且由引理5知：$\exists$ 正常数 C(不依赖于 β)，且

$$|a_{r_n} - \beta|_p > CH(\beta)^{-f-1-\varepsilon} \geqslant CH(\beta)^{-(m+\varepsilon)} \quad (12)$$

由(8)(11)和(12)有

$$\begin{aligned}|\xi - \beta|_p &\geqslant |\beta - \alpha_{r_n}|_p - |\xi - \alpha_{r_n}|_p \\ &\geqslant \frac{1}{C^{-1}H(\beta)^{(m+\varepsilon)}} - \frac{1}{|q'_{s_n}|_p^2} \\ &\geqslant \frac{1}{C^{-1}H(\beta)^{m+\varepsilon}} - \frac{1}{|q_{s_n}|_p}\end{aligned}$$

$\exists T_0 > 0$，使得

$$|q_{s_n}|_p^{T_0} \geqslant |q_{r_n}|_p, n > \max\{n_1, n_2, n_3\} \quad (13)$$

从而，当 $n > \max\{n_1, n_2, n_3\}$ 时

$$|\xi - \beta|_p \geqslant \frac{1}{C^{-1}H(\beta)^{m+\varepsilon}} - \frac{1}{|q_{r_{n+1}}|_p^{1/T_0}} \quad (14)$$

不失一般性，可假定

$$H(\beta) \geqslant \max\{|q_{r_{n_0}}|_p, 2C^{-1}\} \quad (15)$$

其中 $n_0 = \max\{n_1, n_2, n_3\}$.

显然，对每一个满足(15)的 $H(\beta)$，都存在自然数 $j \geqslant \max\{n_1, n_2, n_3\}$，使

$$|q_{r_j}|_p \leqslant H(\beta) < |q_{r_{j+1}}^{-}|_p \tag{16}$$

对(16)分两种情况来考虑

$$|q_{r_j}|_p \leqslant H(\beta) < |q_{r_{j+1}}^{-}|_p^{1/T_0(m+\varepsilon+1)} \tag{17}$$

$$|q_{r_{j+1}}^{-}|_p^{1/T_0(m+\varepsilon+1)} \leqslant H(\beta) < |q_{r_{j+1}}^{-}|_p \tag{18}$$

若(17)成立，则在(18)中取 $n=j$，并由(15)得

$$|\xi-\beta|_p \geqslant \frac{1}{H(\beta)^{m+\varepsilon+1}} \tag{19}$$

若(18)成立，则在(14)中取 $n=j+1$，并由(18)得：当 j 充分大时

$$|\xi-\beta|_p \geqslant \frac{1}{2C^{-1}H(\beta)^{m+\varepsilon}} \tag{20}$$

那么，由式(19)和(20)就给出了 $\xi \notin \bigcup_{j=1}^{m-1} u_j^*$.

关于多变量 p-adic 数的 Mahler 分类[①]

第 11 章

11.1 引 言

Mahler 分类是超越数论的重要组成部分. 自从 1932 年, K. Mahler 引入这个分类以来, 国内外专家在单变量实数的 Mahler 分类方面已做出了大量结果. 1987 年, 于坤瑞推广了实数的 Mahler 分类, 引入了多变量实数 Mahler 分类. 他将 $\mathbf{R}^n$ 中的全部点分成 $3n+1$ 个不同的类, A^n, S_t^n, T_t^n 和 U_t^n, $t=1,2,\cdots,n$, 证

① 本章摘编自《纯粹数学与应用数学》, 1990, 6(1): 66-71.

明了任何两个代数等价点属于同一类. 同时证明了这 $3n+1$ 类中每一类都不空.

西北大学的辛小龙教授 1990 年将 p-adic 数的 Mahler 分类推广到了多个变量上去，引入多变量的 p-adic 数的 Mahler 分类.

11.2 预备知识

设 $P(x_1,x_2,\cdots,x_n)\in C[x_1,x_2,\cdots,x_n]$. 我们用 $\deg P$ 表示它的阶. 用 $H(P)$ 表示它的高，即它的系数绝对值的极大值，用 $L(P)$ 表示它的系数绝对值之和. $L(P)$ 有以下性质

$$\begin{cases}L(P+Q)\leqslant L(P)+L(Q)\\ L(PQ)\leqslant L(P)L(Q)\end{cases}\tag{1}$$

设 F 是整变量 $D>0,H>1$ 的一个非负函数的集合. 这些函数对变量 D 和 H 分别都是不减的. 对 $a(D,H)\in F,b(D,H)\in F$，我们用

$$a(D,H)\ll b(D,H)$$

表示存在正整数 K_1,K_2,K_3,D_0,H_0 和正数 r，使得

$$a(D,H)\leqslant rb(K_1D,K_2^DH^{K_3})\tag{2}$$

对一切 $D\geqslant D_0,H\geqslant H_0$ 成立. 如果同时有 $a(D,H)\ll b(D,H)$ 和 $b(D,H)\ll a(D,H)$，我们写作

$$a(D,H)\leqslant b(D,H)$$

显然，以上定义的"≪"是一个等价关系.

设 B 是非负数 $a_D(D=0,1,2,\cdots)$ 的一个不减序列的集合. 对于 $a_D,b_D\in B$，我们用

$$a_D\ll b_D$$

来表示,存在正整数 K,D_0 和正数 r,使得

$$a_D < rb_{KD}$$

对 $D > D_0$ 成立. 如果同时有 $a_D \ll b_D$ 和 $b_D \ll a_d$,我们写作

$$a_D \leqslant b_D$$

这个关系也是等价关系.

设 $P_n(D,H)=\{P\in \mathbf{Z}[x_1,x_2,\cdots,x_n] \mid P\neq 0, \deg P\leqslant D, H(P)\leqslant H\}$,这里 $D>0,H\geqslant 1$.

对任何 $\xi\in \mathbf{Q}_p^n$,即 $\xi=(\xi_1,\xi_2,\cdots,\xi_n)$,$\xi_i\in \mathbf{Q}_p$,设 $W_D(H\mid \xi)=\min\limits_{\substack{p\leqslant P_n(D,H)\\ P(\xi)\neq 0}}\{\mid P(\xi)\mid_p\}$.

因为 $1\in P_n(D,H)$,故 $W_D(H,\xi)<1$. 设

$$\Theta(D,H\mid \xi)=-\log W_D(H,\xi)$$

则 $\Theta(D,H\mid \xi)\in F$. 设

$$W_D(\xi)=\overline{\lim_{H\to\infty}}\frac{\Theta(D,H\mid \xi)}{\log H}$$

我们用 $t(\xi)$ 表示 $Q(\xi_1,\cdots,\xi_n)$ 关于 Q 的超越次数,当 $t=t(\xi)>0$ 时,设

$$W(\xi)=\overline{\lim_{D\to\infty}}\frac{W_D(\xi)}{D^t}$$

设 $\mu(\xi)$ 表示使 $W_D(\xi)=\infty$ 的所有 D 中的最小的一个;如果对一切 D,$W_D(\xi)<\infty$,则令 $\mu(\xi)=\infty$. 设:

$A^n=\{\xi\in \mathbf{Q}_p^n \mid t(\xi)=0\}$;

$S_t^n=\{\xi\in \mathbf{Q}_p^n \mid t(\xi)=t,w(\xi)<\infty,\mu(\xi)=\infty\}$;

$T_t^n=\{\xi\in \mathbf{Q}_p^n \mid t(\xi)=t,w(\xi)<\infty,\mu(\xi)=\infty\}$;

$U_t^n=\{\xi\in \mathbf{Q}_p^n \mid t(\xi)=t,w(\xi)=\infty,\mu(\xi)<\infty\}$.

$t=1,2,\cdots,n$.

特别地,A_1^1,S_1^1,T_1^1 和 U_1^1 分别恰是单变量 p-adic 数的 Mahler 分类中的 A,S,T 和 U 数的集合.

我们说$\mathbf{Q}_p$的两个子集合B_1,B_2在$\mathbf{Q}$上代数等价，是指B_1的每一个元素都是$\mathbf{Q}(B_2)$上的代数元，反之亦然.

11.3 结　　果

定理1　若$\xi_1,\xi_2,\cdots,\xi_n\in\mathbf{Q}_p$，它们在$Q$上代数无关，则存在常数$C_1>0$($C_1$仅依赖于$\xi_1,\xi_2,\cdots,\xi_n$和$n$)，使得对每一个整数$D>1$，有下式

$$\Theta(D,H\mid\xi)\geqslant\left(\begin{bmatrix}D+n\\n\end{bmatrix}\log H-c_1D\begin{bmatrix}D+n\\n\end{bmatrix}\right)\tag{1}$$

对无穷多个H成立.

因此，$W_D(\xi)\geqslant\begin{bmatrix}D+n\\n\end{bmatrix}$，$D>1$，其中$\xi=(\xi_1,\xi_2,\cdots,\xi_n)$.

注1　定理1说明：若$\xi\notin A^n$，则$W(\xi)>0$.

定理2　假定$\xi_1,\xi_2,\cdots,\xi_s,\eta_1,\eta_2,\cdots,\eta_m$不全为代数数，并且集合$\{\xi_1,\xi_2,\cdots,\xi_s\}$和$\{\eta_1,\eta_2,\cdots,\eta_m\}$在$\mathbf{Q}$上代数等价，则

$$W_D(\xi)\leqslant W_D(\eta)$$

其中$\xi=(\xi_1,\cdots,\xi_s)$，$\eta=(\eta_1,\cdots,\eta_m)$.

注2　由定理2，我们能够把对$S_t^n,T_t^n,U_t^n(n=1,2,\cdots;t=1,2,\cdots,n)$的研究转化为对$S_n^n,T_n^n,U_n^n$(可以省略为$S^n,T^n,U^n$)的研究. 特别地，只要$S^n,T^n,U^n(n=1,2,\cdots)$不空，则$S_t^n,T_t^n,U_t^n(t=1,2,\cdots,n)$也是不空的.

注 3　由 $W_D(\xi_1,\cdots,\xi_n) \geqslant \max\limits_{1\leqslant i\leqslant n} W_D(\xi_i)$ 可以看到，如果 $\xi_1,\cdots,\xi_n$ 在 $\mathbf{Q}$ 上代数无关，并且它们中至少有一个是 p-adic U — 数，则 $(\xi_1,\cdots,\xi_n) \in U^n$.

定理 3　在 $\mathbf{Q}$ 上代数等价的 $\mathbf{Q}_p^n$ 的两点，必落入同一类中.

定理 3 是定理 2 的直接推论.

11.4　结果的证明

(1) 上一节定理 1 的证明.

由于 $\xi_1,\cdots,\xi_n$ 在 $\mathbf{Q}$ 上代数无关，所以，对于任意的 $P \in P_n(D,H)$，都有 $|P(\xi)|_p > 0$. 以下分两步证明定理 1.

(a) 若 $\xi_1,\cdots,\xi_n$ 均为 p-adic 整数. 设 $H > 1$ 是任意整数，N 是满足 $P^N \leqslant H^{\left[\begin{smallmatrix} D+n \\ n \end{smallmatrix}\right]} < P^{N+1}$ 的整数.

由于满足 $\deg P < D$，系数 $a_i \in [0,H]$ 的整系数多项式 P 有 $(H+1)^{\left[\begin{smallmatrix} D+n \\ n \end{smallmatrix}\right]} > H^{\left[\begin{smallmatrix} D+n \\ n \end{smallmatrix}\right]} \geqslant P^N$，应用 Dirichlet 抽屉原则，至少有两个 $P'(x), P''(x)$ 它们的系数 a'_i, a''_i 满足 $0 \leqslant a'_i, a''_i \leqslant H, i = 1,2,\cdots,\begin{bmatrix} D+n \\ n \end{bmatrix}$，且适合 $P'(\xi) \equiv P''(\xi) (\bmod P^N)$.

令 $P = P' - P''$，则 $P \in P_n(D,H)$，并且 P 适合

$$0 < |P(\xi)|_p = |P'(\xi) - P''(\xi)|_p$$

$$\leqslant P^{-N} < PP^{-(N+1)} < PH^{-\left[\begin{smallmatrix} D+n \\ n \end{smallmatrix}\right]}$$

则

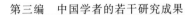

$$\begin{aligned}\Theta(D,H \mid \xi) &= -\log \min_{\substack{F\in F_n(D,H)\\ F(\xi)\neq 0}} |F(\xi)|_p \\ &\geqslant -\log |P(\xi)|_p \\ &\geqslant -\log p + \begin{bmatrix} D+n \\ n \end{bmatrix} \log H \\ &= \begin{bmatrix} D+n \\ n \end{bmatrix} \log H - \log p \\ &\geqslant \begin{bmatrix} D+n \\ n \end{bmatrix} \log H - \log pD \begin{bmatrix} D+n \\ n \end{bmatrix}\end{aligned}$$

取 $C_1 = \log P$ 即可.

(b) 设 $\xi = (\xi_1, \cdots, \xi_n) \in \mathbf{Q}_p^n$,若至少有一个 i_0,使 $|\xi_{i_0}|_p > 1$,则取

$$M = \max_{1\leqslant i\leqslant n} |\xi_i| > 1$$

令

$$\eta = (M\xi_1, \cdots, M\xi_n), \eta_i = M\xi_i (i = 1, 2, \cdots, n)$$

则 $\eta_i M \in Z_p$, 则由 (a), $\exists P \in P_n(D,H)$, 适合 $|P(\eta)|_p < PH^{-\begin{bmatrix} D+n \\ n \end{bmatrix}}$,进而

$$\Theta(D,H \mid \eta) \geqslant \begin{bmatrix} D+n \\ n \end{bmatrix} \log H - \log p$$

而

$$\begin{aligned}P(\eta) &= P(M\xi_1, \cdots, M\xi_n) \\ &= P'(\xi_1, \cdots, \xi_n) \in P_n(D, H'), H' < HM^D\end{aligned}$$

故

$$|P(\eta)|_p = |P'(\xi)|_p \leqslant pH^{-\begin{bmatrix} D+n \\ n \end{bmatrix}} \leqslant P$$

$$(H', M^{-D})^{-\begin{bmatrix} D+n \\ n \end{bmatrix}} = pM^{D\begin{bmatrix} D+n \\ n \end{bmatrix}} H'^{-\begin{bmatrix} D+n \\ n \end{bmatrix}}$$

即

$$\Theta(D,H' \mid \xi) \geqslant \begin{bmatrix} D+n \\ n \end{bmatrix} \log H' - \log(pM^{D\begin{bmatrix} D+n \\ n \end{bmatrix}})$$
$$\geqslant \begin{bmatrix} D+n \\ n \end{bmatrix} \log H' -$$
$$D\begin{bmatrix} D+n \\ n \end{bmatrix} \log(pM)$$

令 $C_1 = \log(PM)$ 即得定理 1.

(2) 上一节定理 2 的证明.

引理 1　设 $P_{ij} \in C[x_1,\cdots,x_g](1 < i,j < l)$，$\Delta = \det(P_{ij})$，则

$$\deg \Delta \leqslant \sum_{i=1}^{l} \max_{1\leqslant j\leqslant l} \deg P_{ij} \tag{1}$$

$$L(\Delta) \leqslant \prod_{i=1}^{l} \sum_{j=1}^{l} L(P_{ij}) \tag{2}$$

引理 2　设 $t = t(\xi) = t(\xi_1,\cdots,\xi_n) > 1$，并假定 η 在 $\mathbf{Q}(\xi_1,\cdots,\xi_n)$ 上是代数元，则对任意 $P \in P_n(D,H)$，$(D > 1, H > 2)$，具有 $P(\xi_1,\cdots,\xi_n,\eta) \neq 0$，都有仅依赖于 ξ 和 η 的正整数 C_2, C_3, C_4, C_5，使得

$$|P(\xi_1,\cdots,\xi_n,\eta)| \geqslant \exp(-\Theta(C_2 D, C_3^D H^{C_4} \mid \xi)) C_5^{-D} \tag{3}$$

从而

$$\Theta(C_2 D, C_3^D H^{C_4} \mid \xi) + D\log C_5 \geqslant \Theta(D,H \mid \xi_1,\cdots,\xi_n,\eta) \tag{4}$$

证明　设 $l = \deg_y P(x_1,x_2,\cdots,x_n,y)$. 不妨设 $l > 1$. 显然 $l < D$. 设 $m > 1$ 是 η 在 $Q(\xi_1,\cdots,\xi_n)$ 上的阶，则存在 $F(x_1,x_2,\cdots,x_n,y)$，使 $F(\xi_1,\cdots,\xi_n,\eta) = 0$，其中

$$F(x_1,\cdots,x_n,y) = \sum_{i=0}^{m} f_i(x_1,\cdots,x_n) y^{m-1}$$

$$f_i \in \mathbf{Z}[x_1, \cdots, x_n]$$
$$(0 < i < m)$$

且 $g \cdot c \cdot d(f_0, \cdots, f_m) = 1, f_0(\xi_1, \cdots, \xi_n) \neq 0$. 很明显，$\exists d_0 > 0, h_0 > 0$（仅依赖于 ξ, η），使得对 $0 < i < m$，有

$$\deg f_1 \leqslant d_0, H(f_i) \leqslant h_0 \tag{5}$$

将 $P(x_1, \cdots, x_n, y)$ 写成

$$P(x_1, \cdots, x_n, y) = \sum_{i=0}^{l} g_i(x_1, \cdots, x_n) y^{l-i}$$

从而，对 $0 < i < 1$ 有

$$\deg g_1 \leqslant D, H(g_1) \leqslant H \tag{6}$$

设 $R(x_1, \cdots, x_n)$ 是 $F(x_1, \cdots, x_n, y)$ 和 $P(x_1, \cdots, x_n, y)$ 关于 y 的结式，即

$$R(x_1, \cdots, x_n) = \begin{vmatrix} f_0 & f_1 & \cdots & \cdots & f_m & & & & \\ & f_0 & \cdots & \cdots & \cdots & f_m & & & \\ & & \cdots & \cdots & \cdots & \cdots & \cdots & & \\ & & & f_0 & \cdots & \cdots & \cdots & f_m & \\ g_0 & g_1 & \cdots & \cdots & \cdots & g_l & & & \\ & g_0 & \cdots & \cdots & \cdots & \cdots & g_l & & \\ & & \cdots & \cdots & \cdots & \cdots & \cdots & \cdots & \\ & & & g_0 & \cdots & \cdots & \cdots & \cdots & g_l \end{vmatrix}$$

将上式右端行列式前 $m+l-1$ 列分别乘以 y^{m+l-1}, $y^{m+l-2}, \cdots, y$ 加至最后一列，再按最后一列展开得

$$R(x_1, \cdots, x_n) = F \cdot (y^{l-1} Q_1 + \cdots + Q_l) + P \cdot (y^{m-1} Q_{l+1} + \cdots + Q_{l+m})$$
$$Q_j \in \mathbf{Z}[x_1, \cdots, x_n] \tag{7}$$

由引理 1 和(5)(6) 可得

$$\deg R(x_1,\cdots,x_n)\leqslant ld_0+mD\leqslant C_2D \qquad (8)$$

$$H(R(x_1,\cdots,x_n))\leqslant L(R(x_1,\cdots,x_n))$$

$$\leqslant \left(\sum_{j=0}^{m}L(f_i)\right)^{l}\left(\sum_{j=0}^{l}L(g_j)\right)^{m}$$

$$\leqslant \left((m+1)\begin{bmatrix}d_0+n\\ n\end{bmatrix}h_0\right)^{l}\left((l+1)\begin{bmatrix}D+n\\ n\end{bmatrix}H\right)^{m}$$

$$\leqslant C_3^D H^{C_4} \qquad (9)$$

类似地有 $\deg Q_{l+j}\leqslant C_2D(1\leqslant j\leqslant m)$. 将 $F(\xi,\eta)=0$ 代入(7) 得

$$|R(\xi)|_p=|P(\xi,\eta)|_p\left|\sum_{j=1}^{m}\eta^{m-j}Q_{l+j}(\xi)\right|_p$$

$$\leqslant |P(\xi,\eta)|_p\cdot\max_{1\leqslant j\leqslant m}\{|\eta|_p^{m-j}|Q_{l+j}(\xi)|_p\}$$

$$\leqslant |P(\xi,\eta)|_p\cdot C_5^D \qquad (10)$$

由于 $P(\xi,\eta)\neq 0$,故 $R(\xi)\neq 0$. 由(8)(9) 有

$$|R(\xi)|P\geqslant \min_{\substack{P\leqslant P_n'(D',H')\\ P(\xi)\neq 0}}|P(\xi)|_p=W_{C_2D}(C_3^DH^{C_4}\mid\xi)$$

其中 $D'=C_2D, H'=C_3^DH^{C_4}$.

进而,$|R(\xi)|_p=\exp(-\Theta(C_2D,C_3^DH^{C_4}\mid\xi))$,再结合(10) 得 $|P(\xi,\eta)|_pC_5^D\geqslant\exp(-\Theta(C_2D,C_3^DH^{C_4}\mid\xi))$. 即证得(3) 成立,从(3) 容易得(4).

定理 2 的证明:只需证得 $W_D(\xi)\leqslant W_D(\xi,\eta)$,类似有 $W_D(\eta)\leqslant W_D(\xi,\eta)$. 由传递性,$W_D(\xi)\leqslant W_D(\eta)$.

由题设 $\eta_1,\cdots,\eta_m$ 全是 $Q(\xi_1,\cdots,\xi_n)$ 上的代数元,由引理 2,有

$$\frac{\Theta(D,H\mid\xi,\eta)}{\log H}$$

$$\leqslant\frac{\Theta(C_2D,C_3^DH^{C_4}\mid\xi_1,\xi_2,\cdots,\xi_n,\eta_1,\cdots,\eta_{m-1})}{\log H}+$$

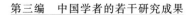

$$\frac{D\log C_5}{\log H} =$$

$$\frac{\Theta(C_2 D, C_3^D H^{C_4} \mid \xi, \eta_1, \cdots, \eta_{m-1})}{\log(C_3^D H^{C_4})} \cdot$$

$$\frac{\log(C_3^D H^{C_4})}{\log H} + \frac{D\log C_5}{\log H}$$

当 $H \to \infty$ 取上极限得

$$W_D(\xi, \eta) \leqslant C_4 W_{C_2 D}(\xi_1, \cdots, \xi_n, \eta_1, \cdots, \eta_{m-1})$$

即

$$W_D(\xi, \eta) \ll W_D(\xi_1, \cdots, \xi_n, \eta_1, \cdots, \eta_{m-1})$$

类似有 $W_D(\xi_1, \cdots, \xi_n, \eta_1, \cdots, \eta_{m-1}) \ll W_D(\xi_1, \cdots, \xi_n, \eta_1, \cdots, \eta_{m-2}) \ll \cdots \ll W_D(\xi)$，即

$$W_D(\xi, \eta) \ll W_D(\xi) \tag{11}$$

另外，由定义有

$$\Theta(D, H \mid \xi) \ll \Theta(D, H \mid \xi, \eta)$$

即 $W_D(\xi) \ll W_D(\xi, \eta)$，联系(11)，即

$$W_D(\xi) \leqslant W_D(\xi, \eta)$$

Mahler 函数值的代数无关性①

第 12 章

12.1　引言及主要结果

1929—1930 年，K. Mahler 建立了研究满足某些函数方程的函数值的超越性和代数无关性的新方法. 关于超越性和代数无关性的结果有多篇文章被发表，例如 Galochkin，Miller，Molchanov，Becker，Nishioka 和 Toper 等人给出 Mahler 型函数值的超越度量. Nesterenko，Becker，Nishioka，Wass 等人得到 Mahler 型函数值的代数无关度量，本章是对 Greuel 的结果进行推广.

① 本章摘编自《纯粹数学与应用数学》，2006，22(2)：223-230.

为了叙述方便，我们引入一些记号定义．记 K 为 $\mathbf{Q}$ 的有限次代数扩域，$\mathbf{O}_K$ 为 K 上的代数整数环．一个多项式 P，定义它的次数为 $\deg P$，$H(P)$ 为 P 的系数模的最大值，$L(P)$ 为 P 的系数模的和；$\deg(\alpha)$，$H(\alpha)$ 分别记为代数数 α 的次数与高，它们是由 α 的最小多项式的次数与高来定义的．$|\overline{\alpha}|$ 定义为代数数 α 的所有共轭绝对值的最大值，$\deg(\alpha)$ 记为代数数 α 的分母，即使 $d\cdot\alpha$ 为代数整数的所有正整数 d 中的最小者．记 $\mathrm{trdeg}\,\Gamma$ 为域 Γ 在 $\mathbf{Q}$ 上的超越次数．对于多项式 $P\in K[z,y_1,\cdots,y_m]$，令 $d_z(P)=\deg_z P$，$d_{\overline{y}}(P)=\deg_{\overline{y}} P$ 分别表示 P 关于 z 与 $\overline{y}$ 的次数．对于 $\overline{u}=(u_1,\cdots,u_m)$，定义 $|\overline{u}|=|u_1|+\cdots+|u_m|$．河南大学计算机学院的王天芹教授 2006 年证明了如下定理：

定理　设 $f_1,\cdots,f_m:U\to\mathbf{C}$ 是原点 $0\in\mathbf{C}$ 邻域 U 内的解析函数，在 $\mathbf{C}(z)$ 上代数无关，并且有

$$f_i(z)=\sum_{j=0}^{\infty}f_{i,j}z^j\,(i=1,\cdots,m)$$

其中 $f_{i,j}\in K$ 且

$$|\overline{f_{i,j}}|\leqslant\exp(c_0(1+j^L)),D^{[c_0(1+j^L)]}f_{i,j}\in\mathbf{O}_K$$

这里 $c_0\in\mathbf{R}_+$，$D\in\mathbf{N}$，$L\geqslant 1$．假定 $T(z)$ 是 $\mathbf{Q}(z)$ 上次数为 s 的代数函数，在 U 中是半纯的并有 $d=\mathrm{ord}_0 T$，$T(U)\subseteq U$．令 $Q(z,u)\in\mathbf{Q}[z,u]$ 表示 T 的最小多项式，$\overline{n}=(n_1,\cdots,n_m)\in\mathbf{N}^m$，$U=s\cdot n_1\cdot\cdots\cdot n_m$．设 $f_1,\cdots,f_m$ 满足函数方程

$$P(z,\overline{f}(z))(f_j(Tz))^{n_j}=\sum_{g=0}^{n_j-1}P_{g,j}(z,\overline{f}(z))(f_j(Tz))^g\quad(j=1,\cdots,m)\qquad(1)$$

其中 $P\in K[z,\overline{y}]\backslash\in\{0\}$，$P_{0,1},\cdots,P_{n_m-1,m}\in K[z,$

$\overline{y}]$，$d > \max\{U, d_{\overline{y}}(\overline{P})\}$，这里 $d_{\overline{y}}(\overline{P})$ 定义为

$$d_{\overline{y}}(\overline{P}) = \max\{d_{\overline{y}}(P), d_{\overline{y}}(P_{0,1}), \cdots, d_{\overline{y}}(P_{n_m-1,m})\}$$

假设 $\alpha \in K \cap U$，满足

$$\lim_{k\to\infty} T^k\alpha = 0, T^k\alpha \neq 0, \infty$$

其中 $T^k\alpha$ 表示 T 在点 α 的 k 一次迭代，并且 $P(T^k\alpha, \overline{f}(T^k\alpha)) \neq 0, k \in \mathbf{N}_0$. 令 m_0 为满足如下不等式的最小整数

$$m_0 \geqslant m\log d - L(m+1)\log \frac{Ud_z(Q)}{d}\left(1 + \frac{\log U}{\log d}\right)/\log \frac{Ud_z(Q)}{d} + \log d + (L(m+1)\left(1+\frac{\log U}{\log d}\right) + m)(2\log U + \log d_{\overline{y}}(\overline{P}))$$

那么

$$\operatorname{trdeg}_Q \mathbf{Q}(f_1(\alpha), \cdots, f_m(\alpha)) \geqslant m_0$$

12.2　辅助多项式的构造

不失一般性，我们可以假定定理中多项式 P, Q 的系数是 K 中的整数，先给出以下引理.

引理 1　设 $N \in \mathbf{N}$，则存在多项式 $R \in \mathbf{O}_K[z, \overline{y}]\backslash\{0\}$ 满足：

(1) $d_z(R) \leqslant N, d_{\overline{y}}(R) \leqslant N$；

(2) $\log H(R) \leqslant c_3 N^{(m+1)L}$；

(3) $v = \operatorname{ord}_0 R(z, \overline{f}(z)) \geqslant c_4 N^{m+1}$，

这里 c_3, c_4 为适当的正常数.

引理 2　对上述 $R(z,\overline{y}), v, N, L, d$，假设 $k\in\mathbf{N}$ 满足 $d^k\geqslant c_5 v^L$，则有

$$\exp(-c_6 vd^k)\leqslant|R(T^k\alpha,\overline{f}(T^k\alpha))|\leqslant\exp(-c_7 vd^k)$$

证明　由定理的假设，我们可将 $T(z)$ 表示为 $T(z)=z^d g(z)$，其中 $g(z)$ 在点 0 邻域内解析且 $g(0)\neq 0$. 因此在点 0 的充分小邻域内 $g(z)$ 有界. 又 $\lim\limits_{k\to\infty}T^k\alpha=0$，所以当 k 充分大时，有

$$\exp(-V_1 d^k)\leqslant|T^k\alpha|\leqslant\exp(-V_2 d^k)$$

为方便起见，以下令 $f_k=T^k\alpha, h_{i,k}=f_i(T^k\alpha)$，$\overline{h}_k=(f_1(T^k\alpha),\cdots,f_m(T^k\alpha))$，且

$$d_z(\overline{P})=\max\{d_z(P),d_z(P_{0,1}),\cdots,d_z(P_{n_m-1,m})\}$$

$$d_{\overline{y}}(\overline{P})=\max\{d_{\overline{y}}(P),d_{\overline{y}}(P_{0,1}),\cdots,d_{\overline{y}}(P_{n_m-1,m})\}$$

$$L(\overline{P})=\max\{L(P),L(P_{0,1}),\cdots,L(P_{n_m-1,m})\}$$

对实数 a，定义 $a_+=\max\{a,0\}$. 另外，可以假定 T 的最小多项式 $Q(z,u)=\sum\limits_{i=0}^{s}Q_i(z)u^i$ 的系数 $Q_i(z)$ 没有公共因子，并令

$$s_k=\max\{0\leqslant i\leqslant s\mid Q_i(f_{k-1})\neq 0\}$$

引理 3　假设 $k\in\mathbf{N}, \lambda\in\mathbf{N}_0$，则

$$(Q_{s_k}(f_{k-1})f_k)^\lambda=\sum_{i=0}^{s_k-1}Q_{\lambda,i}^{(k)}(f_{k-1})(Q_{s_k}(f_{k-1})f_k)^i$$

这里 $Q_{\lambda,i}^{(k)}\in\mathbf{O}_K[z]$ 且

$$d_z(Q_{\lambda,i}^{(k)})\leqslant(\lambda-i)_+\,d_z(Q)$$

$$L(Q_{\lambda,i}^{(k)})\leqslant 2^{(\lambda-s_k)_+}L(Q)^{(\lambda-i)_+}$$

证明　当 $0\leqslant\lambda\leqslant s_k-1$ 时，我们选取 $Q_{\lambda,i}^{(k)}=\begin{cases}1 & 当\ \lambda=i\\ 0 & 其他\end{cases}$，结论显然成立. 当 $\lambda\geqslant s_k$ 时，本章不予以

深究.

引理 4　设 $k \in \mathbf{N}, \lambda \in \mathbf{N}_0$，则对所有 $1 \leqslant j \leqslant m$，有

$$(P(f_{k-1}, \overline{h}_{k-1}) f_j(f_k))^\lambda = \sum_{i=0}^{n_j-1} P_{i,\lambda,j}^{(k)}(f_{k-1}, \overline{h}_{k-1}) \cdot (P(f_{k-1}, \overline{h}_{k-1}) f_j(f_k))^i$$

其中 $P_{i,\lambda,j}^{(k)} \in \mathbf{O}_K[z, \overline{y}]$，并满足

$$d_z(P_{i,\lambda,j}^{(k)}) \leqslant (\lambda - i)_+ d_z(\overline{P})$$

$$d_{\overline{y}}(P_{i,\lambda,j}^{(k)}) \leqslant (\lambda - i)_+ d_{\overline{y}}(\overline{P})$$

$$L(P_{i,\lambda,j}^{(k)}) \leqslant 2^{(\lambda - n_j)_+} L(\overline{P})^{(\lambda - i)_+}$$

引理 5　假设 $k \in \mathbf{N}, R \in \mathbf{O}_K[z, \overline{y}]$，则存在

$$R^*(z, u, \overline{y}, \overline{v}) = \sum_{t=0}^{s_k-1} \sum_{\overline{\mu} \in M} R_{t,\overline{\mu}}^*(z, \overline{y}) u^t \overline{v}^{\overline{\mu}} \in \mathbf{O}_K[z, u, \overline{y}, \overline{v}]$$

其中

$$M = \{0, \cdots, n_1 - 1\} \times \cdots \times \{0, \cdots, n_m - 1\}$$

$$d_u(R^*) \leqslant s_k - 1$$

$$d_{v_j}(R^*) \leqslant n_j - 1 (j = 1, \cdots, m)$$

$$d_z(R_{t,\overline{\mu}}^*) \leqslant d_z(R) d_z(Q) + d_{\overline{y}}(R) d_z(\overline{P})$$

$$d_{\overline{y}}(R_{t,\overline{\mu}}^*) \leqslant d_{\overline{y}}(R) d_{\overline{y}}(\overline{P})$$

$$L(R_{t,\overline{\mu}}^*) \leqslant 2^{d_z(R) + d_{\overline{y}}(R)} L(R) L(Q)^{d_z(R)} L(\overline{P})^{d_{\overline{y}}(R)}$$

使得

$$R^*(f_{k-1}, Q_{s_k}(f_{k-1}) f_k, \overline{h}_{k-1}, P(f_{k-1}, \overline{h}_{k-1}) \overline{h}_k)$$
$$= Q_{s_k}(f_{k-1})^{d_z(R)} P(f_{k-1}, \overline{h}_{k-1})^{d_{\overline{y}}(R)} R(f_k, \overline{h}_k)$$

引理 6　假设 $R^* \in \mathbf{O}_K[z, u, \overline{y}, \overline{v}]$ 是引理 5 中的多项式，则存在 $U_1, \cdots, U_U \in \mathbf{O}_K[z, \overline{y}]$ 使得在点 $(z_0, u_0, \overline{y}_0, \overline{v}_0) = (f_{k-1}, Q_{s_k}(f_{k-1}) f_k, \overline{h}_{k-1}, P(f_{k-1}, \overline{h}_{k-1}) \overline{h}_k)$，有

$$(R^*)^U + U_1(R^*)^{U-1} + \cdots + U_U = 0 \tag{1}$$

且对 $l=1,\cdots,U$，有

$$d_z(U_l) \leqslant U(d_z(Q)(d_z(R)+s) + d_z(\overline{P})(d_{\bar{y}}(R)+|\overline{n}|))$$

$$d_{\bar{y}}(U_l) \leqslant U d_{\bar{y}}(\overline{P})(d_{\bar{y}}(R)+|\overline{n}|)$$

$$L(U_l) \leqslant \exp(c_8(d_z(R)+d_{\bar{y}}(R)))H(R)^U$$

引理 7 对所有 $N,k\in\mathbf{N}$ 满足 $d^k \geqslant c_5 v^L$，存在多项式 $R_j \in \mathbf{O}_K[z,\overline{y}]$，$j=0,\cdots,k$，使得当

$$vd^k \geqslant c_{12}U^k(N^{(m+1)L}+d_z(Q)^kN) \tag{2}$$

时，对于 $j=0$，有

$$d_z(R_0)=d_{1,0}\leqslant N, d_{\bar{y}}(R_0)=d_{2,0}\leqslant N$$

$$\log H(R_0)=H_0\leqslant c_3N^{(m+1)L}$$

$$\exp(-j_1(0)) \leqslant |R_0(f_k,\overline{h}_k)| \leqslant \exp(-j_2(0))$$

这里 $j_1(0)=c_6vd^k$，$j_2(0)=c_7vd^k$，c_3 如引理 1，c_5，c_6，c_7 如引理 2.

对于 $j\geqslant 1$，有

$$d_z(R_j)=d_{1,j}\leqslant U(d_z(Q)(d_{1,j-1}+s) + d_z(\overline{P})(d_{2,j-1}+|\overline{n}|)) \tag{3}$$

$$d_{\bar{y}}(R_j)=d_{2,j}\leqslant U d_{\bar{y}}(\overline{P})(d_{2,j-1}+|\overline{n}|) \tag{4}$$

$$\log H(R_j)=H_j\leqslant UH_{j-1}+c_9(d_{1,j-1}+d_{2,j-1}) \tag{5}$$

$$\exp(-j_1(j)) \leqslant |R_j(f_{k-j},\overline{h}_{k-j})| \leqslant \exp(-j_2(j)) \tag{6}$$

这里 $j_1(j)$，$j_2(j)$ 满足

$$j_1(j)=Uj_1(j-1)+UH_{j-1}+c_{10}d^{k-j}(d_{1,j-1}+d_{2,j-1})+\log U \tag{7}$$

$$j_2(j)=j_2(j-1)-UH_{j-1}-$$

$$c_{11}(d_{1,j-1}+d_{2,j-1})-\log U \qquad (8)$$

证明　我们用归纳法进行证明，对 j 作归纳. 当 $j=0$ 时，在引理 1 和 2 中，令 $R_0=R$，即得结论. 现假定结论对于 $j-1, j\in\{1,\cdots,k\}$ 成立，在引理 5,6 中，用 R_{j-1} 代替 R，则存在多项式 $U_1,\cdots,U_U\in\mathbf{O}_K[z,\overline{y}]$，使得对

$$(z_0,u_0,\overline{y}_0,\overline{v}_0)=(f_{k-j},Q_{k-j+1}(f_{k-j})f_{k-j+1},\overline{h}_{k-j},P(f_{k-j},\overline{h}_{k-j})\overline{h}_{k-j+1})$$

有 $(R_{j-1}^{*})^{U}+U_1(R_{j-1}^{*})^{U-1}+\cdots+U_U=0$，这里

$$\begin{aligned}&R_{j-1}^{*}(f_{k-j},Q_{k-j+1}(f_{k-j})f_{k-j+1},\\&\overline{h}_{k-j},P(f_{k-j},\overline{h}_{k-j})\overline{h}_{k-j+1})\\=&Q_{k-j+1}(f_{k-j})^{d_{1,j-1}}P(f_{k-j},\\&\overline{h}_{k-j})^{d_{2,j-1}}R_{j-1}(f_{k-j+1},\overline{h}_{k-j+1})\end{aligned} \qquad (9)$$

并且对所有 $l=1,\cdots,U$，有

$$d_z(U_l)\leqslant U(d_z(Q)(d_{1,j-1}+s)+d_z(\overline{P})(d_{2,j-1}+|\overline{n}|))$$

$$d_{\overline{y}}(U_l)\leqslant Ud_{\overline{y}}(\overline{P})(d_{2,j-1}+|\overline{n}|)$$

$$\log H(U_l)\leqslant UH_{j-1}+c_9(d_{1,j-1}+d_{2,j-1})$$

类似引理 2 估计 $R(f_k,\overline{h}_k)$ 的方法，可得 $\exp(-V_1d^{k-j})\leqslant|Q_{k-j+1}(f_{k-j})|\leqslant V_2$ 及 $\exp(-V_3d^{k-j})\leqslant|P(f_{k-j},\overline{h}_{k-j})|\leqslant V_4$. 再由式(9) 及归纳假设，对以上 $(z_0,u_0,\overline{y}_0,\overline{v}_0)$，有

$$\begin{aligned}&\exp(-j_1(j-1)-V_5d^{k-j}(d_{1,j-1}+d_{2,j-1}))\\\leqslant&|R_{j-1}^{*}|\leqslant\exp(-j_2(j-1)+V_6(d_{1,j-1}+d_{2,j-1}))\end{aligned}$$

对 $U_l(f_{k-j},\overline{h}_{k-j}), l=1,\cdots,U$ 进行估计并应用引理 6 得

$$\begin{aligned}&|U_l(f_{k-j},\overline{h}_{k-j})|\\\leqslant&L(U_l)\max\{1,|f_{k-j}|,|h_{1,k-j}|,\cdots,\end{aligned}$$

$$| h_{m,k-j} |\}^{d_z(U_l)+d_{\bar{y}}(U_l)}$$

$$\leqslant \exp(UH_{j-1} + V_7(d_{1,j-1} + d_{2,j-1}))$$

由式(2) 与(8) 得

$$j_2(j-1) - (UH_{j-1} + V_7(d_{1,j-1} + d_{2,j-1}) + \log U) > 0$$

存在 $l_0 \in \{1,\cdots,U\}$ 使得

$$\begin{aligned}
&\log | U_{l_0}(f_{k-j}, \bar{h}_{k-j}) | \\
&\geqslant - Uj_1(j-1) - V_5 U d^{k-j}(d_{1,j-1} + d_{2,j-1}) - \\
&\quad (UH_{j-1} + V_7(d_{1,j-1} + d_{2,j-1})) - \log U \\
&\leqslant - Uj_1(j-1) - UH_{j-1} - \\
&\quad c_{10} d^{k-j}(d_{1,j-1} + d_{2,j-1}) - \log U \\
&= - j_1(j)
\end{aligned}$$

及

$$\begin{aligned}
&\log | U_{l_0}(f_{k-j}, \bar{h}_{k-j}) | \\
&\leqslant - j_2(j-1) + V_6(d_{1,j-1} + d_{2,j-1}) + \\
&\quad (UH_{j-1} + V_7(d_{1,j-1} + d_{2,j-1})) + \log U \\
&\leqslant - j_2(j-1) + UH_{j-1} + c_{11}(d_{1,j-1} + d_{2,j-1}) + \log U \\
&= - j_2(j)
\end{aligned}$$

令 $R_j(z,\bar{y}) = U_{l_0}(z,\bar{y})$,引理得证.

下面我们推出关于 $d_{1,j}, d_{2,j}, H_j, j_1(j)$ 的上界及 $j_2(j)$ 的下界. 注意到

$$d_z(Q) \geqslant d = \mathrm{ord}_0 T > d_{\bar{y}}(\bar{P})$$

由式(2) ~ (8) 可推得

$$\begin{aligned}
d_{2,j} &\leqslant (Ud_{\bar{y}}(\bar{P}))^j d_{2,0} + \sum_{i=1}^{j} (Ud_{\bar{y}}(\bar{P}))^i | \bar{n} | \\
&\leqslant V_0 (Ud_{\bar{y}}(\bar{P}))^j (d_{2,0} + | \bar{n} |) \\
&\leqslant c_{13} (Ud_{\bar{y}}(\bar{P}))^j N
\end{aligned}$$

$$d_{1,j} \leqslant V_1 (Ud_z(Q))^j d_{1,0} +$$

$$
\begin{aligned}
&U_{d_z}(\overline{P})\sum_{i=0}^{j-1}(Ud_z(Q))^i(d_{2,j-i-1}+|\overline{n}|)\\
&\leqslant c_{14}(U_{d_z}(Q))^jN\\
&H_j\leqslant U^jH_0+V_2\sum_{i=0}^{j-1}(Ud_{1,j-i-1}+d_{2,j-i-1})\\
&\leqslant c_{15}U^j(N^{(n+1)L}+d_z(Q)^jN)
\end{aligned}
$$

$$
\begin{aligned}
j_1(j)=&U^jj_1(0)+\sum_{i=0}^{j-1}U^i(UH_{j-i-1}+\\
&V_3d^{k-(j-i)}(d_{1,j-i-1}+d_{2,j-i-1})+\log U)\\
\leqslant&U^kj_1(0)+kU^kH_0+\\
&\begin{cases}V_4(Ud_z(Q))^k(d_{1,0}+d_{2,0}),\ d<d_z(Q)\\ V_{4k}(Ud_z(Q))^k(d_{1,0}+d_{2,0}),\ d=d_z(Q)\end{cases}\\
\leqslant&c_{16}(Ud)^kv
\end{aligned}\tag{10}
$$

$$
\begin{aligned}
j_2(j)=&j_2(0)-\sum_{i=0}^{j-1}(UH_{j-i-1}+\\
&V_5(d_{1,j-i-1}+d_{2,j-i-1})+\log U)\\
\geqslant&j_2(0)-V_6U^k(H_0+d_z(Q)^k(d_{1,0}+d_{2,0}))\\
\geqslant&c_{17}d^kv
\end{aligned}\tag{11}
$$

12.3 定理的证明

由上节内容我们知道,对所有 $N,k\in\mathbf{N}$ 满足

$$d^k\geqslant c_5v^L\tag{1}$$

$$vd^k\geqslant c_{12}U^k(N^{(m+1)L}+d_z(Q)^kN)\tag{2}$$

存在多项式 $R_k\in\mathbf{O}_K[z,\overline{y}]$ 满足

$$d_z(R_k)\leqslant c_{18}(Ud_z(Q))^kN\tag{3}$$

$$d_{\overline{y}}(R_k)\leqslant c_{19}(Ud_{\overline{y}}(\overline{P}))^kN\tag{4}$$

$$\log H(R_k) \leqslant c_{20} U^k (N^{(m+1)L} + d_z(Q)^k N) \qquad (5)$$

$$-c_{21} v(Ud)^k \leqslant \log |R_k(T, \bar{f}(T))| \leqslant -c_{22} vd^k \qquad (6)$$

定义$(A_k)_{k_0 \leqslant k \leqslant k_1} \in \mathbf{O}_K[\bar{y}]$,有

$$A_k(\bar{y}) = D^{d_z(R_k)} R_k(T, \bar{y})$$

这里 $D \in \mathbf{N}$ 是 T 的分母,则有

$$d_{\bar{y}}(A_k) \leqslant c_{23}(Ud_{\bar{y}}(\bar{P}))^k N$$

$$\log H(A_k) \leqslant V_1 U^k (N^{(m+1)L} + d_z(Q)^k N)$$

$$\leqslant c_{24}(Ud_z(Q))^k N$$

$$\log |A_k(\bar{f}(T))| \leqslant -V_2 vd^k + V_3 (Ud_z(Q))^k N$$

$$\leqslant -c_{25} vd^k$$

$$\log |A_k(\bar{f}(T))| \geqslant -c_{26} v(Ud)^k$$

对 $N \in \mathbf{N}$,定义 $M \geqslant N$ 使 $v = c_4 M^{m+1}$. 同时,对正整数 $k_0 \leqslant k \leqslant k_1$,其中 $k_0 < k_1$,定义函数

$$H_1 = c_{23}(Ud_{\bar{y}}(\bar{P}))^{k_1} M$$

$$H_2 = c_{24}(Ud_z(Q))^{k_1} M$$

$$j_1(k) = c_{26} v(Ud)^k, j_2(k) = c_{25} vd^k$$

$$\Lambda(k) = \frac{j_1(k+1)}{j_2(k)} = \frac{c_{26} dU}{c_{25}} U^k$$

对于 $v = c_4 M^{n+1}$,定义

$$k_0 = \left[\frac{(m+1)L\log M}{\log d} + V_0\right]$$

这里 V_0 为充分大的常数,则对所有 $k \geqslant k_0$,(1) 成立.

对于充分大 N,$M \geqslant N$ 充分大,我们可以找到正整数 $k_1 > k_0$ 使以下两个不等式成立

$$\left(\frac{d}{(U^2 d_{\bar{y}}(\bar{P}))^{m_0-1}}\right)^{k_1} \geqslant V_1 M^{m_0-1} (dU)^{k_0} \qquad (7)$$

$$M^{m+1-m_0} \geqslant V_2((U^2 d_{\bar{y}}(\overline{P}))^{m_0-1} U d_z(Q)/d)^{k_1} \quad (8)$$

由于

$$m_0 < m\log d - L(m+1)(1+e)\log U'/\log U' + \log d + (L(m+1)(1+e)+m)(2\log U + \log d_{\bar{y}}(\overline{P})) + 1$$

其中 $U' = Ud_z(Q)/d$，$e = \log U/\log d$，不等式

$$((m_0-1)\log(U^2 d_{\bar{y}}(\overline{P})) + \log U') \cdot ((m_0-1) + L(m+1)(1+e)) < (m+1-m_0)(\log d - (m_0-1)\log(U^2 d_{\bar{y}}(\overline{P})))$$

成立. 因此存在 $V \in \mathbf{R}_+$ 使得

$$m+1-m_0 > V((m_0-1)\log(U^2 d_{\bar{y}}(\overline{P})) + \log U')(m_0-1) + L(m+1)(1+e) < V(\log d - (m_0-1)\log(U^2 d_{\bar{y}}(\overline{P})))$$

不失一般性，可以假定 $m_0 \geqslant 1$，则有

$$V > \frac{(m_0-1)+L(m+1)(1+e)}{\log d - (m_0-1)\log(U^2 d_{\bar{y}}(\overline{P}))} \geqslant \frac{L(m+1)}{\log d}$$

及

$$V < \frac{m+1-m_0}{(m_0-1)\log(U^2 d_{\bar{y}}(\overline{P})) + \log U'} \leqslant \frac{m}{\log U'}$$

取充分大 N 使得 M 满足 $\left(V - \frac{L(m+1)}{\log d}\right)\log M > V_0$，定义 $k_1 = [V\log M]$，则 $k_0 < k_1$，且对所有 $k_0 \leqslant k \leqslant k_1$，有 $U'^k < M^n$，从而(2) 成立. 同时，我们有

$$k_1(\log d - (m_0-1)\log(U^2 d_{\bar{y}}(\overline{P}))) \geqslant ((m_0-1)+L(m+1)(1+e))\log M + c$$

$$(m+1-m_0)\log M \geqslant k_1((m_0-1)\log(U^2 d_{\bar{y}}(\overline{P}))+\log U')+c$$

其中 c 为适当常数. 这意味着式(7) 与(8) 成立.

有限域上多项式指数和的 p-adic 估计[①]

第 13 章

13.1　引　　言

设 $\mathbf{F}_q$ 是含有 q 个元的有限域，其中 $q=p^r$，p 为一个素数. 设 $f(x_1,\cdots,x_n)$ 是 $\mathbf{F}_q$ 上的一个非零 n 元多项式，用 $N_q(f)$ 表示由超曲面 $f=0$ 在仿射空间 $\mathbf{A}^n(\mathbf{F}_q)$ 中确定的 $\mathbf{F}_q$－有理点的个数，即

$$N_q(f)=\#\{(x_1,\cdots,x_n)\in(\mathbf{F}_q)^n\mid f(x_1,\cdots,x_n)=0\}$$

一般情况下，要给出 $N_q(f)$ 的确切表达

① 本章摘编自《数学学报》，2015，58(3)：501-506.

式是一件困难的事. 因而有许多关于 $N_q(f)$ 的估计，其中很多含有 f 的次数 $\deg f$. 用 ord_p 和 ord_q 分别表示满足 $\mathrm{ord}_p p=1$ 和 $\mathrm{ord}_q q=1$ 的 p-adic 加法赋值. 经典的 Chevalley-Warning 定理断言：当 $n>\deg f$ 时，有 $\mathrm{ord}_p N_q(f)\geqslant 1$. Ax 则进一步证明了

$$\mathrm{ord}_q N_q(f)\geqslant\left\lceil\frac{n}{\deg f}\right\rceil-1$$

其中 $\lceil\ \rceil$ 为上取整函数. Ax 的结果被 Katz 用 Dwork 的 p-adic 方法推广到了一组多项式上. 曹炜证明了可以通过只考虑次数较低的变元和孤立的变元来改进 Ax-Katz 定理. 陈建明和曹炜利用次数矩阵，给出了有限素域上指数和 p-adic 估计的一种初等计算方法，它改进了 Adolphson 和 Sperber 利用 Newton 多面体所得到的结果. 宁波大学数学系的丁博辉、曹炜两位教授 2015 年将关于有限素域的结果推广到一般有限域上，并改进了上面所提到的所有结果.

用 $\mathbf{N}$ 和 $\mathbf{N}_0$ 分别表示正整数集合和非负整数集合. 假设多项式 f 有如下的稀疏表达式

$$f(x_1,\cdots,x_n)=\sum_{j=1}^{m}a_jX^{\boldsymbol{D}_j},a_j\in\mathbf{F}_q^* \qquad (1)$$

这里 $\boldsymbol{D}_j=(d_{1j},\cdots,d_{nj})^{\mathrm{T}}\in(\mathbf{N}_0)^n$，$X^{\boldsymbol{D}_j}=x_1^{d_{1j}}\cdots x_n^{d_{nj}}$.

定义 1 f 的次数矩阵记作 $\boldsymbol{D}_f$，定义为 $n\times m$ 矩阵

$$\boldsymbol{D}_f:=(\boldsymbol{D}_1,\cdots,\boldsymbol{D}_m)$$

次数矩阵在有限域上的多项式研究中具有特殊的重要意义. 曹炜利用次数矩阵计算有限域上超曲面的有理点个数，并在次数矩阵满足一定意义的“非奇异”情形下给出了具体的表达式，该结论通过 Smith 标准形得到了进一步的推广. 本章将利用次数矩阵估计多

项式的指数和. 为此，我们需要介绍更多的定义和记号.

定义 2　f 的 Newton 多面体记作 $\Delta(f)$，定义为点集 $\{\boldsymbol{D}_1,\cdots,\boldsymbol{D}_m\}\cup\{(0,\cdots,0)^{\mathrm{T}}\}$ 在欧氏空间 $\mathbf{R}^n$ 中的凸闭包，并用 $\omega(f)$ 表示使得 $\omega(f)\Delta(f)$ 至少含有 $\mathbf{N}^n$ 中一个整格点的最小正有理数.

令 $R=\{0,1,\cdots,q-1\}$ 及 $R^m=\prod\limits_{i=1}^{m}R$. 对于同余方程组 $\sum\limits_{j=1}^{m}k_j\boldsymbol{D}_j\equiv 0(\bmod\ q-1)$，我们考虑其在 R^m 中的解：$\boldsymbol{v}=(k_1,\cdots,k_m)\in R^m$，即有 $0\leqslant k_i\leqslant q-1$. 设 $0\leqslant k\leqslant q-1$，记其 p-adic 展开为

$$k=\alpha_0+\alpha_1 p+\cdots+\alpha_{r-1}p^{r-1}(0\leqslant\alpha_i\leqslant p-1)\tag{2}$$

令 $\sigma_p(k)=\alpha_0+\alpha_1+\cdots+\alpha_{r-1}$.

定义 3　在方程组 $\sum\limits_{j=1}^{m}k_j\boldsymbol{D}_j\equiv 0(\bmod\ q-1)$ 所有满足 $\sum\limits_{j=1}^{m}k_j\boldsymbol{D}_j\in\mathbf{N}^n$ 的解 $\boldsymbol{v}=(k_1,\cdots,k_m)\in R^m$ 中，定义 $m_q(\boldsymbol{D}_f)$ 为 $\sigma_p(k_1)+\cdots+\sigma_p(k_m)$ 的最小值. 易证 $m_q(\boldsymbol{D}_f)$ 定义良好，因为总有一个平凡解 $\boldsymbol{v}=(q-1,\cdots,q-1)$.

用 $\mathbf{Q}_p$ 表示 p-adic 有理数域，$\mathbf{Z}_p$ 为其整数环，ζ_p 为 $\mathbf{Q}_p$ 的扩张中一个 p 次本原单位根，则 $\mathbf{Z}_p[\zeta_p]$ 为扩域 $\mathbf{Q}_p(\zeta_p)$ 中的 p-adic 整数环. 用 $\mathrm{Tr}_{\mathbf{F}_q/\mathbf{F}_p}$ 表示从有限域 $\mathbf{F}_q$ 到素域 $\mathbf{F}_p$ 的绝对迹映射，记指数和

$$S_q(f)=\sum_{x_1,\cdots,x_n\in\mathbf{F}_q}\zeta_p^{\mathrm{Tr}_{\mathbf{F}_q/\mathbf{F}_p}(f(x_1,\cdots,x_n))}$$

注　用 x_0f 表示将多项式 f 添加一个变元 x_0 之后得到的新的多项式. 熟知 $qN_q(f)=S_q(x_0f)$，故

$\mathrm{ord}_q N_q(f)=\mathrm{ord}_q S_q(x_0 f)-1$. 因此我们只考虑 $S_q(f)$ 的 p-adic 估计. 注意到 $q=p^r$. 本章的主要结论可叙述如下.

定理　设 $f\in \mathbf{F}_q[x_1,\cdots,x_n]$ 是一个形如(1) 的多项式,则有

$$\mathrm{ord}_q S_q(f)\geqslant \frac{m_q(\boldsymbol{D}_f)}{r(p-1)}\geqslant \omega(f)$$

13.2　预 备 知 识

首先介绍一个用 Gauss 和表示指数和 $S_q(f)$ 的公式.

用 χ 表示乘法群 $\mathbf{F}_q^*$ 的 Teichmüller 特征. 对于 $a\in \mathbf{F}_q^*$, $\chi(a)$ 恰好是 $\mathbf{Q}_p$ 中的 $q-1$ 次单位根,并与 a 模 p 同余. $\mathbf{F}_q^*$ 中所有的特征均可由 χ 生成,即 $\widehat{\mathbf{F}_q^*}=\{\chi^k\mid k=0,1,\cdots,q-2\}$. 令 $\chi^0(0)=1$, 对于 $k>0$, 则令 $\chi^k(0)=0$. 这样就将 χ^k 推广到了 $\mathbf{F}_q$ 上. 定义 $\mathbf{F}_q$ 上 $q-2$ 个 Gauss 和如下

$$G_q(k)=\sum_{a\in \mathbf{F}_q^*}\chi(a)^{-k}\zeta_p^{\mathrm{Tr}_{\mathbf{F}_q/\mathbf{F}_p}(a)}\ (1\leqslant k\leqslant q-2)$$

对于 $k=0,q-1$,我们分别定义 $G_q(0)=q-1$, $G_q(q-1)=-q$.

由特征和的正交关系,可得

$$\sum_{a\in \mathbf{F}_q}\chi(a)^k=\begin{cases}0,\text{若}(q-1)\nmid k\\ q-1,\text{若}(q-1)\mid k\text{ 且 }k>0\\ q,\text{若 }k=0\end{cases}\quad(1)$$

对于所有的 $a\in \mathbf{F}_q$, Gauss 和满足下面的插值关系

$$\zeta_p^{\mathrm{Tr}_{\mathbf{F}_q/\mathbf{F}_p}(a)}=\sum_{k=0}^{q-1}\frac{G_q(k)}{q-1}\chi(a)^k \tag{2}$$

设 $f(x_1,\cdots,x_n)\in\mathbf{F}_q[x_1,\cdots,x_n]$ 是一个形如上节式(1) 的多项式. 回忆 $R=\{0,1,\cdots,q-1\}$,给定 R^m 中的一个向量 $\boldsymbol{v}=(k_1,\cdots,k_m)$, 令 $(l_1,\cdots,l_n)^{\mathrm{T}}:=k_1\boldsymbol{D}_1+\cdots+k_m\boldsymbol{D}_m$,并记 $s(v)$ 为 $(l_1,\cdots,l_n)$ 中非零元的个数. 由(1) 和(2),有

$$\begin{aligned}S_q(f)&=\sum_{x_1,\cdots,x_n\in\mathbf{F}_q}\zeta_p^{\mathrm{Tr}_{\mathbf{F}_q/\mathbf{F}_p}(f(x_1,\cdots,x_n))}\\&=\sum_{x_1,\cdots,x_n\in\mathbf{F}_q}\prod_{j=1}^m\zeta_p^{\mathrm{Tr}_{\mathbf{F}_q/\mathbf{F}_p}(a_jX^{\boldsymbol{D}_j})}\\&=\sum_{x_1,\cdots,x_n\in\mathbf{F}_q}\prod_{j=1}^m\sum_{k_j=0}^{q-1}\frac{G_q(k_j)}{q-1}\chi(a_j)^{k_j}\chi(X^{\boldsymbol{D}_j})^{k_j}\\&=\sum_{k_1=0}^{q-1}\cdots\sum_{k_m=0}^{q-1}\left(\prod_{j=1}^m\frac{G_q(k_j)}{q-1}\chi(a_j)^{k_j}\right)\cdot\\&\qquad\sum_{x_1,\cdots,x_n\in\mathbf{F}_q}\chi(X^{k_1\boldsymbol{D}_1+\cdots+k_m\boldsymbol{D}_m})\\&=\sum\frac{(q-1)^{s(v)}q^{n-s(v)}}{(q-1)^m}\prod_{j=1}^m\chi(a_j)^{k_j}G_q(k_j)\end{aligned} \tag{3}$$

其中“$\sum$”遍历所有的向量 $\boldsymbol{v}=(k_1,\cdots,k_m)\in R^m$,且满足 $\sum_{j=1}^m k_j\boldsymbol{D}_j\equiv 0(\bmod q-1)$.

令 π 是 $\mathbf{Z}_p[\zeta_p]$ 中唯一满足下列关系的元

$$\pi^{p-1}=-p,\pi\equiv\zeta_p-1(\bmod (\zeta_p-1)^2)$$

因此,$\mathrm{ord}_q(\pi)=\frac{1}{r(p-1)}$,且易证 π 是环 $\mathbf{Z}_p[\zeta_p]$ 中的一个素元. 由二项式定理和 Hensel 引理知,方程 $(1+\pi t)^p=1$ 在 $\mathbf{Z}_p$ 中恰有 p 个不同的根,所以 $\mathbf{Z}_p[\zeta_p]=\mathbf{Z}_p[\pi]$. 用 ord_π 表示 π-adic 加法赋值. Stickelberger 定

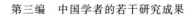

理给出了 Gauss 和 $G_q(k)$ 的 π-adic 赋值.

引理 1(Stickelberger)　任给 $0 \leqslant k \leqslant q-1$,有 $\mathrm{ord}_\pi G_q(k) = \sigma_p(k)$.

由(3)和引理1,可立得:

引理 2　设 $f \in \mathbf{F}_p[x_1, \cdots, x_n]$ 是一个形如上节式(1)的多项式,则有

$$\begin{aligned}\mathrm{ord}_\pi S_q(f) &= r(p-1)\mathrm{ord}_q S_q(f)\\ &\geqslant \min\left\{r(p-1)(n-s(v)) + \sum_{j=1}^{m}\sigma_p(k_j)\right\}\end{aligned}$$

其中"min"遍历方程组 $\sum_{j=1}^{m} k_j \boldsymbol{D}_j \equiv 0 (\mathrm{mod}\ q-1)$ 在 R^m 中的所有解 $\boldsymbol{v} = (k_1, \cdots, k_m)$(下同).

注　显见 $\mathrm{ord}_\pi S_q(f)$ 必为整数,而 $\mathrm{ord}_q S_q(f)$ 却未必.

对于一个给定的正整数 k,定义 $\langle k \rangle_{q-1}$ 为 k 模 $q-1$ 的最小正整数;定义 $\langle 0 \rangle_{q-1} = 0$. 现设 $0 \leqslant k \leqslant q-1$,则有 $\langle k \rangle_{q-1} \equiv k (\mathrm{mod}\ q-1)$. 记 $k = \alpha_0 + \alpha_1 p + \cdots + \alpha_{r-1} p^{r-1}$, $0 \leqslant \alpha_i \leqslant p-1$,易知

$$\langle k \rangle_{q-1} = \alpha_0 + \alpha_1 p + \cdots + \alpha_{r-1} p^{r-1}$$

$$\langle pk \rangle_{q-1} = \alpha_{r-1} + \alpha_0 p + \cdots + \alpha_{r-2} p^{r-1}$$

$$\vdots$$

$$\langle p^{r-1} k \rangle_{q-1} = \alpha_1 + \alpha_2 p + \cdots + \alpha_0 p^{r-1}$$

将上面的所有等式相加,可得

$$\sum_{i=0}^{r-1} \langle p^i k \rangle_{q-1} = \frac{q-1}{p-1} \sigma_p(k) \tag{4}$$

13.3　13.1 节中定理的证明

先证明第一个不等式，即 $\mathrm{ord}_q S_q(f) \geqslant \dfrac{m_q(\boldsymbol{D}_f)}{r(p-1)}$. 由上一节引理 2 可知，只需证明下面的等式成立

$$\min\left\{r(p-1)(n-s(\boldsymbol{v}))+\sum_{j=1}^{m}\sigma_p(k_j)\right\}=m_q(\boldsymbol{D}_f) \tag{1}$$

设 $\boldsymbol{v}=(k_1,\cdots,k_m)\in R^m$ 是满足(1)左边极小值条件的一个向量. 如果 $s(\boldsymbol{v})=n$，那么无须再证. 下设 $s(\boldsymbol{v})<n$. 不失一般性，可设列向量 $\sum_{j=1}^{m}k_j\boldsymbol{D}_j$ 的第一个分量等于0，即 $k_1d_{11}+\cdots+k_md_{1m}=0$. 由于没有零行出现在 $\boldsymbol{D}_f$ 中，因此对某个 $1\leqslant t\leqslant m$，必有 $d_{1t}\neq 0$，故 $k_t=0$. 构一个新的向量 $\boldsymbol{v}'=(k_1',\cdots,k_m')$，其中 $k'_t=q-1,k'_i=k_i(1\leqslant i\neq t<m)$. 显然有 $\sum_{j=1}^{m}k'_j\boldsymbol{D}_j\equiv 0\ (\mathrm{mod}\ q-1)$. 因而 $k_1'd_{11}+\cdots+k_m'd_{1m}=(q-1)d_{1t}>0$. 由于$s(\boldsymbol{v}')\geqslant s(\boldsymbol{v})+1$ 及 $\sigma_p(q-1)=r(p-1)$，有

$$\begin{aligned}&r(p-1)(n-s(\boldsymbol{v}))+\sum_{j=1}^{m}\sigma_p(k_j)\\\geqslant\ &r(p-1)(n-s(\boldsymbol{v}'))+\sum_{1\leqslant j\neq t\leqslant m}\sigma_p(k_j')+\sigma_p(q-1)\end{aligned}$$

由最初向量 $\boldsymbol{v}$ 的极小性可知，上面的不等式其实是一个等式. 如果 $s(\boldsymbol{v}')=n$，那么证明结束；否则，我们可以重复进行上面的构建过程，直至找到一个向量 $\tilde{\boldsymbol{v}}=(\tilde{k}_1,\cdots,\tilde{k}_m)$，使得它同时满足 $\sum_{j=1}^{m}\tilde{k}_j\boldsymbol{D}_j\equiv 0(\mathrm{mod}\ q-$

1), $s(\tilde{\boldsymbol{v}})=n$ 及

$$\min\left\{r(p-1)(n-s(\boldsymbol{v}))+\sum_{j=1}^{m}\sigma_p(k_j)\right\}$$
$$=r(p-1)(n-s(\tilde{\boldsymbol{v}}))+\sum_{j=1}^{m}\sigma_p(\tilde{k}_j)$$

所以等式(1) 成立. 这样就证明了第一个不等式

$$\mathrm{ord}_q S_q(f)\geqslant\frac{m_q(\boldsymbol{D}_f)}{r(p-1)}$$

接下来证明第二个不等式,即$\frac{m_q(\boldsymbol{D}_f)}{r(p-1)}\geqslant\omega(f)$. 从上面的证明过程中可知,存在一个向量 $\boldsymbol{v}=(k_1,\cdots,k_m)\in R^m$,使得 $\sum_{j=1}^{m}k_j\boldsymbol{D}_j\equiv 0(\mathrm{mod}\ q-1)$, $s(\boldsymbol{v})=n$,即 $m_q(\boldsymbol{D}_f)=\sigma_p(k_1)+\cdots+\sigma_p(k_m)$,固定 $0\leqslant i\leqslant r-1$. 注意到 $\sum_{j=1}^{m}\langle p^i k_j\rangle_{q-1}\boldsymbol{D}_j\equiv\sum_{j=1}^{m}p^i k_j\boldsymbol{D}_j\equiv p^i\sum_{j=1}^{m}k_j\boldsymbol{D}_j\equiv 0(\mathrm{mod}\ q-1)$. 用$((q-1)\mathbf{N})^n$ 表示所有坐标均为 $q-1$ 的正整数倍数的格点,则有 $\sum_{j=1}^{m}k_j\boldsymbol{D}_j\in((q-1)\mathbf{N})^n$. 从而

$$\sum_{j=1}^{m}\langle p^i k_j\rangle_{q-1}\boldsymbol{D}_j\in((q-1)\mathbf{N})^n \tag{2}$$

对于 $j=1,\cdots,m$,设 $\lambda_j^{(i)}:=\frac{\langle p^i k_j\rangle_{q-1}}{q-1}$ 及 $\lambda^{(i)}:=\sum_{j=1}^{m}\lambda_j^{(i)}$. 由(2),有

$$\sum_{j=1}^{m}\lambda_j^{(i)}\boldsymbol{D}_j=\sum_{j=1}^{m}\frac{\langle p^i k_j\rangle_{q-1}}{q-1}\boldsymbol{D}_j\in\lambda^{(i)}\Delta(f)\cap\mathbf{N}^n$$

故 $\lambda^{(i)}\geqslant\omega(f)$,且有

$$\sum_{i=0}^{r-1}\lambda^{(i)}\geqslant r\omega(f) \tag{3}$$

利用上一节式(4),可得

$$\begin{aligned}\sum_{i=0}^{r-1}\lambda^{(i)}&=\sum_{i=0}^{r-1}\sum_{j=1}^{m}\frac{\langle p^ik_j\rangle_{q-1}}{q-1}\\&=\sum_{j=1}^{m}\sum_{i=0}^{r-1}\frac{\langle p^ik_j\rangle_{q-1}}{q-1}\\&=\sum_{j=1}^{m}\frac{\sigma_p(k_j)}{p-1}=\frac{m_q(\mathbf{D}_f)}{p-1}\end{aligned}\tag{4}$$

由(3) 及(4),有$\frac{m_q(\mathbf{D}_f)}{r(p-1)}\geqslant\omega(f)$,这样就完成了 13.1 节中定理的证明.

13.4　在广义对角多项式上的应用

本节将应用 13.1 节中的定理考虑具有如下形式的广义对角多项式

$$f=\sum_{i=1}^{m}a_ix_{i1}^{d_{i1}}x_{i2}^{d_{i2}}\cdots x_{in_i}^{d_{in_i}}+c\tag{1}$$

这里 $a_i\in\mathbf{F}_q^*,c\in\mathbf{F}_q,d_{ij}\in\mathbf{Z}\geqslant0$,且 x_{ij} 是$n(=\sum_{i=1}^{m}n_i)$ 个不同的变量. 对于 $i=1,\cdots,m$,令 $d_i=\gcd(d_{i1},\cdots,d_{in_i},q-1)$,并定义新的多项式

$$\hat{f}=\sum_{i=1}^{m}a_i(x_{i1}x_{i2}\cdots x_{in_i})^{d_i}+c\tag{2}$$

曹炜和孙琦证明了如下结论:

定理 1　设 f 是一个形如(1) 的多项式,则有 $N_q(f)=N_q(\hat{f})$,从而

$$\mathrm{ord}_qN_q(f)\geqslant\left[\frac{n}{\deg\hat{f}}\right]-1$$

易见 $\deg \hat{f} \leqslant \deg f$，因而定理 1 改进了 Ax-Katz 定理. 利用 Newton 多面体，曹炜证明：

定理 2　设 f 是一个形如(1) 的多项式，则有

$$\mathrm{ord}_q N_q(f) \geqslant \left[\frac{1}{d_1}+\frac{1}{d_2}+\cdots+\frac{1}{d_m}\right]-1$$

由以下不等式可看出，定理 2 改进了定理 1

$$\frac{n}{\deg \hat{f}} \leqslant \frac{n_1}{n_1 d_1}+\cdots+\frac{n_m}{n_m d_m} \leqslant \frac{1}{d_1}+\cdots+\frac{1}{d_m}$$

但若利用次数矩阵，定理 2 还可进一步改进：

定理 3　设 f 是一个形如(1) 的多项式，则有

$$\mathrm{ord}_q N_q(f) \geqslant \min\left[\frac{\sigma_p(\frac{q-1}{d_1}t_1)+\sigma_p(\frac{q-1}{d_2}t_2)+\cdots+\sigma_p(\frac{q-1}{d_m}t_m)}{r(p-1)}\right]-1$$

这里“min”遍历所有的数组$(t_1,\cdots,t_m)$，其中 $1 \leqslant t_i \leqslant d_i$.

证明　设 $\boldsymbol{D}$ 为多项式 $x_0 f$ 的次数矩阵，向量 $\boldsymbol{v}=(k_0,k_1,\cdots,k_m) \in R^m$ 满足方程组 $\boldsymbol{D}\boldsymbol{v}^{\mathrm{T}} \equiv 0(\mathrm{mod}\ q-1)$，则有

$$\begin{cases}k_0+k_1+\cdots+k_m \equiv 0(\mathrm{mod}\ q-1)\\ k_i d_i \equiv 0(\mathrm{mod}\ q-1), i=1,\cdots,m\end{cases} \tag{3}$$

注意到(2) 中的所有 $d_i(1 \leqslant i \leqslant m)$ 均是 $q-1$ 的因子，故可设 $k_i=\frac{q-1}{d_i}t_i$，其中 $1 \leqslant t_i \leqslant d_i$. 证毕.

最后举例说明. 设 $q=5^2, m=6$ 及 $f=\sum_{i=1}^{6} a_i(x_{i1}x_{i2}\cdots x_{in_i})^3+c$，其中 $a_i \in \mathbf{F}_q^*$，$c \in \mathbf{F}_q$. 由定理 2 可得 $q \mid N_q(f)$. 易验证 $\frac{25-1}{3}=8$，$\sigma_5(8)=\sigma_5(16)=4$ 及 $\sigma_5(24)=8$，故由定理 3 可得 $q^2 \mid N_q(f)$.

广义调和数的 5 进制赋值

第 14 章

安徽师范大学数学与统计学院的陈世强、汤敏两位教授 2018 年证明了广义调和数 $H_n^{(m)}$ 的 5 进制赋值完全由 n 的 5 进制决定.

14.1　Introduction

For any positive integer n, let

$$H_n = 1 + \frac{1}{2} + \cdots + \frac{1}{n}$$

The number H_n is called n-th harmonic number. It is well known that H_n is not an integer $n \geqslant 2$. It seems that Theisinger was the first one to prove this result in 1915. A classical result of Wolstenhome states that , if $p \geqslant 3$ is prime, the numerator of H_{p-1} is divisible by p^2. Given integers $n\geqslant k\geqslant 1$, Erdös and Niven proved that

$$S(k,n)=\sum_{1\leqslant i_1<i_2<\cdots<i_k\leqslant n}\frac{1}{i_1 i_2\cdots i_k}$$

is an integer only for finitely many n and k. In 2012, Chen and Tang showed that $S(k,n)$ is not an integer except for $S(1,1)$ and $S(2,3)$.

For a positive integer m, generalized harmonic numbers $H_n^{(m)}$ is defined as follows

$$H_n^{(m)}:=\sum_{i=1}^{n}\frac{1}{i^m}$$

We know that $H_n^{(m)}$ is never an integer for any $m\geqslant 1$ and $n\geqslant 2$.

Let p be a prime and n be a positive integer. If $p^k\mid n$ and $p^{k+1}\nmid n$, then we say that p-adic valuation of n is k. Write it as $v_p(n)=k$. If $x=\frac{b}{a}$ is a rational number, then we say that p-adic valuations of x is $v_p(b)-v_p(a)$ and use the notation $|x|_p=p^{-v_p(x)}$. In 2012, Kamano completely investigated 3-adic valuations of $H_n^{(m)}$.

Motivated by the work of Kamano, it is natural to study the general p-adic valuations of generalized Harmonic numbers. To our regret, it seems to be difficult to determine p-adic valuations of generalized Harmonic numbers for general p. In this paper, we determine 5-adic valuations of $H_n^{(m)}$.

Theorem 1 Let $m\geqslant 2$ and $k\geqslant 0$ be integers. Let

$$n=a_k 5^k+a_{k-1}5^{k-1}+\cdots+a_1 5+a_0$$

be the 5-adic expansion of n. We have

(i) If $a_k=1$, then $|H_n^{(m)}|_5=5^{km}$.

(i) If $a_k=2$, then

$$|H_n^{(m)}|_5=\begin{cases}5^{km-v_5(m)-1}, \text{if } m\equiv 2 \pmod 4\\ 5^{km}, \text{otherwise}\end{cases}$$

(iii) If $a_k=3$, then $|H^{(m)}n|_5=5^{km}$.

(iv) If $a_k=4$, then

$$|H_n^{(m)}|_5=\begin{cases}5^{km}, \text{if } m\equiv 0 \pmod 4\\ 5^{km-v_5(m)-1}, \text{if } m\equiv 2,3 \pmod 4\\ 5^{km-v_5(m)-2}, \text{if } m\equiv 5 \pmod{20}\\ 5^{km-v_5(m+1)-2}, \text{if } m\equiv 9 \pmod{20}\\ 5^{km-2}, \text{if } m\equiv 1,13,17 \pmod{20}\end{cases}$$

14.2 Preliminary Lemmas

Lemma 1　Given prime $p\geqslant 3$ and integers $m\geqslant 0$, $1\leqslant k\leqslant p-1$, then for any $m\geqslant t\geqslant k$, we have

$$v_p\left(\binom{m}{t}p^t\right)\geqslant v_p(m)+k$$

In particular, given integers $m\geqslant 0$, $1\leqslant k\leqslant 4$, then for any $m\geqslant t\geqslant k$, we have

$$v_5\left(\binom{m}{t}5^t\right)\geqslant v_5(m)+k \tag{1}$$

Proof　Write $m=p^{v_p(m)}m_1$ with $p\nmid m_1$. Write $t=p^{v_p(t)}t_1$ with $p\nmid t_1$. We have

$$v_p\left(\binom{m}{t}p^t\right)=v_p\left(\frac{m}{t}\binom{m-1}{t-1}p^t\right)$$

$$\geqslant v_p(m)+p^{v_p(t)}t_1-v_p(t)$$

If $v_p(t)=0$, then

$$v_p\left(\binom{m}{t}p^t\right)\geqslant v_p(m)+t_1=v_p(m)+t\geqslant v_p(m)+k$$

If $v_p(t)\geqslant 1$, then

$$v_p\left(\binom{m}{t}p^t\right)\geqslant v_p(m)+p^{v_p(t)}t_1-v_p(t)$$

$$\geqslant v_p(m)+p-1\geqslant v_p(m)+k$$

This completes the proof of Lemma 1.

Lemma 2 Let m be a nonnegative integer. We have

$$v_5(2^m+1)=\begin{cases}v_5(m)+1,\text{if } m\equiv 2 \pmod 4\\ 0,\text{otherwise}\end{cases}$$

Proof If $m\equiv 0,1,3 \pmod 4$, then $2^m+1\equiv 2,3,4 \pmod 5$, thus $v_5(2^m+1)=0$. If $m\equiv 2 \pmod 4$, then write $m=5^i d$ with $5\nmid d$ and $i\geqslant 0$. Thus $d\equiv 2 \pmod 4$. By (1) we have

$$2^m+1=4^{5^i\cdot\frac{d}{2}}+1=\sum_{j=1}^{5^i\cdot\frac{d}{2}}\binom{5^i\cdot\frac{d}{2}}{j}5^j(-1)^{5^i\cdot\frac{d}{2}-j}$$

$$\equiv 5^{i+1}\cdot\frac{d}{2} \pmod{5^{i+2}}$$

Thus $2^m+1\equiv 0 \pmod{5^{i+1}}$. Noting that $5\nmid d$, we have $2^m+1\not\equiv 0 \pmod{5^{i+2}}$. Hence, $v_5(2^m+1)=v_5(m)+1$.

This completes the proof of Lemma 2.

Lemma 3 Let m be a nonnegative integer. We

have $v_5(6^m+3^m+2^m)=0$.

Proof If m is odd, then

$$6^m+3^m+2^m\equiv 1+(-2)^m+2^m\equiv 1 \pmod 5$$

If m is even, then $m\equiv 0,2 \pmod 4$. We have

$$6^m+3^m+2^m\equiv 1+2^{m+1}\equiv 3,4 \pmod 5$$

Hence, $v_5(6^m+3^m+2^m)=0$.

This completes the proof of Lemma 3.

Lemma 4 Let m be a nonnegative integer. Then

$$v_5(12^m+6^m+4^m+3^m)=\begin{cases}0,\text{if } m\equiv 0 \pmod 4\\ v_5(m)+1,\text{if } m\equiv 2,3 \pmod 4\\ v_5(m)+2,\text{if } m\equiv 5 \pmod{20}\end{cases}$$

Proof Write $m=5^i d$ with $5\nmid d$ and $i\geqslant 0$. Let $T_m=12^m+6^m+4^m+3^m$. Then

$$\begin{aligned}T_m=&2^{5^i d}\sum_{j=0}^{5^i d}\binom{5^i d}{j}5^j+\sum_{j=0}^{5^i d}\binom{5^i d}{j}5^j+\\&\sum_{j=0}^{5^i d}\binom{5^i d}{j}5^j(-1)^{5^i d-j}+\\&\sum_{j=0}^{5^i d}\binom{5^i d}{j}5^j(-2)^{5^i d-j}\end{aligned}\tag{2}$$

Case 1: $m\equiv 0 \pmod 4$. Then $T_m\equiv 4 \pmod 5$. We have $v_5(T_m)=0$.

Case 2: $m\equiv 2 \pmod 4$. Then $d\equiv 2 \pmod 4$. By (1) and (2), we have

$$T_m\equiv 5^{i+1}d\cdot 2^{5^i d-1}+2\cdot 2^{5^i d}+2 \pmod{5^{i+2}}$$

Using (1) again, we have

$$T_m\equiv 5^{i+1}d\cdot 2^{5^i d-1}+2\cdot\sum_{j=1}^{5^i\cdot\frac{d}{2}}\binom{5^i\cdot\frac{d}{2}}{j}5^j(-1)^{5^j\cdot\frac{d}{2}-j}$$

$$\equiv 5^{i+1}d(2^{5^i d-1}+1)\pmod{5^{i+2}}$$

Since $d\equiv 2\pmod 4$, we have $2^{5^i d-1}+1\equiv 3\pmod 5$. Hence, $v_5(T_m)=v_5(m)+1$.

Case 3: $m\equiv 3\pmod 4$. Then $d\equiv 3\pmod 4$. By (1) and (2), we have

$$T_m\equiv 5^{i+1}d(3\cdot 2^{5^i d-1}+2)\pmod{5^{i+2}}$$

Since $d\equiv 3\pmod 4$, we have $3\cdot 2^{5^i d-1}+2\equiv 4\pmod 5$. Hence, $v_5(T_m)=v_5(m)+1$.

Case 4: $m\equiv 5\pmod{20}$. Then $d\equiv 1\pmod 4$. By (1) and (2), we have

$$T_m\equiv (15\cdot(5^i d-1)2^{5^i d-3}+3\cdot 2^{5^i d-1}+2)5^{i+1}d\pmod{5^{i+3}}$$

Since $d\equiv 1\pmod 4$ and $i\geqslant 1$, by Euler's theorem we have

$$15\cdot(5^i d-1)2^{5^i d-3}+3\cdot 2^{5^i d-1}+2\equiv 15\pmod{5^2}$$

Hence, $v_5(T_m)=v_5(m)+2$.

This completes the proof of Lemma 4.

Lemma 5 If $m\equiv 1,13,17\pmod{20}$, then

$$v_5(12^m+6^m+4^m+3^m)=2$$

Proof Write $m=20u+2v-1$ with $u\geqslant 0, v=1,7,9$. Then $m+1=2(10u+v)$. Noting that

$$\begin{aligned}12T_m&=12^{m+1}+2\cdot 6^{m+1}+3\cdot 4^{m+1}+4\cdot 3^{m+1}\\&\equiv 19^{10u+v}+2\cdot 36^{10u+v}+3\cdot 16^{10u+v}+4\cdot 9^{10u+v}\\&=\sum_{j=0}^{10u+v}\binom{10u+v}{j}(4\cdot 5)^j(-1)^{10u+v-j}+\\&\quad 2\cdot\sum_{j=0}^{10u+v}\binom{10u+v}{j}(5\cdot 7)^j+\end{aligned}$$

$$3\cdot\sum_{j=0}^{10u+v}\binom{10u+v}{j}(3\cdot 5)^j+$$

$$4\cdot\sum_{j=0}^{10u+v}\binom{10u+v}{j}(2\cdot 5)^j(-1)^{10u+v-j}$$

$$\equiv(3v-v^2)5^2 \pmod{5^3}$$

we have $T_m\equiv 0 \pmod{5^2}$, but $T_m\not\equiv 0 \pmod{5^3}$. Hence, $v_5(T_m)=2$.

This completes the proof of Lemma 5.

Lemma 6　If $m\equiv 9 \pmod{20}$, then

$$v_5(12^m+6^m+4^m+3^m)=v_5(m+1)+2$$

Proof　Write $T_m=12^m+6^m+4^m+3^m$. Let $v_5(m+1)=l$ with $l\geqslant 1$. Then $m\equiv 2\cdot 5^l-1 \pmod{5^l}$. Moreover, $m\equiv 2\cdot 5^l-1 \pmod 4$. Thus

$$m\equiv 2\cdot 5^l-1 \pmod{4\cdot 5^l} \tag{3}$$

Since $v_5(m+1)=l$, we have $m\not\equiv 2\cdot 5^{l+1}-1 \pmod{5^{l+1}}$. Thus

$$m\not\equiv 2\cdot 5^l-1 \pmod{4\cdot 5^{l+1}} \tag{4}$$

Hence, by (3) and (4), we have

$$m\equiv 2\cdot 5^l-1,6\cdot 5^l-1,14\cdot 5^l-1,18\cdot 5^l-1 \pmod{4\cdot 5^{l+1}}$$

Write $m=4\cdot 5^{l+1}s+2t\cdot 5^l-1$ with $s\geqslant 0,t=1,3,7,9$. Then $m+1=2\cdot 5^l(10s+t)$. Thus

$$12T_m=(2\cdot 5+2)^{m+1}+2\cdot 6^{m+1}+3\cdot 4^{m+1}+4\cdot 3^{m+1}$$

$$=\left(2^{2\cdot 5^l}\sum_{j=0}^{2\cdot 5^l}\binom{2\cdot 5^l}{j}5^j\right)^{10s+t}+$$

$$2\cdot\left(\sum_{j=0}^{2\cdot 5^l}\binom{2\cdot 5^l}{j}5^j\right)^{10s+t}+$$

$$3\cdot\left(\sum_{j=0}^{2\cdot 5^l}\binom{2\cdot 5^l}{j}5^j(-1)^{2\cdot 5^l-j}\right)^{10s+t}+$$

$$4\cdot\left(\sum_{j=0}^{2\cdot 5^l}\binom{2\cdot 5^l}{j}5^j(-2)^{2\cdot 5^l-j}\right)^{10s+t}\qquad(5)$$

By(1)and (5), we have

$$\begin{aligned}12T_m &\equiv (2^{2\cdot 5^l}(1+2\cdot 5^{l+1}-5^{l+1}))^{10s+t}+\\ &\quad 2\cdot(1+2\cdot 5^{l+1}-5^{l+2})^{10s+t}+\\ &\quad 3\cdot(1-2\cdot 5^{l+1}-5^{l+2})^{10s+t}+\\ &\quad 4\cdot(2^{2\cdot 5^l}(1-5^{l+1}+5^{l+2}))^{10s+t}\\ &\equiv 5\cdot(4^{5^l}t+1)-3t\cdot 5^{l+2}\\ &\equiv -2t\cdot 5^{l+2}\pmod{5^{l+3}}\end{aligned}$$

Thus $T_m\equiv 0\pmod{5^{l+2}}$, but $T_m\not\equiv 0\pmod{5^{l+3}}$. Hence

$$v_5(T_m)=l+2=v_5(m+1)+2$$

This completes the proof of Lemma 6.

14.3 Proof of Theorem

Write

$$H_n^{(m)}=\sum_{i=1,5^k\mid i}^{n}\frac{1}{i^m}+\sum_{i=1,5^k\nmid i}^{n}\frac{1}{i^m}$$

If $a_k=1$, then $5^k\leqslant n<2\cdot 5^k$. Thus

$$H_n^{(m)}=\frac{1}{5^{km}}+\sum_{i=1,5^k\nmid i}^{n}\frac{1}{i^m}=\frac{1}{5^{km}}+\frac{r}{5^{(k-1)m}}$$

where r is a rational number such that $|r|_5\leqslant 1$. Hence, $\left|\frac{1}{5^{km}}\right|_5>\left|\frac{r}{5^{(k-1)m}}\right|_5$, and we have $|H_n^{(m)}|_5=$

5^{km}.

If $a_k=2$, then $2\cdot 5^k\leqslant n<3\cdot 5^k$. Thus

$$H_n^{(m)}=\left(1+\frac{1}{2^m}\right)\frac{1}{5^{km}}+\sum_{i=1,5^k\nmid i}^{n}\frac{1}{i^m}$$
$$=\left(1+\frac{1}{2^m}\right)\frac{1}{5^{km}}+\frac{r}{5^{(k-1)m}}$$

where r is a rational number such that $|r|_5\leqslant 1$. By Lemma 2, we have

$$\left|\left(1+\frac{1}{2^m}\right)\frac{1}{5^{km}}\right|_5=\begin{cases}5^{km-v_5(m)-1}, \text{if } m\equiv 2 \pmod 4\\ 5^{km}, \text{otherwise}\end{cases}$$

Since $v_5(m)+1<m$ for $m\geqslant 2$, we have

$$\left|\left(1+\frac{1}{2^m}\right)\frac{1}{5^{km}}\right|_5>\left|\frac{r}{5^{(k-1)m}}\right|_5$$

Thus

$$|H_n^{(m)}|_5=\begin{cases}5^{km-v_5(m)-1}, \text{if } m\equiv 2 \pmod 4\\ 5^{km}, \text{otherwise}\end{cases}$$

If $a_k=3$, then $3\cdot 5^k\leqslant n<4\cdot 5^k$. Thus

$$H_n^{(m)}=\left(1+\frac{1}{2^m}+\frac{1}{3^m}\right)\frac{1}{5^{km}}+\sum_{j=1,5^k\nmid i}^{n}\frac{1}{i^m}$$
$$=\left(1+\frac{1}{2^m}+\frac{1}{3^m}\right)\frac{1}{5^{km}}+\frac{r}{5^{(k-1)m}}$$

where r is a rational number such that $|r|_5\leqslant 1$. By Lemma 3, we have

$$\left|\left(1+\frac{1}{2^m}+\frac{1}{3^m}\right)\frac{1}{5^{km}}\right|_5=5^{km}$$

Hence, $|H_n^{(m)}|_5=5^{km}$.

If $a_k=4$, then $4\cdot 5^k\leqslant n<5^{k+1}$. Thus

$$H_n^{(m)}=\frac{T_m}{12^m}\cdot\frac{1}{5^{km}}+\sum_{j=1,5^k\nmid i}^{n}\frac{1}{i^m}$$

$$=\frac{T_m}{12^m}\cdot\frac{1}{5^{km}}+\frac{r}{5^{(k-1)m}}$$

where r is a rational number such that $|r|_5\leqslant 1$. By Lemmas 4～6, we have

$$\left|\frac{T_m}{12^m}\cdot\frac{1}{5^{km}}\right|_5=\begin{cases}0,\text{if } m\equiv 0(\bmod 4)\\ v_5(m)+1,\text{if } m\equiv 2,3(\bmod 4)\\ v_5(m)+2,\text{if } m\equiv 5(\bmod 20)\\ v_5(m+1)+2,\text{if } m\equiv 9(\bmod 20)\\ 2,\text{if } m\equiv 1,13,17(\bmod 20)\end{cases}$$

Since $v_5(m)+2<m$ and $v_5(m+1)+2<m$ for $m\geqslant 5$, we have

$$\left|\frac{T_m}{12^m}\cdot\frac{1}{5^{km}}\right|_5>\left|\frac{r}{5^{(k-1)m}}\right|_5$$

Hence

$$|H_n^{(m)}|_5=\begin{cases}5^{km},\text{if } m\equiv 0(\bmod 4)\\ 5^{km-v_5(m)-1},\text{if } m\equiv 2,3(\bmod 4)\\ 5^{km-v_5(m)-2},\text{if } m\equiv 5(\bmod 20)\\ 5^{km-v_5(m+1)-2},\text{if } m\equiv 9(\bmod 20)\\ 5^{km-2},\text{if } m\equiv 1,13,17(\bmod 20)\end{cases}$$

This completes the proof of Theorem.

关于 p-adic 数域上的抽样集的一个必要条件①

第 15 章

喀什大学数学与统计学院的买买提艾力·喀迪尔教授2020年2月研究了 d- 维 p-adic 空间 $\mathbf{Q}_p^d$ 上的 Paley-Wiener 空间上的抽样集的一个必要条件. 这个必要条件是由抽样集的下 Beurling 密度来给出的. 他们的结果将欧氏空间 $\mathbf{R}^d$ 上的结果推广到非 Archimedes 空间 $\mathbf{Q}_p^d$ 上去.

15.1 引 言

首先, 我们介绍 p-adic 空间 $\mathbf{Q}_p^d$ 上的抽样集有关的基础知识. 假设 $\mathbf{Q}_p^d$ 是

① 本章摘编自《数学的实践与认识》,2020,50(4):301-305.

p-adic 数域 $\mathbf{Q}_p$ 上的 d- 维向量空间. 我们用 $L^2(\mathbf{Q}_p^d)$ 表示定义在 $\mathbf{Q}_p^d$ 上的复值 Haar 平方可积函数空间，亦即

$$L^2(\mathbf{Q}_p^d)=\{f:\mathbf{Q}_p^d\to\mathbf{C}\mid\int_{\mathbf{Q}_p^d}|f(x)|^2\mathrm{d}x<\infty\}$$

并且在空间 $L^2(\mathbf{Q}_p^d)$ 上的内积定义如下

$$\langle f,g\rangle_{L^2(\mathbf{Q}_p^d)}=\int_{\mathbf{Q}_p^d}f(x)\overline{g(x)}\mathrm{d}x$$

设 $\Omega\subseteq\mathbf{Q}_p^d$ 是具有正有限 Haar 测度的 Borel 集，我们在集合 Ω 上的 Paley-Wiener 空间 PW_Ω 定义如下

$$PW_\Omega:=\{f\in L^2(\mathbf{Q}_p^d)\mid \sup p\hat{f}(\xi)\subseteq\Omega\}$$

我们称一个集合 $\Lambda\subseteq\mathbf{Q}_p^d$ 为(一致)离散集合，如果

$$d(A):=\inf_{\sigma,\tau\in A;\sigma\neq\tau}|\sigma-\tau|_p>0$$

满足 $0<\delta\leqslant d(\Lambda)$ 的数 δ 称为集合 Λ 的分裂常数. 一个离散集合 $\Lambda\subseteq\mathbf{Q}_p^d$ 称为 Paley-Wiener 空间 PW_Ω 上的一个抽样集，如果存在一个常数 $C>0$，使得

$$\|f\|^2\leqslant C\sum_{\lambda\in\Lambda}|f(\lambda)|^2(\forall f\in L^2(\Omega))$$

一个离散集合 $\Lambda\subseteq\mathbf{Q}_p^d$ 称为 Paley-Wiener 空间 PW_Ω 上的一个插集，如果对任意序列 $\{a_\lambda\}_{\lambda\in\Lambda}\in\ell^2(\Lambda)$，存在一个 $f\in PW_\Omega$，使得对任意 $\lambda\in\Lambda$ 有 $a_\lambda=f(\lambda)$.

p-adic 数域 $\mathbf{Q}_p$ 上的一个离散集合 Γ 的上、下 Beurling 密度分别定义为

$$D^+(\Gamma)=\lim_{n\to\infty}\sup\sup_{x\in\mathbf{Q}_p}\frac{\mathfrak{n}(\Gamma\cap B(x,p^n))}{p^n}$$

$$D^-(\Gamma)=\lim_{n\to\infty}\inf\inf_{x\in\mathbf{Q}_p}\frac{\mathfrak{n}(\Gamma\cap B(x,p^n))}{p^n}$$

其中 $\mathfrak{n}(B)$ 表示集合 B 中的元素个数. 如果 $D^+(\Gamma)=D^-(\Gamma)$，那么这个共同值称为集合 Γ 的 Beurling 密度. 下面的定理建立抽样集 Λ 及其下 Beurling 密度

$D^-(\Lambda)$之间的关系.

定理　假设 $\Omega \subseteq \mathbf{Q}_p^d$ 是一个 Borel 集，$0 < m(\Omega) < \infty$，集合 $\Lambda \subseteq \mathbf{Q}_p^d$ 是一个离散集合. 如果 Λ 是空间 PW_Ω 上的一个抽样集，那么 $D^-(\Lambda) \geqslant m(\Omega)$.

15.2　预备知识

在这一部分，我们介绍 p-adic 数域 $\mathbf{Q}_p$ 的有关知识，可积函数空间 $L^1(\mathbf{Q}_p^d)$ 上的 Fourier 变换，Hilbert 空间上的框架等概念.

1. p-adic **数域**

我们首先回顾一下 p-adic 数域. 设 $\mathbf{Q}$ 是有理数域，$p \geqslant 2$ 是一个素数. 任何一个非零有理数 $x \in \mathbf{Q}$ 可以写成 $x = p^v \dfrac{a}{b}$，其中 $v, a, b \in \mathbf{Z}$，且它们两两互素. 根据 $\mathbf{Z}$ 上的唯一分解定理，这个数 v 只依赖于 x. 对于非零 $x \in \mathbf{Q}$，定义其 p-adic 绝对值为 $|x|_p = p^{-v}$，且 $|0|_p = 0$，那么 $|\cdot|_p$ 是一个非 Archimedes 绝对值，即 $|x+y|_p \leqslant \max\{|x|_p, |y|_p\}$. p-adic 数域 $\mathbf{Q}_p$ 是有理数域 $\mathbf{Q}$ 在 p-adic 绝对值 $|\cdot|_p$ 之下的完备化. 事实上，任何 $x \in \mathbf{Q}_p$ 都可以写成

$$x = \sum_{n=v}^{\infty} a_n p^n (v \in \mathbf{Z}, a_n \in \{0, 1, \cdots, p-1\} a_v \neq 0) \tag{1}$$

并且 $|x|_p = p^{-v}$. 记 $\mathbf{Z}_p = \{x \in \mathbf{Q}_p \mid x = \sum_{n=0}^{\infty} a_n p^n\}$ 为

p-adic 整数环. 其实,它是以 0 为圆心的单位圆.

我们选取 $\mathbf{Q}_p$ 上的一个特征为 $\chi(x)=\mathrm{e}^{2\pi\mathrm{i}\{x\}}$. 其中,$\{x\}=\sum\limits_{n=N}^{-1}a_n p^n$ 表示 x 在展开式(1) 中的分数部分. 从这个特征可以得到 $\mathbf{Q}_p$ 的所有特征. 对于任意 $y\in\mathbf{Q}_p$,定义

$$\chi_y(x)=\chi(yx)$$

注意 $\mathbf{Z}_p$ 上 $\chi(x)\equiv 1$,但是在 $p^{-1}\mathbf{Z}_p$ 上 $\chi(x)$ 是非常数.

设 $\mathbf{Q}_p^d$ 是 $\mathbf{Q}_p$ 上的 d 一维向量空间. 我们将 $\mathbf{Q}_p^d$ 赋予范数

$$|\boldsymbol{x}|=\max_{1\leqslant j\leqslant d}|x_j|,\boldsymbol{x}=(x_1,\cdots,x_d)\in\mathbf{Q}_p^d$$

空间 $\mathbf{Q}_p^d$ 上的 Haar 测度是乘积测度 $\mathrm{d}x_1\cdots\mathrm{d}x_d$,我们还是记为 $\mathrm{d}x$,或者 m. 对于 $\boldsymbol{x}=(x_1,\cdots,x_d)$,$\boldsymbol{y}=(y_1,\cdots,y_d)\in\mathbf{Q}_p^d$,空间 $\mathbf{Q}_p^d$ 的内积定义为

$$\boldsymbol{x}\cdot\boldsymbol{y}:=x_1y_1+\cdots+x_dy_d$$

空间 $\mathbf{Q}_p^d$ 的对偶空间 $\hat{\mathbf{Q}}_p^d$ 是由 $\chi_y(\cdot)$ 所组成的,其中 $\boldsymbol{y}\in\mathbf{Q}_p^d$,并且 $\chi_y(\boldsymbol{x})=\mathrm{e}^{2\pi\mathrm{i}\{\boldsymbol{x}\cdot\boldsymbol{y}\}}$.

对于函数 $f\in L^1(\mathbf{Q}_p^d)$,其 Fourier 变换定义为

$$\hat{f}(\boldsymbol{\xi})=\int_{\mathbf{Q}_p^d}f(\boldsymbol{x})\overline{\chi_{\xi}(\boldsymbol{x})}\mathrm{d}\boldsymbol{x}(\boldsymbol{\xi}\in\mathbf{Q}_p^d)$$

令 $\tau_\lambda f(\boldsymbol{x})=f(\boldsymbol{x}-\boldsymbol{\lambda})$,那么 $\widehat{\tau_\lambda f}(\boldsymbol{\xi})=\chi(-\boldsymbol{\xi}\cdot\boldsymbol{\lambda})\hat{f}(\boldsymbol{\xi})$. 令 $\Omega\subseteq\mathbf{Q}_p^d$ 是一个 Borel 集,且 $0<m(\Omega)<\infty$,用 1_Ω 来表示集合 Ω 的示性函数,那么 1_Ω 的 Fourier 变换定义为

$$\hat{1}_\Omega(\boldsymbol{\xi})=\int_\Omega\overline{\chi_\xi(\boldsymbol{x})}\mathrm{d}\boldsymbol{x}$$

2. **框架**

这一部分,我们介绍在一般可分 Hilbert 空间 H

上的框架的概念.

定义　设 H 是一个带有内积 $\langle\cdot,\cdot\rangle$ 的 Hilbert 空间，$\{f_\lambda\}_{\lambda\in\Lambda}$ 是 H 上的一个序列. 如果存在常数 $A,B>0$ 使得

$$A\|f\|^2\leqslant\sum_{\lambda\in\Lambda}|\langle f,f_\lambda\rangle|^2\leqslant B\|f\|^2(\forall f\in H)\tag{2}$$

那么，称序列 $\{f_\lambda\}_{\lambda\in\Lambda}$ 为 H 上的一个框架，称常数 A,B 为框架界. 若 $A=B$，则称为紧框架，若 $A=B=1$，则称为 Parseval 框架，若对 $\forall\lambda\in\Lambda$，有 $\|f_\lambda\|=1$，则称为标准框架.

由于框架是“过完备”的，它不是极小，从而没有双正交序列，但是它有对偶框架. 设 $\{u_\lambda\}$ 是 Hilbert 空间 H 上的一个标准框架，则 H 上存在框架 $\{u_\lambda\}$ 的一个对偶框架 $\{v_\lambda\}$ 使得

$$|\langle u_\lambda,v_\lambda\rangle|\leqslant 1,\forall\lambda\tag{3}$$

并且任意 $f\in H$ 可以表示 $f=\sum\limits_{\lambda}\langle f,v_\lambda\rangle u_\lambda$.

引理　假设 $\Omega\subseteq\mathbf{Q}_p^d$ 是具有正有限 Haar 测度的 Borel 集，$\{f_\lambda\}$ 是 PW_Ω 上的一个框架，$\{g_\lambda\}$ 是它的对偶框架，那么

$$\sum_{\lambda\in\Lambda}f_\lambda(x)\overline{g_\lambda(x)}=m(\Omega),\forall x\in\mathbf{Q}_p^d\tag{4}$$

证明　对任意 $x\in\Omega$，我们取“指数函数” $\chi_x(\xi)\in L^2(\Omega)$，那么 $f_\lambda(x)=\langle\hat{f}_\lambda,\chi_x\rangle$. 类似地，$g_\lambda(x)=\langle\hat{g}_\lambda,\chi_x\rangle$. 由于 Fourier 变换是一个酉算子，$\hat{f}_\lambda$ 和 $\hat{g}_\lambda$ 是空间 $L^2(\Omega)$ 上的互为对偶框架. 因此，我们有

$$\begin{aligned}W(x):&=\sum_{\lambda\in\Lambda}f_\lambda(x)\overline{g_\lambda(x)}=\sum_{\lambda\in\Lambda}\langle\hat{f}_\lambda,\chi_x\rangle\langle\chi_x,\hat{g}_\lambda\rangle\\&=\langle\sum_{\lambda\in\Lambda}\langle\chi_x,\hat{g}_\lambda\rangle\hat{f}_\lambda,\chi_x\rangle\end{aligned}$$

因为$\sum_{\lambda\in\Lambda}\langle\chi_x,\hat{g}_\lambda\rangle\hat{f}_\lambda=\chi_x$，所以，有 $W(x)=\langle\chi_x,\chi_x\rangle=\|\chi_x\|^2=m(\Omega)$.

15.3　主要定理的证明

这一节我们将证明本章中的 15.1 节中的定理. 首先，我们介绍非常重要的一个关键引理.

引理　假设$\Omega\subseteq\mathbf{Q}_p$是一个有界集，$\Lambda$是一个一致离散集，及其分离常数为$\delta$，函数$\phi\in PW_\Omega$. 如果存在一列函数$\{\varphi_\lambda\}_{\lambda\in\Lambda}\in PW_\Omega$满足：

(1) 存在一个常数$C>0$，使得$\sum_{\lambda\in\Lambda}|\varphi_\lambda(x)|^2<C$，$\forall x\in\mathbf{Q}_p$；

(2) $\left|\int_{\mathbf{Q}_p}\phi(x-\lambda)\overline{\varphi_\lambda(x)}\mathrm{d}x\right|\leqslant 1$，$\forall\lambda\in\Lambda$，

那么

$$D^-(\Lambda)\geqslant\lim_{n\to\infty}\inf_{a\in\mathbf{Q}_p}\inf\frac{1}{p^n}\left|\int_{B_n(a)}M(x)\mathrm{d}x\right|\qquad(1)$$

其中$M(x)=\sum_{\lambda\in\Lambda}\phi(x-\lambda)\overline{\varphi_\lambda(x)}$.

证明　显然，不等式(1) 的右边是有限数，记为

$$\eta:=\lim_{n\to\infty}\inf_{a\in\mathbf{Q}_p}\inf\frac{1}{p^n}\left|\int_{B_n(a)}M(x)\mathrm{d}x\right|$$

固定$\varepsilon>0$，对于充分大的自然数$n\in\mathbf{N}$，下面的不等式关于x一致成立

$$\sum_{|x-\lambda|_p>p^n}|\phi(x-\lambda)|^2<\varepsilon^2\qquad(2)$$

对上述的$\varepsilon>0$，选取一个自然数$m\in\mathbf{N}$使得

$$\int_{|x|_p > p^m} |\phi_\lambda(x)|^2 \mathrm{d}x < \varepsilon^2 \tag{3}$$

我们固定一个自然数 $n_0 \in \mathbf{N}$ 同时满足式(2)和式(3). 设 $B \subseteq \mathbf{Q}_p$ 是一个充分大的球. 我们分别用 B_{n_0} 和 B^{n_0} 来表示测度等于 $|B|+p^{n_0}$ 和 $|B|-p^{n_0}$ 的同心球.

我们有 $\left|\int_{B_n(a)} M(x)\mathrm{d}x\right| > (\eta - \varepsilon)p^n$. 我们划分 $M = M_1 + M_2 + M_3$，这里 M_1 包含 Λ 属于球 B^{n_0} 的元素，M_2 包含 Λ 属于 $\mathbf{Q}_p \backslash B_{n_0}$ 的元素，M_3 包含 Λ 属于球 $B_{n_0} \backslash B^{n_0}$ 的元素.

由式(2)，我们有如下简单估计：$\left|\int_{B_n(a)} M_2(x)\mathrm{d}x\right| < Cp^n\varepsilon$，$\left|\int_{B_n(a)} M_3(x)\mathrm{d}x\right| < C\dfrac{p^{n_0}}{\delta}$，其中 δ 是 Λ 的分裂常数. 最后，根据式(3)和 Cauchy-Schwartz 不等式，对于 M_1 中的每一个元素，我们有

$$\begin{aligned}
&\left|\int_{B_n(a)} \phi(x-\lambda)\overline{\varphi_\lambda(x)}\mathrm{d}x\right| \\
\leqslant &\left|\int_{\mathbf{Q}_p} \phi(x-\lambda)\overline{\varphi_\lambda(x)}\mathrm{d}x\right| + \\
&\left|\int_{\mathbf{Q}_p \backslash B_n(a)} \phi(x-\lambda)\overline{\varphi_\lambda(x)}\mathrm{d}x\right| \\
< &1 + C\varepsilon
\end{aligned}$$

加起来我们得到：$(\eta - \varepsilon)p^n < (1 + C\varepsilon)\,|\Lambda \cap B_n(a)| + Cp^n\varepsilon + C_1\varepsilon$. 两边同时除以 p^n，然后让 n 趋于无穷大，由 ε 的任意性，我们有

$$D^-(\Lambda) \geqslant \lim_{n\to\infty} \inf_{a\in\mathbf{Q}_p} \frac{1}{p^n}\left|\int_{B_n(a)} \sum_{\lambda\in\Lambda} \phi(x-\lambda)\overline{\varphi_\lambda(x)}\mathrm{d}x\right|$$

15.1 节中定理的证明：

假设平移函数族 $\{\phi(x-\lambda)\}$ 构成空间 PW_Ω 上的

一个框架，$\{\varphi_\lambda\}$ 是框架$\{\phi(x-\lambda)\}$ 的对偶框架. 设 $\hat{\varphi}_\lambda \in L^2(\Omega)$ 是函数$\{\varphi_\lambda\}$ 的 Fourier 变换，则对任意 $f \in L^2(\Omega)$，有

$$\sum_{\lambda \in \Lambda} |\langle f, \hat{\varphi}_\lambda \rangle|^2 \leqslant C \| f \|^2$$

取 $f(\xi)=e^{2\pi i\{\xi\}}$，我们发现引理的第一条满足. 由15.2节中式(3) 可知，引理的第二条也满足. 从而，根据本节引理和上一节引理，我们得到 $D^-(\Lambda) \geqslant m(\Omega)$. 令 $\phi=\hat{1}_\Omega$，则 Λ 是空间 PW_Ω 上的一个抽样集，并且 $D^-(\Lambda) \geqslant m(\Omega)$.

第四编

代数数论与群论中的 p-adic 数

Hensel 的 p-adic 数

第 16 章

所有整数组成的环 $\mathbf{Z}$ 有着和所有复系数的单元多项式组成的环 $\mathbf{C}[z]$ 非常类似的代数结构. 这种类似性一直扩张到它们的分式域：有理数域 $\mathbf{Q}$ 和复系数一元有理函数组成的域 $\mathbf{C}(z)$. Hensel 抓住了把这种相似性进一步推向前的想法. 对任意 $\zeta\in\mathbf{C}$，环 $\mathbf{C}(z)$ 可以被嵌入到所有的具有复系数 α_n 的在 ζ 处全纯的函数 $f(z)=\sum\limits_{n\geqslant 0}\alpha_n(z-\zeta)^n$ 组成的环 $\mathbf{C}_\zeta[[z]]$ 中去，而域 $\mathbf{C}(z)$ 可以被嵌入到所有的具有复系数 α_n 的在 ζ 处亚纯的，即对至多有限多个 $n<0$，$\alpha_n\neq 0$ 的函数 $f(z)=\sum\limits_{n\in\mathbf{Z}}\alpha_n(z-\zeta)^n$ 组成的环 $\mathbf{C}_\zeta((z))$ 中去. Hensel 对每个素数 p 构造了一个由所有的"p-adic 整数"$\sum\limits_{n\geqslant 0}\alpha_n p^n$ 组成

的环 $\mathbf{Z}_p$，其中 $\alpha_n\in\{0,1,\cdots,p-1\}$，和一个由所有的"$p$-adic 整数" $\sum_{n\in\mathbf{Z}}\alpha_n p^n$ 组成的域 $\mathbf{Q}_p$，其中 $\alpha_n\in\{0,1,\cdots,p-1\}$，并且对至多有限多个 $n<0$，$\alpha_n\neq 0$. 这导致他对各种解析结果的算术性质加以类比，甚至用解析方法证明这些结果. Hensel 的在一个时刻只关注一个素数的想法已证明了代数数论方面十分丰富的结果. 此外，他的方法也能使代数数论和一元的代数函数论完全平行地得以发展.

Hensel 仅简单地通过幂级数的展开式来定义 p-adic整数，我们将采用属于 Kürschak 的基于绝对值的更一般的方法.

16.1 绝对值域

设 F 是一个任意的域，F 上的绝对值是一个具有以下性质的映射$|\ \ |:F\to R$：

(1) $|0|=0$，以及对所有的 $a\in F$，$a\neq 0$，有 $|a|>0$；

(2) 对所有的 $a,b\in F$，有 $|ab|=|a|\,|b|$；

(3) 对所有的 $a,b\in F$，有 $|a+b|\leqslant|a|+|b|$.

一个具有绝对值的域将简称为绝对值域.

F 上的一个非 Archimedes 绝对值是一个具有性质(1)(2)和

(3)′ $$|a+b|\leqslant\max(|a|,|b|)$$

的映射$|\ \ |:F\to R$. 一个非 Archimedes 绝对值确实是一个绝对值，由于(1)蕴涵(3)′要强于(3). 称一个绝对值是 Archimedes 的，如果它不是非 Archimedes

的.

不等式(3)通常称为三角不等式,而(3)′常称为"强三角"不等式或称为"超度量"不等式.

如果 F 是一个具有绝对值 $|\ \ |$ 的域,那么对所有非零的 $a\in F$,实数 $|a|$ 的集合显然就是正实数的乘法群的一个子群. 这个子群将称为绝对值域的值群.

以下是一些解释上述定义的例子:

(i)任意一个域 F 都有一个平凡的非 Archimedes 绝对值,其定义为

$$|0|=0,\text{当 } a\neq 0 \text{ 时},|a|=1$$

(ii)通常的绝对值

$$\text{当 } a\geqslant 0 \text{ 时},|a|=a$$

$$\text{当 } a<0 \text{ 时},|a|=-a$$

在有理数域 $\mathbf{Q}$ 上定义了一个 Archimedes 绝对值. 我们将用 $|\ \ |_\infty$ 表示这个绝对值以免和我们将在 $\mathbf{Q}$ 上定义的其他的绝对值混淆.

设 p 是一个固定的素数,则任意有理数 $a\neq 0$ 可唯一地表示成 $a=\frac{ep^vm}{n}$ 的形式,其中 $e=\pm 1$,$v=v_p(a)$ 是一个整数,而 m,n 是都不能被 p 整除的互素的正整数. 容易验证

$$|0|_p=0,\text{当 } a\neq 0 \text{ 时},|a|_p=p^{-v_p(a)}$$

在 $\mathbf{Q}$ 上定义了一个非 Archimedes 绝对值,我们称它为 p-adic绝对值.

(iii)设 $F=K(t)$ 是由所有系数属于域 K 的有理函数组成的域. 任意一个有理函数 $f\neq 0$ 可唯一地表示成 $f=\frac{g}{h}$ 的形式,其中,g,h 是系数属于域 K 的互素的首一多项式(即首项系数为 1 的多项式). 分别用

$\partial(g)$和$\partial(h)$表示 g 和 h 的次数，那么对固定的 $q>1$ 可以在 F 上定义一个非 Archimedes 绝对值如下

$$|0|=0, \text{当 } f\neq 0 \text{ 时}, |f|_{\infty}=q^{\partial(g)-\partial(h)}$$

F 上的另外的绝对值可以用以下方法定义. 设 $p\in K[t]$是一个固定的不可约多项式，则任意有理函数 $f\neq 0$ 可唯一地表示成 $f=\dfrac{p^v g}{h}$ 的形式，其中 $v=v_p(a)$是一个整数，g 和 h 是互素的系数属于 K 的都不能被 p 整除的互素的多项式，并且 h 是首一的. 容易验证，对固定的 $q>1$，可以在 F 上定义一个非 Archimedes 绝对值如下

$$|0|_p=0, \text{当 } f\neq 0 \text{ 时}, |f|_p=q^{-\partial(p)v_p(f)}$$

(iv) 设 $F=K((t))$是所有形式 Laurent 级数 $f(t)=\sum_{n\in\mathbf{Z}}\alpha_n t^n$ 组成的域，其中系数 $\alpha_n\in K$，并且至多对有限个 $n<0$，$\alpha_n\neq 0$. 那么对固定的 $q>1$，可以在 F 上定义一个非 Archimedes 绝对值如下

$$|0|=0, \text{当 } f\neq 0 \text{ 时}, |f|_p=q^{-v(f)}$$

其中 $v(f)$是使得 $\alpha_n\neq 0$ 的最小整数.

(v) 设 $F=C_\zeta((z))$是所有在 $\zeta\in\mathbf{C}$ 处亚纯的复值函数 $f(z)=\sum_{n\in\mathbf{Z}}\alpha_n(z-\zeta)^n$ 组成的域. 任意不恒等于零的 $f\in F$ 都可以唯一地表示成

$$f(z)=(z-\zeta)^v g(z)$$

的形式，其中 $v=v_\zeta(f)$是一个整数，g 在 ζ 处全纯并且 $g(\zeta)\neq 0$，那么对固定的$q>1$，可以在 F 上定义一个非 Archimedes 绝对值如下

$$|0|_\zeta=0, \text{当 } f\neq 0 \text{ 时}, |f|_\zeta=q^{-v_\zeta(f)}$$

应当注意在例(iii)和例(iv)中的绝对值限制在基

域 K 上就成了平凡的绝对值,同样在例(v)中,如果限制在 $\mathbf{C}$ 上,那么所定义的绝对值也将成为平凡的绝对值.对例(iii)～(v)中所考虑的所有绝对值,值群都是一个无限循环群.

我们现在导出一些所有的绝对值都具有的共同性质.下面引理中所用的符号多少是有些偷懒和不严格的,由于我们用了一样的符号表示 F 和 $\mathbf{R}$ 的单位元(正像我们表示 0 元素时已做过的那样).

引理 在任意具有绝对值 $|\ \ |$ 的域 F 中成立以下性质:

(i) $|1|=1$, $|-1|=1$,并且一般地有 $|a|=1$,其中 $a\in F$ 是单位元的任意一个根;

(ii)对任意 $a\in F$,有 $|-a|=|a|$;

(iii)对任意 $a,b\in F$,有 $||a|-|b||_\infty\leqslant|a-b|$,其中 $|\ \ |_\infty$ 是 $\mathbf{R}$ 上的通常的绝对值;

(iv) 对任意 $a\in F$ 且 $a\neq 0$ 有 $\left|\frac{1}{a}\right|=\frac{1}{|a|}$.

证明 在(2)中取 $a=b=1$,并利用(1)我们就得出 $|1|=1$.如果对某个正整数 n 有 $a^n=1$,那么从(2)得出 $\alpha=|a|$ 满足 $\alpha^n=1$.由于 $\alpha>0$,这就蕴涵 $\alpha=1$.特别 $|-1|=1$.在(2)中取 $b=-1$ 就得出(ii).

在(3)中把 a 换成 $a-b$,我们得出

$$|a|-|b|\leqslant|a-b|$$

由于 a 和 b 可以交换,所以由(ii)可知,这蕴涵(iii).最后,如果在(2)中取 $b=\frac{1}{a}$ 并利用(i),我们就得出(iv).

从引理(i)得出一个有限域尽可能具有平凡的绝对值.

下面我们将说明非 Archimedes 绝对值和 Archimedes 绝对值如何可以互相区分. 以下性质叙述时所使用的符号是相当随意的，由于我们用同样的符号来表示正整数 n 与和 $1+1+\cdots+1$（求和 n 次），尽管当域的特征是素数时，后者可能为 0.

性质 设 F 是一个有绝对值 $|\ \ |$ 的域，那么以下性质等价：

(i) $|2|\leqslant 1$；

(ii) 对每个正整数 n 有 $|n|\leqslant 1$；

(iii) $|\ \ |$ 是非 Archimedes 绝对值.

证明 (iii)⇒(i) 是平凡的. 现在假设 (i) 成立，那么对任意正整数 k 就成立 $|2^k|=|2|^k\leqslant 1$. 任意一个正整数 n 以 2 为基时可表示成

$$n=a_0+a_1 2+\cdots+a_g 2^g$$

其中当 $i<g$ 时，$a_i\in\{0,1\}$，并且 $a_g=1$. 因而

$$|n|\leqslant|a_0|+|a_1|+\cdots+|a_g|\leqslant g+1$$

现在考虑幂 n^k. 由于 $n<2^{g+1}$，我们有 $n^k<2^{k(g+1)}$，因此

$$n^k=b_0+b_1 2+\cdots+b_h 2^h$$

其中当 $j<h$ 时，$b_j\in\{0,1\}$，$b_h=1$，并且 $h<k(g+1)$. 因而

$$|n|^k=|n^k|\leqslant h+1\leqslant k(g+1)$$

两边开 k 次方并让 $k\to\infty$，我们就得出 $|n|\leqslant 1$，这就完成了 (i)⇒(ii).

下面假设 (ii) 成立，那么由于二项式系数是正整数，所以我们有

$$\begin{aligned}|x+y|^n&=|(x+y)^n|\\&=\left|\sum_{k=0}^{n}\binom{n}{k}x^k y^{n-k}\right|\\&\leqslant\sum_{k=0}^{n}|x|^k|y|^{n-k}\end{aligned}$$

$$\leqslant (n+1)\rho^n$$

其中 $\rho=\max\{|x|,|y|\}$，两边开 n 次方，并让 $n\to\infty$，我们就得出 $|x+y|\leqslant\rho$. 这就完成了(ii)⇒(iii).

从性质得出对于 Archimedes 绝对值来说序列 $(|n|)$ 是无界的，由于当 $k\to\infty$ 时，$|2^k|\to\infty$. 因此对任意 $a,b\in F$，并且 $a\neq 0$，都存在一个正整数 n 使得 $|na|>|b|$. 具有这种性质的绝对值以 Archimedes 命名是由于其类似于几何中的 Archimedes 公理. 从性质也可得出特征是素数的域上的任意绝对值必是非 Archimedes 绝对值，由于 $|n|$ 仅存在有限多个值.

16.2 等　价　性

设 λ,μ,α 都是正实数，并且 $\alpha<1$，那么

$$\left(\frac{\lambda}{\lambda+\mu}\right)^\alpha+\left(\frac{\mu}{\lambda+\mu}\right)^\alpha>\frac{\lambda}{\lambda+\mu}+\frac{\mu}{\lambda+\mu}=1$$

因此

$$\lambda^\alpha+\mu^\alpha>(\lambda+\mu)^\alpha$$

由此得出，如果 $|\ \ |$ 是域 F 上的绝对值，并且 $0<\alpha<1$，由于

$$|a+b|^\alpha\leqslant(|a|+|b|)^\alpha\leqslant|a|^\alpha+|b|^\alpha$$

所以 $|\ \ |^\alpha$ 也是域 F 上的绝对值. 实际上，如果 $|\ \ |$ 是域 F 上的非 Archimedes 绝对值，那么从定义直接得出，对任意 $\alpha>0$，$|\ \ |^\alpha$ 也是域 F 上的非 Archimedes 绝对值. 然而，如果 $|\ \ |$ 是域 F 上的 Archimedes 绝对值，那么对所有充分大的 $\alpha>0$，$|\ \ |^\alpha$ 不是域 F 上的绝对值. 由于这时 $|2|>1$，因此当 $\alpha>$

$\frac{\log 2}{\log|2|}$时就有

$$|1+1|^{\alpha}>2=|1|^{\alpha}+|1|^{\alpha}$$

性质 1　设$|\quad|_1$和$|\quad|_2$都是域 F 上的绝对值,使得对任意 $a\in F$,有$|a|_1<1\Rightarrow|a|_2<1$,并且$|\quad|_1$是非平凡的,那么就存在一个实数 $\rho>0$ 使得对任意 $a\in F$ 有

$$|a|_2=|a|_1^{\rho}$$

证明　通过取逆,我们看出对任何 $a\in F$, $|a|_1>1\Rightarrow|a|_2>1$ 成立. 选$b\in F$使得$|b|_1>1$. 对任意非零的 $a\in F$,我们有$|a|_1=|b|_1^{\gamma}$,其中

$$\gamma=\frac{\log|a|_1}{\log|b|_1}$$

设 m,n 是整数,$n>0$ 并且$\frac{m}{n}>\gamma$. 那么$|a|_1^n=|b|_1^m$,因此$\left|\frac{a^n}{b^m}\right|_1<1$. 所以有$\left|\frac{a^n}{b^m}\right|_2<1$. 把上面的论证反过来就得出

$$\frac{m}{n}>\frac{\log|a|_2}{\log|b|_2}$$

类似地,如果 m',n'是整数,$n'>0$,并且$\frac{m'}{n'}<\gamma$,那么

$$\frac{m}{n}<\frac{\log|a|_2}{\log|b|_2}$$

由此就得出

$$\frac{\log|a|_2}{\log|b|_2}=\gamma=\frac{\log|a|_1}{\log|b|_1}$$

因而如果我们取 $\rho=\frac{\log|b|_2}{\log|b|_1}$,那么 $\rho>0$,并且$|a|_2=|a|_1^{\rho}$. 此式对 $a=0$ 显然成立.

两个域 F 上的绝对值 $|\ \ |_1$ 和 $|\ \ |_2$ 称为是等价的，如果对任意 $a\in F$ 当且仅当 $|a|_2<1$ 时，$|a|_1<1$ 成立.

这蕴涵当且仅当 $|a|_2>1$ 时，$|a|_1>1$ 成立，也蕴涵当且仅当 $|a|_2=1$ 时，$|a|_1=1$ 成立. 因此若(等价的)绝对值之中有一个是平凡的，则另一个也是. 现在从性质 1 得出域 F 上的两个绝对值 $|\ \ |_1$ 和 $|\ \ |_2$ 等价的充分必要条件是存在实数 $\rho>0$，使得对任意 $a\in F$ 有 $|a|_2=|a|_1^\rho$.

我们已经看到在有理数域 $\mathbf{Q}$ 上除了适用通常的绝对值 $|\ \ |_\infty$ 外，还适用 p-adic 绝对值. 这些绝对值都是不等价的，如果 p 和 q 是不同的素数，那么就有

$$|p|_p<1,|p|_q=1,|p|_\infty=p>1$$

Ostrowski(1918)首先证明了，本质上，有理数域 $\mathbf{Q}$ 上仅有这几种绝对值：

性质 2　有理数域 $\mathbf{Q}$ 上的每个非平凡的绝对值或者等价于通常的绝对值 $|\ \ |_\infty$ 或者等价于一个 p-adic 绝对值，其中 p 是一个素数.

证明　设 b,c 都是大于 1 的整数，把 c 表示成 b 进位制的数，就有

$$c=c_mb^m+c_{m-1}b^{m-1}+\cdots+c_0$$

其中 $0\leqslant c_j<b(j=0,\cdots,m)$，并且 $c_m\neq 0$. 由于 $c_m\geqslant 1$，因此我们就得出 $m\leqslant\frac{\log c}{\log b}$. 令 $\mu=\max\limits_{1\leqslant d<b}|c_d|$，那么从三角不等式就得出

$$|c|\leqslant\mu\left(1+\frac{\log c}{\log b}\right)\{\max(1,|b|)\}^{\frac{\log c}{\log b}}$$

令 $c=a^n$，我们就得出，对任意 $a>1$ 有

$$|a| \leqslant \mu^{\frac{1}{n}}\left(1+\frac{n\log a}{\log b}\right)^{\frac{1}{n}}\{\max(1,|b|)\}^{\frac{\log a}{\log b}}$$

在上式中令 $n\to\infty$ 就有

$$|a| \leqslant \{\max(1,|b|)\}^{\frac{\log a}{\log b}}$$

首先设对某个 $a>1$ 有 $|a|>1$，这就得出对任意 $b>1$ 有 $|b|>1$，以及

$$|b|^{\frac{1}{\log b}} \geqslant |a|^{\frac{1}{\log a}}$$

由于 a 和 b 可以互换，所以事实上我们有

$$|b|^{\frac{1}{\log b}} = |a|^{\frac{1}{\log a}}$$

因而 $\rho=\dfrac{\log|a|}{\log a}$ 是一个不依赖于 $a>1$ 的正实数使得 $|a|=a^{\rho}$. 这就得出对每个有理数 a 有 $|a|=|a|_{\infty}^{\rho}$，因而，这个绝对值就等价于通常的绝对值.

下面假设对每个 $a>1$ 有 $|a|\leqslant 1$，因此对所有的 $a\in\mathbf{Z}$ 有 $|a|\leqslant 1$. 由于在 $\mathbf{Q}$ 上这个绝对值是非平凡的，所以我们必须对某个 $a\neq 0$ 有 $|a|<1$. 所有使得 $|a|<1$ 的 $a\in\mathbf{Z}$ 的集合 M 是 $\mathbf{Z}$ 中的一个真理想，因此是由一个整数 p 生成的. 我们现在证明 p 必须是一个素数. 假设 $p=bc$，其中 b 和 c 都是正整数. 由于 $|b||c|=|p|<1$，不失一般性，我们可设 $|b|<1$，因而 $b\in M$. 这就是说 $b=pd$，其中 $d\in\mathbf{Z}$. 因此 $cd=1$，从而 $|c|=1$. 这说明 p 不存在非平凡的因子.

每个有理数 $a\neq 0$ 都可被表示成 $a=\dfrac{p^{v}b}{c}$ 的形式，其中 v 是一个整数，而 b,c 是不能被 p 整除的整数. 因此 $|b|=|c|=1$，并且 $|a|=|p|^{v}$. 我们可以写 $|p|=p^{-\rho}$，其中 $\rho>0$ 是某个实数. 因而 $|a|=p^{-v\rho}=|a|_{p}^{\rho}$，因此这时绝对值等价于 p-adic 绝对值.

类似地，在 16.1 节的例(iii)中所考虑的域 $F=K(t)$上的绝对值都是等价的，并且可以证明 F 上的每一个非平凡的但限制在 K 上是平凡的绝对值必等价于上述绝对值之一.

在 16.1 节的例(ii)中，我们已在每一种等价的绝对值中做了特别的选择以保证乘积公式成立：对任意非零的 $a\in\mathbf{Q}$，有

$$|a|_\infty\prod_p|a|_p=1$$

其中对至多有限个 p，$|a|_p\neq1$.

类似地，在 16.1 节的例(iii)中，绝对值也选的是使得对任意非零的 $f\in K(t)$有 $|f|_\infty\prod_p|f|_p=1$，其中对至多有限个 p，$|f|_p\neq1$.

下面的属于 Artin 和 Whaples(1945)的逼近定理同时也处理了一些绝对值. 对有理数域上的 p-adic 绝对值，这一结果也可从中国剩余定理得出.

性质 3　设$|\ \ |_1,\cdots,|\ \ |_m$ 是任意域 F 上的两两不等价的非平凡的绝对值，并设 $x_1,\cdots,x_m$ 是 F 的任意元素. 那么对任意实数 $\varepsilon>0$ 都存在一个 $x\in F$ 使得对 $1\leqslant k\leqslant m$ 有

$$|x-x_k|_k<\varepsilon$$

证明　在证明中，我们将不止一次地使用以下命题：设 $f_n(x)=\dfrac{x^n}{1+x^n}$，则当 $n\to\infty$时，如果$|a|<1$，那么$|f_n(a)|\to0$，而如果$|a|>1$，那么$|f_n(a)|\to1$.

我们首先证明存在 $a\in F$ 使得对 $2\leqslant k\leqslant m$ 有

$$|a|_1>1,|a|_k<1$$

由于$|\ \ |_1$ 和$|\ \ |_2$ 是非平凡且不等价的，所以存在

$b,c\in F$ 使得

$$|b|_1<1,\ |b|_2\geqslant 1$$
$$|c|_1\geqslant 1,\ |c|_2<1$$

令 $a=b^{-1}c$，则 $|a|_1>1$，$|a|_2<1$. 这就证明了 $m=2$ 时的断言. 现在设 $m>2$ 并应用数学归纳法. 那么存在 b，$c\in F$ 使得对 $1<k<m$ 有

$$|b|_1>1,\ |b|_k<1$$
$$|c|_1>1,\ |c|_m<1$$

如果 $|b|_m<1$，我们可取 $a=b$. 如果 $|b|_m=1$，我们可取 $a=b^nc$，其中 n 是充分大的正整数. 如果 $|b|_m>1$，我们可取 $a=f_n(b)c$，其中 n 是充分大的正整数.

因而对每个 $i\in\{1,\cdots,m\}$，我们可选择 $a_i\in F$ 使得

$$|a_i|_i>1\text{，以及对所有的 }k\neq i,\ |a_i|_k<1$$

那么对充分大的 n

$$x=x_1f_n(a_1)+\cdots+x_mf_n(a_m)$$

就满足性质的要求.

从性质 3 得出，如果 $|\quad|_1,\cdots,|\quad|_m$ 是域 F 上的非平凡的两两不等价的绝对值，那么就存在一个 $a\in F$ 使得 $|a|_k>1(k=1,\cdots,m)$. 因此这些绝对值是乘法独立的，即如果 $\rho_1,\cdots,\rho_m$ 是不全为零的非负的实数，那么就存在非零的 $a\in F$ 使得

$$|a|_1^{\rho_1}\cdots|a|_m^{\rho_m}\neq 1$$

16.3 完 备 性

任意一个具有绝对值 $|\quad|$ 的域 F 都具有以下度量空间的结构

$$d(a,b)=|a-b|$$

因而有一个与此相关的拓扑. 由于$|a|<1$的充分必要条件是当 $n\to\infty$ 时，$a^n\to 0$，这就导出两个绝对值是等价的充分必要条件是它们所导出的拓扑是相同的.

当我们使用与绝对值域有关的拓扑概念时，我们总是指由度量空间导出的拓扑. 在此意义下，加法和乘法都是连续的运算，由于

$$|(a+b)-(a_0+b_0)|\leqslant|a-a_0|+|b-b_0|$$

$$|ab-a_0b_0|\leqslant|a-a_0||b|+|a_0||b-b_0|$$

求逆在任何点 $a_0\neq 0$ 处都是连续的，如果$|a-a_0|<\frac{|a_0|}{2}$，那么$|a_0|<2|a|$，并且

$$\left|\frac{1}{a}-\frac{1}{a_0}\right|=\frac{|a-a_0|}{|a_0||a|}<\frac{2|a-a_0|}{|a_0|^2}$$

因而绝对值域是一个拓扑域.

我们现在将证明，Cantor 把有理数域扩张到实数域的程序可以推广到任意绝对值域上去.

设 F 是一个具有绝对值$|\quad|$的域. 称 F 的元素的一个序列$\{a_n\}$收敛到 F 的元素 a，或称 a 是序列$\{a_n\}$的极限，如果对任意实数 $\varepsilon>0$ 都存在一个对应的正整数 $N=N(\varepsilon)$使得当 $n\geqslant N$ 时，有

$$|a_n-a|<\varepsilon$$

容易看出，收敛序列的极限是唯一确定的.

称 F 的元素的一个序列是基本序列，如果对任意 $\varepsilon>0$ 都存在一个对应的正整数 $N=N(\varepsilon)$，使得当 m，$n\geqslant N$时有

$$|a_m-a_n|<\varepsilon$$

任意收敛序列一定是基本序列，由于

$$|a_m-a_n|\leqslant|a_m-a|+|a_n-a|$$

但是反过来的结论却不一定成立. 然而,基本序列一定是有界的,如果设 $m=N(1)$,那么当 $n\geqslant m$ 时,我们就有

$$|a_n|\leqslant|a_m-a_n|+|a_m|<1+|a_m|$$

因而对任意 n, $|a_n|\leqslant\mu$, 其中 $\mu=\max\{|a_1|,\cdots,|a_{m-1}|,1+|a_m|\}$.

前面的定义是对任意度量空间中定义的特殊化. 我们现在利用 F 具有代数结构的优势处理下面的课题. 设 $A=\{a_n\}$ 和 $B=\{b_n\}$ 是两个基本序列. 如果对任意 n,有 $a_n=b_n$,我们就记 $A=B$,我们并定义 A 和 B 的和与积分别为以下序列

$$A+B=\{a_n+b_n\},AB=\{a_nb_n\}$$

这些序列仍然还是基本序列. 由于我们可以选 $\mu\geqslant 1$ 使得对任意 n,有 $|a_n|\leqslant\mu$, $|b_n|\leqslant\mu$,然后选择一个正整数 N,使得对任意 $m,n\geqslant N$ 成立

$$|a_m-a_n|<\frac{\varepsilon}{2\mu},|b_m-b_n|<\frac{\varepsilon}{2\mu}$$

由此得出,对任意 $m,n\geqslant N$ 有

$$|(a_m+b_m)-(a_n+b_n)|\leqslant|a_m-a_n|+|b_m-b_n|<\frac{\varepsilon}{2\mu}+\frac{\varepsilon}{2\mu}\leqslant\varepsilon$$

类似地有

$$|a_mb_m-a_nb_n|\leqslant|a_m-a_n||b|+|a_n||b_m-b_n|<\left(\frac{\varepsilon}{2\mu}\right)\mu+\left(\frac{\varepsilon}{2\mu}\right)\mu=\varepsilon$$

容易看出所有基本序列的集合 F 是一个关于这些运算的交换环. 所有常序列 $\{a\}$,即对任意 n 有 $a_n=a$ 组成的子集构成一个同构于 F 的域. 因而我们可以认为 F 是嵌入在 F 中的.

设 N 表示 F 的由所有收敛到 0 的序列 $\{a_n\}$ 组成的子集. 显然 N 是 F 的子环,并且实际上是一个理想,由于任意基本序列是有界的. 我们将证明 N 甚至是一个最大理想.

设 $\{a_n\}$ 是一个不在 N 中的基本序列. 那么就存在 $\mu>0$,使得对无穷多个 ν 有 $|a_\nu|\geqslant\mu$. 由于对所有的 m, $n\geqslant N$ 有 $|a_m-a_n|<\frac{\mu}{2}$,由此就得出对所有的 $n\geqslant N$ 有 $|a_n|>\frac{\mu}{2}$,当 $a_n\neq 0$ 时,令 $b_n=\frac{1}{a_n}$;当 $a_n=0$ 时,令 $b_n=0$. 那么 b_n 是一个基本序列,由于对 $m,n\geqslant N$,有

$$|b_m-b_n|=\left|\frac{a_m-a_n}{a_m a_n}\right|\leqslant\frac{|a_m-a_n|}{4\mu^2}$$

由于 $(1)-\{b_n a_n\}\in N$,所以由 $\{a_n\}$ 和 N 生成的理想包含常序列 $\{1\}$,因此包含了 F 中的每个序列. 由于这对任意序列 $\{a_n\}\in F\backslash N$ 成立,所以 N 是最大理想.

所以,商 $\overline{F}=F\backslash N$ 是一个域. 由于 $\{0\}$ 是 N 中唯一的常序列,通过把每个常序列映射到 N 的包含这个常序列的陪集的映射,我们就在 $\overline{F}$ 得到一个同构于 F 的域,因而我们可以把 F 看成是嵌入在 $\overline{F}$ 中的域.

从引理 1(iii)和实数域的完备性得出对任意基本序列 $A=\{a_n\}$, $|A|=\lim\limits_{n\to\infty}|a_n|$ 存在,此外

$$|A|\geqslant 0,\ |AB|=|A|\,|B|,\ |A+B|\leqslant|A|+|B|$$

还有,当且仅当 $A\in N$ 时有 $|A|=0$. 由此得出如果 $B-C\in N$,则 $|B|=|C|$. 由于

$$|B|\leqslant|B-C|+|C|=|C|\leqslant|C-B|+|B|=|B|$$

因而我们可以考虑在 $\overline{F}=F\backslash N$ 上定义一个 $|\quad|$,这样定义的量是一个域 $\overline{F}$ 上的绝对值,限制在 F 上时,它就和原来的绝对值相同.

设 $A=\{a_n\}$ 是一个基本序列，而 A_m 是常序列 $\{a_m\}$，那么我们可取 m 充分大而使得 $|A-A_m|$ 变得任意小. 这就得出 F 在 $\overline{F}$ 中是稠密的，即对任意 $\alpha\in\overline{F}$ 和任意 $\varepsilon>0$，都存在 $a\in F$ 使得 $|\alpha-a|<\varepsilon$.

我们最后证明，$\overline{F}$ 作为一个度量空间是完备的，即 $\overline{F}$ 的元素的每个基本序列都收敛到 $\overline{F}$ 的一个元素上去. 设 (α_n) 是 $\overline{F}$ 中的一个基本序列，由于 F 在 $\overline{F}$ 中是稠密的，因此对每个 n，我们都可选择一个 $a_n\in F$ 使得 $|\alpha_n-a_n|<\dfrac{1}{n}$，由于

$$|a_m-a_n|\leqslant|a_m-\alpha_m|+|\alpha_m-\alpha_n|+|\alpha_n-a_n|$$

这就得出 $\{a_n\}$ 也是一个基本序列. 因而存在 $\alpha\in\overline{F}$ 使得 $\lim\limits_{n\to\infty}|a_n-\alpha|=0$. 由于

$$|\alpha_n-\alpha|\leqslant|\alpha_n-a_n|+|a_n-\alpha|$$

所以我们也有 $\lim\limits_{n\to\infty}|\alpha_n-\alpha|=0$. 因而序列 $\{\alpha_n\}$ 收敛到 α.

性质 设 F 是一个具有绝对值 $|\quad|$ 的域，那么就存在一个包含 F 的域 $\overline{F}$，它具有从 F 的绝对值扩充而得的绝对值 $|\quad|$（即这个绝对值限制在 F 上就是原来的绝对值），使得 $\overline{F}$ 是完备的，并且 F 在 $\overline{F}$ 中是稠密的.

容易看出，$\overline{F}$ 在保持绝对值不变的同构的意义下，是唯一确定的. 域 $\overline{F}$ 称为是绝对值域 F 的完备化. F 在 $\overline{F}$ 中是稠密的，蕴涵在完备化 $\overline{F}$ 上的绝对值是否是 Archimedes 的要由在 F 上的绝对值是否是 Archimedes 的来决定.

容易看出 16.1 节例(iv)中的由所有的形式 Laurent 级数组成的域 $F=K((t))$ 是完备的，即它是它自己的完备化. 由于如果设 $\{f^{(k)}\}$ 是 F 中的一个基本序列. 对任意正整数 N，必存在一个正整数 $M=$

$M(N)$使得当 $j,k\geqslant M$ 时有 $|f^{(k)}-f^{(j)}|<\frac{1}{q^N}$. 因而对所有的$k\geqslant M$有

$$f^{(k)}(t)=\sum_{n\leqslant N}\alpha_n t^n+\sum_{n>N}\alpha_n^{(k)}t^n$$

如果 $f(t)=\sum_{n\in\mathbf{Z}}\alpha_n t^n$, 那么$\lim_{k\to\infty}|f^{(k)}-f|=0$.

另外,给了任意 $f(t)=\sum_{n\in\mathbf{Z}}\alpha_n t^n\in K((t))$, 我们有当 $k\to\infty$时, $|f^{(k)}-f|\to 0$,其中 $f^{(k)}(t)=\sum_{n\leqslant k}\alpha_n t^n\in K(t)$. 由此得出 $K((t))$是 16.1 节例(iii)中所考虑的有理函数组成的域 $K(t)$的完备化,这里定义的绝对值 $|\quad|_t$ 对应于不可约多项式 $p(t)=t$(对于它,$\partial(p)=1$).

我们用 $\mathbf{Q}_p$ 表示在 p-adic 绝对值 $|\quad|_p$ 下的有理数域 $\mathbf{Q}$ 的完备化. $\mathbf{Q}_p$ 的元素将称为 p-adic 数.

在通常的绝对值 $|\quad|_\infty$ 下,有理数域 $\mathbf{Q}$ 的完备化自然就是实数域 $\mathbf{R}$. 在 16.6 节中我们将证明具有 Archimedes绝对值的完备的域只有实数域 $\mathbf{R}$ 和复数域 $\mathbf{C}$,并且其中的绝对值必具有 $|\quad|_\infty^\rho$ 的形式,其中 $\rho>0$. 事实上 $\rho\leqslant 1$,由于 $2^\rho\leqslant 1^\rho+1^\rho=2$,因而任意的 Archimedes 绝对值域都等价于具有通常绝对值的复数域 $\mathbf{C}$ 的一个子域.(因此,对一个具有 Archimedes 绝对值$|\quad|$的域来说,对任意整数 $n>1$ 都有 $|n|>1$ 以及当 $n\to\infty$时,有 $|n|\to\infty$)由于这种情况已被研究得很好了,我们在以下的内容中将把主要的注意力转向非 Archimedes 绝对值域的奇特之处.

设 F 是一个具有绝对值$|\quad|$的域,而 E 是 F 上的一个向量空间. E 的模是一个具有以下性质的映射

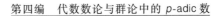

$\| \ \|: E \to \mathbf{R}$:

(i)对任意 $\boldsymbol{a} \in E$ 且 $\boldsymbol{a} \neq \mathbf{0}$,有 $\|\boldsymbol{a}\| > 0$;

(ii)对任意 $\alpha \in F$ 和 $\boldsymbol{a} \in E$,有 $\|\alpha\boldsymbol{a}\| = |\alpha| \|\boldsymbol{a}\|$;

(iii)对任意 $\boldsymbol{a}, \boldsymbol{b} \in E$,有 $\|\boldsymbol{a}+\boldsymbol{b}\| \leqslant \|\boldsymbol{a}\| + \|\boldsymbol{b}\|$.

从(ii)得出 $\|\mathbf{0}\| = 0$. 我们将只需要一个关于赋范空间的结果:

引理 设 F 是一个完备的绝对值域,而 E 是 F 上的一个有限维向量空间. $\| \ \|_1$ 和 $\| \ \|_2$ 都是 E 的模,则存在正的常数 σ 和 μ 使得对任意 $\boldsymbol{a} \in E$ 有

$$\sigma\|\boldsymbol{a}\|_1 \leqslant \|\boldsymbol{a}\|_2 \leqslant \mu\|\boldsymbol{a}\|_1$$

证明 设 $\boldsymbol{e}_1, \cdots, \boldsymbol{e}_n$ 是向量空间 E 的一组基,则任意 $\boldsymbol{a} \in E$ 可以被唯一地表示成

$$\boldsymbol{a} = \alpha_1\boldsymbol{e}_1 + \cdots + \alpha_n\boldsymbol{e}_n$$

的形式,其中 $\alpha_1, \cdots, \alpha_n \in F$. 容易看出

$$\|\boldsymbol{a}\|_0 = \max_{1 \leqslant i \leqslant n} |\alpha_i|$$

是 E 的一个模,并且只需证明 $\| \ \|_2 = \| \ \|_0$ 即可,由于

$$\|\boldsymbol{a}\|_1 \leqslant \|\boldsymbol{a}\|_0(\|\boldsymbol{e}_1\|_1 + \cdots + \|\boldsymbol{e}_n\|_1)$$

我们可取 $\sigma = \dfrac{1}{\|\boldsymbol{e}_1\|_1 + \cdots + \|\boldsymbol{e}_n\|_1}$. 为建立 μ 的存在性,我们可设 $n > 1$ 并使用归纳法,由于对 $n = 1$,结果显然成立.

假设结论不成立,则必存在一个序列 $\boldsymbol{a}^{(k)} \in E$ 使得

$$\|\boldsymbol{a}^{(k)}\|_1 < \varepsilon_k \|\boldsymbol{a}^{(k)}\|_0$$

其中 $\varepsilon_k > 0$,并且当 $k \to \infty$ 时,$\varepsilon_k \to 0$. 不失一般性,我们可设

$$|\alpha_n^{(k)}| = \|\boldsymbol{a}^{(k)}\|_0$$

并且把 $\boldsymbol{a}^{(k)}$ 换成 $\frac{\boldsymbol{a}^{(k)}}{\alpha_n^{(k)}}$，其中 $\alpha_n^{(k)}=1$. 因而 $\boldsymbol{a}^{(k)}=\boldsymbol{b}^{(k)}+\boldsymbol{e}_n$，其中

$$\boldsymbol{b}^{(k)}=\alpha_1^{(k)}\boldsymbol{e}_1+\cdots+\alpha_{n-1}^{(k)}\boldsymbol{e}_{n-1}$$

并且当 $k\to\infty$ 时，$\|\boldsymbol{a}^{(k)}\|_1\to 0$. 序列 $\alpha_i^{(k)}(i=1,\cdots,n-1)$ 是 F 中的基本序列，由于

$$\begin{aligned}\|\boldsymbol{b}^{(j)}-\boldsymbol{b}^{(k)}\|_1&\leqslant\|\boldsymbol{b}^{(j)}+\boldsymbol{e}_n\|_1+\|\boldsymbol{b}^{(k)}+\boldsymbol{e}_n\|_1\\&=\|\boldsymbol{a}^{(j)}\|_1+\|\boldsymbol{a}^{(k)}\|_1\end{aligned}$$

而根据归纳法假设有

$$|\alpha_i^{(j)}-\alpha_i^{(k)}|\leqslant\mu_{n-1}\|\boldsymbol{b}^{(j)}-\boldsymbol{b}^{(k)}\|_1(i=1,\cdots,n-1)$$

因此，由于 F 是完备的，故存在 $\alpha_i\in F$ 使得 $|\alpha_i^{(k)}-\alpha_i|\to 0(i=1,\cdots,n-1)$. 令

$$\boldsymbol{b}=\alpha_1\boldsymbol{e}_1+\cdots+\alpha_{n-1}\boldsymbol{e}_{n-1}$$

那么由于 $\|\boldsymbol{b}^{(k)}-\boldsymbol{b}\|_1\leqslant\frac{\|\boldsymbol{b}^{(k)}-\boldsymbol{b}\|_0}{\sigma_{n-1}}$，这就得出 $\|\boldsymbol{b}^{(k)}-\boldsymbol{b}\|_1\to 0$. 但是令 $\boldsymbol{a}=\boldsymbol{b}+\boldsymbol{e}_n$，则

$$\|\boldsymbol{a}\|_1\leqslant\|\boldsymbol{a}-\boldsymbol{a}^{(k)}\|_1+\|\boldsymbol{a}^{(k)}\|_1=\|\boldsymbol{b}-\boldsymbol{b}^{(k)}\|_1+\|\boldsymbol{a}^{(k)}\|_1$$

在上式中令 $k\to\infty$，就得出 $\boldsymbol{a}=\boldsymbol{0}$，这与 $\boldsymbol{a}$ 的定义矛盾.

16.4 非 Archimedes 绝对值域

在这一节中，我们始终用 F 表示一个具有非 Archimedes绝对值 $|\ \ |$ 的域. 这种域的基本性质可从下面的简单引理得出. 它可以被解释成在超度量几何中，每个三角形都是等腰的.

引理 1 设 $a,b\in F$，并且 $|a|<|b|$，则 $|a+b|=|b|$.

证明 我们有

$$|a+b|\leqslant\max\{|a|,|b|\}=|b|$$

另外，由于 $b=(a+b)-a$，我们又有

$$|b|\leqslant\max\{|a+b|,|-a|\}$$

又由于 $|-a|=|a|<|b|$，这就蕴涵 $|b|\leqslant|a+b|$.

注意如果 $a\neq 0$，并且 $b=-a$，那么 $|a|=|b|$，并且 $|a+b|<|b|$. 从引理 1 和归纳法得出如果 $|a_k|<|a_1|(1<k\leqslant n)$，那么

$$|a_1+\cdots+a_n|=|a_1|$$

作为一个应用，我们证明如果域 E 是域 F 的有限扩张，则 E 上的平凡的绝对值是 F 上的平凡的绝对值对 E 的仅有的扩张. 由 16.1 节中性质，任意 F 上的平凡的绝对值对 E 的扩张必须是非 Archimedes 的. 设 $\alpha\in E$，并且 $|\alpha|>1$，那么 α 满足多项式方程

$$\alpha^n+c_{n-1}\alpha^{n-1}+\cdots+c_0=0$$

其中系数 $c_k\in F$. 由于 $|c_k|=0$ 或 1 以及当 $k<n$ 时有 $|\alpha^k|<|\alpha^n|$，我们就得出矛盾 $|\alpha^n|=|\alpha^n+c_{n-1}\alpha^{n-1}+\cdots+c_0|=0$.

作为另外一个应用，我们证明：

性质 1 设域 F 有非 Archimedes 绝对值 $|\ \ |$，那么 F 上的绝对值可以通过定义 $f(t)=a_0+a_1t+\cdots+a_nt^n$ 的绝对值为 $|f|=\max\{|a_0|,\cdots,|a_n|\}$ 而扩张到多项式环 $F[t]$ 上去.

证明 我们只需证明 $|fg|=|f||g|$ 即可，由于显然有当且仅当 $f=0$ 时 $|f|=0$ 以及 $|f+g|\leqslant|f|+|g|$ 才成立. 设 $g(t)=b_0+b_1t+\cdots+b_mt^m$，那么

$$f(t)g(t)=c_0+c_1t+\cdots+c_lt^l$$

其中

$$c_i=a_0b_i+a_1b_{i-1}+\cdots+a_ib_0$$

设 r 是使得 $|a_r|=|f|$ 成立的最小整数，s 是使得 $|b_s|=|g|$ 成立的最小整数，那么 a_rb_s 是所有使得 $j+k=r+s$ 的乘积 a_jb_k 在严格意义下绝对值最大的乘积，因此 $|c_{r+s}|=|a_r||b_s|$，并且 $|fg|\geqslant|f||g|$. 另外有

$$|fg|=\max_i|c_i|\leqslant\max_{j,k}|a_j||b_k|=|f||g|$$

所以 $|fg|=|f||g|$. 显然如果 $f=a\in F$，那么就也有 $|f|=|a|$.（F 上的绝对值可通过定义 $\left|\frac{f(t)}{g(t)}\right|=\frac{|f|}{|g|}$ 而进一步扩张到有理函数域 $F(t)$ 上去.）

从引理 1 也立即得出如果 F 的元素的序列 $\{a_n\}$ 收敛到一个极限 $a\neq0$，那么对所有充分大的 n 就有 $|a_n|=|a|$. 因此 F 的值群和 F 的完备化 $\overline{F}$ 的值群相同. 下面的引理有一个特别吸引人的推论.

引理 2 设 F 是一个具有非 Archimedes 绝对值 $|\quad|$ 的域，那么 F 的元素的序列 $\{a_n\}$ 是基本序列的充分必要条件是 $\lim\limits_{n\to\infty}|a_{n+1}-a_n|=0$.

证明 如果 $|a_{n+1}-a_n|\to0$，那么对任意 $\varepsilon>0$，都存在一个正整数 $N=N(\varepsilon)$ 使得当 $n\geqslant N$ 时就有

$$|a_{n+1}-a_n|<\varepsilon$$

对任意整数 $k>1$ 有

$$a_{n+k}-a_n=(a_{n+1}-a_n)+(a_{n+2}-a_{n+1})+\cdots+(a_{n+k}-a_{n+k-1})$$

因此对 $n\geqslant N$ 有

$$|a_{n+k}-a_n|\leqslant\max\{|a_{n+1}-a_n|,|a_{n+2}-a_{n+1}|,\cdots,|a_{n+k}-a|\}<\varepsilon$$

因而 $\{a_n\}$ 是一个基本序列，逆命题可从基本序列的定

义立即得出.

推论 1 在一个完备的具有非 Archimedes 绝对值$|\ \ |$的域 F 中,F 的元素的无穷级数 $\sum_{n=1}^{\infty} a_n$ 收敛的充分必要条件是 $|a_n|\to 0$.

设 F 是一个具有非平凡的非 Archimedes 绝对值$|\ \ |$的域,并设

$$R=\{a\in F \mid |a|\leqslant 1\}$$
$$M=\{a\in F \mid |a|<1\}$$
$$U=\{a\in F \mid |a|=1\}$$

那么 R 是不相交的非空子集 M 和 U 的并. 从非 Archimedes绝对值的定义得出 R 是一个有 F 的单位元的(交换)环. 对任意非零元 $a\in F$,有 $a\in R$ 或 $a^{-1}\in R$(或者二者都属于). 此外 M 是 R 的一个理想而 U 是一个乘法群,它由所有使得 $a^{-1}\in R$ 的 $a\in R$ 组成. 因而 R 的真理想不能包含 U 的元素. 所以 M 是 R 的唯一的最大理想. 反过来,商空间 R/M 是一个域.

我们称 R 是赋值环,M 是赋值理想,而 R/M 是绝对值域的剩余域.

我们注意“闭单位球”R 在由绝对值导出的拓扑上既是开的又是闭的. 如果 $a\in R$,并且 $|b-a|<1$,那么也有 $b\in R$. 此外,如果 $a_n\in R$,并且 $a_n\to a$,那么 $a\in R$,由于对所有充分大的 n 有 $|a_n|=|a|$. 类似地,“开球”M 也是既开又闭的.

设 $F=\mathbf{Q}$ 是有理数域,而$|\ \ |=|\ \ |_p$ 是 p-adic 绝对值. 在这种情况下,赋值环 $R=R_p$ 是所有有理数 $\frac{m}{n}$ 的集合,其中 m 和 n 是互素的整数,$n>0$,并且 p 不

能整除 n. 赋值理想是 $M=pR_p$，而剩余域 $\mathbf{F}_p=R_p/pR_p$是有 p 个元素的有限域.

作为另一个例子，设 $F=K(t)$是系数属于任意域 K 的有理函数组成的域，并设$|\ \ |=|\ \ |_t$ 是 16.1 节例(iii)中所考虑的不可约多项式 $p(t)=t$ 的绝对值. 在这种情况下，赋值环 R 是所有有理函数 $f=\frac{g}{h}$的集合，其中 g 和 h 是互素的多项式，并且 h 具有非零的常数项. 赋值理想是 $M=tR$，而剩余域 R/M 同构于 K，由于 $f(t)\equiv f(0)(\mathrm{mod}\ M)$(即 $f(t)-f(0)\in M$).

设$\overline{F}$是 F 的完备化. 如果设$\overline{R}$和$\overline{M}$分别是$\overline{F}$的赋值环和赋值理想，那么显然有

$$R=\overline{R}\cap F, M=\overline{M}\cap F$$

此外，R 在$\overline{R}$中稠密，由于对任意 $0<\varepsilon\leqslant 1$，任意 $\alpha\in\overline{R}$，都存在 $a\in F$ 使得 $|\alpha-a|<\varepsilon$，因而 $a\in R$(并且 $\alpha-a\in\overline{M}$). 此外剩余域 R/M 和$\overline{R}/\overline{M}$是同构的. 由于映射 $a+M\to a+\overline{M}(a\in R)$是一个从 R/M 到$\overline{R}/\overline{M}$的子域上的同构，并且这个子域不是真子域(用前面括弧中的符号).

我们将用 $\mathbf{Z}_p$ 表示 p-adic 数的域 $\mathbf{Q}_p$ 的赋值环，并称它的元素为 p-adic 整数. 通常的整数环 $\mathbf{Z}$ 在 $\mathbf{Z}_p$ 中是稠密的，并且 $\mathbf{Q}_p$ 的剩余域是有 p 个元素的有限域，由于它是 $\mathbf{Q}$ 的剩余域.

类似地，所有形式 Laurent 级数的域 $K((t))$的赋值环是所有形式幂级数 $\sum\limits_{n\geqslant 0}\alpha_n t^n$ 的环 $K[[t]]$，多项式环 $K[t]$在 $K[[t]]$中稠密，并且 $K((t))$的剩余域是 K，由于这是带有绝对值$|\ \ |_t$ 的域$K(t)$的剩余域.

称域 F 上的非 Archimedes 绝对值$|\ \ |$是离散

的，如果存在某个 $\delta\in(0,1)$ 使得 $a\in F$ 和 $|a|\neq 1$ 蕴涵 $|a|<1-\delta$ 或 $|a|>1+\delta$（这种情况在 Archimedes 绝对值下不可能发生）.

一个非 Archimedes 绝对值不一定是离散的，但是我们所给出的非 Archimedes 绝对值的例子都是离散的.

引理 3　设 F 是一个具有非平凡的非 Archimedes 绝对值 $|\ \ |$ 的域，并设 R 和 M 分别是对应的赋值环和赋值理想. 那么它们上的绝对值是离散的充分必要条件是 M 是主理想环. 在这种情况下 R 的仅有的非平凡的真理想是幂 $M^k(k=1,2,\cdots)$.

证明　首先设绝对值 $|\ \ |$ 是离散的，并令 $\mu=\sup\limits_{a\in M}|a|$. 那么 $0<\mu<1$，并且上确界是可以达到的，由于 $|a_n|\to\mu$ 蕴涵 $\left|\dfrac{a_{n+1}}{a_n}\right|\to 1$. 因而对某个 $\pi\in M$ 有 $|\pi|=\mu$. 对任意 $a\in M$，我们有 $\left|\dfrac{a}{\pi}\right|\leqslant 1$，因此 $a=\pi a'$，其中 $a'\in R$. 这就说明 M 是由元素 π 生成的主理想环.

反过来，设 M 是由元素 π 生成的主理想环. 如果 $|a|<1$，那么 $a\in M$，因而 $a=\pi a'$，其中 $a'\in R$，所以 $|a|\leqslant|\pi|$. 类似地，如果 $|a|>1$，那么 $a^{-1}\in M$，因而 $|a^{-1}|\leqslant|\pi|$，所以 $|a|\geqslant\dfrac{1}{|\pi|}$. 这就证明了绝对值是离散的.

我们现在证明，对任意非零的 $a\in M$，存在一个正整数 k 使得 $|a|=|\pi|^k$. 事实上，我们可以选择 k 使得

$$|\pi|^{k+1}<|a|\leqslant|\pi|^k$$

那么就有 $|\pi|<|a\pi^{-k}|\leqslant 1$，这蕴涵 $|a\pi^{-k}|=1$，因此

$|a|=|\pi|^k$. 这就说明每个域 F 的值群都是一个由 $|\pi|$ 生成的无限循环群. 由此可立即得出引理的最后的陈述.

显然,如果域 F 上的绝对值 $|\quad|$ 是离散的,那么它在 F 的完备化 $\overline{F}$ 上的扩张就也是离散的. 此外,如果 π 是 F 的赋值理想的生成元,那么它也是 $\overline{F}$ 的赋值理想的生成元.

现在不仅设 $M=(\pi)$ 是一个主理想,而且设剩余域 $k=R/M$ 是有限的. 那么就存在一个有限集 $S\subseteq R$,其元素的个数和 k 相同,使得对每个 $a\in R$,都存在一个唯一的 $\alpha\in S$,它具有性质 $|\alpha-a|<1$. 由于 k 的元素是陪集 $\alpha+M$,其中 $\alpha\in S$,所以我们称 S 是剩余域在 R 中的代表集合. 选择 $\alpha=0$ 作为 M 自己的代表是方便的.

在这些假设下,我们就可对绝对值域的元素导出一个相当明确的代表:

性质 2　设 F 是一个具有非 Archimedes 绝对值 $|\quad|$ 的域,R 和 M 分别是对应的赋值环和赋值理想. 设绝对值是离散的,即 $M=(\pi)$ 是主理想. 还假设剩余域 $k=R/M$ 是有限的,并设 $S\subseteq R$ 是 k 的代表集合,其中 $0\in S$.

那么对每个 $a\in F$ 就存在一个唯一的双边无穷序列 $\{\alpha_n\}_{n\in\mathbf{Z}}$,其中对所有的 $n\in\mathbf{Z}$ 有 $\alpha_n\in S$,并且对至多有限个 $n<0$,$\alpha_n\neq 0$ 成立,使得

$$a=\sum_{n\in\mathbf{Z}}\alpha_n\pi^n$$

设 N 是使得 $\alpha_n\neq 0$ 的最小整数,那么 $|a|=|\pi|^N$. 特别,当且仅当对所有的 $n<0$ 都有 $\alpha_n=0$ 时有 $a\in R$.

如果 F 是完备的,那么对任意双边无穷序列 $\{\alpha_n\}$,

级数 $\sum_{n\in\mathbf{Z}}\alpha_n\pi^n$ 收敛到无穷和 $a\in F$.

证明 设 $a\in F$,并且 $a\neq0$,那么对某个 $N\in\mathbf{Z}$,有 $|a|=|\pi|^N$,因此

$$|a\pi^{-N}|=1$$

存在一个唯一的 $\alpha_N\in S$ 使得

$$|a\pi^{-N}-\alpha_N|<1$$

因而 $|\alpha_N|=1$, $|a\pi^{-N}-\alpha_N|\leqslant|\pi|$,并且有

$$a\pi^{-N}=\alpha_N+a_1\pi$$

其中 $a_1\in R$,类似地,存在一个 $\alpha_{N+1}\in S$,使得

$$a_1=\alpha_{N+1}+a_2\pi$$

其中 $a_2\in R$,继续此过程,我们就得出对任意正整数 n 有

$$a=\alpha_N\pi^N+\alpha_{N+1}\pi^{N+1}+\cdots+\alpha_{N+n}\pi^{N+n}+a_{n+1}\pi^{N+n+1}$$

其中, $\alpha_N,\alpha_{N+1},\cdots,\alpha_{N+n}\in S$,而 $a_{n+1}\in R$. 由于当 $n\to\infty$ 时, $|a_{n+1}\pi^{N+n+1}|\to0$,所以级数 $\sum_{n\geqslant N}\alpha_n\pi^n$ 收敛,其和为 a.

另外,显然如果 $a=\sum_{n\geqslant N}\alpha_n\pi^n$,其中 $\alpha_n\in S$,并且 $\alpha_N\neq0$,那么它的系数 α_n 必由上述步骤确定.

如果 F 是完备的,那么由推论 1 可知,任意级数 $\sum_{n\geqslant N}\alpha_n\pi^n$ 是收敛的,由于当 $n\to\infty$ 时, $|\alpha_n\pi^n|\to0$.

推论 2 每个 $a\in\mathbf{Q}_p$ 可以唯一地表示成

$$a=\sum_{n\in\mathbf{Z}}\alpha_n p^n$$

形式,其中 $\alpha_n\in\{0,1,\cdots,p-1\}$ 并且对至多有限多个 $n<0$ 有 $\alpha_n\neq0$. 反过来,任意那种级数是收敛的,其和是 a. 此外,当且仅当对所有的 $n<0$ 都有 $\alpha_n=0$ 时有

$a\in\mathbf{Z}_p$.

现在我们已经到达了 Hensel 的起点，不难证明，如果 $a=\sum_{n\in\mathbf{Z}}\alpha_n p^n\in\mathbf{Q}_p$，那么实际上 $a\in\mathbf{Q}$ 的充分必要条件是系数的序列 $\{\alpha_n\}$ 是最终周期的，即存在一个整数 $h>0$ 和 m 使得对所有的 $n\geqslant m$ 有 $\alpha_{n+h}=\alpha_n$.

从推论 2 我们可以再次得出普通整数的环 $\mathbf{Z}$ 在 p-adic整数的环 $\mathbf{Z}_p$ 中稠密. 如果

$$a=\sum_{n\geqslant 0}\alpha_n p^n\in\mathbf{Z}_p$$

其中 $\alpha_n\in\{0,1,\cdots,p-1\}$，那么

$$a_k=\sum_{n=0}^{k}\alpha_n p^n\in\mathbf{Z}$$

并且 $|a-a_k|<\frac{1}{\rho^k}$.

16.5 Hensel 引理

p-adic 绝对值和通常的绝对值之间的类似性也有可能用到算术问题上. 我们将通过说明怎样把 Newton 的求方程的实根或复根的方法用于求 p-adic 根来解释这一点. 事实上，超度量不等式使得我们有可能建立比经典情况下更强的收敛判据. 下面的命题可以称为"Hensel 引理".

性质 1 设 F 是一个完备的具有非 Archimedes 绝对值$|\ \ |$的域，而 R 是它的赋值环. 设

$$f(x)=c_nx^n+c_{n-1}x^{n-1}+\cdots+c_0$$

是一个多项式，其系数 $c_0,\cdots,c_n\in R$，并设

$$f_1(x)=nc_nx^{n-1}+(n-1)c_{n-1}x^{n-2}+\cdots+c_1$$

是它的形式导数. 如果 $|f(a_0)|<|f_1(a_0)|^2$,其中 $a_0\in R$,那么方程 $f(a)=0$ 有唯一的使得 $|a-a_0|<|f_1(a_0)|$ 的解 $a\in R$.

证明 我们首先考虑 a 的存在性. 令

$$\sigma=|f_1(a_0)|>0,\theta_0=\frac{|f(a_0)|}{\sigma^2}<1$$

并用 D_θ 表示集合

$$\{a\in R\,|\,|f_1(a)|=\sigma,|f(a)|\leqslant\theta\sigma^2\}$$

那么 $a_0\in D_{\theta_0}$ 以及当 $\theta'\leqslant\theta$ 时,有 $D_{\theta'}\subseteq D_\theta$. 我们要证明,如果 $\theta\in(0,1)$,那么 Newton 映射

$$Ta=a^*=a-\frac{f(a)}{f_1(a)}$$

把 D_θ 映到 D_{θ^2}.

我们可以把 $f(x+y)$ 写成如下形式

$$f(x+y)=f(x)+f_1(x)y+\cdots+f_n(x)y^n$$

其中 $f_1(x)$ 的定义如上,而 $f_2(x),\cdots,f_n(x)$ 也是系数属于 R 的多项式. 我们把

$$x=a,y=b=-\frac{f(a)}{f_1(a)}$$

代入,其中 $a\in D_\theta$,那么由于 $a\in R$ 以及 $f_j(x)\in R[x]$ $(j=1,\cdots,n)$,所以 $|f_j(a)|\leqslant 1$. 此外还有

$$|b|=\frac{|f(a)|}{\sigma}\leqslant\theta\sigma<\sigma$$

因而 $b\in R$. 由于 $f(a)+f_1(a)b=0$,由此就得出 $a^*=a+b$ 满足

$$|f(a^*)|\leqslant\max_{2\leqslant j\leqslant n}|f_j(a)b^j|\leqslant|b|^2=\frac{|f(a)|^2}{\sigma^2}\leqslant\theta^2\sigma^2$$

类似地,由于 $f_1(a+b)-f_1(a)$ 可以写成一个系数属

于 R 的没有常数项的多项式,所以有

$$|f_1(a+b)-f_1(a)|\leqslant|b|<\sigma=|f_1(a)|$$

因此 $|f_1(a^*)|=\sigma$. 这就完成了 $TD_\theta\subseteq D_{\theta^2}$ 的证明.

现在设 $a_k=T^k a_0$,因此

$$a_{k+1}-a_k=-\frac{f(a_k)}{f_1(a_k)}$$

从我们已经证明了的结果,用归纳法可以得出

$$|f(a_k)|\leqslant\theta_0^{2^k}\sigma^2$$

由于 $\theta_0<1$ 以及 $|a_{k+1}-a_k|=\dfrac{|f(a_k)|}{\sigma}$,这就说明 $\{a_k\}$ 是基本序列. 由于 F 是完备的,因此对某个 $a\in R$ 有 $a_k\to a$. 显然,$f(a)=0$,并且 $|f_1(a)|=\sigma$. 由于对任意 $k\geqslant1$,有

$$|a_k-a_0|\leqslant\max_{1\leqslant j\leqslant k}|a_j-a_{j-1}|\leqslant\theta_0\sigma$$

所以我们也有 $|a-a_0|\leqslant\theta_0\sigma<\sigma$.

为了证明唯一性,我们设对某个 $\tilde{a}\neq a$ 有 $f(\tilde{a})=0$,并使得 $|\tilde{a}-a_0|<\sigma$. 令 $b=\tilde{a}-a$,那么

$$0=f(\tilde{a})-f(a)=f_1(a)b+\cdots+f_n(a)b^n$$

从 $b=\tilde{a}-a_0-(a-a_0)$ 我们得出 $|b|<\sigma$. 由于 $b\neq0$ 以及 $|f_j(a)|\leqslant1$,这就得出对 $j\geqslant2$,有

$$|f_j(a)b^j|\leqslant|b|^2<\sigma|b|=|f_1(a)b|$$

但是这蕴涵

$$|f(\tilde{a})-f(a)|=|f_1(a)b|>0$$

矛盾.

作为性质 1 的一个应用,我们将确定 p-adic 数的域 $\mathbf{Q}_p$ 中哪些元素是一个平方数. 由于 $b=a^2$ 蕴涵 $b=p^{2v}b'$,其中 $v\in\mathbf{Z}$ 以及 $|b'|_p=1$,所以我们可以限于注意 $|b|_p=1$ 的情况.

性质 2　设 $b\in\mathbf{Q}_p$，并且 $|b|_p=1$，那么：

当 $p\neq2$ 时，$b=a^2,a\in\mathbf{Q}_p$ 的充分必要条件是对某个 $a_0\in\mathbf{Z}$，有 $|b-a_0^2|_p<1$；

当 $p=2$ 时，$b=a^2,a\in\mathbf{Q}_2$ 的充分必要条件是 $|b-1|_2\leqslant\frac{1}{2^3}$.

证明　首先设 $p\neq2$，如果对某个 $a\in\mathbf{Q}_p$ 有 $b=a^2$，那么 $|a|_p=1$，并且对某个 $a_0\in\mathbf{Z}$ 有 $|a-a_0|_p<1$，由于 $\mathbf{Z}$ 在 $\mathbf{Z}_p$ 中稠密. 因此 $|a_0|_p=1$，并且

$$|b-a_0^2|_p=|a-a_0|_p|a+a_0|_p\leqslant|a-a_0|_p<1$$

反过来，设对某个 $a_0\in\mathbf{Z}$，有 $|b-a_0^2|_p<1$，那么 $|a_0^2|_p=1$，因此 $|a_0|_p=1$. 在性质 1 中取 $F=\mathbf{Q}_p$ 以及 $f(x)=x^2-b$，那么满足性质中的条件，由于 $|f(a_0)|_p<1$以及 $|f_1(a_0)|_p=|2a_0|_p=1$，所以对某个 $a\in\mathbf{Q}_p$，有 $b=a^2$.

下面假设 $p=2$. 如果对某个 $a\in\mathbf{Q}_2$，有 $b=a^2$，那么 $|a|_2=1$，并且对某个$a_0\in\mathbf{Z}$ 有 $|a-a_0|_2\leqslant\frac{1}{2^3}$，由于 $\mathbf{Z}$ 在 $\mathbf{Z}_2$ 中稠密，因此 $|a|_2=1$，并且

$$|b-a_0^2|_2=|a-a_0|_2|a+a_0|_2\leqslant|a-a_0|_2\leqslant\frac{1}{2^3}$$

由于 a_0 是奇数，我们有 $a_0\equiv\pm1\pmod 4$ 以及 $a_0^2\equiv1\pmod 8$，所以

$$|b-1|_2\leqslant\max\{|b-a_0^2|_2,|a_0^2-1|_2\}\leqslant\frac{1}{2^3}$$

反设过来 $|b-1|_2\leqslant\frac{1}{2^3}$. 在性质 1 中取 $F=\mathbf{Q}_p$ 以及 $f(x)=x^2-b$，那么满足性质中的条件，由于 $|f(1)|_2<\frac{1}{2^3}$ 以及 $|f_1(1)|_2=\frac{1}{2}$，所以对某个 $a\in\mathbf{Q}_2$

有 $b=a^2$.

推论　设 b 是一个不能被素数 p 整除的整数，那么：

当 $p\neq 2$ 时，$b=a^2$，$a\in\mathbf{Q}_p$ 的充分必要条件是 b 是模 p 的二次剩余；

当 $p=2$ 时，$b=a^2$，$a\in\mathbf{Q}_2$ 的充分必要条件是 $b\equiv 1 \pmod 8$.

从推论得出，$\mathbf{Q}_p$ 不可能赋予有序域的结构. 如果 p 是奇数，那么对某个 $a\in\mathbf{Q}_p$ 就有 $1-p=a^2$，因此

$$a^2+1+\cdots+1=0$$

这里，上式中共有 $p-1$ 个 1. 类似地，当 $p=2$ 时，有 $1-2^3=a^2$，其中 $a\in\mathbf{Q}_2$，因而上面那个有 7 个 1 的关系式同样成立.

现在仍设 F 是一个完备的具有非 Archimedes 绝对值 $|\ \ |$ 的域，又设 R 和 M 分别是对应的赋值环和赋值理想，并设 $k=R/M$ 是剩余域. 对任意 $a\in R$，我们将用 $\bar{a}$ 表示 k 中对应的元素 $a+M$. 对任意多项式

$$f(x)=c_nx^n+c_{n-1}x^{n-1}+\cdots+c_0$$

其中，$c_0,\cdots,c_n\in R$，我们将用

$$\bar{f}(x)=\bar{c}_nx^n+\bar{c}_{n-1}x^{n-1}+\cdots+\bar{c}_0$$

表示系数为 k 中对应元素的多项式.

如果 $|f(a_0)|<1=|f_1(a_0)|$，那么性质 1 的条件肯定满足. 在这种情况下，由性质 1 得出如果

$$\bar{f}(x)=(x-\bar{a}_0)\bar{h}_0(x)$$

其中，$a_0\in R$，$h_0(x)\in R[x]$，并且 $h_0(a_0)\notin M$，那么

$$f(x)=(x-a)h(x)$$

其中 $a-a_0\in M$，并且 $h(x)\in R[x]$. 换句话说，$\bar{f}(x)$ 在 $k[x]$ 中的因式分解可以得出 $f(x)$ 在 $R[x]$ 中的因式分

解. 这种形式的 Hensel 引理可以被推广到没有线性因子的因式分解中，并且对应的结果仍称为 Hensel 引理.

性质 3　设 F 是一个完备的具有非 Archimedes 绝对值$|\ \ |$的域，又设 R 和 M 分别是对应的赋值环和赋值理想，并设 $k=R/M$ 是剩余域.

设 $f\in R[x]$是一个系数在 R 中的多项式，并设存在互素的多项式 $\varphi,\psi\in k[x]$，其中 φ 是首一的并且 $\partial(\varphi)>0$，使得$\overline{f}=\varphi\psi$.

那么就存在多项式 $g,h\in R[x]$，其中 g 是首一的，并且$\partial(g)=\partial(\varphi)$，使得$\overline{g}=\varphi,\overline{h}=\psi$，并且 $f=gh$.

证明　令 $n=\partial(f)$以及 $m=\partial(\varphi)$，那么$\partial(\psi)=\partial(\overline{f})-\partial(\varphi)\leqslant n-m$. 因此存在多项式 $g_1,h_1\in R[x]$，其中 g_1 是首一的，$\partial(g_1)=m$，并且$\partial(h_1)\leqslant n-m$，使得 $\overline{g_1}=\varphi,\overline{h_1}=\psi$. 由于 φ,ψ 是互素的，所以存在多项式 χ，$\omega\in k[x]$使得

$$\chi\varphi+\omega\psi=1$$

并且存在多项式 $u,v\in R[x]$使得$\overline{u}=\chi,\overline{v}=\psi$，因而

$$f-g_1h_1\in M[x],ug_1+vh_1-1\in M[x]$$

如果 $f=g_1h_1$，那么结论得证. 否则设 π 是 $f-g_1h_1$ 或 ug_1+vh_1-1 的系数中绝对值的最大者. 那么

$$f-g_1h_1\in \pi R[x],ug_1+vh_1-1\in \pi R[x]$$

我们将要归纳地构造多项式 $g_j,h_j\in R[x]$使得：

(i) $\overline{g_j}=\varphi,\overline{h_j}=\psi$；

(ii) g_j 是首一的，并且$\partial(g_j)=m,\partial(h_j)\leqslant n-m$；

(iii) $g_j-g_{j-1}\in\pi^{j-1}R[x],h_j-h_{j-1}\in\pi^{j-1}R[x]$；

(iv) $f-g_jh_j\in\pi^jR[x]$.

这对 $j=1$ 已经成立，其中 $g_0=h_0=0$. 假设对某

个 $k\geqslant 2$，结论对所有的 $j<k$ 成立，并令 $f-g_jh_j=\pi^jl_j$，其中 $l_j\in R[x]$. 由于 g_1 是首一的，那么由 Euclid 算法可知存在多项式 $q_k,r_k\in R[x]$ 使得

$$l_{k-1}v=q_kg_1+r_k,\partial(r_k)<\partial(g_1)=m$$

设 $w_k\in R[x]$ 是使得 $l_{k-1}u+q_kh_1-w_k$ 的所有系数的绝对值都至多是 $|\pi|$ 的次数最小的多项式，那么

$$w_kg_1+r_kh_1-l_{k-1}=(ug_1+vh_1-1)l_{k-1}-(l_{k-1}u+q_kh_1-w_k)g_1\in\pi R[x]$$

我们证明 $\partial(w_k)\leqslant n-m$. 如果不然，那么

$$\partial(w_kg_1)>n\geqslant\partial(r_kh_1-l_{k-1})$$

因此，由于 g_1 是首一的，所以 $w_kg_1+r_kh_1-l_{k-1}$ 就和 w_k 的首项系数相同. 所以 w_k 的首项系数在 πR 中. 因而，从 w_k 中去掉最高次项后所得的多项式满足和 w_k 同样的条件，这与 w_k 次数的假定矛盾.

现在设

$$g_k=g_{k-1}+\pi^{k-1}r_k,h_k=h_{k-1}+\pi^{k-1}w_k$$

那么对 $j=k$，条件(i)～(iii)显然满足. 此外

$$f-g_kh_k=-\pi^{k-1}(w_kg_{k-1}+r_kh_{k-1}-l_{k-1})-\pi^{2k-2}r_kw_k$$

以及

$$\begin{aligned}&w_kg_{k-1}+r_kh_{k-1}-l_{k-1}\\=&w_kg_1+r_kh_1-l_{k-1}+\\&w_k(g_{k-1}-g_1)+r_k(h_{k-1}-h_1)\in\pi R[x]\end{aligned}$$

因此对 $j=k$ 也满足条件(iv).

设

$$g_j(x)=x^m+\sum_{i=0}^{m-1}\alpha_i^{(j)}x^i,h_j(x)=\sum_{i=0}^{n-m}\beta_i^{(j)}x^i$$

由(iii)可知，对每个 i，序列 $\{\alpha_i^{(j)}\}$ 和 $\{\beta_i^{(j)}\}$ 都是基本序列，因此由于 F 是完备的，故存在 $\alpha_i,\beta_i\in R$ 使得当 $j\rightarrow$

∞时有

$$\alpha_i^{(j)}\to\alpha_i,\beta_i^{(j)}\to\beta_i$$

令

$$g(x)=x^m+\sum_{i=0}^{m-1}\alpha_i x^i,h(x)=\sum_{i=0}^{n-m}\beta_i x^i$$

则对每个 $j\geqslant 1$ 有

$$g-g_j\in\pi^j R[x],h-h_j\in\pi^j R[x]$$

由于

$$f-gh=f-g_jh_j-(g-g_j)h-g_j(h-h_j)$$

由此就得出对每个 $j\geqslant 1$ 都有 $f-gh\in\pi^j R[x]$，因此 $f=gh$. 显然 g 和 h 具有其他所需要的性质.

作为这种形式的 Hensel 引理的应用，我们证明：

性质 4　设 F 是一个完备的具有非 Archimedes 绝对值$|\quad|$的域，并设

$$f(t)=c_nt^n+c_{n-1}t^{n-1}+\cdots+c_0\in F[t]$$

设 $c_0c_n\neq 0$，并且对某个使得 $0<m<n$ 的 m 有

$$|c_0|\leqslant|c_m|,|c_n|\leqslant|c_m|$$

并且上面的两个不等式中至少有一个是严格的，则 f 在 F 中是可约的.

证明　首先设$|c_0|<|c_m|$以及$|c_n|\leqslant|c_m|$. 显然我们可以选择 m 使得 $|c_m|=\max\limits_{0<i<n}|c_i|$，并且对 $0\leqslant i<m$有$|c_i|<|c_m|$. 用 c_m^{-1} 去乘以 f 后我们可进一步假设 $f(t)\in R[t]$，$c_m=1$ 以及对 $0\leqslant i<m$ 有 $|c_i|<1$. 其中 R 是 F 的赋值环. 因此

$$\overline{f}(t)=t^m(\overline{c}_nt^{n-m}+\overline{c}_{n-1}t^{n-m-1}+\cdots+1)$$

由于上式中的两个因子是互素的，所以从性质 3 就得出 f 是可约的.

对$|c_n|<|c_m|$以及$|c_0|\leqslant|c_m|$的情况，可对多项

式 $t^n f\left(\frac{1}{t}\right)$ 做同样的论述.

性质 4 说明,如果二次多项式 at^2+bt+c 是不可约的,那么必有

$$|b| \leqslant \max\{|a|,|c|\}$$

并且当 $|a| \neq |c|$ 时,这个不等式是严格的. 性质 4 可用于把一个域上的绝对值扩张到这个域的扩张上去.

性质 5　设 F 是一个完备的具有非 Archimedes 绝对值 $|\quad|$ 的域,E 是 F 的有限扩张,那么 F 上的绝对值可扩张成 E 上的绝对值.

证明　我们不仅证明扩张的存在性,而且还将给出它的明确的表示.

把 E 看成 F 上的 n 维线性空间并让任意 $\boldsymbol{a} \in E$ 对应一个线性变换 $L_a: E \to F$,其中 $L_a(\boldsymbol{x}) = \boldsymbol{ax}$,那么 $\det L_a \in F$,并且公式

$$|\boldsymbol{a}| = |\det L_a|^{\frac{1}{n}}$$

就给出一个扩张的绝对值.

显然 $|\boldsymbol{a}| \geqslant 0$ 且等号仅当 $\boldsymbol{a}=\boldsymbol{0}$ 时成立,如果 $\boldsymbol{x} \neq \boldsymbol{0}$ 是 E 中的某个元素,那么 $\boldsymbol{ax}=\boldsymbol{0}$ 蕴涵 $\boldsymbol{a}=\boldsymbol{0}$. 此外有 $|\boldsymbol{ab}| = |\boldsymbol{a}||\boldsymbol{b}|$,由于 $L_{ab} = L_a L_b$,因此 $\det L_{ab} = (\det L_a)(\det L_b)$. 如果 $\boldsymbol{a} \in F$,那么 $L_a = \boldsymbol{a}\boldsymbol{I}_n$,因而上面定义的绝对值就和原来的绝对值重合. 剩下的事就只是需要证明对所有的 $\boldsymbol{a},\boldsymbol{b} \in E$,有

$$|\boldsymbol{a}-\boldsymbol{b}| \leqslant \max(|\boldsymbol{a}|,|\boldsymbol{b}|)$$

事实上,我们可以假设 $|\boldsymbol{a}| \leqslant |\boldsymbol{b}|$,然后用 $\boldsymbol{b}$ 去除两边,就可以看出只需证明 $0 < |\boldsymbol{a}| \leqslant 1$ 蕴涵 $|1-\boldsymbol{a}| \leqslant 1$ 即可.

为简化记号,令 $\boldsymbol{A} = L_a$,并设

$$f(t-\mathbf{A})=t^n+c_{n-1}t^{n-1}+\cdots+c_0$$

是 $\mathbf{A}$ 的特征多项式，那么对所有的 i 有 $c_i\in F$ 以及 $c_0=(-1)^n\det\mathbf{A}$. 设 $g(t)$ 是 $F[t]$ 上使得 $g(\boldsymbol{a})=0$ 的次数最低的首一多项式，由于域 E 没有零因子，则 $g(t)$ 是不可约的. 显然，$g(t)$ 也是 $\mathbf{A}$ 的极小多项式. 但是，对任意 n 维向量空间上的线性变换有特征多项式整除极小多项式的 n 次幂. 在现在的情况下，可得出 $f(t)=g(t)^r$，其中 r 是一个正整数.

设

$$g(t)=t^m+b_{n-1}t^{m-1}+\cdots+b_0$$

并设 $\boldsymbol{a}\in E$ 对上述定义的绝对值满足 $|\boldsymbol{a}|\leqslant 1$，那么 $|c_0|=|\det\mathbf{A}|\leqslant 1$. 因此，若 $b_0^r=c_0$，就有 $|b_0|\leqslant 1$. 由于 g 是不可约的，从性质 4 得出对所有的 j，$|b_j|\leqslant 1$ 成立. 由于

$$g(1)=1+b_{m-1}+\cdots+b_0$$

这蕴涵 $|g(1)|\leqslant 1$，因此 $|f(1)|\leqslant 1$. 由于 $f(1)=\det(\boldsymbol{I}-\mathbf{A})$，这就证明了 $|1-\boldsymbol{a}|\leqslant 1$.

最后，我们证明除了性质 5 中所构造的扩张，E 上不存在其他的 F 上的绝对值的扩张.

性质 6　设 F 是一个在绝对值 $|\quad|$ 下完备的域，E 是 F 的有限扩张域，则 E 上至多存在一种 F 的绝对值的扩张，并且 E 在扩张的绝对值下必定是完备的.

证明　设 $\boldsymbol{e}_1,\cdots,\boldsymbol{e}_n$ 是 F 上的向量空间 E 的一组基，那么任意 $\boldsymbol{a}\in E$ 可以唯一地表示成

$$\boldsymbol{a}=\alpha_1\boldsymbol{e}_1+\cdots+\alpha_n\boldsymbol{e}_n$$

其中，$\alpha_1,\cdots,\alpha_n\in F$. 由 16.3 节中的引理，对任意扩张的绝对值，都存在正实数 σ,μ 使得对任意 $\boldsymbol{a}\in E$ 有

$$\sigma|\boldsymbol{a}|\leqslant\max_i|\alpha_i|\leqslant\mu|\boldsymbol{a}|$$

由此立即得出 E 是完备的. 如果 $\{\boldsymbol{a}^{(k)}\}$ 是基本序列，那么对 $i=1,\cdots,n$，$\{\alpha_i^{(k)}\}$ 都是 F 中的基本序列. 由于 F 是完备的，所以存在 $\alpha_i\in F$ 使得 $\alpha_i^{(k)}\to\alpha_i(i=1,\cdots,n)$，因而 $\boldsymbol{a}^{(k)}\to\boldsymbol{a}$，其中 $\boldsymbol{a}=\alpha_1\boldsymbol{e}_1+\cdots+\alpha_n\boldsymbol{e}_n$.

现在证明在 E 上至多存在一种 F 的绝对值的扩张. 由于在 16.4 节中我们已经证明了 E 上的平凡的绝对值是 F 上的平凡的绝对值的仅有的扩张. 因此我们可以假设，F 上的绝对值是非平凡的. 对固定的 $\boldsymbol{a}\in E$，考虑幂 $\boldsymbol{a},\boldsymbol{a}^2,\cdots$，对每个 k，我们可把 $\boldsymbol{a}^k$ 写成

$$\boldsymbol{a}^k=\alpha_1^{(k)}\boldsymbol{e}_1+\cdots+\alpha_n^{(k)}\boldsymbol{e}_n$$

的形式. 由于 $|\boldsymbol{a}|<1$ 的充分必要条件是 $|\boldsymbol{a}^{(k)}|\to 0$，因此从证明开始时的注记得出 $|\boldsymbol{a}|<1$ 的充分必要条件是 $|\alpha_i^{(k)}|\to 0(i=1,\cdots,n)$. 这个条件是不依赖于 E 的绝对值的. 因而如果存在两个 F 上的绝对值的扩张 $|\quad|_1$ 和 $|\quad|_2$，那么 $|\boldsymbol{a}|_1<1$ 的充分必要条件是 $|\boldsymbol{a}|_2<1$. 因此，由 16.2 节中的性质 1 可知，存在一个正实数 ρ 使得对任意 $\boldsymbol{a}\in E$ 都有

$$|\boldsymbol{a}|_2=|\boldsymbol{a}|_1^{\rho}$$

事实上，$\rho=1$，因为对某个 $\boldsymbol{a}\in F$，我们有 $|\boldsymbol{a}|_2=|\boldsymbol{a}|_1>1$.

16.6　局部紧致绝对值域

我们首先证明 Ostrowski 定理：

定理 1　完备的 Archimedes 绝对值域 F 必(同构)于其上的绝对值等价于通常的绝对值的实数域 $\mathbf{R}$ 或复数域 $\mathbf{C}$.

证明 由于绝对值是 Archimedes 的，所以域 F 的特征是 0，因而包含 $\mathbf{Q}$. 由于在 $\mathbf{Q}$ 上 Archimedes 绝对值等价于通常的绝对值，所以把 F 上的绝对值换成一个和它等价的绝对值后，我们可以假设在 $\mathbf{Q}$ 上，F 上的绝对值就是通常的绝对值. 由于 F 是完备的，这就得出，F 包含一个同构于 $\mathbf{R}$ 的子域，并且 F 上的绝对值在 $\mathbf{R}$ 上就是通常的绝对值. 如果 F 包含一个元素 i 使得 $\mathrm{i}^2=-1$，那么 F 包含一个同构于 $\mathbf{C}$ 的子域，并且由上一节性质 6 知，F 上的绝对值在 $\mathbf{C}$ 上就是通常的绝对值.

我们现在证明如果 $a\in F$，并且 $|a|<1$，那么 $1-a$ 在 F 中是某个元素的平方. 设 B 是所有使得 $|x|\leqslant|a|$ 的 $x\in F$ 的集合，并且对任意 $x\in B$，令

$$Tx=\frac{x^2+a}{2}$$

那么有

$$|Tx|\leqslant\frac{|x|^2+|a|}{2}\leqslant\frac{|a|^2+|a|}{2}\leqslant|a|$$

所以也有 $Tx\in B$. 此外，由于对所有的 $x,y\in B$，有

$$|Tx-Ty|=\frac{|x^2-y^2|}{2}=\frac{|x-y|\,|x+y|}{2}\leqslant|a|\,|x-y|$$

所以 T 是压缩的. 由于 F 是完备的并且 B 是 F 中的闭集，所以由压缩映象原理得出，T 有一个不动点 $\overline{x}\in B$. 显然 $\overline{x}=\dfrac{\overline{x}^2+a}{2}$，并且

$$1-a=1-2\overline{x}+\overline{x}^2=(1-\overline{x})^2$$

我们下面证明，如果多项式 t^2+1 在 F 中没有根，那么 F 上的绝对值可以被扩张到域 $E=F(\mathrm{i})$ 上去，其中 $\mathrm{i}^2=-1$. 任意 $\gamma\in E$ 都可以唯一地表示成 $\gamma=a+b\mathrm{i}$

的形式，其中，$a,b\in F$. 我们断言 $|\gamma|=\sqrt{|a^2+b^2|}$ 是 F 上的绝对值在 E 上的扩张.

这个断言中只有三角不等式不是显然成立的. 为了证明这个不等式，我们只需证明，对任意 $\gamma\in E$ 有

$$|1+\gamma|\leqslant 1+|\gamma|$$

即我们只需证明，对任意 $a,b\in F$ 有

$$|(1+a^2)+b^2|\leqslant 1+2\sqrt{|a^2+b^2|}+|a^2+b^2|$$

这只需证明对任意 $a,b\in F$ 有

$$|a|\leqslant\sqrt{|a^2+b^2|}$$

或者我们可以假设 $a\neq 0$，因而只需证明对任意 $c\in F$，有

$$1\leqslant|1+c^2|$$

假设不然，有某个 $c\in F$ 使得 $|1+c^2|<1$，那么由上面已证明的部分就有对某个 $x\in F$ 有

$$-c^2=1-(1+c^2)=x^2$$

由于 $c\neq 0$，这蕴涵对某个 $\mathrm{i}\in F$，有 $-1=\mathrm{i}^2$，矛盾.

现在 $E=F(\mathrm{i})$ 包含了 $\mathbf{C}$ 并且 E 上的绝对值在 $\mathbf{C}$ 上是普通的绝对值. 为了证明定理，只要证明 $E=\mathbf{C}$ 即可. 由此可以得出 $\mathbf{R}\subseteq F\subseteq\mathbf{C}$，所以 F 作为 $\mathbf{R}$ 上的向量空间，根据 $\mathrm{i}\notin F$ 或 $\mathrm{i}\in F$ 而具有维数 1 或 2.

假设 $E\neq\mathbf{C}$，那么就存在 $\zeta\in E\backslash\mathbf{C}$. 考虑由

$$\varphi(z)=|z-\zeta|$$

定义的函数 $\varphi:\mathbf{C}\to\mathbf{R}$. 并令 $r=\inf\limits_{z\in\mathbf{C}}\varphi(z)$. 由于 $\varphi(0)=|\zeta|$，当 $|z|>2|\zeta|$ 时有 $\varphi(z)>|\zeta|$ 以及由于 φ 是连续的，所以紧致集合 $\{z\in\mathbf{C}\mid|z|\leqslant 2|\zeta|\}$ 中就包含一个点 w 使得 $\varphi(w)=r$.

因而如果我们设 $\omega=\zeta-w$，那么 $\omega\neq 0$，并且对任

意 $z\in\mathbf{C}$ 有

$$0<r=|w|\leqslant|\omega-z|$$

我们将证明对每个使得 $|z|<r$ 的 $z\in\mathbf{C}$ 都有 $|\omega-z|=r$.

设 $\varepsilon=\mathrm{e}^{\frac{2\pi\mathrm{i}}{n}}$,则

$$\omega^n-z^n=(\omega-z)(\omega-\varepsilon z)\cdots(\omega-\varepsilon^{n-1}z)$$

因此

$$|\omega^n-z^n|\geqslant r^{n-1}|\omega-z|$$

因而 $|\omega-z|\leqslant r\left|1-\frac{z^n}{\omega^n}\right|$. 由于 $|z|<|\omega|$,令 $n\to\infty$,我们就得出 $|\omega-z|\leqslant r$,但是这只可能对 $|\omega-z|=r$ 成立.

因而如果 $0<|z|<r$,那么我们可以把 ω 换成 $\omega-z$. 由此得出对每个正整数 n 有 $|\omega-nz|=r$. 所以 $r\geqslant n|z|-r$,对充分大的 n,得出矛盾.

如果域 F 对于它上面的 Archimedes 绝对值是局部紧致的,那么它肯定是完备的,它必等价于具有通常绝对值的 $\mathbf{R}$ 或 $\mathbf{C}$. 我们现在将证明,域 F 对于它上面的非 Archimedes 绝对值是局部紧致的充分必要条件是它是一个 16.4 节中性质 2 所讨论的那些类型的完备域. 我们应当注意到一个非 Archimedes 绝对值域 F 是局部紧致的充分必要条件是它的赋值环 R 是局部紧致的,由于任意闭球在 F 中是紧致的.

性质 1 设 F 是一个具有非 Archimedes 绝对值 $|\ |$ 的域,则 F 关于由此绝对值导出的拓扑局部紧致的充分必要条件是它满足以下三个条件:

(i) F 是完备的;

(ii)绝对值是离散的;

(iii)剩余域是有限的.

证明 就像我们刚才已注意到的那样,F 是局部紧致的充分必要条件是它的赋值环 R 是局部紧致的. 此外,由于 R 是度量空间 F 的子集,所以它紧致的充分必要条件是任意 R 的元素的序列有收敛的子序列.

如果域 F 是局部紧致的,那么它肯定是完备的,由于任何基本序列都是有界的. 如果剩余域是无限的,那么必存在 R 的元素的无限序列$\{a_k\}$使得当 $j\neq k$ 时 $|a_k-a_j|=1$,由于这个序列没有收敛的子序列,因而 R 不是紧致的. 如果绝对值$|\quad|$不是离散的,那么存在 R 的元素的无限序列$\{a_k\}$使得

$$|a_1|<|a_2|<\cdots$$

并且当 $k\to\infty$ 时有 $|a_k|\to 1$. 如果 $k>j$,那么 $|a_k-a_j|=|a_k|$,因此$\{a_k\}$没有收敛的子序列. 因而条件(i)~(iii)对于 F 是局部紧致的都是必要的.

现在设条件(i)~(iii)都满足,并设 $\sigma=\{a_k\}$是 R 的元素的一个序列. 利用 16.4 节性质 2 中的记号,设

$$a_k=\sum_{n\geqslant 0}\alpha_n^{(k)}\pi^n$$

其中 $\alpha_n^{(k)}\in S$. 由于 S 是有限的,故存在 $\alpha_0\in S$ 使得对无限多个 $a_k\in\sigma$ 都有 $\alpha_0^{(k)}=\alpha_0$. 设 σ_0 是 σ 的子序列,其元素是所有使得 $\alpha_0^{(k)}=\alpha_0$ 的 a_k,那么存在$\alpha_1\in S$,使得对无限多个 $a_k\in\sigma_0$ 都有 $\alpha_1^{(k)}=\alpha_1$. 类似地,设 σ_1 是 σ_0 的子序列,其元素是所有使得 $\alpha_1^{(k)}=\alpha_1$ 的 a_k,那么存在 $\alpha_2\in S$,使得对无限多个 $a_k\in\sigma_1$ 都有 $\alpha_2^{(k)}=\alpha_2$,等等. 设 $a^{(j)}\in\sigma_j$,那么

$$a^{(j)}=\alpha_0+\alpha_1\pi+\cdots+\alpha_j\pi^j+\sum_{n\geqslant 0}\alpha_n(j)\pi^{j+1+n}$$

但是 $a=\sum_{n\geqslant 0}\alpha_n\pi^n\in F$,由于 F 是完备的,并且

$|a^{(j)}-a|\leqslant|\pi|^{j+1}$，因而 σ 的子序列 $\{a^{(j)}\}$ 收敛到 a.

推论 1 p-adic 数的域 $\mathbf{Q}_p$ 是局部紧致的，p-adic 整数的域 $\mathbf{Z}_p$ 也是局部紧致的.

推论 2 设 K 是一个有限域，那么所有形式 Laurent 级数的域 $K((t))$ 是局部紧致的，幂级数的环 $K[[t]]$ 也是局部紧致的.

我们现在证明所有具有非 Archimedes 绝对值的局部紧致的域 F 事实上可以被明确地确定. 把 F 具有素特征和 0 特征的情况分别处理是方便的，因为在这两种情况下的论证是相当不同的.

引理 设 F 是具有非 Archimedes 绝对值的局部紧致域，那么 F 上的赋范向量空间 E 是局部紧致的充分必要条件是它是有限维的.

证明 首先设 E 在 F 上是有限维的. 于是可设 $\boldsymbol{e}_1,\cdots,\boldsymbol{e}_n$ 是 E 的一组基，那么任意 $\boldsymbol{a}\in E$ 可以唯一地表示成

$$\boldsymbol{a}=\alpha_1\boldsymbol{e}_1+\cdots+\alpha_n\boldsymbol{e}_n$$

的形式，其中 $\alpha_1,\cdots,\alpha_n\in F$，并且

$$\|\boldsymbol{a}\|_0=\max_{1\leqslant i\leqslant n}|\alpha_i|$$

是 E 上的范数. 由于 F 是局部紧致的，因此它也是完备的. 所以由 16.4 节中的引理可知，存在两个正数 σ，μ 使得对任意 $\boldsymbol{a}\in E$ 有

$$\sigma\|\boldsymbol{a}\|_0\leqslant\|\boldsymbol{a}\|\leqslant\mu\|\boldsymbol{a}\|_0$$

因此，如果 $\{\boldsymbol{a}_k\}$ 是 E 的元素的有界序列，那么，对每个 $j\in\{1,\cdots,n\}$，对应的系数 $\{\alpha_{kj}\}$ 就构成 F 的元素的有界序列. 因此，由于 F 是局部紧致的，就存在一个子序列 $\{\boldsymbol{a}_{k_v}\}$ 使得每个序列 $\{\alpha_{k_vj}\}$ 在 F 中收敛，因此可设其极限为 $\beta_j(j=1,\cdots,n)$. 由此得出，子序列 $\{\boldsymbol{a}_{k_v}\}$ 在 E 中

收敛,其极限为 $\boldsymbol{b}=\beta_1\boldsymbol{e}_1+\cdots+\beta_n\boldsymbol{e}_n$. 因而 E 是局部紧致的.

下面设 E 在 F 上是有限维的. 由于 F 上的绝对值是非平凡的,所以存在 $\alpha\in F$ 使得 $r=|\alpha|$ 满足 $0<r<1$. 设 V 是 E 的任意有限维子空间,令 $\boldsymbol{u}'\in E\backslash V$,并设

$$d=\inf_{v\in V}\|\boldsymbol{u}'-\boldsymbol{v}\|$$

由于 V 是局部紧致的,$d>0$ 并且对某个 $\boldsymbol{v}'\in V$ 有 $d=\|\boldsymbol{u}'-\boldsymbol{v}'\|$. 选 $k\in\mathbf{Z}$ 使得 $r^{k+1}<d\leqslant r^k$,并令 $\boldsymbol{w}'=\alpha^{-k}(\boldsymbol{u}'-\boldsymbol{v}')$. 那么对任意 $\boldsymbol{v}\in V$ 有

$$\|\alpha^k\boldsymbol{v}+\boldsymbol{v}'-\boldsymbol{u}'\|\geqslant d$$

因此

$$\|\boldsymbol{w}'-\boldsymbol{v}\|\geqslant dr^{-k}>r$$

另外

$$\|\boldsymbol{w}'\|=dr^k\leqslant 1$$

我们现在定义一个 E 的元素的序列 $\{\boldsymbol{w}_m\}$ 如下:取 $V=\{O\}$,我们得到一个向量 $\boldsymbol{w}_1$ 使得 $r<\|\boldsymbol{w}_1\|\leqslant 1$. 假设我们已经定义了 $\boldsymbol{w}_1,\cdots,\boldsymbol{w}_m\in E$ 使得对 $1\leqslant j\leqslant m$ 有 $\|\boldsymbol{w}_j\|\leqslant 1$,以及对所有的在由 $\boldsymbol{w}_1,\cdots,\boldsymbol{w}_{j-1}$ 生成的 E 的子空间 V_{j-1} 中的 $\boldsymbol{v}_j$ 有 $\|\boldsymbol{w}_j-\boldsymbol{v}_j\|>r$. 那么,取 $V=V_m$,我们就得到一个向量 $\boldsymbol{w}_{m+1}$ 使得 $\|\boldsymbol{w}_{m+1}\|\leqslant 1$,以及对所有的 $\boldsymbol{v}_{m+1}\in V_m$ 有 $\|\boldsymbol{w}_{m+1}-\boldsymbol{v}_{m+1}\|>r$. 这个过程可以无限地继续下去. 由于对所有的 m 有 $\|\boldsymbol{w}_m\|\leqslant 1$,以及对所有的 $1\leqslant j<m$ 有 $\|\boldsymbol{w}_m-\boldsymbol{w}_j\|>r$,因此有界序列 $\{\boldsymbol{w}_m\}$ 没有收敛的子序列,因此 E 不是局部紧致的.

性质 2　具有 0 特征的非 Archimedes 绝对值域 E 局部紧致的充分必要条件是对某个素数 p,E 同构

于 p-adic 数的域 $\mathbf{Q}_p$ 的有限扩张.

证明 如果 E 是一个 p-adic 数的域 $\mathbf{Q}_p$ 的有限扩张,那么由于 $\mathbf{Q}_p$ 是局部紧致的,因此根据引理,E 也是局部紧致的.

另外,设 E 是一个局部紧致的具有 0 特征的非 Archimedes 绝对值域,那么 $\mathbf{Q}\subseteq E$. 由性质 1,剩余域 $k=R/M$是有限的,因而具有素特征 p. 从 16.2 节中的性质 2 得出 E 上的绝对值在 $\mathbf{Q}$ 上的限制就是(等价于)p-adic 绝对值. 因此,由于 E 必须是完备的,所以 $\mathbf{Q}_p\subseteq E$. 如果 E 作为 $\mathbf{Q}_p$ 上的向量空间是无限维的,那么由引理,它将不可能是局部紧致的. 因此 E 是 $\mathbf{Q}_p$ 的有限扩张.

我们下面考虑具有素特征的局部紧致绝对值域.

性质 3 特征为素数 p 的绝对值域 F 局部紧致的充分必要条件是 F 同构于特征为 p 的有限域 K 上的 Laurent 级数的域 $K((t))$,其中 K 上的绝对值的定义如 16.1 节中的例(iv). 有限域 K 是 F 的剩余域.

证明 我们只需证明必要性,因为(在推论 2 中)我们已经建立了充分性. 由于 F 的特征是素数,所以 F 上的绝对值是非 Archimedes 的. 因此由性质 1 和 16.4 节中引理 3 知,F 上的绝对值是离散的,并且赋值理想 M 是主理想环. 设 π 是 M 的生成元. 由性质 1 以及剩余域 $k=R/M$ 是有限的,显然 k 的特征必须也是 p. 设 $q=p^f$ 是 k 的元素个数,由于 F 的特征是 p,对任意 $a,b\in F$ 就有

$$(b-a)^p=b^p-a^p$$

因此,由归纳法得出,对所有的 $n\geqslant 1$ 就有

$$(b-a)^{p^n}=b^{p^n}-a^{p^n}$$

k 的乘法群是 $q-1$ 阶的循环群. 选择 $a\in R$ 使得 $a+M$ 生成这个循环群,那么 $|a^q-a|<1$. 由我们已证的结果有

$$a^{q^{n+1}}-a^{q^n}=(a^q-a)^{q^n}$$

因此由 16.4 节中引理 2,$\{a^{q^n}\}$ 是一个基本序列. 由于 F 是完备的,由性质 1 就得出 $a^{q^n}\to\alpha\in R$. 此外 $\alpha^q=\alpha$,由于

$$\lim_{n\to\infty}(a^{q^n})^q=\lim_{n\to\infty}a^{q^{n+1}}$$

以及 $\alpha-a\in M$,且对每一个 $n\geqslant 0$,都有 $a^{q^{n+1}}-a^{q^n}\in M$,因此 $\alpha\neq 0$,并且 $\alpha^{q-1}=1$. 此外对 $1\leqslant j<q-1$,$\alpha^j\neq 1$,由于 $\alpha^j\equiv a^j(\mathrm{mod}\ M)$,由此得出集合 S 包含 0 以及幂 $1,\alpha,\cdots,\alpha^{q-1}$ 是剩余域 k 在 R 中的代表元素.

由于 F 的特征是 p,所以 α 生成 R 的有限子环 K. 事实上,K 是一个域,由于对每个 $\beta\in K$ 都有 $\beta^q=\beta$,因此如果 $\beta\neq 0$ 就有 $\beta\beta^{q-2}=1$. 由于 $S\subseteq K$ 以及多项式 x^q-x 在 K 中至多有 q 个根,我们就可以推出 $S=K$. 因而 K 有 q 个元素并同构于剩余域 k.

F 的每个元素 a 可唯一地表示成

$$a=\sum_{n\in\mathbf{Z}}\alpha_n\pi^n$$

的形式,其中 π 是主理想 M 的生成元,$\alpha_n\in S$ 并且对至多有限个 $n<0$ 有 $\alpha_n\neq 0$. 映射

$$a'=\sum_{n\in\mathbf{Z}}\alpha_n t^n\to a=\sum_{n\in\mathbf{Z}}\alpha_n\pi^n$$

是域 $K((t))$ 到 F 的 $1-1$ 对应. 由于 S 在加法下是封闭的,因此这个映射是保和的,并且由于 S 在乘法下

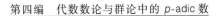

也是封闭的,因此这个映射也是保积的. 最后,设 N 是使得 $\alpha_N \neq 0$ 的最小整数,那么 $|a| = |\pi|^N$,并且对某个固定的 $\rho > 1$,有 $|a'| = \rho^{-N}$,所以这个映射是绝对值域 $K((t))$ 到 F 的 1—1 对应.

第17章　无扭 Abel 群

17.1　p-adic 数域

取定一个素数 p，这个 p 是固定的，并且在有理数域 $\mathbf{R}$ 内定义一个 p-adic 范数. 如果 a 是一个有理数，$a \neq 0$，那么 a 可以写成

$$a = a' p^n$$

这里 a' 是一个既约分数，它的分子和分母都与 p 互素，n 是一个整数，可以大于、等于或小于零，数 p^{-n} 叫作数 a 的 p-adic 范数，记作

$$\| a \| = p^{-n}$$

此外，我们再约定 $\| 0 \| = 0$. 那么对于任意一个有理数a，都有一个非负数与

它对应. 当 $a \neq 0$ 时,这个数不等于零,并且

$$\| ab \| = \| a \| \cdot \| b \| \tag{1}$$

$$\| a+b \| \leqslant \max\{ \| a \|, \| b \| \} \tag{2}$$

在后一个关系里,"<"符号仅当 $\| a \| = \| b \|$ 时才有可能出现. 再者,由于 $\| -a \| = \| a \|$,所以

$$\| a-b \| \leqslant \max\{ \| a \|, \| b \| \}$$

我们现在利用 p-adic 范数来定义有理数域的一个扩域,就如同按照 Cantor 的方法利用有理数的绝对值构造实数域的情形一样,有理数序列 $a_1, a_2, \cdots, a_n, \cdots$,不一定互不相同,序列是(在 p-adic 范数意义下)收敛的,如果对于任意给定的正有理数 ε,总存在一个自然数 m,使得

$$\| a_i - a_j \| < \varepsilon (i > m, j > m)$$

有理数 b 叫作有理数序列 $b_1, b_2, \cdots, b_n, \cdots$ 的(p-adic)极限,如果对于任意 $\varepsilon > 0$,存在一个 m,使得

$$\| b - b_i \| < \varepsilon, i > m$$

容易看出,任何一个有极限的序列一定是收敛的. 然而反过来不一定对. 例如,序列

$$1, 1+p, 1+p+p^2, 1+p+p^2+p^4, \cdots$$
$$\cdots, 1+p+p^2+\cdots+p^{2(n-1)}+p^{2n}, \cdots$$

是收敛的,但没有极限.

两个收敛序列 $\{a_n\}$ 与 $\{b_n\}$ 的和与积指的是序列 $\{a_n + b_n\}$ 与 $\{a_n b_n\}$. 容易验证,这两个序列仍是收敛的,并且我们所定义的收敛序列的加法与乘法满足交换环定义里的全部要求. 此外,如果序列 $\{a_n\}$ 与 $\{b_n\}$ 分别有极限 a 与 b,那么序列 $\{a_n + b_n\}$ 有极限 $a+b$,序列 $\{a_n b_n\}$ 有极限 ab.

具有极限 0 的序列在所有收敛序列的环 $\mathfrak{R}$ 里构成

一个理想,我们把这个理想记作 $\mathfrak{N}$. 商环

$$\mathfrak{P}=\mathfrak{K}/\mathfrak{N}$$

是域. 事实上,如果给定一个不含在 $\mathfrak{N}$ 内的收敛序列 $\{a_n\}$,那么存在这样的有理数 $\eta>0$ 和自然数 k,使得对于一切 $i>k$ 都有 $\|a_i\|>\eta$. 如果把序列$\{a_n\}$的前 k 个元素都换成范数大于 η 的数,那么我们得到一个序列$\{\overline{a}_n\}$,它与$\{a_n\}$属于关于理想 $\mathfrak{N}$ 的同一剩余类,而在序列$\{\overline{a}_n\}$里,对于所有的 i,都有 $\|\overline{a}_i\|>\eta$,特别地,$\overline{a}_i\neq 0$. 现在考察序列$\{\overline{a}_n^{-1}\}$. 这个序列也是收敛的,因为由

$$\|\overline{a}_i-\overline{a}_j\|<\varepsilon,\text{对于 } i>m,j>m$$

可以得到

$$\|\overline{a}_j^{-1}-\overline{a}_i^{-1}\|=\|(\overline{a}_i-\overline{a}_j)\overline{a}_i^{-1}\overline{a}_j^{-1}\|<\varepsilon\eta^{-2}$$

与此同时,序列$\{\overline{a}_n\}$与序列$\{\overline{a}_n^{-1}\}$的乘积是序列$(1,1,\cdots)$,它是环 $\mathfrak{K}$ 的单位元. 这就证明了在 $\mathfrak{P}$ 中每一个非零元素都有逆元.

域 $\mathfrak{P}$ 叫作 p-adic 数域,它的元素叫作 p-adic 数. 这个域包含有理数域 $\mathfrak{R}$. 为了证明这一点,我们把每一个有理数 a 与含有收敛序列$(a,a,\cdots)$的关于理想 $\mathfrak{N}$ 的剩余类等同起来,这个类由一切以数 a 为极限的序列组成. 不难证明,域 $\mathfrak{R}$ 到域 $\mathfrak{P}$ 内的这个映射是同态单射.

在域 $\mathfrak{P}$ 里定义范数,作为域 $\mathfrak{R}$ 里 p-adic 范数的开拓,也就是说,这个范数在域 $\mathfrak{R}$ 里与原有的 p-adic 范数一致. 设 α 是由收敛序列 $a_1,a_2,\cdots,a_n,\cdots$ 所定义的一个不等于零的 p-adic 数. 我们来证明,范数 $\|a_1\|$,$\|a_2\|,\cdots,\|a_n\|,\cdots$,从某一个 n 开始都相等. 事实上,如果

$$\|a_i-a_j\|<\varepsilon,\text{对于 } i>m,j>m$$

那么当 $\|a_i\| \neq \|a_j\|$ 时,由

$$\|a_i - a_j\| = \max\{\|a_i\|, \|a_j\|\}$$

推出,$\max\{\|a_i\|, \|a_j\|\} < \varepsilon$. 因此,若是对于任意 n,都存在这样的 $i > n, j > n$,使得 $\|a_i\| \neq \|a_j\|$,就将与 $\alpha \neq 0$ 的假设相违,所以一定存在这样的 n,使得

$$\|a_n\| = \|a_{n+1}\| = \cdots = p^k$$

现在令 $\|\alpha\| = p^k$. 这个定义不依赖于序列 $a_1, a_2, \cdots, a_n, \cdots$ 的选取,因为如果序列 $b_1, b_2, \cdots, b_n, \cdots$ 有极限零,即 $\{b_n\} \in \mathfrak{N}$,那么对于大于某一个 m 的所有的 i,都有 $\|b_i\| < p^k$,从而

$$\|a_i + b_i\| = p^k (i > m)$$

序列 $\{a_n + b_n\}$ 仍然定义数 α. 这样,$\{a_n + b_n\}$ 与 $\{a_n\}$ 给出 α 的同一个范数. 再约定 $\|0\| = 0$. 于是在域 $\mathfrak{P}$ 里就引进了范数,它对于有理数来说与原有的范数一致,并且条件(1) 和(2) 仍然满足.

现在借助于所引进的范数,就可以在域 p 里定义序列的收敛概念和极限概念,也就是说,把以前所给的关于序列的收敛和极限的定义搬到这里来. 容易验证,每一个 p-adic 数 α 都是用来定义它的有理数序列 $\{a_n\}$ 的极限. 不仅如此,我们还有以下的定理.

I. 在域 $\mathfrak{P}$ 里,每一个收敛序列都有极限.

事实上,设给定 p-adic 数的收敛序列 $\alpha_1, \alpha_2, \cdots, \alpha_n, \cdots$,对于每一个 n,可以找到这样一个有理数 a_n,使得

$$\|\alpha_n - a_n\| < \frac{1}{n}$$

因此

$$\begin{aligned}\| a_i - a_j \| &= \| (a_i - \alpha_i) + (\alpha_i - \alpha_j) + (\alpha_j - a_j) \| \\ &\leqslant \max\left\{\frac{1}{i}, \| \alpha_i - \alpha_j \|, \frac{1}{j}\right\}\end{aligned}$$

这就是说,对于足够大的 i 和 j,这个范数可以任意小.所以序列 $\{\alpha_n\}$ 收敛,从而它定义了一个 p-adic 数 β.由于

$$\begin{aligned}\| \beta - \alpha_n \| &= \| (\beta - a_n) + (a_n - \alpha_n) \| \\ &\leqslant \max\left\{\| \beta - \alpha_n \|, \frac{1}{n}\right\}\end{aligned}$$

所以 β 是序列 $\{\alpha_n\}$ 的极限.

为了以后的讨论,需要在域 $\mathfrak{P}$ 里定义某些初等拓扑的概念.$\mathfrak{P}$ 的一个子集(特别,一个子环)$\mathfrak{M}$ 是闭的,如果属于 $\mathfrak{M}$ 的元素的每一个收敛序列的极限都在 $\mathfrak{M}$ 内.如果集 $\mathfrak{M}$ 不是闭的,那么容易看出,把属于 $\mathfrak{M}$ 的元素所有收敛序列的极限都添加到 $\mathfrak{M}$ 上所得的子集 $\overline{\mathfrak{M}}$ 就是闭的;$\overline{\mathfrak{M}}$ 叫作集 $\mathfrak{M}$ 的闭包.最后,$\mathfrak{P}$ 的子集 $\mathfrak{M}$ 是紧的,如果属于 $\mathfrak{M}$ 的元素的每一个序列都含有一个收敛的子序列,它的极限在 $\mathfrak{M}$ 内.

因为每一个 p-adic 数都是有理数序列的极限,所以有:

Ⅱ.有理数域 $\mathfrak{R}$ 在 $\mathfrak{P}$ 内的闭包等于 $\mathfrak{P}$.

更进一步,还可以证明:

Ⅲ.域 $\mathfrak{P}$ 是 p-adic 分数环 $\mathfrak{R}_p$ 的闭包.

因为每一个 p-adic 数都是有理数序列的极限,所以只需证明,每一个有理数都是由环 $\mathfrak{R}_p$ 的数所组成序列的 p-adic 极限.设给定一个有理数$\frac{m}{n}$,又令 s 是一个正整数.如果 $n = p^k n_0$,$(n_0, p) = 1$,$k \geqslant 0$,那么选取整数 v,使它满足同余式

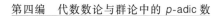

$$n_0 v \equiv m(\mathrm{mod}\ p^{s+k})$$

于是

$$\left\|\frac{m}{n}-\frac{v}{p^k}\right\|=\left\|\frac{m-n_0 v}{n}\right\|\leqslant p^{-s}$$

而$\frac{v}{p^k}\in\mathfrak{N}_p$. 论断 Ⅲ 被证明.

p-adic数α是整的,如果$\|\alpha\|\leqslant 1$. 由p-adic范数的性质(1)和(2)可以推出,p-adic整数的和、差、积仍是整的,即p-adic整数构成一个环. 这个环记作$\mathfrak{J}$. 下面两个论断是明显的:

Ⅳ. 环$\mathfrak{J}$与有理数域$\mathfrak{N}$的交是由分母与p互素的一切有理数所组成的环$\mathfrak{P}^{(p)}$.

Ⅴ. 环$\mathfrak{J}$与p-adic分数环$\mathfrak{N}_p$的交是有理整数环$\mathfrak{C}$.

由 Ⅲ 和 Ⅴ 不难得出以下定理:

Ⅵ. 环$\mathfrak{J}$是环$\mathfrak{C}$的闭包.

事实上,如果给定一个不等于零的p-adic整数α,那么根据 Ⅲ,它是一个p-adic分数收敛序列a_1,a_2,…,a_n,…的极限. 因为$\alpha\neq 0$,所以从某一个n开始,范数$\|a_n\|$都等于α的范数,即小于或等于1,于是由 Ⅴ 知,数a_n是有理整数. 反之,任何有理整数收敛序列的极限的范数都不大于1,即是一个p-adic整数.

由此得:

Ⅶ. 环$\mathfrak{J}$在域$\mathfrak{P}$里是闭的.

现在设α是一个p-adic整数,而$a_1,a_2,\cdots,a_n,\cdots$是一个以$\alpha$为极限的有理整数序列. 把每一个数$a_n$按升幂写成数$p$的幂的和,系数是$0,1,\cdots,p-1$中之一,并且令$a_n^{(k)}$表示$a_n$的这个写法里从开始截止到$p^k$项,这里$k$是一个非负整数. 由序列$\{a_n\}$的收敛性推出,所

有的 $a_n^{(k)}$，除去可能的有限多个数，都彼此相等，即等于一个数，我们把它记作 $a^{(k)}$. 容易验证，对于所有的 k，$a^{(k)}$ 是 $a^{(k+1)}$ 的前段（按 p 的升幂书写），而 $a^{(k)}$ 不依赖于序列 $\{a_n\}$ 的选取，即是由数 α 本身所确定的. 最后，序列 $\{a^{(k)}\}$ 也以 α 为极限. 现在对于数 α，可以有唯一确定的关于数 p 的升幂的级数与它对应，这个级数的前 $k+1$ 项截断是数 $a^{(k)}$，$k=0,1,2,\cdots$. 这个级数叫作数 α 的典范写法. 反之，每一个关于数 p 的升幂的级数，它的系数是按模 p 约化的非负整数，都对应着一个 p-adic 整数，这个 p-adic 整数是这个级数的截断所成的（收敛）序列的极限. 由此得：

Ⅷ. 环 $\mathfrak{J}$ 具有连续统的势.

Ⅸ. 环 $\mathfrak{J}$ 是紧的.

设给定一个 p-adic 整数可数序列

$$\alpha_1,\alpha_2,\cdots,\alpha_n,\cdots \tag{F}$$

因为在这些数的典范写法里，作为 p^0 的系数只能是数 $0,1,\cdots,p-1$ 中之一，所以在(F) 里，可以选出无限序列

$$\alpha_1^{(1)},\alpha_2^{(1)},\cdots,\alpha_n^{(1)},\cdots \tag{F_1}$$

其中在每一个数的典范写法里，p^0 的系数都相等. 假设已经确定了序列

$$\alpha_1^{(k)},\alpha_2^{(k)},\cdots,\alpha_n^{(k)},\cdots \tag{F_k}$$

其中在每一个数的典范写法里，$p^0,p^1,p^2,\cdots,p^{k-1}$ 的对应系数都彼此相等. 从这个序列里再选出一个无限序列 $\{F_{k+1}\}$，在它的元素的典范写法里，p^k 的系数都相等. 这样对于所有的 k，定义了序列 $\{F_k\}$ 的递降链. 现在容易验证，序列

$$\alpha_1^{(1)},\alpha_2^{(2)},\cdots,\alpha_k^{(k)},\cdots$$

是收敛的. 注意到 Ⅶ,可得这个定理成立.

环 $\mathfrak{F}$ 显然没有零因子,但有单位元. 我们考察这个环的理想. 根据 p-adic 范数的性质(1) 和(2) 可知,由所有范数不大于 $p^{-n}(n \geqslant 0)$ 的 p-adic 整数所组成的集 $p^n\mathfrak{F}$ 在 $\mathfrak{F}$ 内构成一个理想. 理想降链 $\mathfrak{F}, p\mathfrak{F}, p^2\mathfrak{F}, \cdots$ 实际上穷尽了环 $\mathfrak{F}$ 的一切非零理想:如果两个 p-adic 整数具有同一范数,那么它们之中的每一个数都含于另一个数所生成的理想内,因为它们的商有范数 1,所以属于 $\mathfrak{F}$. 由此得到:

Ⅹ. 在环 $\mathfrak{F}$ 里,所有的理想都是主理想.

下面关于理想链的性质对我们来说是重要的.

Ⅺ. 如果 p-adic 数收敛序列 $\alpha_1, \alpha_2, \cdots, \alpha_k, \cdots$ 有极限零,那么每一个理想 $p^n\mathfrak{F}$ 都含有这个序列中除掉可能有限个的一切数.

Ⅻ. 每一个 p-adic 数都可以通过乘上 p 的一个正整数幂而成为一个 p-adic 整数.

事实上,如果数 α 的范数是 $p^n, n > 0$,那么根据 p-adic 范数的性质(1),乘积 $p^n\alpha$ 有范数 $\| p^n\alpha \| = 1$.

下面我们来考察域 $\mathfrak{P}$ 上有限维向量空间. 设

$$P = \mathfrak{P}\boldsymbol{u}_1 + \mathfrak{P}\boldsymbol{u}_2 + \cdots + \mathfrak{P}\boldsymbol{u}_n$$

是这样一个向量空间. 在其中如下地定义收敛性:元素

$$\boldsymbol{a} = \alpha_1\boldsymbol{u}_1 + \alpha_2\boldsymbol{u}_2 + \cdots + \alpha_n\boldsymbol{u}_n$$

叫作元素

$$\boldsymbol{a}_k = \alpha_{k1}\boldsymbol{u}_1 + \alpha_{k2}\boldsymbol{u}_2 + \cdots + \alpha_{kn}\boldsymbol{u}_n (k = 1, 2, \cdots)$$

的序列的极限,如果对于每一个 $i, 1 \leqslant i \leqslant n$,数 α_i 是序列 $\alpha_{1i}, \alpha_{12}, \cdots, \alpha_{ki}, \cdots$ 的(p-adic) 极限.

我们这里收敛的定义不依赖于空间 P 的线性无关组 $\boldsymbol{u}_1, \boldsymbol{u}_2, \cdots, \boldsymbol{u}_n$ 的选取. 事实上,如果过渡到线性无关

组 $\boldsymbol{v}_1, \boldsymbol{v}_2, \cdots, \boldsymbol{v}_n$，又设

$$\boldsymbol{u}_i = \sum_j \mu_{ij} \boldsymbol{v}_j$$

那么

$$\boldsymbol{a} = \sum_j \left(\sum_i \alpha_i \mu_{ij} \right) \boldsymbol{v}_j$$

$$\boldsymbol{a}_k = \sum_j \left(\sum_i \alpha_{ki} \mu_{ij} \right) \boldsymbol{v}_j \ (k = 1, 2, \cdots)$$

因此，在元素 $\boldsymbol{a}_1, \boldsymbol{a}_2, \cdots$ 里，$\boldsymbol{v}_j (1 \leqslant j \leqslant n)$ 的系数序列以元素 $\boldsymbol{a}$ 里 $\boldsymbol{v}_j$ 的系数为极限.

现在在空间 P 的加法群里也可以像前面一样地定义闭子集、闭包、紧集等概念. 注意这时一个子群的闭包仍是子群. 事实上，如果 P 的元素 $\boldsymbol{a}$ 是序列 $\{a_k\}$ 的极限，元素 $\boldsymbol{b}$ 是序列 $\{b_k\}$ 的极限，那么容易验证，序列 $\{a_k \pm b_k\}$ 有极限 $\boldsymbol{a} \pm \boldsymbol{b}$.

在以下两节里，当引用本节的定理 Ⅰ ～ Ⅻ 时，我们仅指出定理的号数，而不再指出节数.

17.2　有限秩无扭群

我们现在将给出有限秩无扭 Abel 群的完全描述，即描述(确切到同构) 有限个同构于有理数加群 R 的群的直和的所有子群.

设给出一个有限秩 n 的无扭 Abel 群 G. 群 G 包含在一个最小完备群 F 内，这个完备群由群 G 唯一确定，并且它的秩等于 n. 设 $\mathfrak{R}$ 是有理数域. 那么 $F = \mathfrak{R}G$，并且对于 F 的任意元素 x，可以找到 G 中这样一个元素 $\boldsymbol{a}$ 和一个有理数 α(甚至是形如 $\frac{1}{m}$ 的数)，使得 $\boldsymbol{x} = \alpha \boldsymbol{a}$. 令

G_p 是群 F 中由元素 $d\boldsymbol{a}$ 所生成的子群，这里 $\boldsymbol{a}$ 遍历群 G，而 α 是环 $\mathfrak{N}^{(p)}$ 中分母与素数 p 互素的那些有理数，即 $G_p=\mathfrak{N}^{(p)}G$. 子群 G_p 的任意元素可以写成 $\alpha_1\boldsymbol{a}_1+\alpha_2\boldsymbol{a}_2+\cdots+\alpha_k\boldsymbol{a}_k$ 的形式，这里

$$\boldsymbol{a}_1,\boldsymbol{a}_2,\cdots,\boldsymbol{a}_k\in G,\alpha_1,\alpha_2,\cdots,\alpha_k\in\mathfrak{N}^{(p)}$$

这样的写法可能有多种. 注意，对于 $x\in G_p,\alpha\in\mathfrak{N}^{(p)}$，元素 $\alpha\boldsymbol{x}$ 也属于 G_p

$$\mathfrak{N}^{(p)}G_p=G_p$$

子群 G 是一切子群 G_p 的交，这里 p 取遍所有的素数.

显然，$G\subseteq G_p$，从而 G 含于一切 G_p 的交内. 另外，设 $\boldsymbol{b}$ 是这个交的任意一个元素. 由于 $\boldsymbol{b}\in G_p$，所以 $\boldsymbol{b}$ 可以写成

$$\boldsymbol{b}=\alpha_1\boldsymbol{a}_1+\alpha_2\boldsymbol{a}_2+\cdots+\alpha_k\boldsymbol{a}_k$$

这里 $\boldsymbol{a}_1,\boldsymbol{a}_2,\cdots,\boldsymbol{a}_k\in G,\alpha_1,\alpha_2,\cdots,\alpha_k\in\mathfrak{N}^{(p)}$. 如果 r 是数 $\alpha_1,\alpha_2,\cdots,\alpha_k$ 的公分母，那么 $r\boldsymbol{b}\in G$，并且 r 与 p 互素. 令 $p_1,p_2,\cdots,p_m$ 是数 r 的一切互不相同的素因子，那么 $\boldsymbol{b}$ 作为子群 $G_{p_1},G_{p_2},\cdots,G_{p_m}$ 的元素，类似地又可以求得这样的整数 $r_1,r_2,\cdots,r_m$，使得 $r_i\boldsymbol{b}\in G$，且 $(r_i,p_i)=1,i=1,2,\cdots,m$. 于是 $(r,r_1\cdots,r_m)=1$，即存在整数 $l,l_1,\cdots,l_m$，使得

$$lr+l_1r_1+\cdots+l_mr_m=1$$

由此得

$$\boldsymbol{b}=(lr+l_1r_1+\cdots+l_mr_m),\boldsymbol{b}\in G$$

现在固定一个素数 p，我们来考虑子群 G_p. 如果 $\boldsymbol{u}_1,\boldsymbol{u}_2,\cdots,\boldsymbol{u}_n$ 是群 F 的一个极大线性无关组，那么

$$F=\mathfrak{N}\boldsymbol{u}_1+\mathfrak{N}\boldsymbol{u}_2+\cdots+\mathfrak{N}\boldsymbol{u}_n \tag{1}$$

我们把群 F 嵌入 p-adic 数域 $\mathfrak{P}$ 上一个 n 维向量空间

$$P=\mathfrak{P}\boldsymbol{u}_1+\mathfrak{P}\boldsymbol{u}_2+\cdots+\mathfrak{P}\boldsymbol{u}_n$$

注意空间 P 不依赖于群 F 的直分解(1) 的选取,即只由群 G 本身所确定,因为群 F 的另一个直分解仅是导致 P 的一个新的直分解. 令 $\overline{G}_p$ 表示子群 $\overline{G}_p$ 在群 P 内的闭包. 我们证明以下定理:

子群 G_p 是群 P 的子群 F 与 $\overline{G}_p$ 的交. 显然,$G_p\subseteq F\cap\overline{G}_p$. 另外,设元素 $\boldsymbol{x}$ 属于这个交. 作为 $\overline{G}_p$ 的元素,它是 G_p 中元素的序列 $\boldsymbol{x}_1,\boldsymbol{x}_2,\cdots,\boldsymbol{x}_k,\cdots$ 的极限,又因为元素 $\boldsymbol{x}$ 和 $\boldsymbol{x}_1,\boldsymbol{x}_2,\cdots,\boldsymbol{x}_k,\cdots$ 都属于 F,所以下面的等式成立

$$\boldsymbol{x}=\alpha_1\boldsymbol{u}_1+\alpha_2\boldsymbol{u}_2+\cdots+\alpha_n\boldsymbol{u}_n$$

$$\boldsymbol{x}_k=\alpha_{k1}\boldsymbol{u}_1+\alpha_{k2}\boldsymbol{u}_2+\cdots+\alpha_{kn}\boldsymbol{u}_n(k=1,2,\cdots)$$

这里一切系数 α_i 和 α_{ki} 都是有理数. 因为 F 的每一个元素都可以写成 $\alpha\boldsymbol{a}$ 的形式,其中 $\boldsymbol{a}\in G$,α 是有理数,所以这个元素乘上某一数 p 的幂(例如,等于在数 α 的分母中出现的每一个数 p 的幂),就把它变成子群 G_p 的一个元素. 设 m 是这样一个数,它使得 $p^m\boldsymbol{u}_1,p^m\boldsymbol{u}_2,\cdots,p^m\boldsymbol{u}_n$ 属于 G_p. 由元素 $\boldsymbol{x}_1,\boldsymbol{x}_2,\cdots,\boldsymbol{x}_k,\cdots$ 的序列收敛于元素 $\boldsymbol{x}$ 推出,数 $\alpha_{1i},\alpha_{2i},\cdots,\alpha_{ki},\cdots$ p-adic 收敛于数 α_i,$i=1,2,\cdots,n$. 于是根据 Ⅺ,存在这样一个正整数 s,使得

$$\alpha_i-\alpha_{si}\in p^m\mathfrak{F}(i=1,2,\cdots,n)$$

因为 $\alpha_i-\alpha_{si}$ 是有理数,所以根据 Ⅳ 得

$$\alpha_i-\alpha_{si}\in p^m\mathfrak{R}^{(p)}$$

因此

$$(\alpha_i-\alpha_{si})\boldsymbol{u}_i\in G_p$$

于是

$$\boldsymbol{x}-\boldsymbol{x}_s=\sum_{i=1}^{n}(\alpha_i-\alpha_{si})\boldsymbol{u}_i\in G_p$$

又因为 $\boldsymbol{x}_s\in G_p$，所以 $\boldsymbol{x}\in G_p$.

我们暂时撇开群 P 与原来的群 G 的联系，即只把 P 看成域 $\mathfrak{P}$ 上一个 n 维向量空间，证明以下定理：

群 P 的每一个含有 $\mathfrak{P}$ 上 n 个线性无关元素的闭子群 H 都可以分解成直和

$$H=\mathfrak{P}v_1+\cdots+\mathfrak{P}v_k+\mathfrak{J}v_{k+1}+\cdots+\mathfrak{J}v_n$$

其中数 k，$0\leqslant k\leqslant n$，只依赖于群 H 本身.

首先假设子群 H 不含 $\mathfrak{P}$ 上任何非零子空间. 设 $\boldsymbol{u}_1,\boldsymbol{u}_2,\cdots,\boldsymbol{u}_n$ 是 H 中任意一组在 $\mathfrak{P}$ 上线性无关的元素，记

$$H_0=\mathfrak{J}\boldsymbol{u}_1+\mathfrak{J}\boldsymbol{u}_2+\cdots+\mathfrak{J}\boldsymbol{u}_n$$

换一句话说，H_0 是群 P 中含有元素 $\boldsymbol{u}_1,\boldsymbol{u}_2,\cdots,\boldsymbol{u}_n$ 并且容许 p-adic 整数作乘法的最小子群. 注意 $H_0\subseteq H$. 事实上，对于任意有理整数 k 和 H 的任意元素 $\boldsymbol{x}$，元素 $k\boldsymbol{x}$ 属于 H，而由 Ⅵ 得，任意 p-adic 整数都是有理整数序列的 p-adic 极限，又因为子群 H 是闭的，所以元素 $\boldsymbol{x}$ 与任意 p-adic 整数的乘积也属于 H.

现在令 H'_m 表示由群 P 的一切这样的元素所组成的子群，这些元素的 p^m 倍属于 H_0. 又令

$$H_m=H'_m\cap H(m=0,1,2,\cdots)$$

于是 $H_0\subseteq H_1\subseteq\cdots\subseteq H_m\subseteq\cdots$，并且这个递增序列的并集与 H 重合. 事实上，P 的任意元素可以写成以 p-adic 数为系数的元素 $\boldsymbol{u}_1,\boldsymbol{u}_2,\cdots,\boldsymbol{u}_n$ 的线性组合，然而根据 Ⅻ，任意 p-adic 数都可以乘上数 p 的某一个幂使成为 p-adic 整数.

假设可以选出无限序列

$$H_0 \subseteq H_{m_1} \subseteq H_{m_2} \subseteq \cdots \subseteq H_{m_1} \subseteq \cdots$$

其中每一个子群 H_{m_i} 不等于 $H_{m_{i-1}}$. 于是在 H_0 里可以找到这样的元素序列 $\boldsymbol{x}_1,\boldsymbol{x}_2,\cdots,\boldsymbol{x}_i,\cdots$,使得 $p^{-m_i}\boldsymbol{x}_i$ 属于 H_{m_i},但不属于 $H_{m_{i-1}}$. 因为由 Ⅸ 得,子群 H_0 是紧的,所以在这个序列里可以选出一个子序列,它收敛于 H_0 的某一元素 $\boldsymbol{x}$. 于是根据 Ⅺ,对于任意 $s, s=1, 2,\cdots$,可以找到这样一个元素 $\boldsymbol{x}_{t(s)}$,其中 $t(s)>s$,并且

$$\boldsymbol{x}-\boldsymbol{x}_{t(s)} \in p^s H_0$$

因为用 p^{-s} 去乘空间 P 的元素是有意义的,由此得

$$p^{-s}\boldsymbol{x}-p^{-s}\boldsymbol{x}_{t(s)} \in H_0 \tag{2}$$

由于 $p^{-m_{t(s)}}\boldsymbol{x}_{t(s)} \notin H_{m_t(s)-1}$,而 $1 \leqslant s < t(s) \leqslant m_{t(s)}$,所以 $p^{-s}\boldsymbol{x}_{t(s)} \notin H_0$,由(2)得 $\boldsymbol{x} \neq \mathbf{0}$. 又因为 $p^{-s}\boldsymbol{x}_{t(s)} \in H$,再由(2)得 $p^{-s}\boldsymbol{x} \in H$. 这个结论对于所有的 s 都成立,又因为前面已经证明了 H 的元素与任意 p-adic 整数的乘积仍属于 H,所以 H 含有子群 $\mathfrak{P}x$,这个子群不等于零,并且容许用 $\mathfrak{P}$ 的数作乘法,这与对于子群 H 所作的假设相违.

这就证明了存在这样的 m,使得

$$H_m = H_{m+1} = \cdots = H$$

由此得 $H_0 \subseteq H \subseteq H'_m$. 根据 H_0 的构造,它是环 $\mathfrak{F}$ 上一个秩为 n 的自由模. 这对于 H'_m 也是对的 —— 可以取 $p^{-m}\boldsymbol{u}_1, p^{-m}\boldsymbol{u}_2,\cdots,p^{-m}\boldsymbol{u}_n$ 作为基. 于是,根据 Ⅹ,我们得出,子群 H 也是环 $\mathfrak{F}$ 上一个秩为 n 的自由模,即

$$H=\mathfrak{F}\boldsymbol{v}_1+\mathfrak{F}\boldsymbol{v}_2+\cdots+\mathfrak{F}\boldsymbol{v}_n$$

在这一种情形,$k=0$.

如果 H 包含 $\mathfrak{P}$ 上非零子空间,那么令 K 是这些子空间的和. 因为 P 作为域上向量空间是完全可约的,域的加法群作为这个域上带算子的群是单的,所以 $P=$

$K+L$,而

$$K=\mathfrak{P}\boldsymbol{v}_1+\mathfrak{P}\boldsymbol{v}_2+\cdots+\mathfrak{P}\boldsymbol{v}_k(k\leqslant n)$$

另外,子群 L 是 $\mathfrak{P}$ 上 $n-k$ 维向量空间. $D=H\cap L$ 也含有 $n-k$ 个在 $\mathfrak{P}$ 上线性无关的元素,但已不含关于 $\mathfrak{P}$ 的容许子群. 并且由于 H 是闭的,从而 D 也在 L 内是闭的. 于是我们就回到前面所考虑的情形,即

$$D=\mathfrak{F}\boldsymbol{v}_{k+1}+\cdots+\mathfrak{F}\boldsymbol{v}_n$$

最后,根据 $H=K+D$,定理完全被证明.

同时我们还看到,数 k 是 H 中关于 $\mathfrak{P}$ 的极大容许子群(在 $\mathfrak{P}$ 上)的秩,即这个数由群 H 本身所确定.

这个定理可以应用到群 $\overline{G}_p$ 上. 对于这一种情形,由定理所得到的数 k,归根到底是由原来的群 G 唯一确定的,即是这个群的一个不变量. 我们把这个数叫作群 G 的 p 一秩,并且用 k_p 来表示,$0\leqslant k_p\leqslant n$. 其次,根据上面的定理,在子群 $\overline{G}_p$ 中所选取的任意一组元素

$$\boldsymbol{v}_1,\cdots,\boldsymbol{v}_{k_p},\boldsymbol{v}_{k_p+1},\cdots,\boldsymbol{v}_n \tag{3}$$

都在 $\mathfrak{P}$ 上线性无关,因而是群 P 中元素(在 $\mathfrak{P}$ 上)的一个极大线性无关组. 另外,群 F 的任意一个(在 $\mathfrak{R}$ 上)极大线性无关元素组

$$\boldsymbol{u}_1,\boldsymbol{u}_2,\cdots,\boldsymbol{u}_n \tag{4}$$

在群 P 内也是一个(在 $\mathfrak{P}$ 上)极大线性无关组. 由此推出,(3) 和(4) 中每一组的元素都可以由另一组元素(在 $\mathfrak{P}$ 上)线性表示. 因此

$$\boldsymbol{u}_i=\sum_{j=1}^{n}\alpha_{ij}\boldsymbol{v}_j(i=1,2,\cdots,n)$$

这里所有的系数 α_{ij} 都是 p-adic 数,并且行列式 $|\alpha_{ij}|\neq 0$.

这样,对于群 G,有一个元素是 p-adic 数的 n 阶非

退化方阵 $\boldsymbol{A}_p=(\alpha_{ij})$ 与它对应. 然而方阵 $\boldsymbol{A}_p$ 依赖于组(3) 和(4) 的选取,所以我们应该弄清楚,当这两个组改变时,矩阵 $\boldsymbol{A}_p$ 如何改变.

设组(3) 和(4) 分别变成

$$\boldsymbol{v}'_1,\cdots,\boldsymbol{v}'_{k_p},\boldsymbol{v}'_{k_p+1},\cdots,\boldsymbol{v}'_n \tag{3'}$$

和

$$\boldsymbol{u}'_1,\boldsymbol{u}'_2,\cdots,\boldsymbol{u}'_n \tag{4'}$$

并且元素 $\boldsymbol{v}'_1,\cdots,\boldsymbol{v}'_{k_p}$ 在子群 $\overline{G}_p$ 里与组(3) 的元素 $\boldsymbol{v}_1,\cdots,\boldsymbol{v}_{k_p}$ 扮演着同样的角色. 组(4) 和(4′) 是群 F 的两个极大线性无关组,因而它们在域 $\mathfrak{R}$ 上可以相互线性表示. 设(4′) 通过矩阵 $\boldsymbol{B}$ 由(4) 表示为

$$(\boldsymbol{u}')=\boldsymbol{B}(\boldsymbol{u})^{①}$$

$\boldsymbol{B}$ 是一个有理系数的 n 阶非退化方阵,并且每一个这样的方阵都把组(4) 变成某一个组(4′).

与此相应,我们有

$$(\boldsymbol{v})=\boldsymbol{C}_p(\boldsymbol{v}')$$

方阵 $\boldsymbol{C}_p$ 给出群

$$\overline{G}_p=\mathfrak{P}\boldsymbol{v}'_1+\cdots+\mathfrak{P}\boldsymbol{v}'_{k_p}+\mathfrak{J}\boldsymbol{v}'_{k_p+1}+\cdots+\mathfrak{J}\boldsymbol{v}'_n$$

的一个自同构. 在这个自同构之下,子群 $K=\mathfrak{P}\boldsymbol{v}'_1+\cdots+\mathfrak{P}\boldsymbol{v}'_{k_p}$ 被映成自身. 因 $\boldsymbol{C}_p$ 有形式

$$\boldsymbol{C}_p=\begin{pmatrix}\boldsymbol{U} & \boldsymbol{O}\\ \boldsymbol{W} & \boldsymbol{V}\end{pmatrix} \tag{5}$$

这里 $\boldsymbol{U}$ 是一个元素为 p-adic 数的 k_p 阶非退化方阵,$\boldsymbol{V}$ 是一个元素为 p-adic 整数的 $n-k_p$ 阶方阵,并且在环 $\mathfrak{J}$ 上有逆方阵,而 $\boldsymbol{W}$ 是一个元素为 p-adic 数的矩阵. 反

---

① $(\boldsymbol{u})$ 和 $(\boldsymbol{u}')$ 是组(4) 与(4′) 排成纵列的简写.

之，任何形如(5)的方阵都给出群 $\overline{G}_p$ 的一个自同构，即使得组(3)变成某一个组(3′). 所以形如(5)的方阵对于乘法作成一个群. 我们把这个群记作 $\Gamma_p(n,k_p)$.

现在可以给出组(4′)通过组(3′)来表示的方阵 $\boldsymbol{A}'_p$ 了. 事实上，由 $(\boldsymbol{u})=\boldsymbol{A}_p(\boldsymbol{v})$ 得

$$(\boldsymbol{u}')=\boldsymbol{B}\boldsymbol{A}_p\boldsymbol{C}_p(\boldsymbol{v}')$$

即 $\boldsymbol{A}'_p=\boldsymbol{B}\boldsymbol{A}_p\boldsymbol{C}_p$.

固定一个素数 p，方阵 $\boldsymbol{A}_p$ 与群 G 对应. 现在设对于一切素数，而且在取群 F 中同一个线性无关组(4)时都这样做. 这样一来，如果 $p_1,p_2,\cdots,p_i,\cdots$ 是一切素数所成的序列，那么就有一个方阵序列

$$\mathfrak{A}=(\boldsymbol{A}_{p_1},\boldsymbol{A}_{p_2},\cdots,\boldsymbol{A}_{p_i},\cdots) \tag{6}$$

与群 G 对应，这里 $\boldsymbol{A}_{p_i}$ 是元素为 p_i 进数的一个 n 阶非退化方阵. 序列(6)与序列

$$\mathfrak{A}'=(\boldsymbol{A}'_{p_1},\boldsymbol{A}'_{p_2},\cdots,\boldsymbol{A}'_{p_i},\cdots) \tag{7}$$

是等价的，如果存在一个元素是有理数的 n 阶非退化方阵 $\boldsymbol{B}$ 和分别属于群 $\Gamma_{p_i}(n,k_{p_i})$ 的矩阵 $\boldsymbol{C}_{p_i}$，使得对于每一个 i，都有等式

$$\boldsymbol{A}'_{p_i}=\boldsymbol{B}\boldsymbol{A}_{p_i}\boldsymbol{C}_{p_i} \tag{8}$$

这个等价性显然是自反的、对称的和传递的，因而从以上的证明得出，序列(7)与群 G 对应，必要且只要它与(8)等价. 这样，群 G 唯一地确定方阵序列的一个等价类. 我们约定把这个类简记作 $(\mathfrak{A})_G$.

下面的定理是整个这一节的主要结果：

秩 n，对于一切素数 p 来说的 p－秩 k_p 以及方阵序列类 $(\mathfrak{A})_G$ 构成群 G 的一个完全不变量系.

设群 G 与 G' 具有同一秩 n，对于每一个素数 p，具有同一 p－秩 k_p，并且 $(\mathfrak{A})_G=(\mathfrak{A})_{G'}=(\mathfrak{A})$. 又设 F 和

F' 分别是包含 G 和 G' 的最小完备群,并且对于某一素数 p,令 P 和 P' 是 p-adic 数域上 n 维向量空间,它们分别是包含 F 和 F' 的最小向量空间. 在类($\mathfrak{A}$) 里选取一个序列 $\mathfrak{A}$,在这个序列里,对应于数 p 的矩阵是 $\boldsymbol{A}_p$. 于是在 F 里存在这样一组线性无关的元素 $\boldsymbol{u}_1,\boldsymbol{u}_2,\cdots,\boldsymbol{u}_n$,而对于群 G_p 的闭包,有这样一个直分解

$$\overline{G}_p=\mathfrak{V}\boldsymbol{v}_1+\cdots+\mathfrak{V}\boldsymbol{v}_{k_p}+\mathfrak{F}\boldsymbol{v}_{k_p}+\cdots+\mathfrak{F}\boldsymbol{v}_n$$

使得组 $\boldsymbol{u}_1,\boldsymbol{u}_2,\cdots,\boldsymbol{u}_n$ 通过矩阵 $\boldsymbol{A}_p$ 由组 $\boldsymbol{v}_1,\boldsymbol{v}_2,\cdots,\boldsymbol{v}_n$ 来表示. 在群 F' 与 $\overline{G}'_p$ 里,相应地可以找到元素组 $\boldsymbol{u}'_1$,$\boldsymbol{u}'_2,\cdots,\boldsymbol{u}'_n$ 和 $\boldsymbol{v}'_1,\boldsymbol{v}'_2,\cdots,\boldsymbol{v}'_n$,使得第一组仍是通过矩阵 $\boldsymbol{A}_p$ 由第二组来表示.

对应 $\boldsymbol{u}_1\rightarrow\boldsymbol{u}'_1,\boldsymbol{u}_2\rightarrow\boldsymbol{u}'_2,\cdots,\boldsymbol{u}_n\rightarrow\boldsymbol{u}'_n$ 导致群 F 与 F' 的一个(在 $\mathfrak{R}$ 上) 算子同构,这个同构唯一地开拓为群 P 与 P' 的一个(在 $\mathfrak{P}$ 上) 算子同构. 因为由 $\boldsymbol{u}_1,\cdots,\boldsymbol{u}_n$ 到 $\boldsymbol{v}_1,\cdots,\boldsymbol{v}_n$ 的过渡矩阵同由 $\boldsymbol{u}'_1,\cdots,\boldsymbol{u}'_n$ 到 $\boldsymbol{v}'_1,\cdots,\boldsymbol{v}'_n$ 的过渡矩阵是同一个,所以元素 $\boldsymbol{v}_i$ 在这个同构之下被映成元素 $\boldsymbol{v}'_i$,$i=1,2,\cdots,n$,即子群 $\overline{G}_p$ 被同构地映成子群 $\overline{G}'_p$. 由此推出,交 $F\cap\overline{G}_p$ 被同构地映成交 $F'\cap\overline{G}'_p$;换句话说,在所建立的群 F 与 F' 的同构映射之下,子群 G_p 与 G'_p 相互对应. 因为根据方阵序列 $\mathfrak{U}$ 的定义,元素组 $\boldsymbol{u}_1,\cdots,\boldsymbol{u}_n$ 与 $\boldsymbol{u}'_1,\cdots,\boldsymbol{u}'_n$ 不依赖于数 p 的选取,所以上述事实对于一切 p 都成立. 这样,一切子群 G_p 的交被同构地映成一切子群 G'_p 的交,即 G 与 G' 同构.

17.3　17.2 节中结果的补充和应用

上一节所建立的关于有限秩无扭 Abel 群的完全不变量系还不能认为已经完成了对这一类群的分类.

事实上,我们现在还没有证明:对于任意给定的一组不变量,可以找到一个群,使它具有所给的这组不变量.这还是不能证明的,因为实际上对应于上述意义下所写出的群的矩阵序列还具有一些附加性质,这些性质在上一节里没有被提到.我们现在就来讨论这些性质.

与群 G 对应的矩阵序列 $\mathfrak{A}$ 依赖于群 F 内线性无关组 $\boldsymbol{u}_1,\boldsymbol{u}_2,\cdots,\boldsymbol{u}_n$ 的选取.这一组元素可以取自群 G 本身.在这一情形,对于所有的 p,它们包含在 $\overline{G}_p$ 内,即每一个元素 $\boldsymbol{u}_i,i=1,2,\cdots,n$,被元素 $\boldsymbol{v}_1,\cdots,\boldsymbol{v}_{k_p}$,$\boldsymbol{v}_{k_p+1},\cdots,\boldsymbol{v}_n$ 线性表示,其中元素 $\boldsymbol{v}_1,\cdots,\boldsymbol{v}_{k_p}$ 的系数是 p-adic 数,而其余元素的系数是 p-adic 整数.换句话说,这时矩阵 $\boldsymbol{A}_p$(对于所有的 p)的后 $n-k_p$ 列的元素都是 p-adic 整数.这样的矩阵叫作典范的.于是对于我们所选取的元素组 $\boldsymbol{u}_1,\cdots,\boldsymbol{u}_n$,组成序列 $\mathfrak{U}$ 的所有矩阵都是典范的.然而序列 $\mathfrak{U}$ 的这个性质当过渡到与它等价的序列时不被保持.容易看出,尽管一个典范矩阵 $\boldsymbol{A}_p$ 右乘群 $\Gamma_p(n,k_p)$ 的一个矩阵 $\boldsymbol{C}_p$,仍然得到一个典范矩阵,但是一个典范矩阵左乘一个有理系数的非退化矩阵 $\boldsymbol{B}$ 时,一般说来就不再是典范矩阵.然而应该注意到,在矩阵序列的等价性的定义里出现的矩阵 $\boldsymbol{B}$ 对于所有的 p 来说都是同一个.同时在这个矩阵的元素的分母里,只出现有限个素数,这就是说,除掉有限个数,对于所有的 p,矩阵 $\boldsymbol{B}$ 可以认为元素是 p-adic 整数的矩阵.这时乘积 $\boldsymbol{BA}_p$ 仍是典范矩阵.这样,我们得到以下结果:

在与群 G 对应的类 $(\mathfrak{U})_G$ 的每一个矩阵序列 $\mathfrak{U}$ 里,所有的矩阵,除去有限个,都是典范矩阵.

我们把由具有这个定理所指出的性质的矩阵序列

所组成的类($\mathfrak{U}$) 叫作典范类，显然，远不是所有的类都是典范类.

引理　每一个典范类($\mathfrak{U}$) 至少含有一个完全由典范矩阵所组成的序列.

事实上，设 $\mathfrak{U}$ 是类($\mathfrak{U}$) 中任意一个序列，而 $\boldsymbol{A}_p$ 是这个序列里一个非典范的矩阵. 根据 Ⅻ，存在数 p 的这样一个幂 p^k，使得矩阵 $\boldsymbol{A}_p$ 通过左乘一个纯量矩阵 $p^k\boldsymbol{E}$ 之后，后 $n-k_p$ 列的元素都变成 p-adic 整数，即矩阵 $\boldsymbol{A}_p$ 变成典范矩阵. 如果用 $p^k\boldsymbol{E}$ 从左边去乘序列 $\mathfrak{U}$ 的所有矩阵，我们就得到类($\mathfrak{U}$) 里一个序列，它里面的非典范矩阵要比 $\mathfrak{U}$ 里面的少：因矩阵 $p^k\boldsymbol{E}$ 去乘 $\mathfrak{U}$ 里面的每一个典范矩阵 $\boldsymbol{A}_q$，$q\neq p$，并不破坏它的典范性. 应用上述方法有限次，我们就得到($\mathfrak{U}$) 里一个序列，它的所有矩阵都是典范的.

现在我们可以证明对于有限秩无扭 Abel 群的完全描述的定理：

给定了一个自然数 n，对于每一个素数 p，给定了一个满足条件 $0\leqslant k_p\leqslant n$ 的非负整数 k_p，以及与这些数相关联的矩阵序列的典范类($\mathfrak{U}$)①，那么存在一个无扭 Abel 群，它具有秩 n，p－秩 k_p，并且以类($\mathfrak{U}$) 作为与它对应的矩阵序列类.

根据引理，在类($\mathfrak{U}$) 里可以选取一个完全由典范矩阵组成的序列 $\mathfrak{U}$. 再取一个秩为 n 的完备群 F，有

$$F=\Re\boldsymbol{u}_1+\Re\boldsymbol{u}_2+\cdots+\Re\boldsymbol{u}_n$$

然后固定一个素数 p，并且将 F 嵌入 p-adic 数域 $\mathfrak{B}$ 上一个 n 维向量空间 P，有

① 回忆在典范类($\mathfrak{U}$) 的定义里要用到数 n 和数 k_p.

$$P=\mathfrak{V}\boldsymbol{u}_1+\mathfrak{V}\boldsymbol{u}_2+\cdots+\mathfrak{V}\boldsymbol{u}_n$$

在空间 P 里选取元素组 $\boldsymbol{v}_1,\cdots,\boldsymbol{v}_{k_p},\boldsymbol{v}_{k_p+1},\cdots,\boldsymbol{v}_n$，它通过序列 $\mathfrak{U}$ 的矩阵 $\boldsymbol{A}_p$ 的逆矩阵，由 $\boldsymbol{u}_1,\cdots,\boldsymbol{u}_n$ 表示. 令

$$V_p=\mathfrak{V}\boldsymbol{v}_1+\cdots+\mathfrak{V}\boldsymbol{v}_{k_p}+\mathfrak{J}\boldsymbol{v}_{k_p+1}+\cdots+\mathfrak{J}\boldsymbol{v}_n$$

再令 $D_p=F\cap V_p$，并且把所有子群 D_p 的交（p 遍历一切素数）记作 G.

群 G 就是所求的.

事实上，由矩阵 $\boldsymbol{A}_p$ 的典范性可知，元素 $\boldsymbol{u}_1,\cdots,\boldsymbol{u}_n$ 属于子群 V_p，从而属于 D_p. 又根据序列 $\mathfrak{U}$ 的取法，这一事实对一切 p 都成立. 所以元素 $\boldsymbol{u}_1,\cdots,\boldsymbol{u}_n$ 属于子群 G. 这就证明了，群 G 具有秩 n，从而 $F=\mathfrak{R}G$.

子群 V_p 是子群 D_p 在 P 内的闭包. 事实上，元素组 $\boldsymbol{v}_1,\cdots,\boldsymbol{v}_n$ 是 P 中（在 $\mathfrak{V}$ 上）一个极大线性无关组，即

$$P=\mathfrak{V}\boldsymbol{v}_1+\cdots+\mathfrak{V}\boldsymbol{v}_n$$

由于 $\mathfrak{J}$ 在 $\mathfrak{V}$ 内是闭的，子群 V_p 在 P 内是闭的，从而含有子群 D_p 的闭包 $\overline{D}_p$. 另外，如果 x 是 V_p 的任意元素，那么因为子群 F 的闭包等于 P①，所以在 F 内存在元素序列 $\boldsymbol{x}_1,\boldsymbol{x}_2,\cdots,\boldsymbol{x}_k,\cdots$，收敛于 $\boldsymbol{x}$. 根据 Ⅺ，存在一个数 m，使得当 $k>m$ 时，有

$$\boldsymbol{x}-\boldsymbol{x}_k\in V_p$$

从而 $\boldsymbol{x}_k\in V_p$，即 $\boldsymbol{x}_k\in D_p$. 这就证明了，子群 $\overline{D}_p$ 与 V_p 重合.

为了完成定理的证明，只需证明：对于一切 p，$\mathfrak{R}^{(p)}G=D_p$ 成立.

事实上，由 $\mathfrak{R}^{(p)}\subseteq\mathfrak{J}$ 得出，对于 $\boldsymbol{d}\in D_p$，$\alpha\in\mathfrak{R}^{(p)}$，

① 这个事实由 Ⅱ 得出.

有 $\alpha\boldsymbol{d}\in V_p$. 又因为 $\alpha\boldsymbol{d}\in F$, 所以 $\alpha\boldsymbol{d}\in D_p$, 即 $\mathfrak{R}^{(p)}D_p=D_p$. 因为对于一切素数 p,都有 $\mathfrak{R}^{(p)}G\subseteq D_p$. 另外,设 $\boldsymbol{x}$ 是 D_p 的任意一个元素,存在 G 的一个元素 $\boldsymbol{\alpha}$ 和一个正整数 m,使得 $\boldsymbol{x}=\frac{1}{m}\boldsymbol{\alpha}$. 如果 $m=p^{\boldsymbol{\alpha}}m'$, $(m',p)=1$,那么当 $\boldsymbol{\alpha}=\boldsymbol{0}$ 时,将有 $\frac{1}{m}\in\mathfrak{R}^{(p)}$,即 $\boldsymbol{x}\in\mathfrak{R}^{(p)}G$. 如果 $\boldsymbol{\alpha}>\boldsymbol{0}$,那么考虑元素

$$\boldsymbol{y}=m'\boldsymbol{x}=\frac{1}{p^{\boldsymbol{\alpha}}}\boldsymbol{\alpha}$$

对于一切异于 p 的素数 q, $\frac{1}{p^{\boldsymbol{\alpha}}}\in\mathfrak{R}^{(q)}$,从而元素 $\boldsymbol{y}$ 属于 D_q. 元素 $\boldsymbol{y}=m'\boldsymbol{x}$ 同时也属于 D_p,即 $y\in G$. 因为 $\frac{1}{m'}\in\mathfrak{R}^{(q)}$,所以

$$\boldsymbol{x}=\frac{1}{m'}\boldsymbol{y}\in\mathfrak{R}^{(p)}G$$

即 $\mathfrak{R}^{(p)}G=D_p$.

我们来指出所得到的关于有限秩无扭 Abel 群的分类的一些应用. 我们知道,直和的秩等于直被加项的秩的和. 利用 p－秩的定义容易证明,上面这个事实对于 p－秩来说也成立. 其次,如果我们考虑秩为 1 的群 G,那么它的 p－秩等于零或 1. 这个群可以由等价的特征

$$\boldsymbol{\alpha}=(\alpha_1,\alpha_2,\cdots,\alpha_n,\cdots)$$

所组成的特征类给出,这里每一个 $\alpha_i=\boldsymbol{\alpha}(p_i)$ 或者是零,或者是一个正整数,或者是符号 ∞,并且对应于 $\boldsymbol{\alpha}(p_i)=\infty$ 的那些素数 p_i 不依赖于特征 $\boldsymbol{\alpha}$ 在这个类里的选取. 当且仅当 $\boldsymbol{\alpha}(p)=\infty$ 时,对于这样的 p,群 G 才有 p－秩 1. 事实上,令 $\mathfrak{B}G=P$,这里 $\mathfrak{B}$ 是 p-adic 数域.

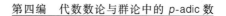

如果 $\boldsymbol{\alpha}(p)=\infty$，即对于 G 的任意元素 a 和任意正整数 m 来说，方程 $p^m\boldsymbol{x}=\boldsymbol{a}$ 在 G 中有解，从而 $\mathfrak{R}_pG=G$，这里 $\mathfrak{R}_p$ 是 p-adic 分数环. 现在由 Ⅲ 得出，子群 G 在群 P 内的闭包等于 P，从而 $k_p=1$. 如果 $\boldsymbol{\alpha}(p)\neq\infty$，那么在 G 里可以取到这样的元素 $\boldsymbol{a}$，使得与它对应的特征 $\boldsymbol{\alpha}$ 有 $\boldsymbol{\alpha}(p)=0$. 这时根据 Ⅳ，有

$$D\subseteq\mathfrak{R}^{(p)}a\subseteq\mathfrak{J}a$$

从而 $k_p=0$.

从上一段所做的说明可知，给定了秩，同时对于一切 p，给定了 p－秩，总可以适当选取秩为 1 的群的直和，从而构造出一个具有所给的秩和 p－秩的无扭群. 是不是所有的有限秩无扭 Abel 群都是秩为 1 的群的直和？如果这个问题的答案是肯定的，那么上面所给出的分类里面有很多情况将失去意义. 然而实际上，正如同下面更为一般的不能分解成子群直和的群存在问题的定理所指出的那样，这个问题没有肯定的答案.

对于任意正整数 n，存在秩为 n 的无扭 Abel 群，它不能分解成直和.

证明　设一个秩为 n 的无扭 Abel 群 G 对某一素数 p 来说，有 p－秩 $n-1$，又设给出了 G 的一个直和分解 $G=G_1+G_2$，这里的被加项分别有秩 n_1 和 n_2，$n_1+n_2=n$. 那么其中一个被加项，比如说，G_1 的 p－秩等于它的秩 n_1，而被加项 G_2 的 p－秩等于 n_2-1. 在前一节里，用以作出 17.2 节中关于群 G 的矩阵 $\boldsymbol{A}_p$ 的元素组 (3) 和(4)，现在可以把关于群 G_1 和 G_2 的相应的元素组拼接起来而得到. 这时矩阵 $\boldsymbol{A}_p$ 有形式

$$\boldsymbol{A}_p=\begin{pmatrix}\boldsymbol{M} & \boldsymbol{0}\\ \boldsymbol{0} & \boldsymbol{N}\end{pmatrix}$$

这里 $\boldsymbol{M}$ 和 $\boldsymbol{N}$ 分别是 n_1 阶和 n_2 阶方阵. 我们可以认为矩阵 $\boldsymbol{A}_p$ 是典范的，即矩阵 $\boldsymbol{N}$ 的最后一列是由 p-adic 整数所组成. 我们知道，在另外选取元素组(3) 和(4) 时与 G 相对应的矩阵 $\boldsymbol{A}'_p$ 有形式 $\boldsymbol{A}'_p=\boldsymbol{B}\boldsymbol{A}_p\boldsymbol{C}_p$，这里 $\boldsymbol{B}$ 是元素为有理数的 n 阶非退化矩阵，而 $\boldsymbol{C}_p$ 是群 $\Gamma_p(n,n-1)$ 里的一个矩阵. 矩阵 $\boldsymbol{C}_p$ 的最后一列里，除最后一个元素是一个不等于零的 p-adic 整数外，其他所有元素都等于零. 因此，矩阵 $\boldsymbol{A}_p\boldsymbol{C}_p$ 有形式

$$\boldsymbol{A}_p\boldsymbol{C}_p=\left(\boldsymbol{S}\,\middle|\,\begin{matrix}\boldsymbol{0}\\ \boldsymbol{T}\end{matrix}\right)$$

这里 $\boldsymbol{S}$ 是一个有 n 行，$n-1$ 列的以 p-adic 数为元素的矩阵，而 T 是一个有 n_2 行，1 列的以 p-adic 整数为元素的矩阵. 其次，如果令 $\boldsymbol{B}'$ 表示由 $\boldsymbol{B}$ 的后 n_2 列所构成的矩阵，那么矩阵 $\boldsymbol{B}\boldsymbol{A}_p\boldsymbol{C}_p$ 的最后一列等于乘积 $\boldsymbol{B}'\boldsymbol{T}$. 因此，这一列的元素是关于 $\boldsymbol{T}$ 的元素的有理系数的线性型，因为 $n_2<n$，所以在有理数域 $\mathfrak{R}$ 上线性相关.

域 $\mathfrak{R}$ 是可数的，由 Ⅷ 得，环 $\mathfrak{J}$ 有连续统的势. 因此可以作出这样一个 p-adic 元素的 n 阶非退化矩阵 $\boldsymbol{A}_p$，它的最后一列由在有理数域 $\mathfrak{R}$ 上线性相关的 p-adic 整数所组成. 令 $k_p=n-1$，并且对于一切 $q\neq p$，随意给定 q－秩 $k_q(0\leqslant k_q\leqslant n)$，和相应的典范矩阵 $\boldsymbol{A}_q$，如同本节中所证明的那样，定义一个秩为 n 的无扭 Abel 群 G，那么由上一段所做的说明可知，这个群不能分解成直和.

从对称群得出的一类完全群①

第 18 章

令 p 是任意奇素数,n 是任意整数

$$n=n_0+n_1p+\cdots+n_rp^r$$

是整数 n 的p-adic 表示.如果 $n_0\neq 2$,中国科技大学数学系查建国教授 1983 年确定对称群 S_n 的 Sylow p — 子群 P 在 S_n 中的正规化子 N 的自同构群,并证明这个自同构群是完全群.作为推论,在

$$0\leqslant n_i\leqslant 4(i=0,1,\cdots,r)$$

的情形,我们将得到一类可解完全群 Aut N.

有限阶可解完全群在某种程度上的分类是一个令人感兴趣的问题.Gagen确定了所有这样的完全群G,G含有一个正规的 Abel 子群 A,且 G/A 是幂零群.中国科技大学查建国教授通过

① 本章摘编自《中国科学技术大学学报》,1983,13(1):29-37.

李型群得出了一类可解完全群. 本章是朝着这个方向的又一探索,从对称群 S_n 的 Sylow p — 子群出发构造出一类完全群.

我们将从特殊到一般逐步展开讨论,首先考虑比较特殊但又是最重要的情形.

18.1 S_{p^r} 的 Sylow p — 子群的正规化子及其性质

我们强调,凡涉及 p,p 总是指一个奇素数.

令 Σ 是用二重足标来记的 p^{r+1} 个文字的集合

$$\Sigma=\{a_{ij}\mid 1\leqslant i\leqslant p,1\leqslant j\leqslant p^r\}$$

对任意 $1\leqslant i\leqslant p$,令 Δ_i 表示 Σ 中这样的包含 p^r 个文字的子集

$$\Delta_i=\{a_{ij}\mid 1\leqslant j\leqslant p^r\}$$

我们用 S^{Ω} 表示集合 Ω 上的对称群.

定义　Σ 上的一个置换 σ 称为引起

$$\Delta=\{\Delta_i\mid 1\leqslant i\leqslant p\}$$

的一个置换. 如果对每个 i,都存在一个确定的 i',使得对任意 j,都有 $a_{ij}^{\sigma}=a_{i'j}$. 我们用 S^{Δ} 表示所有这样的置换形成的 S^{Σ} 的子群. 显然,$S^{\Delta}\cong S_p$.

我们约定,对任意 $g\in S_{p^r}$,g_i 表示 g 所自然对应的 S^{Δ_i} 元素;同样,若 $H\leqslant S_{p^r}$,则 H_i 就表示子群 H 所自然对应的 S^{Δ_r} 的子群. 在这样的约定下,容易看到,对任意 $\sigma\in S^{\Delta}$,如果 $a_{ij}^{\sigma}=a_{i'j}$,那么

$$\sigma^{-1}g_i\sigma=g_{i'},\sigma^{-1}H_i\sigma=H_{i'}$$

虽然对不同的 r,以上这些记号的含义是不同的,

但是,在上下文中,总是预先指明了 r,因此,采用同样的记号并不会引起混淆.

S_p 的情形特别简单. 此时,S_p 的 Sylow p－子群 $p^{(1)}$ 是由 p 个文字的全转换 σ 生成的 p 阶循环群,$P^{(1)}$ 在 S_p 中的正规化子

$$N^{(1)}=\langle\sigma',\sigma\rangle$$

其中 $\sigma'^{-1}\sigma\sigma'=\sigma^d$,$d$ 是模 p 的原根,σ' 生成的 $p-1$ 阶循环群恰是 $P^{(1)}$ 在 $N^{(1)}$ 中的补群 $C^{(1)}$,而且由于 $N^{(1)}$ 是 P 阶循环群的全形,$N^{(1)}$ 是完全群. 对 $S_{p^{r+1}}$ 的 Sylow p－子群 $P^{(r+1)}$,$P^{(r+1)}$ 在 $S_{p^{r+1}}$ 中的正规化子 $N^{(r+1)}$ 及 $P^{(r+1)}$ 在 $N^{(r+1)}$ 中的补群 $C^{(r+1)}$ 可以按如下方法归纳地确定. 我们知道,$P^{(r+1)}$ 是 P 阶循环群 $\langle m\rangle$ 和正规子群

$$P^{(r)^*}=P_1^{(r)}\times P_2^{(r)}\times\cdots\times P_p^{(r)}$$

的半直积,其中 $m\in S^{\Delta}$,有

$$m=(a_{11}a_{21}\cdots a_{p1})(a_{12}a_{22}\cdots a_{p2})\cdots(a_{1p^r}a_{2p^r}\cdots a_{pp^r})$$

引理 1　(1) $P^{(r+1)}$ 含有 p^{r+1} 个文字的全转换.

(2) 如果 $g\in P^{(r+1)}-P^{(r)^*}$,那么对任意 $a_{ij}\in\Sigma$,$a_{ij}^g\neq a_{ij}$.

证明　(1) 假定 $P^{(r)}$ 含有 p^r 个文字的全转换 t,且

$$t_1=(a_{1i_1}a_{pi_2}\cdots a_{1i_{p^r}})$$

则 mt_1 就是 p^{r+1} 个文字的全转换. 因为

$$mt_1=(a_{1i_1}a_{2i_1}\cdots a_{pi_1}a_{1i_2}\cdots a_{1i_{p^r}}a_{2i_{p^r}}\cdots a_{pi_{p^r}})$$

(2) 设 $g\in P^{(r+1)}-P^{(r)^*}$,g 可以写成

$$g=m^k u_1 v_2\cdots w_p$$

的形式,其中 $0<k<p,u,v,\cdots,w\in P^{(r)}$,于是,对任意 $a_{ij}\in\Delta_i$,$a_{ij}^g\notin\Delta_i$,因此,$a_{ij}^g\neq a_{ij}$.

引理 2　$N^{(r+1)}$ 是子群 M 和正规子群 $N^{(r)^*}$ 的半

直积，其中 $M=N_{S^{\Delta}}(\langle m\rangle)$，$N^{(r)^*}$ 是

$$N_1^{(R)}\times N_2^{(r)}\times\cdots\times N_p^{(r)}$$

的一个子群，它的元素 $u_1,v_2,\cdots,w_p\in N^{(r)^*}$，当且仅当

$$u\equiv v\equiv\cdots\equiv w(\bmod P^{(r)})$$

证明　令 $g\in N^{(r+1)}$. 对 $P_i^{(r)}$ 的 p^r 个文字的转换 t_i，$g^{-1}t_ig$ 仍应是 $P^{(r+1)}$ 中 p^r 个文字的转换，于是由引理 1，g 可以写成

$$g=\sigma u_1v_2\cdots w_p$$

的形式，其中 $\sigma\in S^{\Delta}$，$u,v,\cdots,w\in S_{p^r}$. 对于 $P_1^{(r)}$ 的任意元素 b_1，有

$$gb_1g^{-1}=\sigma u_1b_1u_1^{-1}\sigma^{-1}\in P^{(r)^*}$$

因此，$u_1b_1u_1^{-1}\in P_1^{(r)}$，$u\in N^{(r)}$；同理，$v,\cdots,w\in N^{(r)}$. 关系式

$$g^{-1}mg=(\sigma^{-1}m\sigma)(\sigma^{-1}m\sigma)^{-1}(u_1v_2\cdots w_p)^{-1}\cdot (\sigma^{-1}m\sigma)(u_1v_2\cdots w_p)\in P^{(r+1)}$$

表明 $\sigma^{-1}m\sigma\in\langle m\rangle$，即 $\sigma\in N_{S^{\Delta}}(\langle m\rangle)$. 假定 $\sigma^{-1}m\sigma=m^k$，$0<k<p$，则

$$m^{-k}(u_1v_2\cdots w_p)^{-1}mk(u_1v_2\cdots w_p)\in P^{(r)^*}$$

由此立刻推出

$$u\equiv v\equiv\cdots\equiv w(\bmod P^{(r)})$$

我们已经证明了 $N^{(r+1)}\leqslant MN^{(r)^*}$，且反方向的包含关系是显然的，因此

$$N^{(r+1)}=MN^{(r)^*}$$

实际上，$M\cong N^{(1)}$，$M=\langle m',m\rangle$，其中，$m'\in S^{\Delta}$，且满足 $m'^{-1}mm'=m^d$，d 是模 P 的原根，于是，补群 $C^{(r+1)}=\langle m'\rangle\times C^{(r)^*}$，有

$$C^{(r)^*}=\{c_1c_2\cdots c_p\mid c\in C^{(r)}\}$$

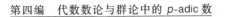

为了以后应用的需要，我们不加证明地列举 $N^{(r+1)}$ 的如下一些简单性质.

性质 1　$C^{(r+1)}$ 是阶为 $(p-1)^{(r+1)}$ 的 Abel 解.

性质 2　$C_{P^{(r+1)}}(C^{(r+1)})=1$.

性质 3　$C^{(r+1)}$ 在 $N^{(r+1)}$ 中的全部共轭子群生成 $N^{(r+1)}$.

性质 4　$Z(P^{(r+1)})$ 是 p 阶循环群，且

$$Z(P^{(r+1)})=\{z_1z_2\cdots z_p \mid z\in Z(P^{(r)})\}$$

性质 5　$C_{N^{(r+1)}}(P^{(r+1)})=Z(P^{(r+1)})$.

性质 6　导群 $D(N^{(r+1)})=P^{(r+1)}$.

借助归纳法，所有这些性质都可以立刻得到，我们还需要以下更深刻的性质.

引理 3　(1) 如果 x 是 $P^{(r+1)}$ 的任意 P 阶元，那么

$$|G_{P^{(r+1)}}(x)|\geqslant p\,|P^{(r)}|$$

且等号成立，当且仅当 x 与 m 在 $N^{(r+1)}$ 中共轭.

(2) 在 $P^{(r+1)}$ 中存在 p^{r+1} 阶元，且任意 p^{r+1} 阶元在 $N^{(r+1)}$ 中共轭. 如果 t 是这样的元素，那么

$$|C_{N^{(r+1)}}(t)|=p^{r+1}$$

于是 $G_{N^{(r+1)}}(t)$ 恰是 t 所生成的循环群.

(3) $P^{(r+1)}$ 的导群链的长为 $r+1$，且

$$C_{N^{(r+1)}}(D^rP^{(r+1)})\leqslant P^{(r+1)}$$

证明　在 $r=0$ 的情形，它们的成立都是显然的，因此，我们对 r 作归纳来证明这些结果.

(1) 对 $P^{(r)^*}$ 的任意 P 阶元 x^*，由归纳假定

$$|C_{P^{(r+1)^*}}(x^*)|\geqslant|G_{P^{(r)^*}}(x^*)|\geqslant(p\,|P^{(r-1)})^p$$
$$\geqslant p^{p-1}\,|P^{(r)}|>p\,|P^{(r)}|$$

考虑 $P^{(r+1)}-P^{(r)^*}$ p 的阶元 x，我们断言，$P^{(r+1)}-P^{(r)^*}$ 的任意元在 $N^{(r+1)}$ 中都共轭于某个形如 mu_1 的元素.

令

$$g=m^k u_1 v_2 \cdots w_p \in P^{(r+1)}-P^{(r)^*}$$

其中 $0<k<p,u,v,\cdots,w\in P^{(r)}$. 由于 m 与 m^k 在 M 中共轭，因此，不妨认为 $k=1$. 取

$$h=a_1 b_2 \cdots c_p \in P^{(r)^*}$$

$$h^{-1}gh=m(c_1^{-1}u_1 a_1)(a_2^{-1}v_2 b_2)\cdots$$

总可以适当选择 $a,b,\cdots,c\in P^{(r)}$，使得 $h^{-1}gh$ 具有 mu_1 的形式. 因为

$$(mu_1)^p=u_1 u_2\cdots u_p$$

所以 mu_1 是 P 阶元，当且仅当 $u_1=1$. 而且 $P^{(r+1)}$ 中与 m 可交换的元素是所有形如

$$m^k u_1 u_2 \cdots u_p, u\in P^{(r)}$$

的元素，因此

$$|C_{P^{(r+1)}}(m)|=p|P^{(r)}|$$

(2)$P^{(r)^*}$ 的任意元的阶都不会超过 p^r，因此，$P^{(r+1)}$ 的 p^{r+1} 阶元必定属于 $P^{(r+1)}-p^{(r)^*}$，由(1)的证明，我们仅需考虑形如 $mu_1,u\in P^{(r)}$ 的元素. 显然，mu_1 是 p^{r+1} 阶元，当且仅当 u 是 p^r 阶元，而且如果 mu_1,mu_1' 是 $P^{(r+1)}$ 的两个 p^{r+1} 阶元，则由归纳假定得，存在 $b\in N^{(r)}$，使得 $b^{-1}ub=u'$，于是

$$(b_1 b_2\cdots b_p)^{-1}mu_1(b_1 b_2\cdots b_p)=mu_1'$$

我们计算 p^{r+1} 阶元 mu_1 的中心化子. 令

$$g=\sigma a_1 b_2\cdots c_p\in C_{N^{(r+1)}}(mu_1)$$

其中 $\sigma\in M,a,b,\cdots,c\in N^{(r)}$.

$$g^{-1}mu_1 g=(\sigma^{-1}m\sigma)(\sigma^{-1}m\sigma)^{-1}(a_1 b_2\cdots c_p)^{-1}\cdot (\sigma^{-1}m\sigma)(\sigma^{-1}u_1\sigma)(a_1 b_2\cdots c_p)=mu$$

因此，$\sigma^{-1}m\sigma=m,\sigma\in\langle m\rangle$. 如果 $\sigma=m^k$，那关系式

$$m^{-1}(a_1 b_2\cdots c_p)^{-1}mm^{-k}u_1 m^k=u_1$$

表明 g 可以写成

$$g = m^k(u_1a_1)(u_2a_2)\cdots(u_ka_k)a_{k+1}\cdots a_p$$

的形式，且 $a^{-1}ua = u$. 由此得到

$$|C_{N^{(r+1)}}(mu_1)| = p|C_{N^{(r)}}(u)|$$

于是，由归纳假设 $|C_{N^{(r+1)}}(mu_1)| = p^{r+1}$.

(3) 导群 $D(P^{(r+1)}) \leqslant P^{(r)^*}$，且对任意 $u \in P^{(r)}$，有

$$m^{-1}u_1^{-1}mu_1 = u_1u_2^{-1} \in D(P^{(r+1)})$$

$D(P^{(r+1)})$ 含有一个与 $P^{(r)}$ 同构的子群，$D(P^{(r)})$ 的导群链的长是 r，因此，$P^{(r+1)}$ 的导群链的长等于 $r+1$. 对任意 $u \in D^{r-1}(P^{(r)})$，所有形如 $u_1u_k^{-1}$ 的元素都属于 $D^r(P^{(r+1)})$，因此，如果 $g \in C_{N^{(r+1)}}(D^r(P^{(r+1)}))$，那么 $g \in N^{(r)^*}$，于是，由归纳假设

$$C_{N^{(r+1)}}(D^r(P^{(r+1)})) \leqslant P^{(r)^*} \leqslant P^{(r+1)}$$

引理 4　$P^{(r)^*}$，$N^{(r)^*}$ 都是 $N^{(r+1)}$ 的特征子群.

证明　令 $\phi \in \mathrm{Aut}\ N^{(r+1)}$. 由于 $P^{(r+1)}\mathrm{char}\ N^{(r+1)}$ 且由引理 3(1)，对 $P^{(r)^*}$ 的任意 P 阶元 x，$x^\phi \in P^{(r)^*}$，但 $P^{(r)}$ 由 P 阶元生成，因此，$(P^{(r)})^\phi = P^{(r)}$，即 $P^{(r)}$ 是 $N^{(r+1)}$ 的特征子群. 实际上，我们可以有更强的结果，$P^{(r)^*}\ \mathrm{char}\ P^{(r+1)}$.

由引理 3(1) 知，存在 $N^{(r+1)}$ 的内自同构 θ_1，使得 $m^{\phi\theta_1} = m$.

$$C_{N^{(r+1)}}(m) = \{m^k u_1u_2\cdots u_p \mid 0 \leqslant h < p, u \in N^{(r)}\}$$

$C^{(-)*}$ 是 $C_{N^{(r+1)}}(m)$ 的正规的 Sylow p－子群的补群，根据 Schur-Zassenhaus 定理，存在 $N^{(r+1)}$ 的内自同构 θ_2，使得 $(C^{(r)^*})^{\phi\theta_1\theta_2} = C^{(r)^*}$. 于是

$$(C^{(r)^*})^{\phi\theta_1\theta_2} = (C^{(r)^*}P^{(r)^*})^{\phi\theta_1\theta_2} = N^{(r)^*}$$

但 $N^{(r)^*}$ 是 $N^{(r+1)}$ 的正规子群，由此即推出

$$N^{(r)^*}\ \mathrm{char}\ N^{(r+1)}$$

有了这些准备之后，我们可以着手确定 $N^{(r+1)}$ 的自同构群.

如果 $H\leqslant S_{p^r}$，$\phi\in \mathrm{Aut}\ H$，我们规定 ϕ 在 H_i 上是按如下方式作用的：对任意 $h_i\in H_i$，若 $h^{\phi}=h'$，则 $h'_i=h'_i$. 记号 $\phi\mid_H=1$ 表明 ϕ 在 H 上是单位自同构.

令 $\phi\in \mathrm{Aut}\ N^{(r+1)}$. 由于 $N^{(r+1)}$ 是 M 与 $N^{(r)^*}$ 的半直积，且 $N^{(r)^*}$ 的任意元素 $u_1v_2\cdots w_p$ 都可以唯一地写成

$$u_1v_2\cdots w_p=u_1(m^{-1}v_1m)\cdots(m^{-1})^{p-1}w_1m^{p-1}$$

的形式，因此，ϕ 在 $N^{(r+1)}$ 上的作用被它在 M 和 $N_1^{(r)}$ 上的作用唯一确定. 下面我们用归纳的方法，通过给出在 M 和 $N_1^{(r)}$ 上的作用来定义 $N^{(r+1)}$ 的 r 个自同构. 如下定义 $N^{(2)}$ 的自同构 π_{12}：$\pi_{12}\mid_{M\times C^{(1)^*}}=1$，且对任意 $b\in P^{(1)}$，$b_1^{\pi_{12}}=b_1^2b_2\cdots b_p$. 如果我们已经确定了 $N^{(r)}$ 的 $r-1$ 个自同构 $\pi_{1r},\pi_{2r},\cdots,\pi_{(r-1)r}$，则如下定义 $N^{(r+1)}$ 的 r 个自同构 $\pi_{1(r+1)},\pi_{2(r+1)},\cdots,\pi_{(r-1)(r+1)}$ 和 $\pi_{r(r+1)}$：若 $1\leqslant i\leqslant r-1$，$\pi_{i(r+1)}\mid_M=1$，且对任意 $b\in N^{(r)}$，则 $b_1^{\pi_{i(r+1)}}=b_1^{\pi_{ir}}$；若 $\pi_{r(r+1)}\mid_{M\times C^{(r)^*}}=1$，且对任意 $b\in P^{(r)}$，有

$$b_1^{\pi_{r(r+1)}}=b_1b_1^{-1}b_1^{\pi_{(r-1)r}}b_2^{-1}b\pi_2^{\pi_{(r-1)r}}\cdots b_p^{-1}b_p^{\pi_{(r-1)r}}$$

则验证我们所定义的 $\pi_{1(r+1)},\pi_{2(r+1)},\cdots,\pi_{r(r+1)}$ 确实是 $N^{(r+1)}$ 的平凡自同构，而且 $N^{(r+1)}$ 的自同构在 M 上的限制是单位必定由形如 $b_1b_2\cdots b_p$，$b\in N^{(-)}$ 的元素产生，因此，我们所定义的这些自同构，实际上都还是 $N^{(r+1)}$ 的外自同构. 利用归纳法，不难证明这些自同构的下列简单性质.

引理 5　(1) 对任意 $1\leqslant i\leqslant r$，$\pi_{ir}\mid_{M\times C^{(r)^*}}=1$.

(2) 对任意 $b\in P^{(r+1)}$，$b^{-1}b^{\pi_{r(r+1)}}\in Z(P^{r+1})$，且

$\pi_{r(r+1)} \mid Z(P^{(r+1)})=1$.

(3)$\pi_{1(r+1)},\pi_{2(r+1)},\cdots,\pi_{r(r+1)}$ 是 $N^{(r+1)}$ 的两两可交换的 p 外自同构.

我们给出自同构 $\pi_{r(r+1)}$ 的一个刻画.

引理 6　令 ϕ 是 $N^{(r+1)}$ 的一个自同构，$\phi \in \langle \pi_{r(r+1)} \rangle$，当且仅当 ϕ 满足下列两个条件：

(1)$\phi \mid_{C^{(r+1)}}=1$；

(2) 对任意 $b \in P^{(r+1)}$，$b^{-1}b^{\phi} \in Z(P^{(r+1)})$.

证明　假定 ϕ 是满足所给条件的 $N^{(r+1)}$ 的自同构. $C_{N^{(r+1)}}(C^{(r)^{*}})=M\times C^{(r)}$，$\langle m \rangle$ 是它的正规的 Sylow p－子群，因此，$m^{\phi} \in \langle m \rangle$. 但由条件(2)，$m^{\phi}=m$，于是 $\phi \mid_{M\times C^{(\ )^{*}}}=1$. 当 $r=1$ 的时候，$P^{(1)}$ 是 p 阶循环群. 令 $P^{(1)}=\langle b \rangle$，由于 $b_1^{-1}b_1^{\phi} \in Z(P^{(2)})$，因此，存在某个正整数 k，使得

$$b_1^{-1}b_1^{\phi}=b_1^{k}b_2^{k}\cdots b_p^{k}$$

这说明 $b_1^{\phi}=b_1^{\pi_1^{k}}$，$\phi=\pi_1^{k}$. 现在假设引理的结论在 $N^{(r)}$ 的情形成立，ϕ 诱导出 $N_1^{(r)}$ 的一个自同构 ϕ^{*}，$\phi^{*} \mid_{C_1^{(r)}}=1$，且对任意 $b_1 \in P^{(r)}$，若 $b_1^{-1}b_1^{\phi}=z_1z_2\cdots z_p$，则 $b_1^{\phi^{*}}=b_1z_1$. ϕ^{*} 满足引理的两个条件，因此，$\phi^{*} \in \langle \pi_{(r-1)r} \rangle$，于是 $\phi \in \langle \pi_{r(r+1)} \rangle$.

现在我们证明本节的主要定理.

定理 1　令 P 是奇素数，$P^{(r+1)}$ 是 $S_{p^{r+1}}$ 的 Sylow p－子群，$N^{(r+1)}=N_{S_{p^{r+1}}}(P^{(r+1)})$.

(1)Aut $N^{(r+1)}=\langle N^{(r+1)},\pi_{1(r+1)},\pi_{2(r+1)},\pi_{r(r+1)} \rangle$. 照惯例，由于 $Z(N^{(r+1)})=1$，$N^{(r+1)}$ 等同于它的内自同构群.

(2)Aut $N^{(r+1)}$ 是可解完全群.

证明　(1) 令 $\phi \in \mathrm{Aut}\ N^{(r+1)}$. 因为 $N^{(r)^*}$ char $N^{(r+1)}$,$C^{(r)^*}$ 是 $N^{(r)^*}$ 的正规的 Sylow p－子群 $P^{(r)^*}$ 的补群，所以由 Schur-Zassenhaus 定理，存在 $N^{(r+1)}$ 的内自同构 θ_1，使得 $(C^{(r)^*})^{\phi\theta_i} = C^{(r)^*}$. 但 $C_{N^{(r+1)}}(C^{(r)^*}) = M \times C^{(r)^*}$,$\langle m\rangle$ 是 $M \times C^{(r)^*}$ 的正规 的 Sylow p－子群，因此

$$\langle m\rangle^{\phi\theta_1} = \langle m\rangle$$

$$C_{N^{(r)^*}}(M) = C_{N^{(r)^*}}(\langle m\rangle) = \{b_1 b_2 \cdots b_p \mid b \in N^{(r)}\}$$

于是,$C_{N^{(r+1)}}(C_{N^{(r)^*}}(\langle m\rangle)) = M$，且 $M^{p\theta_1} = M$. 由于 M 是完全群，所以存在由 M 的元素诱导出的 $N^{(r+1)}$ 的内自同构 θ_2，使得 $\phi\theta_1\theta_2 \mid_M = 1$. 假定

$$\mathrm{Aut}\ N^{(r)} = \langle N^{(r)}, \pi_{1r}, \pi_{2r}, \cdots, \pi_{(r-1)r}\rangle$$

由于 $C_{N^{(r)^*}}(M) \cong N^{(r)}$，存在

$$\theta_3 \in \langle N^{(r)^*}, \pi_{1(r+1)}, \pi_{2(r+1)}, \cdots, \pi_{(r-1)(r+1)}\rangle$$

使得 $\theta_3 \mid_M = 1$，且对任意 $b \in C_{N^{(r)^*}}(M)$,$b^{\phi\theta_1\theta_2\theta_3} = b$. 于是,$\psi = \phi\theta_1\theta_2\theta_3$ 在 M 上的限制单位自同构

$$C_{P^{(r)^*}}(m') = \{b_1 u_2 \cdots u_p \mid b, u \in P^{(r)}\}$$

它含有一个在 $P^{(r)^*}$ 中的最大正规子群

$$K = \{b_1 z_2 \cdots z_p \mid b \in P^{(r)}, z \in Z(P^{(r)})\}$$

因此 $K^\psi = K$. 对任意 $b \in P^{(r)}$，如果 $b_1^\psi = t_1 z_2 \cdots z_p$，其中 $t \in P^{(r)}, z \in Z(P^{(r)})$，那么

$$\begin{aligned} b_1 b_2 \cdots b_p &= (b_1 b_2 \cdots b_p)^\psi = b_1^\psi (m^{-1} b_1^\psi m) \cdots (m^{-1})^{p-1} b_1^\psi m^{p-1} \\ &= t_1 z_1^{p-1} t_2 z_2^{p-1} \cdots t_p z_p^{p-1} = t_1 z_1^{-1} t_2 z_2^{-1} \cdots t_p z_p^{-1} \end{aligned}$$

于是 $t_1 = b_1 z_1$,$b_1^{-1} b_1^\psi \in Z(P^{(r+1)})$. 由此推出对任意 $b \in P^{(r+1)}$,$b^{-1} b^\psi \in Z(P^{(r+1)})$,$\psi$ 满足引理 6 的两个条件，$\psi \in \langle \pi_{r(r+1)}\rangle$. 这就证明了

$$\mathrm{Aut}\ N^{(r+1)} = \langle N^{(r+1)} \cdot \pi_{1(r+1)}, \pi_{2(r+1)}, \cdots, \pi_{r(r+1)}\rangle$$

(2)$Z(N^{(r+1)})=1$,因此 $Z(\mathrm{Aut}\ N^{(r+1)})=1$.

$\mathrm{Aut}\ N^{(r+1)}/\mathrm{Inn}\ N^{(r+1)}\cong\langle\pi_{1(r+1)},\pi_{2(r+1)},\cdots,\pi_{r(r+1)}\rangle$ 是 Abel P 群,$\mathrm{Aut}\ N^{(r+1)}$ 是可解群.

由引理 5(1),$\langle P^{(r+1)},\pi_{1(r+1)},\pi_{2(r+1)},\cdots,\pi_{r(r+1)}\rangle$ 是 $\mathrm{Aut}\ N^{(r+1)}$ 的正规的 Sylow $p-$ 子群,$C^{(r+1)}$ 是它在 $\mathrm{Aut}\ N^{(r+1)}$ 中的补群, 于是由性质 (3), 可知 $N^{(r+1)}\ \mathrm{char}\ \mathrm{Aut}\ N^{(r+1)}$,$\mathrm{Aut}\ N^{(r+1)}$ 是完全群.

18.2 $S_{kp^r}(k<p)$ 的 Sylow $p-$ 子群的正规化子及其性质

采用上一节的记号. 令 Σ 是由二重足标表出的 kp^r 个文字的集合

$$\Sigma=\{a_{ij}\mid 1\leqslant i\leqslant k,1\leqslant j\leqslant p^r\}$$

Δ_i 是Σ 的子集

$$\Delta_i=\{a_{ij}\mid 1\leqslant j\leqslant p^r\}$$

令 $P^{(kr)}$ 是 S_{kp^r} 的 Sylow $p-$ 子群,$N^{(kr)}=NS_{kp^r}(P^{(kr)})$. 我们知道

$$P^{(kr)}=P_1^{(r)}\times P_2^{(r)}\times\cdots\times P_k^{(r)}$$

由 $P^{(r)}$ 中 p^r 个文字转换的存在,立刻可以得到 $N^{(kr)}$ 是 S^{Δ} 和正规子群

$$N^{(kr)^*}=N_1^{(r)}\times N_2^{(r)}\times\cdots\times N_k^{(r)}$$

的半直积,其中 $S^{\Delta}\cong S_k$. 于是 $P^{(kr)}$ 在 $N^{(kr)}$ 中的补群 $C^{(kr)}$ 是 S^{Δ} 和正规子群

$$C^{(kr)^*}=C_1^{(r)}\times C_2^{(r)}\times\cdots\times C_k^{(r)}$$

的半直积. $N^{(kr)^*}$ 的任意元素 g 可以唯一地写成

$$g=u_1v_2\cdots w_k,u,v,\cdots,w\in N^{(r)}$$

的形式，我们把不等于单位的 $u,v,\cdots,w$ 个数称为 g 的分量个数.

引理　$N^{(kr)^*}$ 是 $N^{(kr)}$ 的特征子群.

证明　令 $Z^{(r)}=Z(P^{(r)})$. 于是 $P^{(kr)}$ 的中心

$$Z^{(kr)}=Z_1^{(r)}\times Z_2^{(r)}\times\cdots\times Z_k^{(r)}$$

是 $N^{(kj)}$ 的特征子群. 由于 $Z^{(r)}$ 的任意两个非单位元在 $N^{(r)}$ 中共轭，因此，$Z^{(kr)}$ 的任意两个元素 z 和 z' 在 $N^{(kr)}$ 中共轭，当且仅当 z 和 z' 具有相同的分量个数. 令 x 是具有 i 个分量的 $Z^{(kr)}$ 的元素

$$x=z_1z_2\cdots z_i,z\in Z^{(r)}$$

对 $N^{(kr)}$ 的任意元素 σb，其中 $\sigma\in S^{\Delta},b\in N^{(kr)^*}$，$\sigma b$ 和 x 可交换，当且仅当 σ,b 和 x 都可交换，于是

$$|C_{N^{(kr)}}(x)|=(k-i)!\ i!\ \ |C_{N^{(r)}}(Z^{(r)})|^i\ |\ N^{(k-i)}$$

因为对任意 $i>1$，有

$$\frac{|N^{(r)}|}{|(C_{N^{(r)}}(Z^{(r)}))|}\geqslant p-1\geqslant k$$

我们有

$$\frac{(k-1)!\ \ |C_{N^{(r)}}(Z^{(r)})||N^{(r)}|^{k-1}}{(k-i)!\ i!\ \ |G_{N^{(r)}}(Z^{(r)})|^i\ |N^{(r)}|^{k-i}}$$

$$=\frac{(k-i)!\ \ |N^{(r)}|^{i-1}}{(k-i)!\ i!\ \ |C_{N^{(r)}}(Z^{(r)})|^{i-1}}>1$$

这一不等式表明，对任意 $\phi\in\mathrm{Aut}\ N^{(kr)}$，如果 $z\in Z^{(kr)}$ 只有一个分量，那么 $z^{\phi}\in Z^{(kr)}$ 也只有一个分量. 由此存在 $N^{(kr)}$ 的内自同构 θ，使得 $\phi\theta|_{Z^{(kr)}}=1$.

$$N_i^{(r)}\leqslant C_{N^{(rk)}}(Z_1^{(r)}\times\cdots\times Z_{i-1}^{(r)}\times Z_{i+1}^{(r)}\times\cdots\times Z_k^{(r)})$$

$$\leqslant N^{(kr)^*}$$

因此，对任意 i，$(N_i^{(r)})^{\phi\theta}\leqslant N^{(kr)^*}$，于是

$$(N^{(kr)^*})^{\phi\theta}=N^{(kr)^*}$$

但 $N^{(kr)^*}$ 是 $N^{(kr)}$ 的正规子群，故 $N^{(kr)^*}$ char $N^{(kr)}$.

我们如下定义由 $N^{(r)}$ 的 $r-1$ 个外自同构 π_{1r}，$\pi_{2r}, \cdots, \pi_{(r-1)r}$ 所产生的 $N^{(kr)}$ 的自同构 $\pi_{1r}^*, \pi_{2r}^*, \cdots$，$\pi_{(r-1)r}^*$：$\pi_{ir}^* \mid_{S^\Delta}=1$ 且对 $N^{(kr)^*}$ 的任意元素 $u_1 v_2 \cdots w_k$，有

$$(u_1 v_2 \cdots w_k) x_{ir}^* = u_1^{\pi ir} v_2^{\pi ir} \cdots w_k^{\pi ir}$$

容易证明，这里给出的 $\pi_{1r}^*, \pi_{2r}^*, \cdots, \pi_{(r-1)r}^*$，实际上是 $N^{(kr)}$ 的两两可交换的 P 阶外自同构，且它们在补群 $C^{(kr)}$ 上的限制都是单位自同构.

现在我们断言：

定理　令 $P^{(kr)}$ 是 $S_{kp^r}(k<p)$ 的 Sylow p－子群，$N^{(kr)}=N_{S_{kp^r}}(P^{kr})$，则

$$\text{Aut } N^{(kr)}=\langle N^{(kr)}, \pi_{1r}^*, \pi_{2r}^*, \cdots, \pi_{(r-1)r}^*\rangle$$

且 Aut $N^{(kr)}$ 是完全群.

定理有一个显然的：

推论　Aut $N^{(kr)}$ 是可解完全群，当且仅当 $k \leqslant 4$.

证明　由 18.1 节中引理 3(2)，$P^{(r)}$ 的 p^r 阶元在 $N^{(r)}$ 中共轭，因此 $P^{(kr)}$ 的 p^r 阶元在 $N^{(kr)}$ 中共轭，当且仅当它们有相同的分量个数. 如果 t 是 $P^{(kr)}$ 的具有 i 个分量的 p^r 阶元，那么

$$|C_{N^{(kr)^*}}(t)|=(p^r)^i \mid N^{(r)} \mid^{k-i}$$

由此可以看出，令 $\phi \in \text{Aut } N^{(kr)}$，$a=t_1 t_2 \cdots t_k$ 是具有 k 个分量的 p^r 阶元，则 a^ϕ 也是具有 k 个分量的 p^r 阶元，于是存在 $N^{(kr)}$ 的内自同构 θ_1，使得 $a^{\phi\theta_1}=a$. $C_{N^{(kr)}}(a)$ 是 S^Δ 和正规子群 $\langle t_1\rangle \times \langle t_2\rangle \times \cdots \times \langle t_k\rangle$ 的半直积，根据 Schur-Zassenhaus 定理，存在 $N^{(kr)}$ 的内自同构 θ_2，使得 $(S^\Delta)^{\phi\theta_1\theta_2}=S^\Delta$. 我们断言 $\phi\theta_1\theta_2$ 在 S^Δ 上诱导出 S^Δ 的内自同构. $\phi\theta_1\theta_2$ 是 S^Δ 的外自同构，只有当 $k=6$ 的时候才能发生. 如果这种情形发生，S^Δ 的某个保持一个

文字不动的子群在 $\phi\theta_1\theta_2$ 的作用下将变到 6 个文字以上的某个精确三重传递群，但这两个群在 $N^{(kr)^*}$ 内的中心化子有不同的阶，这是不可能的. 因此存在由 S^Δ 的元素产生的 $N^{(kr)}$ 的内自同构 θ_3，使得 $\theta=\phi\theta_1\theta_2\theta_3$ 在 S^Δ 上的限制是单位自同构.

$$C_{N^{(kr)^*}}(S^\Delta)=\{b_1b_2\cdots b_k \mid b\in N^{(r)}\}$$

由于 $C_{N^{(kr)^*}}(S^\Delta)\cong N^{(r)}$，存在

$$\psi\in\langle N^{(kr)^*},\pi_{1r}^*,\pi_{2r}^*,\cdots,\pi_{(r-1)r}^*\rangle$$

使得 $\psi|_{S^\Delta}=1$，且对任意 $b\in C_{N^{(kr)^*}}(S^\Delta)$，$b^b=b^\theta$. 一旦我们能证明 $(N_1^{(r)})^\theta=N_1^{(r)}$，则由关系式

$$b_1^\psi b_2^\psi\cdots b_k^\psi=b_1^\theta b_2^\theta\cdots b_k^\theta$$

推出，对任意 $b_1\in N_1^{(r)}$，$b_1^\psi=b_1^\theta$，从而 $\psi=\theta$，则

$$\phi\in\langle N^{(kr)},\pi_{1r}^*,\pi_{2r}^*,\cdots,\pi_{(r-1)r}^*\rangle$$

令 $m'\in S^\Delta$，有

$$m'=(a_{21}a_{31}\cdots a_{k1})(a_{22}a_{32}\cdots a_{k2})\cdots(a_{2p^r}a_{3p^r}\cdots a_{kp^r})$$

$$C_{N^{(kr)^*}}(m')=\{u_1v_2\cdots v_k \mid u,v\in N^{(r)}\}$$

它含有在 $N^{(kr)^*}$ 中的最大正规子群恰是 $N_1^{(r)}$，因此，$(N_1^{(r)})^\theta=N_1^{(r)}$.

$$\langle P^{(kr)},\pi_{1r}^*,\pi_{2r}^*,\cdots,\pi_{(r-1)r}^*\rangle$$

是 Aut $N^{(kr)}$ 的正规的 Sylow p - 子群，$C^{(kr)}$ 是它在 Aut $N^{(kr)}$ 中的补群. 由于 $C^{(kr)}$ 在 $N^{(kr)}$ 内的全部共轭子群生成 $N^{(kr)}$，因此 $N^{(kr)}$ char Aut $N^{(kr)}$，Aut $N^{(kr)}$ 是完全群.

18.3　一般情形

$$n=n_0+n_1p+\cdots+n_sp^s(0\leqslant n_i<p)$$

是 n 的 p-adic 表示，Σ 是同 n 的 p-adic 表示相应的用二重足标表出的 n 个文字的集合

$$\Sigma=\{a_{ij}\mid 0\leqslant i\leqslant S,1\leqslant j\leqslant n_ip^i\}$$

对 $0\leqslant i\leqslant S$，有

$$\Delta_i=\{a_{ij}\mid 1\leqslant j\leqslant n_ip^i\}$$

令 $P^{(n)}$ 是 S_n 的 Sylow p — 子群，$N^{(n)}=NS_n(P^{(n)})$.

$$P^{(n)}=P_1^{(n_1 1)}\times P_2^{(n_2 2)}\times\cdots\times P_s^{(n_s s)}$$

令 $g\in N^{(n)}$，由于 p^s 个文字的转换存在且仅存在于 $P_s^{(n_s s)}$ 中，因此 $g=g_s'g_s$，其中 $g_s\in S^{\Delta_s}$，g_s' 是集合 $\Sigma-\Delta_s$ 的文字上的置换. 同样道理，$g'_s=g'_{s-1}g_{s-1}$，$g_{s-1}\in S^{\Delta_{s-1}}$，$g'_{s-1}$ 是 $\Sigma-\nabla_{s-1}\cup\Delta_s$ 的文字上的置换. 于是 g 可以写成

$$g=g_1g_2\cdots g_s,g_i\in S^{\Delta_i}$$

的形式，则有

$$N^{(n)}=S^{\Delta_0}\times N_1^{(n_1 1)}\times N_2^{(n_2 2)}\times\cdots\times N_s^{(n_s s)}$$

定理　假定 $n_0\neq 2$，则

$$\text{Aut } N^{(n)}\cong\text{Aut } S^{\Delta_0}\times\text{Aut } N^{(n_1 1)}\times\text{Aut } N^{(n_2 2)}\times\cdots\times\text{Aut } N^{(n_s s)}$$

且 Aut $N^{(n)}$ 是完全群.

作为显然的推论，可以得到：

推论　Aut $N^{(n)}$ 是可解完全群，当且仅当对每个 i，$0\leqslant n_i\leqslant 4$.

第五编

p-adic 方法的若干习题及解答

p-adic 与 Ostrowski 定理的理论与问题

第 19 章

19.1　Ostrowski 定理

集合 X 的度量是一映射 $d: X\times X\to \mathbf{R}_+$，使得：

(1)$d(x,y)=0\Leftrightarrow x=y$；

(2)$d(x,y)=d(y,x)$；

(3)$d(x,y)\leqslant d(x,z)+d(z,y)$，$\forall z\in X$.

性质(3)称为三角形不等式. 对偶(X,d)称为具有度量 d 的度量空间.

域 F 的范数是映射 $\|\cdot\|: F\to \mathbf{R}_+$，使得：

(1) $\|x\|=0\Leftrightarrow x=0$；

(2) $\|xy\|=\|x\|\ \|y\|$；

(3) $\|x+y\| \leqslant \|x\|+\|y\|$（三角形不等式）.

习题 1 如果 F 是具有范数 $\|\cdot\|$ 的域，证明

$$d(x,y)=\|x-y\|$$

确定了域 F 上的度量.

当然，众所周知有理数域上的范数是普通的绝对值 $|\cdot|$. 诱导度量 $|x-y|$ 是实直线上的普通距离函数. 但是可以在 $\mathbf{Q}$ 上定义另外的范数，它产生了另外的度量与距离的“新”概念. 对每一素数 p 与任一有理数 $x\neq 0$，我们可以记 $x=p^{\nu_p(x)}x_1$，其中 x_1 是与 p 互素的有理数（即当 x_1 写为最低项时，分子与分母两者都不被 p 整除）. 对 $x\neq 0$ 与对 $x=0$，$|0|_p=0$，定义范数 $|\cdot|_p$ 为

$$|x|_p=p^{-\nu_p(x)}$$

习题 2 证明：$|\cdot|_p$ 是 $\mathbf{Q}$ 中的范数.

满足

$$\|x+y\| \leqslant \max\{\|x\|,\|y\|\}$$

的范数称为非 Archimedes 范数（或有限赋值）. 习题 2 的解答证明了 p-adic 度量 $|\cdot|_p$ 是非 Archimedes 范数. 不是 Archimedes 的度量称为 Archimedes 范数（或无限赋值）.

习题 3 证明：$\mathbf{Q}$ 中的普通绝对值是 Archimedes 范数.

著名的 Ostrowski 定理说明，我们可以在 $\mathbf{Q}$ 中定义的唯一范数本质上是 p-adic 范数与普通绝对值. 为使这更明确，我们需要两个范数等价的概念.

给定度量空间 X，我们可以讨论 Cauchy 序列的概念. 这是 X 的元素的任一序列 $\{a_n\}_{n=1}^{\infty}$，使得给定任一 $\varepsilon>0$，存在 N（只依赖于 ε），使得当 $m,n>N$ 时

$d(a_m,a_n)<\varepsilon$.

X 中两个度量 d_1,d_2 称为等价的，如果关于 d_1 是 Cauchy 序列的每一序列，也是关于 d_2 的 Cauchy 序列. 域上两个范数称为等价的，如果它诱导出等价的度量.

习题 4　如果 $0<c<1$，p 是素数，对所有的有理数 x 定义

$$\|x\|=\begin{cases}c^{\nu_p(x)} & 若\ x\neq 0\\ 0 & 若\ x=0\end{cases}$$

证明：$\|\cdot\|$ 等价于 $\mathbf{Q}$ 中的 $|\cdot|_p$.

我们将 $\mathbf{Q}$ 中普通绝对值表示为 $|\cdot|_\infty$，把它与 p-adic度量区别开来. 注意，我们常可设 $\|0\|=0$，且当 $x\neq 0$ 时 $\|x\|=1$，来定义“平凡”的范数. 也要注意可由公理推出 $\|-x\|=\|x\|$.

定理 1(Ostrowski)　$\mathbf{Q}$ 中每一非平凡范数 $\|\cdot\|$ 对某一素数 p 等价于 $|\cdot|_p$ 或 $|\cdot|_\infty$.

证明　情形(i)：设存在自然数 n，使得 $\|n\|>1$. 令 n_0 是这样 n 的最小值. 我们知道 $n_0>1$，于是我们可以对某一正数 α，记 $\|n_0\|=n_0^\alpha$. 把任一自然数用基 n_0 写出

$$n=a_0+a_1n_0+\cdots+a_sn_0^s\ (0\leqslant a_i<n_0)$$

且 $a_s\neq 0$. 于是由三角形不等式

$$\begin{aligned}\|n\|&\leqslant\|a_0\|+\|a_1n_0\|+\cdots+\|a_sn_0^s\|\\&\leqslant\|a_0\|+\|a_1\|n_0^\alpha+\cdots+\|a_s\|n_0^{\alpha s}\end{aligned}$$

因为所有的 $a_i<n_0$，所以我们有 $\|a_i\|\leqslant 1$. 因此

$$\|n\|\leqslant 1+n_0^\alpha+\cdots+n_0^{\alpha s}\leqslant n_0^{\alpha s}\left(1+\frac{1}{n_0^\alpha}+\cdots\right)$$

因为 $n>n_0^s$，所以对某一常数 C 与所有自然数 n，推导

出 $\|n\| \leqslant Cn^{\alpha}$. 于是 $\|n^N\| \leqslant Cn^{N\alpha}$，因此 $\|n\| \leqslant C^{\frac{1}{N}}n^{\alpha}$. 令 $N \to \infty$，对所有自然数 n，给出 $\|n\| \leqslant n^{\alpha}$. 我们也可以得出反向不等式如下

$$\|n_0^{s+1}\| = \|n + n_0^{s+1} - n\| \leqslant \|n\| + \|n_0^{s+1} - n\|$$

因此

$$\|n\| \geqslant \|n_0^{s+1}\| - \|n_0^{s+1} - n\| \geqslant n_0^{(s+1)\alpha} - (n_0^{s+1} - n)^{\alpha}$$

于是

$$\|n\| \geqslant n_0^{(s+1)\alpha} - (n_0^{s+1} - n_0^s)^{\alpha}$$

因为 $n \geqslant n_0^s$，所以对某一常数 C_1，有

$$\|n\| \geqslant n_0^{(s+1)\alpha}\left(1 - \left(1 - \frac{1}{n_0}\right)^{\alpha}\right) \geqslant C_1 n^{\alpha}$$

重复前面的论证就给出 $\|n\| \geqslant n^{\alpha}$，所以对所有的自然数 n，有 $\|n\| = n^{\alpha}$. 因此 $\|\cdot\|$ 等价于 $|\cdot|_{\infty}$.

情形(ii)：对所有的自然数设 $\|n\| \leqslant 1$. 因为范数是非平凡的，所以存在 n 使得 $\|n\| < 1$. 令 n_0 是这样的 n 的最小值，则 n_0 一定是素数，因为若 $n_0 = ab$，则 $\|n_0\| = \|a\|\ \|b\| < 1$ 蕴涵 $\|a\| < 1$ 与 $\|b\| < 1$，与 n_0 的选择矛盾. 比方说 $n_0 = p$. 若 q 是不等于 p 的素数，则我们断定 $\|q\| = 1$. 实际上，若情况不是如此，则 $\|q\| < 1$，且对充分大的 N，$\|q^N\| < \frac{1}{2}$. 类似地，对充分大的 M，$\|p^M\| < \frac{1}{2}$. 因为 p^M, q^N 互素，所以我们可以求出整数 a 与 b，使得 $ap^M + bq^N = 1$. 因此

$$1 = \|ap^M + bq^N\| \leqslant \|a\|\ \|p^M\| + \|b\|\ \|q^N\| < \frac{1}{2} + \frac{1}{2} = 1$$

矛盾. 所以 $\|q\| = 1$. 现在记 $C = \|p\|$. 因为任一自然数可以唯一地写成素数幂之积，所以得出

$$\|n\|=C^{v_p(n)}$$

由习题 4,这个度量等价于$|\cdot|_p$,这就完成了证明.

习题 5　令 F 是具有范数$\|\cdot\|$的域,满足

$$\|x+y\|\leqslant\max\{\|x\|,\|y\|\}$$

若 $a\in F,r>0$,则令 $B(a,r)$是一开圆盘

$$\{x\in F\mid \|x-a\|<r\}$$

证明:对任一 $b\in B(a,r)$,有

$$B(a,r)=B(b,r)$$

(这个结果说明,圆盘的每一点是圆盘的"圆心").

习题 6　令 F 是具有$\|\cdot\|$的域,R 是所有 Cauchy 序列$\{a_n\}_{n=1}^{\infty}$的集合. 定义序列的逐点加法与乘法,即

$$\{a_n\}_{n=1}^{\infty}+\{b_n\}_{n=1}^{\infty}=\{a_n+b_n\}_{n=1}^{\infty}$$

$$\{a_n\}_{n=1}^{\infty}\times\{b_n\}_{n=1}^{\infty}=\{a_nb_n\}_{n=1}^{\infty}$$

证明:$(R,+,\times)$是交换环. 更进一步证明由 Cauchy 零序列(即满足当 $n\to\infty$时$\|a_n\|\to 0$ 的序列)组成的子集 R 构成一个极大理想 m.

我们可以用映射

$$a\mapsto(a,a,\cdots)$$

把域 F 嵌入R 中,$(a,a,\cdots)$显然是 Cauchy 序列. 因为 m 是极大理想,所以R/m是一个域. R/m 称为 F 关于$\|\cdot\|$的完全化. 在 $F=\mathbf{Q}$ 具有范数$|\cdot|_p$ 的情形下,完全化称为 p-adic 数域,表示为 $\mathbf{Q}_p$.

对任一 Cauchy 序列 $a=\{a_n\}_{n=1}^{\infty}$,设

$$|a|_p=\lim_{n\to\infty}|a_n|_p$$

我们可以把范数概念扩张到 $\mathbf{Q}_p$. 容易看出这是唯一定义的.

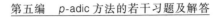

定理 2 $\mathbf{Q}_p$ 关于 $|\cdot|_p$ 是完全的.

证明 令 $\{a^{(j)}\}_{j=1}^{\infty}$ 是 $\mathbf{Q}_p$ 中等价类的 Cauchy 序列. 我们应当证明存在一个 Cauchy 序列是收敛的. 记 $a^{(j)}=\{a_n^{(j)}\}_{n=1}^{\infty}$，设 $s=\{a_j^{(j)}\}_{j=1}^{\infty}$ 是"对角"序列. 首先注意 s 是 Cauchy 序列，因为 $\{a^{(j)}\}_{j=1}^{\infty}$ 是 Cauchy 序列，所以给定 $\varepsilon>0$，存在 $N(\varepsilon)$ 使得对 $j,k\geqslant N(\varepsilon)$，有

$$|a^{(j)}-a^{(k)}|_p<\varepsilon$$

这表示对某一 $N_1(\varepsilon)$，当 $j,k,n\geqslant N_1(\varepsilon)$ 时，有

$$|a_n^{(j)}-a_n^{(k)}|_p<\varepsilon$$

特别地，对 $j,k\geqslant N_1(\varepsilon)$，有

$$|a_j^{(j)}-a_k^{(k)}|_p\leqslant\max\{|a_j^{(j)}-a_k^{(j)}|_p,|a_k^{(j)}-a_k^{(k)}|_p\}$$

因此 s 是一个 Cauchy 序列. 我们现在证明 $\lim\limits_{j\to\infty}a^{(j)}=s$，即给定 $\varepsilon>0$，必须证明存在 $N_2(\varepsilon)$，使得对 $j\geqslant N_2(\varepsilon)$，有

$$|a^{(j)}-s|_p<\varepsilon$$

这表示，我们必须证明对某一 $N_3(\varepsilon)$ 与 $j,k\geqslant N_3(\varepsilon)$，有

$$|a_n^{(j)}-a_n^{(n)}|_p<\varepsilon$$

但是，这从上述对 $N_3(\varepsilon)=N_1(\varepsilon)$ 的证明是显然的.

当我们关于普通绝对值 $|\cdot|_\infty$ 完全化 $\mathbf{Q}$ 时，就得出实数域 $\mathbf{R}$，它是完全化的. 当我们关于 $|\cdot|_p$ 完全化 $\mathbf{Q}$ 时，就得出 $\mathbf{Q}_p$，我们上面证明了它是完全化的. 正是这个观点诱导出 p-adic 分析. 实分析可以看作 $\mathbf{Q}$ 唯一完全化的特殊情形. 正如我们将看出的，它有利于在相同基础上发展 p-adic 分析. 当它被应用到数论领域中时，就得出 p-adic 解析数论的重要论题. 它在现代数学发展远景中起着重要作用.

习题 7 证明

$$\mathbf{Z}_p=\{x\in\mathbf{Q}_p \mid |x|_p\leqslant 1\}$$

是环(这个环称为 p-adic 整数环).

习题 8　给定 $x\in\mathbf{Q}$ 满足 $|x|_p\leqslant 1$,对任一自然数 i,证明

$$|x-a_i|_p\leqslant p^{-i}$$

此外可以选取 a_i 满足 $0\leqslant a_i<p^i$.

正如把实数认为是 Cauchy 序列是做不到的一样,把 $\mathbf{Q}_p$ 的元素认为是 Cauchy 序列也是做不到的. 较好的是把它们认为是形式级数

$$\sum_{n=-N}^{\infty}b_n p^n(0\leqslant b_n\leqslant p-1)$$

正如下列定理所证明的.

定理 3　$\mathbf{Q}_p$ 中具有 $|s|_p\leqslant 1$ 的每一等价类 s 恰有一个代表 Cauchy 序列 $\{a_i\}_{i=1}^{\infty}$,满足 $0\leqslant a_i<p^i$,对于 $i=1,2,3,\cdots,a_i\equiv a_{i+1}(\bmod p^i)$.

证明　唯一性是显然的,因为若 $\{a_i'\}_{i=1}^{\infty}$ 是另一个这样的序列,则

$$a_i\equiv a_i'(\bmod p^i)$$

它强制 $a_i=a_i'$. 现在令 $\{c_i\}_{i=1}^{\infty}$ 是 s 中 $\mathbf{Q}_p$ 的 Cauchy 序列,则对每一 j,存在 $N(j)$ 使得对 $i,k\geqslant N(j)$,有

$$|c_i-c_k|_p\leqslant p^{-j}$$

不失一般性,我们可以取 $N(j)\geqslant j$. 因为 $|s|_p\leqslant 1$,所以对 $i\geqslant N(1)$,有 $|c_i|_p\leqslant 1$. 由于

$$|c_i|_p\leqslant\max\{|c_k|_p,|c_i-c_k|_p\}\leqslant\max\left\{|c_k|_p,\frac{1}{p}\right\}$$

因此选取充分大的 k,我们保证了 $|c_k|_p\leqslant 1$,因为

$$|s|_p=\lim_{k\to\infty}|c_k|_p\leqslant 1$$

所以由习题 8,我们可以求出整数 a_j 的序列,使得

$$|a_j - c_{N(j)}|_p \leqslant p^{-j}$$

其中 $0 \leqslant a_j < p^j$. 要求是 $\{a_j\}_{j=1}^{\infty}$ 为所求的序列. 首先注意,由三角形不等式

$$\begin{aligned}|a_{j+1}-a_j|_p &\leqslant \max\{|a_{j+1}-c_{N(j+1)}|_p, \\ &\qquad |c_{N(j+1)}-c_{N(j)}|_p, |c_{N(j)}-a_j|_p\} \\ &\leqslant \max\{p^{-j-1}, p^{-j}, p^{-j}\} = p^{-j}\end{aligned}$$

则对 $i=1,2,\cdots$,有

$$a_j \equiv a_{j+1} (\mathrm{mod}\ p^j)$$

其次,对任一 $j, i \geqslant N(j)$,我们有

$$\begin{aligned}|a_i - c_i|_p &\leqslant \max\{|a_i - a_j|_p, |a_j - c_{N(j)}|_p, \\ &\qquad |c_{N(j)} - c_j|_p\} \\ &\leqslant \max\{p^{-j}, p^{-j}, p^{-j}\} = p^{-j}\end{aligned}$$

因此

$$\lim_{i\to\infty} |a_i - c_i|_p = 0$$

上述定理 3 说明,$\mathbf{Z}$ 在 p-adic 整数环 $\mathbf{Z}_p$ 中是稠密的. 现在以基 p 写出定理3中的每个 a_i,我们看出

$$a_i = b_0 + b_1 p + \cdots + b_{i-1} p^{i-1}$$

其中 $0 \leqslant b_i < p$. 条件 $a_i \equiv a_{i+1} (\mathrm{mod}\ p^i)$ 表示在基 p 中

$$a_{i+1} = b_0 + b_1 p + \cdots + b_{i-1} p^{i-1} + b_i p^i$$

因此,$\mathbf{Z}_p$ 中每一元素可以写成 $\sum_{n=0}^{\infty} b_n p^n, 0 \leqslant b_n < p$. 若 $x \in \mathbf{Q}_p$,则首先我们常可以把 x 乘以 p 的适当次幂(比方说 p^N),使得 $|p^N x|_p \leqslant 1$. 其次,我们可以把 p^N 展开成上述形式,以导出每一 p-adic 数有如同 $\sum_{n=-N}^{\infty} b_n p^n$ 形式的唯一展开式,其中 $0 \leqslant b_n \leqslant p-1$.

按照 Laurent 级数与复变量亚纯函数域来推论是有用的. 在每一点 $z \in \mathbf{C}$ 上,亚纯函数有唯一的

Laurent 展开式. 于是若有理数的分母可被 p 整除，则我们可以认为它在 p 上有"极点". 这种类比对 p-adic理论的巨大发展有引导作用.

习题 9　证明：当且仅当 $|c_n|_p \to 0$ 时，p-adic 级数

$$\sum_{n=1}^{\infty} c_n (c_n \in \mathbf{Q}_p)$$

收敛.

因此，有限级数的收敛性是容易验证的. 但是，注意，习题 9 的类似结果对实数不成立，正如调和级数的例题所证明的.

习题 10　证明

$$\sum_{n=1}^{\infty} n!$$

在 $\mathbf{Q}_p$ 中收敛.

习题 11　证明：在 $\mathbf{Q}_p$ 中

$$\sum_{n=1}^{\infty} n \cdot n! = -1$$

习题 12　证明：幂级数

$$\sum_{n=0}^{\infty} \frac{x^n}{n!}$$

在圆盘 $|x|_p < p^{-\frac{1}{p-1}}$ 中收敛.

习题 13(乘积公式)　证明：对 $x \in \mathbf{Q}, x \neq 0$，有

$$\prod_p |x|_p = 1$$

其中上式是在包含∞的所有素数 p 上求乘积的.

习题 14　证明：对任一自然数 n 与有限素数 p，有

$$|n|_p \geqslant \frac{1}{|n|_\infty}$$

19.2 Hensel 引 理

$\mathbf{Q}_p$ 在许多方面与 $\mathbf{R}$ 类似. 例如 $\mathbf{R}$ 不是代数闭的. 下面的习题将证明 $\mathbf{Q}_p$ 不是代数闭的. 但是使 $\mathrm{i}=\sqrt{-1}$ 伴随于 $\mathbf{R}$,我们就得出复数域,它是代数闭的. 相反, $\mathbf{Q}_p$ 的代数闭包$\overline{\mathbf{Q}}_p$ 在 $\mathbf{Q}$ 上没有有限次数. 此外,$\mathbf{C}$ 关于 $\mathbf{R}$ 的普通范数的扩张是完全的. 遗憾的是,$\overline{\mathbf{Q}}_p$ 关于 p-adic范数的扩张不是完全的. 于是把它完全化(借助于 Cauchy 序列的有效方法)后,得出较大的域,用 $\mathbf{C}_p$ 表示,结果是两者是代数闭与完全的. 这个域 $\mathbf{C}_p$ 是复数域的 p-adic 类似物. 关于它的内容人们知道得很少.

习题 1 证明:$x^2=7$ 在 $\mathbf{Q}_5$ 中无解.

例 1 证明:$x^2=6$ 在 $\mathbf{Q}_5$ 中有解.

证明 方程 $x^2\equiv 6\pmod 5$ 有解(即 $x\equiv 1\pmod 5$). 我们将用归纳法证明$x^2\equiv 6\pmod{5^n}$对每一 $n\geqslant 1$ 有解. 设

$$x_n^2\equiv 6\pmod{5^n}$$

我们要求 $x_{n+1}^2\equiv 6\pmod{5^{n+1}}$. 记 $x_{n+1}=5^nt+x_n$. 于是一定有

$$(5^nt+x_n)^2\equiv 6\pmod{5^{n+1}}$$

这表示

$$2\cdot 5^ntx_n+x_n^2\equiv 6\pmod{5^{n+1}}$$

这就简化成

$$2tx_n+\frac{x_n^2-6}{5^n}\equiv 0\pmod 5$$

因此显然可以对 t 求解. 这个方法产生整数数列 $\{x_n\}_{n=1}^{\infty}$,使得

$$x_n^2 \equiv 6 \pmod{5^n}, x_{n+1} \equiv x_n \pmod{5^n}$$

因此数列是 Cauchy 数列,它的极限 x(由完全性,这个极限在 $\mathbf{Q}_p$ 中存在)满足 $x^2=6$.

例 1 中所使用的方法是十分一般的. 它是 Hensel 引理以后的主要想法,这个引理就是下列定理.

定理 1 $f(x) \in \mathbf{Z}_p[x]$是多项式,系数在 $\mathbf{Z}_p$ 中. 用 $f'(x)$表示它的形式导数. 若 $f(x) \equiv 0 \pmod p$有解 a_0,且满足 $f'(a_0) \not\equiv 0 \pmod p$,则存在唯一的 p-adic 整数 a,使得 $f(a)=0$ 与 $a \equiv a_0 \pmod p$.

证明 我们仿照例题使用的证法. 设

$$f(x) \equiv 0 \pmod{p^n}$$

有解 a_n. 我们要求有唯一解

$$a_{n+1} \pmod{p^{n+1}}$$

使得

$$f(a_{n+1}) \equiv 0 \pmod{p^{n+1}}, a_{n+1} \equiv a_n \pmod{p^n}$$

实际上,记 $a_{n+1}=p^n t+a_n$,要求

$$f(p^n t+a_n) \equiv 0 \pmod{p^{n+1}}$$

记 $f(x)=\sum_i c_i x^i$,使得

$$\begin{aligned} f(p^n t+a_n) &= \sum_i c_i (a_n+p^n t)^i \\ &\equiv \sum_i c_i (a_n^i + i a_n^{i-1} p^n t) \pmod{p^{n+1}} \\ &\equiv f(a_n)+p^n t f'(a_n) \pmod{p^{n+1}} \end{aligned}$$

我们需要在同余式

$$p^n t f'(a_n)+f(a_n) \equiv 0 \pmod{p^{n+1}}$$

中对 t 求解. 因为

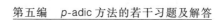

$$f(a_n)\equiv 0(\bmod p^n)$$

这就简化为

$$tf'(a_n)\equiv -\left(\frac{f(a_n)}{p^n}\right)(\bmod p)$$

它有唯一解$(\bmod p)$，因为 $f'(a_n)\not\equiv 0(\bmod p)$，$a_n\equiv a_0(\bmod p)$. 这就证明了断言. 同前，$\{a_n\}_{n=1}^{\infty}$是 Cauchy 序列，它的极限是所要求的解. 因为 a_{n+1} 是 $a_n(\bmod p^n)$ 的唯一提升$(\bmod p^{n+1})$，所以现在这个解的唯一性是显然的.

习题 2 令 $f(x)\in \mathbf{Z}_p[x]$. 设对某一 N 与 $a_0\in \mathbf{Z}_p$，我们有

$$f(a_0)\equiv 0(\bmod p^{2N+1}),f'(a_0)\equiv 0(\bmod p^N)$$

但是

$$f'(a_0)\not\equiv 0(\bmod p^{N+1})$$

证明：存在唯一的 $a\in \mathbf{Z}_p$，使得

$$f(a)=0,a\equiv a_0(\bmod p^{N+1})$$

习题 3 对任一素数 p，对与 p 互素的任一正整数 m，证明：当且仅当 $m\mid(p-1)$时，在 $\mathbf{Q}_p$ 中存在 m 次单位原根.

习题 4 证明：$\mathbf{Q}_p$ 中 $p-1$ 个单位根的集合是 $p-1$ 阶循环群.

注 前一习题证明了 p-adic 数 $\omega_0,\omega_1,\cdots,\omega_{p-1}$ 的存在，这些数是多项式 $x^p-x=0$ 的根，使得 $\omega_i\equiv i(\bmod p)$. 这些根称为“Teichmüller 代表”.

习题 5(Hensel 引理的多项式形式) 设 $f(x)\in \mathbf{Z}_p[x]$，存在 $g_1,h_1\in(\mathbf{Z}/p\mathbf{Z})[x]$，使得

$$f(x)\equiv g_1(x)h_1(x)(\bmod p)$$

其中$(g_1,h_1)=1$，$g_1(x)$是首一多项式. 其次，存在多

项式 $g(x),h(x)\in\mathbf{Z}_p[x]$，使得 $g(x)$是首一多项式

$$f(x)=g(x)h(x),g(x)\equiv g_1(x)(\bmod p)$$

$$h(x)\equiv h_1(x)(\bmod p)$$

我们现在考虑 $\mathbf{Q}_p$ 的代数闭包$\overline{\mathbf{Q}}_p$. p-adic 范数以明显的方式唯一地扩张到$\overline{\mathbf{Q}}_p$，也将用$|\cdot|_p$ 表示它. 实际上，若 $K/\mathbf{Q}_p$ 是 n 次有限扩张，则对 $x\in K$，有

$$|x|_p=(|N_{K/\mathbf{Q}_p}(x)|_p)^{\frac{1}{n}}$$

定理 2　$|\cdot|_p$ 是 K 上的非 Archimedes 范数.

证明　显然，当且仅当 $x=0$ 时 $|x|_p=0$. 也很明显

$$|xy|_p=|x|_p|y|_p$$

因为范数是乘性的. 为了证明

$$|x+y|_p\leqslant\max\{|x|_p,|y|_p\}$$

我们看出(除以 y)，只要对 $\alpha\in K$，证明

$$|\alpha+1|_p\leqslant\max\{|\alpha|_p,1\}\tag{1}$$

即可. 容易看出，若我们可以证明下式成立，则可得出上式(1)

$$|\alpha|_p\leqslant 1\Rightarrow|\alpha-1|_p\leqslant 1$$

即必须证明

$$|N_{K/\mathbf{Q}_p}(\alpha)|_p\leqslant 1\Rightarrow|N_{K/\mathbf{Q}_p}(\alpha-1)|_p\leqslant 1$$

这化为证明

$$N_{K/\mathbf{Q}_p}(\alpha)\in\mathbf{Z}_p\Rightarrow N_{K/\mathbf{Q}_p}(\alpha-1)\in\mathbf{Z}_p$$

现在需要利用少量乘性代数. 显然

$$\mathbf{Q}_p(\alpha)=\mathbf{Q}_p(\alpha-1)$$

现在令

$$f(x)=x^n+a_{n-1}x^{n-1}+\cdots+a_1x+a_0$$

是关于 x 的最小多项式. 关于 $\alpha-1$ 的最小多项式显然是

$$f(x+1)=x^n+(a_{n-1}+n)x^{n-1}+\cdots+$$
$$(1+a_{n-1}+\cdots+a_1+a_0)$$

现在

$$N_{K/\mathbf{Q}_p}(\alpha)=(-1)^n a_0$$
$$N_{K/\mathbf{Q}_p}(\alpha-1)=(-1)^n(1+a_{n-1}+\cdots+a_1+a_0)$$

现在利用 Hensel 引理的多项式形式. 若 $f(x)$的所有系数在 $\mathbf{Z}_p$ 中,则证毕. 于是设

$$f(x)=x^n+a_{n-1}x^{n-1}+\cdots+a_1x+a_0$$

使得 $a_0\in\mathbf{Z}_p$,但是某些 $a_i\notin\mathbf{Z}_p$. 选取 m 为最小指数,使得对所有的 i 有 $p^m a_i\in\mathbf{Z}_p$,并且“去分母”

$$g(x)=p^m f(x)=b_n x^n+b_{n-1}x^{n-1}+\cdots+b_1x+b_0$$

其中 $b_i=p^m a_i$. 因为 $f(x)$是首一多项式,所以

$$b_n=p^m, b_0=p^m a_0$$

由假设,至少有 1 个 b_i 不能被 p 整除. 于是

$$g(x)\equiv(b_n x^{n-k}+\cdots+b_k)x^k \pmod p$$

其中 k 是最小指数,使得 b_k 不能被 p 整除. 由习题 5(Hensel 引理的多项式形式),这就解决了在 $\mathbf{Z}_p[x]$中的因子分解,这表示 $g(x)=p^m f(x)$是可约的,矛盾,因为 $f(x)$是 α 的最小多项式. 这就完成了证明.

习题 6 证明:对 $p\neq 2$ 与每一 $n\geqslant 1$, $x^2\equiv 1 \pmod{p^n}$的唯一解是 $x=\pm 1$.

19.3 *p*-adic 插值

p-adic 连续性的概念是显然的. 我们说函数

$$f:\mathbf{Q}_p\to\mathbf{Q}_p$$

是连续的,如果当$x_n\to x$时

$$f(x_n) \to f(x)$$

插值问题是：给定 $\mathbf{Q}_p$ 中元素序列 $a_1, a_2, a_3, \cdots$，是否存在一个连续函数

$$f: \mathbf{Z}_p \to \mathbf{Q}_p$$

使得

$$f(n) = a_n$$

因为自然数集在 $\mathbf{Z}_p$ 中是稠密的，所以至多可以存在一个这样的函数.

经典的插值例子由 Γ 函数给出

$$\Gamma(n+1) = \int_0^\infty \mathrm{e}^{-x} x^n \mathrm{d}x = n!$$

因此

$$\Gamma(s+1) = \int_0^\infty \mathrm{e}^{-x} x^s \mathrm{d}x$$

给阶乘序列插值.

习题 1　证明：没有连续函数 $f: \mathbf{Z}_p \to \mathbf{Q}_p$ 使得 $f(n) = n!$.

插值的困难由 $n!$ 产生，$n!$ 可以被 p 整除. 因此自然的想法是考虑序列

$$\prod_{\substack{1 \leqslant j \leqslant n \\ (j,p)=1}} j$$

来代替阶乘，并希望这样能解决问题.

事实上，连续函数 $f: \mathbf{Z}_p \to \mathbf{Q}_p$ 是由限制在自然数上来确定的. 于是给定整数数列 $\{a_k\}_{k=0}^{\infty}$，我们只需验证对任一自然数，存在整数 $N = N(m)$，使得

$$k \equiv k' \pmod{p^N} \Rightarrow a_k \equiv a_{k'} \pmod{p^m} \qquad (1)$$

这就是说，当 k 与 k' 是闭 p-adic 时，则 a_k 与 $a_{k'}$ 也是闭 p-adic 的.

我们首先证明，定义为

$$a_k = \prod_{\substack{j \leqslant k \\ (j,p)=1}} j$$

的序列几乎具有性质(1). 正如我们将看到的,这本质上是初等数论中的 Wilson 定理.

习题 2 令 $p \neq 2$ 是素数. 证明:对任一自然数 n,s,我们有

$$\prod_{\substack{j=1 \\ (n+j,p)=1}}^{p^s-1} (n+j) = -1 \pmod{p^s}$$

习题 3 证明:若 $p \neq 2$

$$a_k = \prod_{\substack{j \leqslant k \\ (j,p)=1}} j$$

则

$$a_{k+p^s} = -a_k \pmod{p^s}$$

前一习题几乎满足(1),除符号外. 这就诱导出 p-adicΓ函数的定义

$$\Gamma_p(n) := (-1)^n \prod_{\substack{j<n \\ (j,p)=1}} j$$

习题 4 证明:对 $p \neq 2$,有

$$\Gamma_p(k+p^s) \equiv \Gamma_p(k) \pmod{p^s}$$

我们现在来证明 Mahler 插值定理. 正如将要看到的,主要的思想是组合分析,它以归于 Bojanic 的简化为基础.

习题 5 令 n,k 是自然数,n 与 k 的 p-adic 展开式分别记为

$$n = a_0 + a_1 p + a_2 p^2 + \cdots$$
$$k = b_0 + b_1 p + b_2 p^2 + \cdots$$

证明

$$\binom{n}{k} \equiv \binom{a_0}{b_0}\binom{a_1}{b_1}\binom{a_2}{b_2}\cdots \pmod{p}$$

习题 6 如果 p 是素数，证明：对 $1\leqslant k\leqslant p^n-1$ 与所有的 n，有

$$\binom{p^n}{k}\equiv 0(\bmod p)$$

习题 7(二项式反演公式) 对所有的 n，设

$$b_n=\sum_{k=0}^{n}\binom{n}{k}a_k$$

证明

$$a_n=\sum_{k=0}^{n}\binom{n}{k}(-1)^{n-k}b_k$$

与其逆命题成立.

习题 8 证明

$$\sum_{k=0}^{n}\binom{n}{k}(-1)^k\binom{k}{m}=\begin{cases}(-1)^m & 若\ n=m\\ 0 & 其他情形\end{cases}$$

若令 $f:\mathbf{Z}_p\to\mathbf{Q}_p$ 是连续的，则令

$$a_n(f)=\sum_{k=0}^{n}\binom{n}{k}(-1)^{n-k}f(k)$$

因此

$$f(n)=\sum_{k=0}^{n}\binom{n}{k}a_k(f)$$

若可以证明函数

$$\sum_{k=0}^{\infty}\binom{x}{k}a_k(f)$$

是 p-adic 连续的，则我们就解决了这个插值问题. 换言之，若我们可以证明级数收敛，则证毕. 这是 Mahler 定理的主要思想，换言之，就是要证明：若序列 $\{f(k)\}_{k=1}^{\infty}$ 满足条件(1)，则 $|a_k(f)|_p\to 0$.

习题 9 定义

$$\Delta^n f(x)=\sum_{k=0}^{n}\binom{n}{k}(-1)^{n-k}f(x+k)$$

证明

$$\Delta^n f(x)=\sum_{j=0}^{m}\binom{m}{j}\Delta^{n+j}f(x-m)$$

习题 10 证明

$$\sum_{j=0}^{m}\binom{m}{j}a_{n+j}(f)=\sum_{k=0}^{n}(-1)^{n-k}\binom{n}{k}f(k+m)$$

其中 $a_n(f)$定义为

$$a_n(f)=\sum_{k=0}^{n}(-1)^{n-k}\binom{n}{k}f(k)$$

习题 11 证明:对 $x\in\mathbf{Z}$,多项式

$$\binom{x}{n}=\begin{cases}\dfrac{x(x-1)\cdots(x-n+1)}{n!} & 若\ n\geqslant 1\\ 1 & 若\ n=0\end{cases}$$

取整数值. 对所有的 $x\in\mathbf{Z}_p$,推导

$$\left|\binom{x}{n}\right|_p\leqslant 1$$

定理(Mahler) 设 $f:\mathbf{Z}_p\to\mathbf{Q}_p$ 是连续的. 令

$$a_n(f)=\sum_{k=0}^{n}(-1)^{n-k}\binom{n}{k}f(k)$$

则级数

$$\sum_{k=0}^{\infty}\binom{x}{k}a_k(f)$$

在 $\mathbf{Z}_p$ 中一致收敛,且

$$f(x)=\sum_{k=0}^{\infty}\binom{x}{k}a_k(f)$$

证明 我们知道,给定任一正整数 s,存在正整数

t，使得对 $x,y\in\mathbf{Z}_p$，有

$$|x-y|_p\leqslant p^{-t}\Rightarrow|f(x)-f(y)|_p\leqslant p^{-s}$$

特别地，对 $k=0,1,2,\cdots$，有

$$f(k+p^t)-f(k)|_p\leqslant p^{-s}$$

因为 f 在 $\mathbf{Z}_p$ 上连续，所以它在 $\mathbf{Z}_p$ 上有界($\mathbf{Z}_p$ 是紧的)，于是不失一般性，我们可以设对所有的 $x\in\mathbf{Z}_p$，有

$$|f(x)|_p\leqslant 1$$

因此，对 $n=0,1,2,\cdots$，有

$$|a_n(f)|_p\leqslant 1$$

现在由习题 10，有

$$a_{n+p^t}(f)=-\sum_{j=1}^{p^t-1}\binom{p^t}{j}a_{n+j}(f)+\sum_{k=0}^{n}(-1)^{n-k}\binom{n}{k}\{f(k+p^t)-f(k)\}$$

由习题 6，对 $1\leqslant j\leqslant p^t-1$，有

$$p\left|\binom{p^t}{j}\right.$$

因此

$$|a_{n+p^t}(f)|_p\leqslant\max_{1\leqslant j<p^t}\{p^{-1}|a_{n+j}(f)|_p,p^{-s}\}$$

因为 $|a_n(f)|_p\leqslant 1$，所以我们对 $n\geqslant p^t$，得出

$$|a_n(f)|_p\leqslant p^{-1}$$

在倒数第 2 个不等式中把 n 换为 $n+p^t$，并利用上述不等式，对 $n\geqslant 2p^t$ 得出

$$|a_n(f)|_p\leqslant p^{-2}$$

重复论证 $s-1$ 次，就对 $n\geqslant sp^t$ 给出

$$|a_n(f)|_p\leqslant p^{-s}$$

这就证明了，当 $n\to\infty$ 时 $a_n(f)\to 0$. 由习题 11，对 $x\in$

$\mathbf{Z}_p$，有

$$\left|\binom{x}{n}\right|_p \leqslant 1$$

因此级数

$$\sum_{k=0}^{\infty}\binom{x}{k}a_k(f)$$

在 $\mathbf{Z}_p$ 上一致收敛，从而确定是连续函数. 因为这个函数在自然数集上与 $f(n)$ 一致，并且 $\mathbf{N}$ 在 $\mathbf{Z}_p$ 中是稠密的，所以我们就推导出结果.

习题 12 如果 $f(x)\in\mathbf{C}[x]$ 是在整数自变量上取整数值的多项式，证明：对某些整数 c_k，有

$$f(x)=\sum_k c_k\binom{x}{k}$$

习题 13 如果 $n\equiv 1(\bmod p)$，证明

$$n^{p^m}\equiv 1(\bmod p^{m+1})$$

推导：序列 $a_k=n^k$ 可以是 p-adic 插值的.

前一习题证明了，若 $n\equiv 1(\bmod p)$，则 $f(s)=n^s$ 是 p-adic 变量 s 的连续函数. 下一个习题将证明对 n 的其他值如何推广.

习题 14 令 $(n,p)=1$. 若 $k\equiv k'(\bmod (p-1)p^N)$，证明

$$n^k\equiv n^{k'}(\bmod p^{N+1})$$

习题 15 固定 $s_0\in\{0,1,2,\cdots,p-2\}$，令 A_{s_0} 是与 $s_0(\bmod p-1)$ 同余的整数集. 证明：A_{s_0} 是 $\mathbf{Z}_p$ 的稠密子集.

习题 16 如果 $(n,p)=1$，证明：$f(k)=n^k$ 可以扩张为 A_{s_0} 上的连续函数.

注 由习题 15，我们看出，对 $s\equiv s_0(\bmod p-1)$，

$f(s)=n^s$ 是连续函数

$$f_{s_0}:\mathbf{Z}_p\to\mathbf{Z}_p$$

它插值 n^s.

19.4　p-adic ζ 函 数

我们首先扼要地叙述 p-adic 积分论. $\mathbf{Z}_p$ 上 p-adic 分布 μ 是取 $\mathbf{Q}_p$ 值的加性映射,它是从 $\mathbf{Z}_p$ 中紧开子集的集合得出的映射. 它称为测度,如果存在一常数 $B\in\mathbf{R}$,使得对所有紧开集 $U\subseteq\mathbf{Z}_p$,有

$$|\mu(U)|_p\leqslant B$$

为了定义 $\mathbf{Z}_p$ 上的分布或测度,只要在下列形式的子集上定义即可

$$I=\{a+p^N\mathbf{Z}_p,0\leqslant a\leqslant p^N-1,N=1,2,\cdots\}$$

因为 $\mathbf{Q}_p$ 上任一开子集是这种类型子集的并集.

不难验证,满足

$$\mu(a+p^n\mathbf{Z}_p)=\sum_{b=0}^{p-1}\mu(a+bp^n+p^{n+1}\mathbf{Z}_p)$$

的映射 $\mu:I\to\mathbf{Q}_p$,唯一地扩张为 $\mathbf{Z}_p$ 上的 p-adic 分布.

我们来定义 Bernoulli 分布. 令

$$b_0(x)=1,b_1(x)=x-\frac{1}{2},b_2(x)=x^2-x+\frac{1}{6},\cdots$$

是 Bernoulli 多项式序列. 定义

$$\mu_k(a+p^n\mathbf{Z}_p)=p^{n(k-1)}b_k\left(\frac{a}{p^n}\right)$$

习题 1　证明:μ_k 扩张为 $\mathbf{Z}_p$ 上的分布.

若 μ 是 p-adic 测度,则我们可以定义完美的积分论:

定理1 令 μ 是 $\mathbf{Z}_p$ 上的 p-adic 测度，令 $f:\mathbf{Z}_p\to\mathbf{Q}_p$ 是连续函数，则“Riemann 和”

$$S_N := \sum_{0\leqslant a\leqslant p^N-1} f(x_{a,N})\mu(a+p^N\mathbf{Z}_p)$$

其中 $x_{a,N}$ 是“区间”$a+p^n\mathbf{Z}$ 中的任一元素，当 $N\to\infty$ 时收敛于 $\mathbf{Q}_p$ 中的极限，这个极限与 $\{x_{a,N}\}$ 的选择无关.

证明 我们首先证明序列 S_N 是 Cauchy 序列. 由 f 的连续性，设 N 充分大，使得当 $x\equiv y(\bmod p^N)$ 时

$$|f(x)-f(y)|<\varepsilon$$

现在令 $M>N$. 由 μ 的可加性，可以改写为

$$S_N = \sum_{0\leqslant a\leqslant p^M-1} f(x_{\bar{a},N})\mu(a+p^M\mathbf{Z}_p)$$

其中 $\bar{a}$ 表示 a 的最小非负剩余$(\bmod p^N)$. 因为

$$x_{\bar{a},N}\equiv x_{a,M}(\bmod p^N)$$

所以

$$|S_N-S_M|_p=\left|\sum_{0\leqslant a\leqslant p^M-1}(f(x_{\bar{a},N})-f(x_{a,M}))\mu(a+p^M\mathbf{Z}_p)\right|_p\leqslant B\varepsilon$$

其中对所有的紧开集 U，有

$$|\mu(U)|_p\leqslant B$$

因为 $\mathbf{Q}_p$ 是完全的，所以 S_N 的序列收敛于极限. 容易看出，这个极限与 $x_{a,N}$ 的选择无关.

若 μ 是 $\mathbf{Z}_p$ 上的测度，$f:\mathbf{Z}_p\to\mathbf{Q}_p$ 是连续函数，则我们用 $\int_{\mathbf{Z}_p} f(x)\mathrm{d}\mu(x)$ 表示定理1的“Riemann 和”的极限.

我们现在引入 Mazur 测度. 令 $\alpha\in\mathbf{Z}_p$，又令 $(\alpha)_N$ 是 0 与 p^N-1 之间的有理整数，与 $\alpha(\bmod p^N)$ 同余. 若 μ 是分布，$\alpha\in\mathbf{Q}_p$，显然 $\alpha\mu$ 也是分布. 若 $\alpha\in\mathbf{Z}_p^*$，则定义

为 $\mu'(U)=\mu(\alpha U)$ 的 μ' 也是分布. 现在令 α 是与 p 同余的任一有理整数,不等于 1. 对任一紧开集 U,我们设

$$\mu_{k,\alpha}(U)=\mu_k(U)-\alpha^{-k}\mu_k(\alpha U)$$

来定义"正则"Bernoulli 分布,可以证明 $\mu_{k,\alpha}$是测度.

习题 2 证明:$\mu_{1,\alpha}$是测度.

测度 $\mu_{1,\alpha}$称为 Mazur 测度. 它的重要性将在定理 2 中显示出来.

习题 3 令 d_k 是 $b_k(x)$的系数分母的最小公倍数. 证明

$$d_k\mu_{k,\alpha}(a+p^N\mathbf{Z}_p)\equiv d_kka^{k-1}\mu_{1,\alpha}(a+p^N\mathbf{Z}_p)\pmod{p^N}$$

习题 4 证明

$$\int_{\mathbf{Z}_p}\mathrm{d}\mu_{k,\alpha}=k\int_{\mathbf{Z}_p}x^{k-1}\mathrm{d}\mu_{1,\alpha}$$

对任一紧开集 U 与连续函数 $f:X\to\mathbf{Q}_p$,我们定义

$$\int_U f\mathrm{d}\mu=\int_{\mathbf{Z}_p}f(x)\chi_U(x)\mathrm{d}\mu$$

习题 5 如果 $\mathbf{Z}_p^*$ 是 $\mathbf{Z}_p$ 的单位群,证明

$$\mu_{k,\alpha}(\mathbf{Z}_p^*)=(1-\alpha^{-k})(1-p^{k-1})B_k$$

其中 B_k 是第 k 个 Bernoulli 数.

把这两个习题结合在一起,就表达成下列重要定理:

定理 2(Mazur,1972)

$$-\frac{(1-p^{k-1})B_k}{k}=\frac{1}{\alpha^{-k}-1}\int_{\mathbf{Z}_p^*}x^{k-1}\mathrm{d}\mu_{1,\alpha}$$

我们可以把定理 2 中方程的左边理解为

$$(1-p^{k-1})\zeta(1-k)$$

如果 k 在固定的剩余类(mod $p-1$)中,那么这个定理允许我们证明这些值可以是 p-adic 插值的.

习题 6(Kummer 同余)　如果$(p-1)\nmid i$，$i\equiv j \pmod{p^n}$，证明

$$\frac{(1-p^{i-1})B_i}{i}\equiv\frac{(1-p^{j-1})B_j}{j} \pmod{p^{n+1}}$$

习题 7(Kummer)　若$(p-1)\nmid i$，证明$|B_i/i|_p\leqslant 1$.

习题 8(Clausen 与 Von Staudt)　若$(p-1)\mid i$，i是偶数，则

$$pB_i\equiv -1 \pmod p$$

定理 2 与 Kummer 同余诱导出 p-adic ζ 函数的定义.若 k 是在固定剩余类$(\bmod\ p-1)$中，则 Kummer 同余蕴涵数

$$(1-p^{k-1})\zeta(1-k)$$

可以是 p-adic 插值的.由定理 2，我们看出这个函数一定是

$$\frac{1}{\alpha^{-(s_0+(p-1)s)}-1}\int_{\mathbf{Z}_p^*} x^{s_0+(p-1)s-1}\,\mathrm{d}\mu_{1,\alpha}$$

我们把它指定为 $\zeta_{p,s_0}(s)$，称它为 p-adic ζ 函数，可以证明 $\zeta_{p,s_0}(s)$不依赖于 α 的选择.

Kubota 与 Leopoldt 1964 年的研究报告开创了富有成果的 p-adic ζ 函数与 L 函数理论.

19.5　补充习题

习题 1　令 $1\leqslant a\leqslant p-1$，设 $\phi(a)=\dfrac{a^{p-1}-1}{p}$，证明

$$\phi(ab)\equiv\phi(a)+\phi(b) \pmod p$$

习题 2　ϕ 如同前一习题，证明

$$\phi(a+pt)\equiv\phi(a)-\bar{a}t(\bmod p)$$

其中 $a\bar{a}\equiv 1(\bmod p)$.

习题 3　令$[x]$表示小于或等于 x 的最大整数. 对 $1\leqslant a\leqslant p-1$,证明

$$\frac{a^p-a}{p}\equiv\sum_{j=1}^{p-1}\frac{1}{j}\left[\frac{aj}{p}\right](\bmod p)$$

习题 4　对 $1\leqslant k\leqslant p-1$,证明:Wilson 定理的下列推广

$$(p-k)!\ (k-1)!\ \equiv(-1)^k(\bmod p)$$

习题 5　证明:对奇素数 p,有

$$\frac{2^{p-1}-1}{p}\equiv\sum_{j=1}^{p-1}\frac{(-1)^{j+1}}{2j}(\bmod p)$$

推导:当且仅当

$$1-\frac{1}{2}+\frac{1}{3}-\cdots-\frac{1}{p-1}$$

的分子可被 p 整除时

$$2^{p-1}\equiv 1(\bmod p^2)$$

习题 6　令 p 是奇素数,证明:对所有的 $x\in\mathbb{Z}_p$,有

$$\Gamma_p(x+1)=h_p(x)\Gamma_p(x)$$

其中

$$h_p(x)=\begin{cases}-x & 若|x|_p=1\\ -1 & 若|x|_p<1\end{cases}$$

习题 7　对 $s\geqslant 2$,证明:$x^2\equiv 1(\bmod 2^s)$仅有的解是 $x\equiv 1,-1,2^{s-1}-1$ 与 $2^{s-1}+1$.

习题 8(2 进 Γ 函数)　证明:定义为

$$\Gamma_2(n)=(-1)^n\prod_{\substack{1\leqslant j<n\\(j,2)=1}}j$$

的序列可以扩张为 $\mathbf{Z}_2$ 上的连续函数.

习题 9 证明:对所有的自然数 n,有

$$\Gamma_p(-n)\Gamma_p(n+1)=(-1)^{\left[\frac{n}{p}\right]+n+1}$$

习题 10 如果 p 是奇素数,证明:对 $x\in\mathbf{Z}_p$,有

$$\Gamma_p(x)\Gamma_p(1-x)=(-1)^{l(x)}$$

其中 $l(x)$ 被定义为 $\{1,2,\cdots,p\}$ 的元素,满足 $l(x)\equiv x(\mathrm{mod}\ p)$.

习题 11 证明

$$\Gamma_p\left(\frac{1}{2}\right)^2=\begin{cases}1 & 若\ p\equiv 3(\mathrm{mod}\ 4)\\ -1 & 若\ p\equiv 1(\mathrm{mod}\ 4)\end{cases}$$

p-adic 与 Ostrowski 定理的习题之解答

第 20 章

20.1 Ostrowski 定理

习题 1 如果 F 是具有范数 $\|\cdot\|$ 的域，证明

$$d(x,y)=\|x-y\|$$

确定了域 F 上的度量.

我们可以设在 F 中 $0\neq 1$，在这种情形下，$\|1\|=\|1\|^2$ 蕴涵 $\|1\|=1$. 因此 $\|-1\|^2=1$ 给出了 $\|-1\|=1$. 现在

$$d(x,y)=0\Leftrightarrow\|x-y\|=0\Leftrightarrow x=y$$

同样

$$d(x,y)=d(y,x)$$

因为

$$\|-1\|=1$$

最后

$$d(x,y)=\|x-y\|\leqslant\|x-z\|+\|z-x\|$$
$$=d(x,z)+d(z,x)$$

这是三角形不等式.

习题 2 证明:$|\cdot|_p$ 是 $\mathbf{Q}$ 中的范数.

显然,当且仅当 $x=0$ 时

$$|x|_p=0$$

同样我们可以记

$$x=p^{\nu_p(x)}x_1, y=p^{\nu_p(y)}y_1$$

其中 x_1,y_1 与 p 互素.于是显然

$$|xy|_p=|x|_p|y|_p$$

为了证明三角形不等式,首先设 $\nu_p(x)\neq\nu_p(y)$,且不失一般性,设 $\nu_p(x)<\nu_p(y)$,则

$$x+y=p^{\nu_p(x)}x_1+p^{\nu_p(y)}y_1=p^{\nu_p(x)}(x_1+p^{\nu_p(y)-\nu_p(x)}y_1)$$

使得在这种情形下

$$|x+y|_p\leqslant|x|_p=\max\{|x|_p,|y|_p\}$$

若 $\nu_p(x)=\nu_p(y)$,则数 x_1+y_1 写成最低项时,其分母与 p 互素.于是在这种情形中也有

$$|x+y|_p\leqslant\max\{|x|_p,|y|_p\}$$

因此我们有满足加强形式的三角形不等式.

习题 3 证明:$\mathbf{Q}$ 中的普通绝对值是 Archimedes 范数.

我们必须证明

$$|x+y|\leqslant\max\{|x|,|y|\}$$

对一些有理数对 x,y 是不满足的.若 $x>y>0$,则有

$$|x+y|=x+y>x=|x|$$

习题 4 如果 $0<c<1$,p 是素数,对所有的有理

数 x，定义

$$\| x \| = \begin{cases} c^{\nu_p(x)} & 若\ x \neq 0 \\ 0 & 若\ x = 0 \end{cases}$$

证明：$\| \cdot \|$ 等价于 **Q** 中的 $| \cdot |_p$.

因为

$$\nu_p(x+y) \leqslant \min\{\nu_p(x), \nu_p(y)\}$$

所以结果是显然的.

习题 5　令 F 是具有范数 $\| \cdot \|$ 的域，满足

$$\| x+y \| \leqslant \max\{ \| x \|, \| y \| \}$$

若 $a \in F, r > 0$，则令 $B(a,r)$ 是一开圆盘

$$\{x \in F \mid \| x-a \| < r\}$$

证明：对任一 $b \in B(a,r)$，有

$$B(a,r) = B(b,r)$$

（这个结果说明，圆盘的每一点是圆盘的"圆心"）.

若 $x \in B(a,r)$，则

$$\| x-a \| < r$$

使得

$$\| x-b \| = \| (x-a)+(a-b) \| \leqslant \max\{ \| x-a \|, \| a-b \| \} < r$$

因此 $x \in B(b,r)$. 逆命题也是显然的.

习题 6　令 F 是具有 $\| \cdot \|$ 的域，R 是所有 Cauchy 序列 $\{a_n\}_{n=1}^{\infty}$ 的集合. 定义序列的逐点加法与乘法，即

$$\{a_n\}_{n=1}^{\infty} + \{b_n\}_{n=1}^{\infty} = \{a_n + b_n\}_{n=1}^{\infty}$$

$$\{a_n\}_{n=1}^{\infty} \times \{b_n\}_{n=1}^{\infty} = \{a_n b_n\}_{n=1}^{\infty}$$

证明：$(R, +, \times)$ 是交换环. 更进一步证明由 Cauchy 零序列（即满足当 $n \to \infty$ 时 $\| a_n \| \to 0$ 的序列）组成的子集 R 构成一个极大理想 m.

首先我们必须证明，两个 Cauchy 序列的和与积还是 Cauchy 序列. 令 $\varepsilon>0$. 选取 N_1，使得对于 $n,m\geqslant N_1$，有

$$\| a_n-a_m \| <\frac{\varepsilon}{2}$$

选取 N_2，使得对于 $n,m\geqslant N_2$，有

$$\| b_n-b_m \| <\frac{\varepsilon}{2}$$

于是对于 $N=\max\{N_1,N_2\}$，$n,m\geqslant N$，有

$$\begin{aligned}\| (a_n+b_n)-(a_m+b_m) \| &\leqslant \| a_n-a_m \| + \| b_n-b_m \| \\ &<\frac{\varepsilon}{2}+\frac{\varepsilon}{2}=\varepsilon\end{aligned}$$

因此，两个 Cauchy 序列的和还是 Cauchy 序列. 现在令 K 使得对于所有的 n，有

$$\| a_n \| \leqslant K, \| b_n \| \leqslant K$$

(由 Cauchy 性质，这是显然的). 其次给定 $\varepsilon>0$，选取 M_1，使得对于 $n,m\geqslant M_1$，我们有

$$\| a_n-a_m \| <\frac{\varepsilon}{2K}$$

令 M_2 使得对于 $n,m\geqslant M_2$，有

$$\| b_n-b_m \| <\frac{\varepsilon}{2K}$$

对于 $M=\max\{M_1,M_2\}$ 与 $n,m\geqslant M$，我们有

$$\begin{aligned}\| a_nb_n-a_mb_m \| &\leqslant \| a_n \| \ \| b_n-b_m \| + \\ &\quad \| b_m \| \ \| a_m-a_n \| \\ &<\frac{\varepsilon}{2}+\frac{\varepsilon}{2}=\varepsilon\end{aligned}$$

于是，两个 Cauchy 序列的积还是 Cauchy 序列. 因此 R 在取和与积下是封闭的. 容易验证另一个环公理. 显然，两个零序列的和与积还是零序列. 也很明显，给定

零序列 $\{a_n\}_{n=1}^{\infty}$ 与 Cauchy 序列 $\{b_n\}_{n=1}^{\infty}\in R$，则 $\{a_nb_n\}_{n=1}^{\infty}$ 还是零序列. 因此零序列构成 R 的理想 m. 为了证明 m 是极大理想，只要证明 R/m 是域即可. 为了证明这一点，我们必须证明任一非零元有逆元. 于是给定 $\{a_n\}_{n=1}^{\infty}\notin m$，我们知道 $\varepsilon_1>0$，使得对所有充分大的 n，有 $|a_n|_p>\varepsilon_1$. 调整少数初始元素(如果必要)，我们可以对所有的 n 设 $a_n\neq 0$，因被调整的元素仍然在同一等价类中(mod m). 现在很明显，$\left\{\dfrac{1}{a_n}\right\}_{n=1}^{\infty}$ 是 Cauchy 序列，是给定序列的逆序列. 因此 R/m 是域，m 是极大理想.

习题 7　证明

$$\mathbf{Z}_p=\{x\in\mathbf{Q}_p\mid |x|_p\leqslant 1\}$$

是环(这个环称为 p-adic 整数环).

每一 $x\in\mathbf{Q}_p$ 是 Cauchy 序列，比方说 $\{a_n\}_{n=1}^{\infty}$. 我们定义

$$|x|_p=\lim_{n\to\infty}|a_n|_p$$

于是对充分大的 n，有 $|a_n|_p\leqslant 1$，因为所采用的来自 $|a_n|_p$ 的值是 p 的整数幂. 若 $x,y\in\mathbf{Q}_p$，使得

$$|x_p|\leqslant 1,\ |y_p|\leqslant 1$$

则记 $y=\{b_n\}_{n=1}^{\infty}$，我们看出，对充分大的 n，有

$$|a_n+b_n|_p\leqslant\max\{|a_n|_p,|b_n|_p\}\leqslant 1$$

这对 $|a_nb_n|_p=|a_n||b_n|$ 同样成立. 因此显然 $\mathbf{Z}_p$ 是环. 这就完成了证明.

习题 8　给定 $x\in\mathbf{Q}$ 满足 $|x|_p\leqslant 1$，对任一自然数 i，证明

$$|x-a_i|_p\leqslant p^{-i}$$

此外可以选取 a_i 满足 $0\leqslant a_i<p^i$.

令 $x=\frac{a}{b}$，其中$(a,b)=1$. 因为$|x|_p\leqslant 1$，所以 p 不能整除b，因而 p^i 与b 互素. 因此我们可以求出整数 u 与 v，使得

$$ub+vp^i=1$$

令 $a_i=ua$，则

$$|a_i-x|_p=\left|ua-\frac{a}{b}\right|_p=\left|\frac{a}{b}\right|_p|ub-1|_p\leqslant p^{-i}$$

因此同样处理 a_i. 用 p^i 的倍数来变换 a_i，可以保证 $0\leqslant a_i<p^i$，上述不等式不变.

习题 9 证明：当且仅当$|c_n|_p\to 0$ 时，p-adic 级数

$$\sum_{n=1}^{\infty}c_n(c_n\in\mathbf{Q}_p)$$

收敛.

显然，若级数收敛，则$|c_n|_p\to 0$. 现在设$|c_n|_p\to 0$. 令 $s_N=\sum_{n=1}^{N}c_n$. 因为$\mathbf{Q}_p$ 是完全的，所以只要证明$\{s_N\}_{N=1}^{\infty}$ 是 Cauchy 序列即可. 对 $M>N$，我们有

$$\begin{aligned}|s_M-s_N|_p&=|c_{N+1}+c_{N+2}+\cdots+c_M|_p\\&\leqslant\max\{|c_{N+1}|_p,|c_{N+2}|_p,\cdots,|c_M|_p\}\end{aligned}$$

当 $N\to\infty$时上式变为 0.

习题 10 证明：$\sum_{n=1}^{\infty}n!$ 在 $\mathbf{Q}_p$ 中收敛.

显然当 $n\to\infty$时，$|n!|_p\to 0$，由习题 9，证毕.

习题 11 证明：在 $\mathbf{Q}_p$ 中

$$\sum_{n=1}^{\infty}n\cdot n!=-1$$

按照简易的归纳法论证，我们有

$$s_N=\sum_{n=1}^{N}n\cdot n!=(N+1)!-1$$

实际上，$s_1=2!-1=1$，由归纳假设

$$s_{N+1}=s_N+(N+1)(N+1)!=(N+2)!-1$$

因此

$$\lim_{N\to\infty} s_N=-1$$

习题 12　证明：幂级数 $\sum_{n=0}^{\infty}\frac{x^n}{n!}$ 在圆盘 $|x|_p<p^{-\frac{1}{p-1}}$ 中收敛.

整除 $n!$ 的 p 的幂是

$$\sum_{i=1}^{\infty}\left[\frac{n}{p^i}\right]<\sum_{i=1}^{\infty}\frac{n}{p^i}=\frac{n}{p-1}$$

因此

$$|n!|_p>p^{-n/(p-1)}$$

使得

$$\left|\frac{x^n}{n!}\right|_p<|x|_p^n p^{n/(p-1)}$$

当 $n\to\infty$ 时上式变为 0.

习题 13（乘积公式）　证明：对 $x\in\mathbf{Q}$，$x\neq 0$，有

$$\prod_p |x|_p=1$$

其中上式是在包含 ∞ 的所有素数 p 上求乘积的.

这是唯一因子分解的重新陈述.

习题 14　证明：对任一自然数 n 与有限素数 p，有

$$|n|_p\geqslant\frac{1}{|n|_\infty}$$

这是显然的，由下列两式即可推出

$$|n|_p=p^{-\nu_p(n)}$$

与

$$|n|_\infty=p^{\nu_p(n)}\left(\frac{n}{p^{\nu_p(n)}}\right)$$

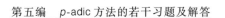

20.2 Hensel 引理

习题 1 证明：$x^2=7$ 在 $\mathbf{Q}_5$ 中无解.

若它有解，则我们可以把 x 写成 5 进数

$$x=\sum_{n=-N}^{\infty}a_n5^n$$

7 的 5 进展开式是 $2+1\times5$，使得 $N=0$. 因此

$$\left(\sum_{n=0}^{\infty}a_n5^n\right)^2=2+1\times5$$

约化(mod 5)可以证明，$a_0^2\equiv2\pmod 5$有解，但是情况并非如此.

习题 2 令 $f(x)\in\mathbf{Z}_p[x]$. 设对某一 N 与 $a_0\in\mathbf{Z}_p$，我们有

$$f(a_0)=0\pmod{p^{2N+1}},f'(a_0)\equiv0\pmod{p^N}$$

但是

$$f'(a_0)\not\equiv0\pmod{p^{N+1}}$$

证明：存在唯一的 $a\in\mathbf{Z}_p$ 使得

$$f(a)=0,a\equiv a_0\pmod{p^{N+1}}$$

记 $f(x)=\sum_i c_ix^i$. 我们将用归纳法解

$$f(a_n)\equiv0\pmod{p^{2N+n+1}}$$

它满足

$$a_{n+1}\equiv a_n\pmod{p^{N+n+1}},f'(a_n)\equiv0\pmod{p^N}$$
$$f'(a_n)\not\equiv0\pmod{p^{N+1}}$$

记 $a_{n+1}=a_n+tp^{N+n+1}$，我们需要解

$$f(a_n+tp^{N+n+1})\equiv0\pmod{p^{2N+n+2}}$$

上式可化为(同前)

$$f(a_n)+p^{N+n+1}tf'(a_n)\equiv 0(\bmod p^{2N+n+2})$$

我们可以全部除以 p^{2N+n+1}，因为

$$f'(a_n)\equiv f'(a_0)\equiv 0(\bmod p^N)$$

这给出了同余(mod p)，因为$\frac{f'(a_n)}{p^N}$与 p 互素. 因此我们可以对 t 求解. 序列$\{a_n\}_{n=1}^{\infty}$是 Cauchy 序列，它的极限满足要求的条件.

习题 3　对任一素数 p，对与 p 互素的任一正整数 m，证明：当且仅当$m|(p-1)$时，在 $\mathbf{Q}_p$ 中存在 m 次本原单位根.

首先设 $m|(p-1)$. 多项式 $f(x)=x^m-1$ 有 m 个不同的根(mod p)，因为$(\mathbf{Z}/p\mathbf{Z})^*$是 $p-1$ 阶循环群. 此外，由 Hensel 引理，每个根上升到 $\mathbf{Z}_p$. 在这些根中(mod p)，$\varphi(m)$的阶恰好是 m，其中 $\varphi(m)$表示 Euler 函数. 对逆命题，注意，若 $\alpha\in\mathbf{Q}_p$ 使得α 的阶是m，则因为 $f(x)$是首一多项式，所以 $\alpha\in\mathbf{Z}_p$，α 是m(mod p)阶元素. 因此 $m|(p-1)$.

习题 4　证明：$\mathbf{Q}_p$ 中 $p-1$ 个单位根的集合是 $p-1$ 阶循环群.

这也是 Hensel 引理的推论. 每个剩余类(mod p)上升到 $\mathbf{Z}_p$ 中的唯一$p-1$次单位根. 显然，这样的单位根集合是一个群，循环性由下列事实推出：存在前一习题中确定的 $p-1$ 阶元素.

习题 5(Hensel 引理的多项式形式)　设 $f(x)\in\mathbf{Z}_p[x]$，存在 $g_1,h_1\in(\mathbf{Z}/p\mathbf{Z})[x]$，使得

$$f(x)\equiv g_1(x)h_1(x)(\bmod p)$$

其中$(g_1,h_1)=1$，$g_1(x)$是首一多项式. 其次，存在多项式 $g(x),h(x)\in\mathbf{Z}_p[x]$，使得 $g(x)$是首一多项式

$$f(x)=g(x)h(x), g(x)\equiv g_1(x) \pmod p$$
$$h(x)\equiv h_1(x) \pmod p$$

解法是构造两个多项式序列 g_n 与 h_n，使得

$$g_{n+1}\equiv g_n \pmod{p^n}, h_{n+1}\equiv h_n \pmod{p^n}$$
$$f(x)\equiv g_n(x)h_n(x) \pmod{p^n}$$

其中每个 g_n 是首一多项式，次数等于 $\deg g_1$，然后取极限. 解法同 Hensel 引理. 我们首先对 $n=2$ 做这一工作. 对某一多项式 $r_1\in \mathbf{Z}_p[x]$，记 $g_2(x)=g_1(x)+pr_1(x)$. 类似地，$h_2(x)=h_1(x)+ps_1(x)$. 我们需要

$$f(x)\equiv g_2(x)h_2(x) \pmod{p^2}$$

即

$$f(x)\equiv g_1(x)h_1(x)+pr_1(x)h_1(x)+ps_1(x)g_1(x) \pmod{p^2}$$

因为

$$f(x)\equiv g_1(x)h_1(x) \pmod p$$

所以我们可以对某一 $k_1(x)\in \mathbf{Z}_p[x]$，记

$$f(x)-g_1(x)h_1(x)=pk_1(x)$$

因此我们得出

$$k_1(x)\equiv r_1(x)h_1(x)+s_1(x)g_1(x) \pmod p$$

因为 $(g_1, h_1)=1$，所以可以求出多项式 $a(x)$，$b(x)$，使得

$$a(x)g_1(x)+b(x)h_1(x)\equiv 1 \pmod p$$

若设

$$\tilde{r}_1(x)=b(x)k_1(x), \tilde{s}_1(x)=a(x)k_1(x)$$

则这些多项式几乎对 r_1，s_1 解决了问题. 我们要保证 $\deg g_2=\deg g_1$，并且 g_2 是首一多项式. 对 $(\mathbf{Z}/p\mathbf{Z})[x]$ 应用 Euclid 算法

$$\tilde{r}_1(x)=g_1(x)q(x)+r_1(x)$$

其中 $\deg r_1<\deg g_1$. 设 $s_1(x)=\tilde{s}_1(x)+h_1(x)q(x)$，

则

$$r_1(x)h_1(x)+s_1(x)g_1(x)\equiv k_1(x)(\bmod p)$$

这正是所要求的结果. 同样，因为 $\deg r_1<\deg g_1$，所以 g_2 是首一多项式，$\deg g_2=\deg g_1$. 我们现在对 g_3，g_4，…继续用这个方法，并取极限.

习题 6 证明：对 $p\neq 2$ 与每一 $n\geqslant 1$，$x^2\equiv 1(\bmod p^n)$的唯一解是 $x=\pm 1$.

对 $n=1$，这是显然的. 因为多项式 $f(x)=x^2-1$ 满足

$$f'(x)=2x, f'(\pm 1)\not\equiv 0(\bmod p)$$

(因为 $p\neq 2$)我们可以应用 Hensel 引理来得出

$$x\equiv 1(\bmod p), x\equiv -1(\bmod p)$$

二者扩充为 p-adic 解. 这些解显然是 $x=\pm 1$.

20.3 p-adic 插值

习题 1 证明：没有连续函数 $f:\mathbf{Z}_p\to\mathbf{Q}_p$，使得 $f(n)=n!$.

令 $x\in\mathbf{Z}_p/\mathbf{Z}$. 我们要求当 $n\to x$ 时

$$n!\to f(x)$$

但是，当 $n\to x$ 时，$n!$ 所得的 p-adic 数更趋于 0(因为当 $n\to x$ 时，n 在常见意义上变大). 因此$\lim\limits_{n\to x}n!=0$，使得没有连续 p-adic 函数给阶乘插值.

习题 2 令 $p\neq 2$ 是素数. 证明：对任意自然数 n，s，我们有

$$\prod_{\substack{j=1\\(n+j,p)=1}}^{p^s-1}(n+j)\equiv -1(\bmod p^s)$$

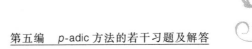

数 $n, n+1, \cdots, n+p^s-1$ 形成剩余 mod p^s 的完全集. 因此,乘积与所有互素剩余类 mod p^s 的乘积同余. 现在,在任一 Abel 群 A 中

$$\prod_{g\in A} g = \prod_{\substack{g\in A \\ g^2=1}} g$$

因为我们可以在左边乘积中把 g 与 g^{-1} 配对. 由 19.2 中习题 6,有

$$x^2 \equiv 1 (\bmod\ p^s)$$

只有两个解,即 $x=\pm 1$. 因此

$$\prod_{\substack{j=1 \\ (n+j,p)=1}}^{p^s-1} (n+j) \equiv -1 (\bmod\ p^s)$$

(注意,当 $s=1, n=0$ 时,这恰好是 Wilson 定理).

习题 3 证明:若 $p\neq 2$,有

$$a_k = \prod_{\substack{j\leqslant k \\ (j,p)=1}} j$$

则

$$a_{k+p^s} \equiv -a_k (\bmod\ p^s)$$

利用 19.3 中习题 2,有

$$\prod_{\substack{j\leqslant k+p^s \\ (j,p)=1}} j = \prod_{\substack{j\leqslant p^s \\ (j,p)=1}} j \prod_{\substack{p^s<j\leqslant k+p^s \\ (j,p)=1}} j \equiv -\prod_{\substack{j\leqslant k \\ (j,p)=1}} j (\bmod\ p^s)$$

因此

$$a_{k+p^s} \equiv -a_k (\bmod\ p^s)$$

习题 4 证明:对 $p\neq 2$,有

$$\Gamma_p(k+p^s) \equiv \Gamma_p(k) (\bmod\ p^s)$$

用前一习题的记号,我们有

$$\Gamma_p(n) = (-1)^n a_{n-1}$$

因此

$$\Gamma_p(k+p^s) = (-1)^{k+p^s} a_{k+p^s-1} \equiv (-1)^k a_{k-1} (\bmod\ p^s)$$

这就给出了结果(注意,p 是奇数).

习题 5　令 n,k 是自然数,n 与 k 的 p-adic 展开式分别记为

$$n=a_0+a_1p+a_2p^2+\cdots$$
$$k=b_0+b_1p+b_2p^2+\cdots$$

证明

$$\binom{n}{k}\equiv\binom{a_0}{b_0}\binom{a_1}{b_1}\binom{a_2}{b_2}\cdots(\bmod p)$$

我们有

$$(1+x)^n=(1+x)^{a_0}(1+x)^{a_1p}(1+x)^{a_2p^2}\cdots$$
$$\equiv(1+x)^{a_0}(1+x^p)^{a_1}(1+x^{p^2})^{a_2}\cdots(\bmod p)$$

现在比较上式两边 x^k 的系数.因为 $k=b_0+b_1p+\cdots$ 是唯一的 p-adic 展开式,所以现在结果是显然的.

习题 6　如果 p 是素数,证明:对 $1\leqslant k\leqslant p^n-1$ 与所有的 n,有

$$\binom{p^n}{k}\equiv 0(\bmod p)$$

p^n 的 p-adic 展开式恰好是 p^n,因此

$$a_0=a_1=\cdots=a_{n-1}=0$$

由此推出结果.

习题 7(二项式反演公式)　对所有的 n,设

$$b_n=\sum_{k=0}^{n}\binom{n}{k}a_k$$

证明

$$a_n=\sum_{k=0}^{n}\binom{n}{k}(-1)^{n-k}b_k$$

与其逆命题成立.

考虑幂级数乘法

$$\left(\sum_{n=0}^{\infty} \frac{a_n x^n}{n!}\right)\left(\sum_{n=0}^{\infty} \frac{c_n x^n}{n!}\right) = \sum_{n=0}^{\infty} \frac{b_n x^n}{n!}$$

容易看出

$$b_n = \sum_{k=0}^{n} \binom{n}{k} a_k c_{n-k}$$

因此已知的 b_n 关系式蕴涵

$$\sum_{n=0}^{\infty} \frac{b_n x^n}{n!} = \mathrm{e}^x \sum_{n=0}^{\infty} \frac{a_n x^n}{n!}$$

由此知结果是显然的.

习题 8 证明

$$\sum_{k=0}^{\infty} \binom{n}{k} (-1)^k \binom{k}{m} = \begin{cases} (-1)^m & \text{若 } n=m \\ 0 & \text{其他情形} \end{cases}$$

设

$$a_k = \begin{cases} (-1)^m & \text{若 } k=m \\ 0 & \text{其他情形} \end{cases}$$

用前一习题的记号

$$b_n = \binom{n}{m} (-1)^m$$

因此

$$a_n = \sum_{k=0}^{n} \binom{n}{k} (-1)^{n-k} \binom{k}{m} (-1)^m$$

$$= \begin{cases} (-1)^m & \text{若 } n=m \\ 0 & \text{其他情形} \end{cases}$$

这正是所要求的结果.

习题 9 定义

$$\Delta^n f(x) = \sum_{k=0}^{n} \binom{n}{k} (-1)^{n-k} f(x+k)$$

证明

$$\Delta^n f(x)=\sum_{j=0}^{m}\binom{m}{j}\Delta^{n+j}f(x-m)$$

只要把算子 Δ^n 应用于方程两边即可推出

$$f(x)=\sum_{j=0}^{m}\binom{m}{j}\Delta^{j}f(x-m)$$

但是此时

$$\begin{aligned}&\sum_{j=0}^{m}\binom{m}{j}\Delta^{j}f(x-m)\\&=\sum_{j=0}^{m}\binom{m}{j}\sum_{k=0}^{j}\binom{j}{k}(-1)^{j-k}f(x-m+k)\\&=\sum_{k=0}^{m}(-1)^{k}f(x-m+k)\sum_{j=0}^{m}\binom{m}{j}\binom{j}{k}(-1)^{j}\end{aligned}$$

内部和是 0,除 $k=m$ 外,在这种情形下,由习题 8,可知内部和是 $(-1)^m$. 因此立即得出结果.

习题 10　证明

$$\sum_{j=0}^{m}\binom{m}{j}a_{n+j}(f)=\sum_{k=0}^{n}(-1)^{n-k}\binom{n}{k}f(k+m)$$

其中 $a_n(f)$ 定义为

$$a_n(f)=\sum_{k=0}^{n}(-1)^{n-k}\binom{n}{k}f(k)$$

对 $m=0$,公式是显然的. 由前一习题

$$\Delta^n f(m)=\sum_{j=0}^{m}\binom{m}{j}\Delta^{n+j}f(0)$$

现在

$$\Delta^n f(m)=\sum_{k=0}^{n}\binom{n}{k}(-1)^{n-k}f(k+m)$$

我们只需要注意

$$\Delta^n f(0)=a_n(f)$$

这就完成了证明.

习题 11 证明:对 $x\in\mathbf{Z}$,多项式

$$\binom{x}{n}=\begin{cases}\dfrac{x(x-1)\cdots(x-n+1)}{n!} & 若\ n\geqslant 1\\ 1 & 若\ n=0\end{cases}$$

取整值.对所有的 $x\in\mathbf{Z}_p$,推导

$$\left|\binom{x}{n}\right|_p\leqslant 1$$

对自然数 n,这是显然的.若 $x=-m(m\in\mathbf{N})$,则

$$\binom{-m}{n}=(-1)^n\binom{m+n-1}{n}\in\mathbf{Z}$$

多项式 $\binom{x}{n}$ 是连续的.因为 $\mathbf{Z}$ 在 $\mathbf{Z}_p$ 中是稠密的,所以由此推出对所有的 $x\in\mathbf{Z}_p$,有

$$\left|\binom{x}{n}\right|_p\leqslant 1$$

习题 12 如果 $f(x)\in\mathbf{C}[x]$ 是在整数自变量上取整数值的多项式,证明:对某些整数 c_k,有

$$f(x)=\sum_k c_k\binom{x}{k}$$

这是习题 7 的推论.实际上,设

$$a_n(f)=\sum_{k=0}^{n}\binom{n}{k}(-1)^{n-k}f(k)$$

这给出了整数数列,因为 $f(k)$ 都是整数.由二项式反演公式

$$f(n)=\sum_{k=0}^{n}\binom{n}{k}a_k(f)$$

令 D 是 f 的次数.设

$$f^*(x)=\sum_{k=0}^{D}\binom{x}{k}a_k(f)$$

现在对 $0\leqslant n\leqslant D$，有

$$f^*(n)=\sum_{k=0}^{D}\binom{n}{k}a_k(f)=\sum_{k=0}^{n}\binom{n}{k}a_k(f)=f(n)$$

因为多项式 $f(x)$ 与 $f^*(x)$ 有相同次数，且在 $D+1$ 个点上一致，所以我们一定有 $f(x)=f^*(x)$. 这就完成了证明.

习题 13　如果 $n\equiv 1(\bmod p)$，证明

$$n^{p^m}\equiv 1(\bmod p^{m+1})$$

推导：序列 $a_k=n^k$ 可以是 p-adic 插值的.

我们用归纳法证明同余. 当 $m=1$ 时，我们可以对某一 t，记 $n=1+tp$，使得

$$n^p=(1+tp)^p\equiv 1(\bmod p^2)$$

假设已对 $m\leqslant n$ 证明了这个结果. 其次，我们必须证明

$$n^{p^n}\equiv 1(\bmod p^{n+2})$$

由归纳法，我们对某一 j 有 $n^{p^n}=1+jp^{n+1}$. 因此

$$n^{p^{n+1}}=(1+jp^{n+1})^p\equiv 1(\bmod p^{n+2})$$

这正是所要求的结果. 为了证明 a_k 的序列可以是 p-adic插值的，只要证明：若 $k\equiv k'(\bmod p^m)$，则 $a_k\equiv a_{k'}(\bmod p^{m+1})$ 即可. 实际上，由刚才所证明的，我们有

$$n^{k-k'}\equiv 1(\bmod p^{m+1})$$

习题 14　令 $(n,p)=1$. 若 $k\equiv k'(\bmod (p-1)p^N)$，证明

$$n^k\equiv n^{k'}(\bmod p^{N+1})$$

我们必须证明

$$n^{k-k'}\equiv 1(\bmod p^{N+1})$$

但是这可以由 Euler 定理推出.

习题 15 固定 $s_0\in\{0,1,2,\cdots,p-2\}$，令 A_{s_0} 是与 $s_0(\bmod p-1)$ 同余的整数集，证明：A_{s_0} 是 $\mathbf{Z}_p$ 的稠密子集.

这是中国剩余定理的应用. 给定 $m\in\mathbf{Z}_p$，我们必须求出整数 n，使得

$$n\equiv m(\bmod p^N),n\equiv s_0(\bmod p-1)$$

这是我们可以做到的，因为 p 与 $p-1$ 互素.

习题 16 如果 $(n,p)=1$，证明：$f(k)=n^k$ 可以扩充为 A_{s_0} 上的连续函数.

对 $s\in A_{s_0}$，我们记

$$s=s_0+(p-1)s_1$$

因此

$$f(s)=n^{s_0}(n^{p-1})^{s_1}$$

因为

$$n^{p-1}\equiv 1(\bmod p)$$

所以由习题 13，对所有的 $s_1\in\mathbf{Z}_p$，函数 $(n^{p-1})^{s_1}$ 是可以 p-adic 插值的. 因此 f 扩充为 A_{s_0} 上的连续函数.

20.4 p-adic ζ 函数

习题 1 证明：μ_k 扩张为 $\mathbf{Z}_p$ 上的分布.

我们必须证明

$$\mu_k(a+p^n\mathbf{Z}_p)=\sum_{b=0}^{p-1}\mu_k(a+bp^n+p^{n+1}\mathbf{Z}_p)$$

右边等于

$$p^{(n+1)(k-1)}\sum_{b=0}^{p-1}b_k\left(\frac{a+bp^n}{p^{n+1}}\right)$$

两边乘以 $p^{-n(k-1)}$ 后，被证明的恒等式化为

$$b_k(px)=p^{k-1}\sum_{b=0}^{p-1}b_k\left(x+\frac{b}{p}\right)$$

这容易由 Bernoulli 多项式的幂级数生成函数推导出.

习题 2 证明：$\mu_{1,\alpha}$是测度.

我们有

$$\mu_{1,\alpha}(a+p^N\mathbf{Z}_p)=\frac{a}{p^N}-\frac{1}{2}-\frac{1}{\alpha}\left(\frac{(\alpha a)_N}{p^N}-\frac{1}{2}\right)$$
$$=\frac{\frac{1}{\alpha}-1}{2}+\frac{a}{p^N}-\frac{1}{\alpha}\left(\frac{\alpha a}{p^N}-\left[\frac{\alpha a}{p^N}\right]\right)$$

其中[·]表示最大的整函数. 于是

$$\mu_{1,\alpha}(a+p^N\mathbf{Z}_p)=\frac{1}{\alpha}\left[\frac{\alpha a}{p^N}\right]+\frac{\frac{1}{\alpha}-1}{2}$$

因为 $\alpha\in\mathbf{Z}_p^*$，$\frac{1}{\alpha}\in\mathbf{Z}_p$，所以当 $p\neq 2$ 时

$$\frac{\frac{1}{\alpha}-1}{2}\in\mathbf{Z}_p$$

其次，若 $p=2$，则

$$\alpha^{-1}\equiv 1(\bmod 2)$$

在这种情形中也有

$$\frac{\alpha^{-1}-1}{2}\in\mathbf{Z}_p$$

于是

$$\mu_{1,\alpha}(a+p^N\mathbf{Z}_p)\in\mathbf{Z}_p$$

因此

$$|\mu_{1,\alpha}(a+p^N\mathbf{Z}_p)|\leqslant 1$$

因为每个紧开集 U 是形如 $a+p^N\mathbf{Z}_p$ 的区间的有限不相交并集，所以由 p-adic 范数的非 Archimedes 的性

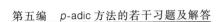

质立即推出了结果.

习题 3 令 d_k 是 $b_k(x)$ 的系数分母的最小公倍数. 证明

$$d_k\mu_{k,\alpha}(a+p^N\mathbf{Z}_p)\equiv d_kka^{k-1}\mu_{1,\alpha}(\alpha+p^N\mathbf{Z}_p)(\bmod\ p^N)$$

容易检验 Bernoulli 多项式开始是

$$x^k-\frac{k}{2}x^{k-1}+\cdots$$

现在

$$d_k\mu_{k,\alpha}(a+p^N\mathbf{Z}_p)=d_kp^{N(k-1)}\left(b_k\left(\frac{a}{p^N}\right)-\alpha^{-k}b_k\left(\frac{(\alpha a)_N}{p^N}\right)\right)$$

多项式 $d_kB_k(x)$ 有整系数,它的前两项是 $d_kx^k-k\left(\frac{d_k}{2}\right)x^{k-1}$. 因为 $x=\frac{a}{p^N}$ 有分母 p^N,我们乘以 $p^{N(k-1)}$,所以对 $x=\frac{a}{p^N}$,在 x^{k-2} 后的项可被 p^N 整除. 因此

$$\begin{aligned}
&d_k\mu_k(a+p^N\mathbf{Z}_p)\\
&\equiv d_kp^{N(k-1)}\left(\frac{a^k}{p^{Nk}}-\alpha^{-k}\left(\frac{(\alpha a)_N}{p^N}\right)^k-\right.\\
&\quad\left.\frac{k}{2}\left(\frac{a^{k-1}}{p^{N(k-1)}}-\alpha^{-k}\left(\frac{(\alpha a)_N}{p^N}\right)^{k-1}\right)\right)(\bmod\ p^N)\\
&\equiv d_k\left(\frac{a^k}{p^N}-\alpha^{-k}p^{N(k-1)}\left(\frac{\alpha a}{p^N}-\left(\frac{\alpha a}{p^N}\right)\right)^k-\right.\\
&\quad\left.\frac{k}{2}\left(a^{k-1}-\alpha^{-k}p^{N(k-1)}\left(\frac{\alpha a}{p^N}-\left(\frac{\alpha a}{p^N}\right)\right)^{k-1}\right)\right)\\
&\equiv d_k\left(\frac{a^k}{p^N}-\alpha^{-k}\left(\frac{\alpha^ka^k}{p^N}-k\alpha^{k-1}a^{k-1}\left(\frac{\alpha a}{p^N}\right)\right)-\right.\\
&\quad\left.\frac{k}{2}(a^{k-1}-\alpha^{-k}(\alpha^{k-1}a^{k-1}))\right)(\bmod\ p^N)\\
&\equiv d_kka^{k-1}\left(\frac{1}{\alpha}\left(\frac{\alpha a}{p^N}\right)+\frac{\alpha^{-1}-1}{2}\right)(\bmod\ p^N)\\
&\equiv d_kka^{k-1}\mu_{1,\alpha}(a+p^N\mathbf{Z}_p)(\bmod\ p^N)
\end{aligned}$$

习题 4 证明

$$\int_{\mathbf{Z}_p} \mathrm{d}\mu_{k,\alpha} = k\int_{\mathbf{Z}_p} x^{k-1}\mathrm{d}\mu_{1,\alpha}$$

用前一习题的记号,我们有

$$\begin{aligned} d_k\int_{\mathbf{Z}_p} \mathrm{d}\mu_{k,\alpha} &\equiv \sum_{0\leqslant a\leqslant p^N-1} \mu_{k,\alpha}(a+p^N\mathbf{Z}_p)(\bmod p^N) \\ &\equiv d_k k \sum_{0\leqslant a\leqslant p^N-1} a^{k-1}\mu_{1,\alpha}(a+p^N\mathbf{Z}_p)(\bmod p^N) \end{aligned}$$

由此推出结果.

习题 5 如果 $\mathbf{Z}_p^*$ 是 $\mathbf{Z}_p$ 的单位群,证明

$$\mu_{k,\alpha}(\mathbf{Z}_p^*) = (1-\alpha^{-k})(1-p^{k-1})B_k$$

其中 B_k 是第 k 个 Bernoulli 数.

显然

$$\begin{aligned} \mu_{k,\alpha}(\mathbf{Z}_p^*) &= \mu_{k,\alpha}(\mathbf{Z}_p) - \mu_{k,\alpha}(p\mathbf{Z}_p) \\ &= \mu_k(\mathbf{Z}_p) - \alpha^{-k}\mu_k(\alpha\mathbf{Z}_p) - \mu_k(p\mathbf{Z}_p) + \\ &\quad \alpha^{-k}\mu_k(\alpha\mathbf{Z}_p) \end{aligned}$$

现在

$$\mu_k(\mathbf{Z}_p) = B_k, \mu_k(p\mathbf{Z}_p) = p^{k-1}B_k$$

同样,因为 α 是与 p 同余的整数,所以$\alpha\mathbf{Z}_p = \mathbf{Z}_p$,因此

$$\mu_k(\alpha\mathbf{Z}_p) = B_k, \mu_k(\alpha p\mathbf{Z}_p) = p^{k-1}B_k$$

由此推出结果.

习题 6(Kummer 同余) 如果$(p-1)\nmid i$,$i\equiv j(\bmod p^n)$,证明

$$(1-p^{i-1})B_i/i \equiv (1-p^{i-1})B_j/j(\bmod p^{n+1})$$

令 α 是原根$(\bmod p)$. 因为$(p-1)\nmid i$,所以我们有 $\alpha^i \not\equiv 1(\bmod p)$,因此$\alpha^{-1}-1\in\mathbf{Z}_p^*$. 由 19.4 节中定理 2 知,只要证明

$$\alpha^{-i}-1 \equiv \alpha^{-j}-1(\bmod p^{n+1})$$

与

$$\int_{\mathbf{Z}_p^*} x^{i-1}\mathrm{d}\mu_{1,\alpha} \equiv \int_{\mathbf{Z}_p^*} x^{j-1}\mathrm{d}\mu_{1,\alpha} (\bmod\ p^{n+1})$$

即可. 由 Euler 定理推出前一同余. 利用同一定理,由

$$x^{i-1} \equiv x^{j-1} (\bmod\ p^{n+1})$$

推出后一同余.

习题 7(Kummer)　如果 $(p-1)\nmid i$,证明 $|B_i/i|_p \leqslant 1$.

由习题 6,有

$$|B_i/i|_p = |\alpha^{-i}-1|_p^{-1}\ |1-p^{j-1}|_p^{-1} \left|\int_{\mathbf{Z}_p^*} x^{i-1}\mathrm{d}\mu_{1,\alpha}\right|_p$$

因为 $(p-1)\nmid i$,所以 α^i-1 与 p 同余. 因此对所有紧开集 U,由于

$$|\mu_{1,\alpha}(U)|_p \leqslant 1$$

有

$$|B_i/i|_p = \left|\int_{\mathbf{Z}_p^*} x^{i-1}\mathrm{d}\mu_{1,\alpha}\right|_p \leqslant 1$$

习题 8(Clausen 与 Von Staudt)　若 $(p-1)\mid i$,i 是偶数,则

$$pB_i \equiv -1(\bmod\ p)$$

$$(m+1)s_m(p) = \sum_{k=0}^{m}\binom{m+1}{k}B_k p^{m+1-k}$$

其中

$$s_m(p) = 1^m + 2^m + \cdots + (p-1)^m$$

因此

$$pB_m = s_m(p) - \sum_{k=0}^{m-1}\frac{1}{m+1}\binom{m+1}{k}B_k p^{m+1-k}$$

它等于

$$s_m(p) - \frac{p^{m+1}}{m+1} - \sum_{k=1}^{m-1}\binom{m}{k-1}\frac{B_k}{k}p^{m+1-k}$$

由习题 7 知，当$(p-1)\nmid k$时

$$\left|\frac{B_k}{k}\right|_p \leqslant 1$$

我们现在记$m=(p-1)t$，对t应用归纳法，当$t=1$时，由 Fermat 小定理，得出

$$pB_{p-1}=s_{p-1}(p)-p^{p-1}-\sum_{k=1}^{p-2}\binom{p-1}{k-1}\frac{B_k}{k}p^{p-k}$$
$$\equiv -1 \pmod p$$

用简易的归纳法可推导出结果.

20.5 补充习题

习题 1　令$1\leqslant a\leqslant p-1$，设$\phi(a)=\dfrac{a^{p-1}-1}{p}$，证明

$$\phi(a,b)\equiv\phi(a)+\phi(b) \pmod p$$

我们有

$$(ab)^{p-1}=a^{p-1}b^{p-1}=(1+p\phi(a))(1+p\phi(b))$$
$$\equiv 1+p(\phi(a)+\phi(b)) \pmod{p^2}$$

由此推出结果.

习题 2　ϕ同前一习题，证明

$$\phi(a+pt)\equiv\phi(a)-\bar{a}t \pmod p$$

其中$a\bar{a}\equiv 1 \pmod p$.

我们有

$$(a+pt)^{p-1}\equiv a^{p-1}+p(p-1)ta^{p-2} \pmod{p^2}$$
$$\equiv 1+p\phi(a)-pta^{p-1}\bar{a} \pmod{p^2}$$
$$\equiv 1+p\phi(a)-pt(1+p\phi(a))\bar{a} \pmod{p^2}$$
$$\equiv 1+p\phi(a)-pt\bar{a} \pmod{p^2}$$

由此推出同余.

习题 3 令$[x]$表示小于或等于 x 的最大整数. 对 $1\leqslant a\leqslant p-1$,证明

$$\frac{a^p-a}{p}\equiv\sum_{j=1}^{p-1}\frac{1}{j}\left[\frac{aj}{p}\right](\bmod p)$$

我们有

$$\begin{aligned}\sum_{j=1}^{p-1}\phi(aj)&\equiv\sum_{j=1}^{p-1}\phi(a)+\sum_{j=1}^{p-1}\phi(j)(\bmod p)\\&\equiv(p-1)\phi(a)+\sum_{j=1}^{p-1}\phi(j)(\bmod p)\end{aligned}$$

于是

$$\phi(a)\equiv\sum_{j=1}^{p-1}\phi(j)-\sum_{j=1}^{p-1}\phi(aj)(\bmod p)$$

记 $aj=r_j+pq_j$,其中 $1\leqslant r_j\leqslant p-1$,则由习题 2

$$\phi(aj)=\phi(r_j+pq_j)\equiv\phi(r_j)-\frac{q_j}{r_j}(\bmod p)$$

使得

$$\sum_{j=1}^{p-1}\phi(aj)=\sum_{j=1}^{p-1}\phi(r_j)-\sum_{j=1}^{p-1}\frac{q_j}{r_j}(\bmod p)$$

显然,当 j 取遍从 1 到 $p-1$ 的值时,r_j 也如此. 因此

$$\phi(a)\equiv\sum_{j=1}^{p-1}\frac{q_j}{r_j}(\bmod p)$$

现在

$$aj\equiv r_j(\bmod p),q_j=\left[\frac{aj}{p}\right]$$

因此

$$a\phi(a)\equiv\sum_{j=1}^{p-1}\frac{1}{j}\left[\frac{aj}{p}\right](\bmod p)$$

这正是所要求的结果.

习题 4　对 $1\leqslant k\leqslant p-1$，证明：Wilson 定理的下列推广

$$(p-k)!\ (k-1)!\ \equiv(-1)^k(\bmod\ p)$$

记

$$\begin{aligned}-1&\equiv(p-1)!\\&\equiv(p-1)(p-2)\cdots(p-(k-1))(p-k)!\ (\bmod\ p)\\&\equiv(-1)^{k-1}(k-1)!\ (p-k)!\ (\bmod\ p)\end{aligned}$$

由此推出结果.

习题 5　证明：对奇素数 p，有

$$\frac{2^{p-1}-1}{p}\equiv\sum_{j=1}^{p-1}\frac{(-1)^{j+1}}{2j}(\bmod\ p)$$

推导：当且仅当

$$1-\frac{1}{2}+\frac{1}{3}-\cdots-\frac{1}{p-1}$$

的分子可被 p 整除时

$$2^{p-1}\equiv1(\bmod\ p^2)$$

我们有

$$\begin{aligned}\frac{2^{p-1}-1}{p}&=\frac{(1+1)^p-2}{2p}=\frac{1}{2p}\sum_{j=1}^{p-1}\binom{p}{j}\\&=\frac{1}{2}\sum_{j=1}^{p-1}\frac{(p-1)!}{(p-j)!\ j!}\end{aligned}$$

由 Wilson 定理，每个被加数的分子与 -1 同余 $(\bmod\ p)$. 由习题 4，分母与 $(-1)^j j$ 同余 $(\bmod\ p)$. 因此

$$\frac{2^{p-1}-1}{p}\equiv\sum_{j=1}^{p-1}\frac{(-1)^{j+1}}{2j}(\bmod\ p)$$

这正是所要求的结果.

习题 6　令 p 是奇素数，证明：对所有的 $x\in\mathbf{Z}_p$，有

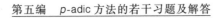

$$\Gamma_p(x+1)=h_p(x)\Gamma_p(x)$$

其中

$$h_p(x)=\begin{cases}-x & 若|x|_p=1\\ -1 & 若|x|_p<1\end{cases}$$

我们有

$$\Gamma_p(n+1)=\begin{cases}-n\Gamma_p(n) & 若(n,p)=1\\ -\Gamma_p(n) & 若(n,p)\neq 1\end{cases}$$

由连续性推出结果.

习题 7 对 $s\geqslant 2$,证明:$x^2\equiv 1(\bmod 2^s)$仅有的解是 $x\equiv 1,-1,2^{s-1}-1$ 与 $2^{s-1}+1$.

我们有 $2^s|(x^2-1)$,因为

$$x^2-1=(x-1)(x+1)$$

所以 $x-1$ 或 $x+1$ 中恰有一个可被 4 整除,不是 $2\parallel(x-1)$,就是 $2\parallel(x+1)$.在前一情形中

$$x\equiv -1(\bmod 2^{s-1})$$

因此对某一 t,有

$$x=2^{s-1}t-1$$

若 t 是偶数,则得

$$x\equiv -1(\bmod 2^s)$$

若 t 是奇数,则得

$$x\equiv 2^{s-1}-1(\bmod 2^s)$$

在后一情形中

$$x\equiv 1(\bmod 2^{s-1})$$

若 t 是奇数,则得

$$x\equiv 2^{s-1}+1(\bmod 2^s)$$

习题 8(2 进 Γ 函数) 证明:定义为

$$\Gamma_2(n)=(-1)^n\prod_{\substack{1\leqslant j<n\\(j,2)=1}} j$$

的序列可以扩充为 $\mathbf{Z}_2$ 上的连续函数.

我们有

$$\Gamma_2(n+2^s)=\Gamma_2(n)\prod_{\substack{0\leqslant j<2^s\\(n+j,2)=1}}(n+j)$$

正如我们先前陈述过的，Abel 群中所有元素的乘积等于 2 阶元素的乘积. 因此我们必须解

$$x^2\equiv 1(\bmod 2^s)$$

由习题 7，这些解恰好是 $1,-1,2^{s-1}+1$ 与 $2^{s-1}-1$. 因此

$$\Gamma_2(n+2^s)\equiv\Gamma_2(n)(\bmod 2^s)$$

由此应用 Mahler 定理推出结果. 这就完成了证明.

习题 9　证明：对所有自然数 n，有

$$\Gamma_p(-n)\Gamma_p(n+1)=(-1)^{\left[\frac{n}{p}\right]+n+1}$$

由习题 6，我们有

$$\begin{aligned}1&=\Gamma_p(0)=\Gamma_p(-1)h_p(-1)\\&=\Gamma_p(-2)h_p(-2)h_p(-1)\end{aligned}$$

等等. 因此对所有的自然数 n，有

$$\Gamma_p(-n)^{-1}=\prod_{j=1}^{n}h_p(-j)$$

再由习题 6，我们知道，当 $p|j$ 时

$$h_p(-j)=-1$$

在其他情形时

$$h_p(-j)=j$$

因此

$$\Gamma_p(-n)^{-1}=(-1)^{\left[\frac{n}{p}\right]}\prod_{\substack{1\leqslant j\leqslant n\\(j,p)=1}}j=(-1)^{\left[\frac{n}{p}\right]+n+1}\Gamma_p(n+1)$$

这正是所要求的结果.

习题 10　如果 p 是奇素数，证明：对 $x\in\mathbf{Z}_p$，有

$$\Gamma_p(x)\Gamma_p(1-x)=(-1)^{l(x)}$$

其中 $l(x)$ 被定义为 $\{1,2,\cdots,p\}$ 的元素，满足 $l(x)\equiv x(\mathrm{mod}\ p)$.

由习题 9，我们有

$$\Gamma_p(n+1)\Gamma_p(-n)=(-1)^{n+1+[n/p]}$$

用 $n-1$ 代替 n

$$\Gamma_p(n)\Gamma_p(1-n)=(-1)^{n+[(n-1)/p]}$$

若 $n=a_0+a_1p+a_2p^2+\cdots$ 是 n 的 p-adic 展开式，则

$$\left[\frac{n-1}{p}\right]=\left[\frac{(a_0-1)+a_1p+\cdots}{p}\right]$$

首先设 $a_0\neq 0$，则

$$\left[\frac{n-1}{p}\right]=a_1+a_2p+\cdots$$

使得

$$n-p\left[\frac{n-1}{p}\right]=a_0=l(n)$$

显然

$$(-1)^{n+[(n-1)/p]}=(-1)^{n-p[(n-1)/p]}=(-1)^{l(n)}$$

在这种情形下证明了公式. 若 $a_0=0$，则

$$n-1=(p-1)+b_1p+\cdots$$

与

$$\left[\frac{n-1}{p}\right]=b_1+b_2p+\cdots$$

这给出

$$n-p\left[\frac{n-1}{p}\right]=p=l(n)$$

又证明了公式.

习题 11 证明

$$\Gamma_p\left(\frac{1}{2}\right)^2=\begin{cases}1 & \text{若 } p\equiv 3(\mathrm{mod}\ 4)\\ -1 & \text{若 } p\equiv 1(\mathrm{mod}\ 4)\end{cases}$$

由习题 10

$$\Gamma_p\left(\frac{1}{2}\right)^2=(-1)^{l\left(\frac{1}{2}\right)}$$

则

$$l\left(\frac{1}{2}\right)=l\left(\frac{p+1}{2}\right)=\frac{p+1}{2}$$

因此推出了结果.

第六编

Serre 的 p-adic 模形式概览

记号与预备知识

第 21 章

模形式的算术理论有两个互相交织的主题. 一个是模形式的同余理论，另一个是 Galois 表示理论. 第一个主题是经典的，可以追溯到 Ramanujan，随后 Serre，Swinnerton-Dyer，Atkin，Ribet，Hida 等人对此做出了重要的贡献；而后一个主题是从 Deligne，Eichler，Shimura，Serre 以及其他人的工作发展起来的. 在 20 世纪的最后几十年里，Hida，Mazur，Taylor，Wiles 等人的工作开辟了新的领域. Miljan Brakočević，R. Sujatha 的这篇解释性文章基于 2014 年 6 月在 Pune 的 IISER 举行的“关于模形式的 p-adic 性质的讨论会”上的系列讲稿，讲稿的主题是 Serre 用于定义模形式的 p-adic 族的经典方法.

全文中,p 表示大于或等于 5 的素数. 域 $\overline{\mathbf{Q}}_p$ 表示 $\mathbf{Q}_p$ 的代数闭包,$\overline{\mathbf{Z}}_p$ 是 $\mathbf{Z}_p$ 在 $\mathbf{Q}_p$ 中的整闭包. 固定嵌入 $i_p:\overline{\mathbf{Q}}\to\overline{\mathbf{Q}}_p$,这就将 $\overline{\mathbf{Z}}$ 映到 $\overline{\mathbf{Z}}_p$. 域 $\mathbf{Q}_p$ 上的 p-adic 范记为 $|\,|_p$,将它标准化使得 $|p|=\dfrac{1}{p}$,ord_p 表示相应的离散赋值. 域 $\mathbf{C}_p$ 表示 Tate 域,即 $\mathbf{Q}_p$ 的代数闭包的完备化.

21.1 模形式

令 $N\geqslant 1$ 为整数. 我们将考虑如下 $\mathrm{SL}_2(\mathbf{Z})$ 的三个子群

$$\mathrm{SL}_2(\mathbf{Z})\supseteq\Gamma_0(N)\supseteq\Gamma_1(N)\supseteq\Gamma(N)$$

$$\Gamma_0(N)=\left\{\begin{pmatrix}a & b\\ c & d\end{pmatrix}\middle|\, c\equiv 0(\mathrm{mod}\ N)\right\}$$

$$\Gamma_1(N)=\left\{\begin{pmatrix}a & b\\ c & d\end{pmatrix}\middle|\, c\equiv 0(\mathrm{mod}\ N),a,d\equiv 1(\mathrm{mod}\ N)\right\}$$

$$\Gamma_0(N)=\left\{\begin{pmatrix}a & b\\ c & d\end{pmatrix}\middle|\, c,b\equiv 0(\mathrm{mod}\ N),d\equiv 1(\mathrm{mod}\ N)\right\}$$

$\mathrm{SL}_2(\mathbf{Z})$的包含关于某个 N 的 $\Gamma(N)$的子群 Γ 称为同余子群,满足这个性质的最小正整数 N 称为 Γ 的级.

令 $\mathrm{GL}_2^+(\mathbf{R})\subseteq\mathrm{GL}_2(\mathbf{R})$为行列式大于 0 的矩阵构成的子群,$\mathbf{H}$ 为上半平面,$\mathrm{GL}_2^+(\mathbf{R})$通过分式变换作用于 $\mathbf{H}$. 给定整数 k,$\mathrm{GL}_2^+(\mathbf{R})$在 $\mathbf{H}$ 上的复值函数的复向量空间上权为 k 的作用 $f|_k[\gamma](z)$ 定义如下:令

$f:\mathbf{H}\to\mathbf{C},\gamma\in \mathrm{GL}_2^+(\mathbf{R})$，则

$$f|_k[\gamma](z):=\det(\gamma)^{\frac{k}{2}}(cz+d)^{-k}f(\gamma z)(z\in\mathbf{H}) \tag{1}$$

定义 1　权为 k，级为 N 的弱模函数是亚纯函数 $f:\mathbf{H}\to\mathbf{C}$，使得 $f|_k[\gamma]=f,\forall\gamma\in\Gamma_1(N)$.

考虑扩充上半平面

$$\mathbf{H}^*=\mathbf{H}\cup\mathbf{Q}\cup\{\infty\} \tag{2}$$

则 $\mathrm{SL}_2(\mathbf{Z})$的作用可以延拓到 $\mathbf{H}^*$ 上，关于同余子群 Γ 的尖点的有限集是 $\mathbf{P}^1(\mathbf{Q})=\mathbf{Q}\cup\{\infty\}$的 Γ—轨道.

定义 2　整数权为 k，级为 N 的模形式(尖形式)是权为 k，级为 N 的弱模函数 $f:\mathbf{H}\to\mathbf{C}$，使得 f 在 $\mathbf{H}$ 上全纯，且

$$\lim_{y\to\infty}f|_k[\gamma](\mathrm{i}y) \tag{3}$$

对所有 $\gamma\in\mathrm{SL}_2(\mathbf{Z})$有限(为 0).

给定权为 k，级为 N 的模形式，f 对 $\gamma=\begin{pmatrix}1&1\\0&1\end{pmatrix}$的不变性给出 $f(z+1)=f(z)$. 这就使得有 Fourier 展开式(称为 q—展开式) $f(\tau)=\sum\limits_{n=-\infty}^{\infty}c_n(f)q^n$，其中 $q=\mathrm{e}^{2\pi\mathrm{i}\tau}$，而把 $\gamma=1$ 代入条件(3)确保 $n<0$ 时，有 $c_n(f)=0$(若 f 是尖形式，则 $n\leqslant 0$ 时，有 $c_n(f)=0$). 一个重要的事实是：f 的 Fourier 系数确实生成一个数域，称为 f 的 Hecke 域.

权为 k，级为 N 的模形式构成的复向量空间记为 $\mathscr{M}_k(N)$，它包含权为 k，级为 N 的尖形式构成的子空间 $\mathscr{S}_k(N)$，它们是有限维向量空间. 我们总假定 $k\geqslant 1$，且从本章的目的出发假设 $N=1$. 若 $k<0$，空间 $\mathscr{M}_k(N)=0$，而 $\mathscr{M}_0(N)$就是上半平面的常值函数空间，

且 $\mathscr{S}_0(N)=0$,并且 k 为奇数或 $0<k<4$ 时有 $\mathscr{M}_k(1)=0$. $\Gamma_0(N)$的权 k—作用保持 $\mathscr{M}_k(N)$,$\mathscr{S}_k(N)$. 此外,尖形式空间是可以赋予一个称为 Peterson 内积的正定 Hermite 内积. 若 $M|N$,我们有包含关系 $\mathscr{S}_k(M)\subseteq\mathscr{S}_k(N)$. 将 $\mathscr{S}_k(M)$嵌入 $\mathscr{S}_k(N)$的另一种方式是通过乘 d 的映射 $f(z)\rightarrow d^{k-1}f(dz)$,其中 d 是 N/M 的任意因子. 将 $\mathscr{S}_k(N)$中级为 N 的旧的子空间记为 $\mathscr{S}_k(N)^{\text{old}}$,它是所有级 M 整除 N 的尖形式在包含映射和乘 d 映射下的象生成的子空间,其中 d 为 N/M 的所有因子;它关于 Peterson 内积的正交补是新的子空间,记为 $\mathscr{S}_k(N)^{\text{new}}$. 如果它的第一个 Fourier 系数 $a_1=1$,那么该模形式称为标准的.

21.2 Hecke 代数

既有作用在关于全模群 $SL_2(\mathbf{Z})$的模形式上的 Hecke 代数的算子,也有关于同余子群保持尖形式空间的算子. 关于群 $\Gamma_1(N)$有两类 Hecke 算子,它们通常记为 $T_n,n\in\mathbf{N},(n,N)=1$,以及方块算子$\langle d\rangle$. 仿效 Emerton 的做法,我们考虑算子 $S_l:=\langle l\rangle l^{k-2}$,其中 $l\nmid N$是素数. 这些算子 S_l 保持尖形式空间. 对于整除级 N 的素数 p,也有算子 U_p. 有 Hecke 算子的双陪集分解,事实上 Hecke 算子 T_m 可以对任意与 N 互素的正整数 m 定义. 这些算子在模形式的作用可以用 Fourier 系数清楚地表示出来.

定义 1 关于给定的权 k 和级 N 的 Hecke 代数 $\mathfrak{H}_k(N)$(若对 N 的理解无误时,简写成 $\mathfrak{H}_k$)是 $\text{End}(\mathscr{M}_k(N))$中由算子 lS_l,T_l 生成的 $\mathbf{Z}$—子代数,其

中 l 过不整除级 N 的素数. 该代数与那些 T_m 生成的代数相同.

定义 2 所有 Hecke 算子的特征向量的模形式称为特征形. $S_k(N)^{\mathrm{new}}$ 中的特征形称为新形式.

下面是模形式的一些例子

$$\Delta(q)=q\prod_{m}(1-q^m)^{24}=\sum_{n\geqslant 1}\tau(n)q^n \tag{1}$$

其中 $n\to\tau(n)$ 是 Ramanujan τ－函数, 是权为 12, 级为 1 的全纯尖形式, 其 q－展开式是 $q-24q^2+252q^3-1\ 472q^4+\cdots$.

令 k 为偶数. 考虑求和函数 $\sigma_{k-1}(n):=\sum_{d\mid n}d^{k-1}$. 定义函数

$$\begin{cases}G_k=-\dfrac{B_k}{2k}+\displaystyle\sum_{n=1}^{\infty}\sigma_{k-1}(n)q^n\\ E_k=-\dfrac{2k}{B_k}G_k=1-\dfrac{2k}{B_k}\displaystyle\sum_{n=1}^{\infty}\sigma_{k-1}(n)q^n\end{cases} \tag{2}$$

其中 B_k 是第 k 个 Bernoulli 数. 当 $k\geqslant 4$ 时, G_k, E_k 是权为 k 的模形式(甚至是关于 $\mathrm{SL}_2(\mathbf{Z})$ 的), 我们称之为 Eisenstein 级数.

$$\omega(q):=q\prod_{n}(1-q^m)^2(1-q^{11m})^2=\sum_{n\geqslant 1}a_nq^n \tag{3}$$

是权为 2, 级为 11 的尖形式. Fourier 系数由 $\{p\to a_p\}$ 给出, 其中 a_p 与椭圆曲线 $E: y^2+y=x^3-x^2$ 上模 p 的有理点的个数 $N_E(p)$ 有关, 且 $N_E(p)=p+1-a_p$.

21.3 模曲线

商空间 $X_0(1):=\mathrm{SL}_2(\mathbf{Z})/H^*$ 是级为 1 的模曲线. 对级为 N 的同余子群类似定义的商空间记为 $X_0(N)$,

它是紧 Riemann 曲面，由 $\mathbf{H}$ 对应的商空间(称为开的模曲线，记为 $Y_0(N)$) 通过添加尖点紧化得到. $Y_0(1)(\mathbf{C})$ 将 $\mathbf{C}$ 上的椭圆曲线的同构类分类. 对 $\tau \in \mathbf{H}$，设 L_τ 为格 $\mathbf{Z}+\mathbf{Z}_\tau$，令 E_τ 为椭圆曲线 $\mathbf{C}/(L_\tau)$. 与格相关的 j－不变量给出同构 $Y_0(1)\simeq\mathbf{A}^1$，$X_0(1)\simeq\mathbf{P}^1$. 对应 $\Gamma_1(N)$ 的商空间分别记为 $X_1(N)$，$Y_1(N)$，对于一般的模群 Γ，相应的商空间分别记为 X_Γ，Y_Γ. 这些空间是"模空间". 例如，$Y_0(N)$ 将 (E,H) 的同构类分类，其中 $E/\mathbf{C}$ 是椭圆曲线，H 是 E 的 N 阶循环子群(级结构). 类似地，$Y_1(N)$ 将 (E,P) 分类，其中 $E/\mathbf{C}$ 是椭圆曲线，$P\in E$ 是 N 阶点. 关于 $\Gamma_1(N)$ 的权为 k 的模形式可以解释为 $Y_1(N)$ 上的某个线丛的整体截影，而权为 k 的尖形式可以解释为 $X_1(N)$ 上某个可逆层的整体截影. 在这种观点下，$\mathbf{C}$ 上权为 k，级为 1 的经典模形式 f 是一个规定：将由椭圆曲线 E 和 E 上的非零正则微分 ω 组成的元素对 (E,ω) 映为只依赖于 (E,ω) 的同构类的复数 $f(E,\omega)$，使得对所有的 $\lambda\in\mathbf{C}^*$，我们有 $f(E,\lambda\omega)=\lambda^{-k}f(E,\omega)$，并且该规则"在族中表现良好".

21.4 同　　余

定义　设 $m\geqslant 2$ 是整数，称两个模形式 f，g 模 m 同余，如果它们相应的 Fourier 系数模 m 同余. 我们用 $f\equiv g(\mathrm{mod}\ m)$表示这个同余.

例如，$\Delta\equiv\omega(\mathrm{mod}\ 11)$. 回顾经典的 Kummer 同余，若 $h\equiv k(\mathrm{mod}\ p-1)$，我们有

$$\frac{B_k}{k}\equiv\frac{B_h}{h}(\mathrm{mod}\ p) \tag{1}$$

其中 p 是素数，k,h 是不被 $p-1$ 整除的正偶数. 事实上，若 $h\equiv k(\bmod \phi(p^{a+1}))$，我们有

$$(1-p^{h-1})\frac{B_h}{h}\equiv(1-p^{k-1})\frac{B_k}{k}(\bmod p^a) \qquad (2)$$

其中 ϕ 是 Euler ϕ-函数. 考虑 Eisenstein 级数

$$G_k=-\frac{B_k}{2k}+\sum_{n=1}^{\infty}\{\sum_{d|n}d^{k-1}\}q^n$$

$$G_{k+p-1}=-\frac{B_{k+p-1}}{2(k+p-1)}+\sum_{n=1}^{\infty}\{\sum_{d|n}d^{k-1}d^{p-1}\}q^n$$

$$G_{k+\phi(p^r)}=-\frac{B_{k+\phi(p^r)}}{2(k+\phi(p^r))}+\sum_{n=1}^{\infty}\{\sum_{d|n}d^{k-1+\phi(p^r)}\}q^n$$

利用(2) 和 Fermat 定理(Euler 定理)，我们可知 G_k，G_{k+p-1}(G_k，$G_{k+\phi(p^r)}$) 的非常值 Fourier 系数模 p(模 p^r) 同余. 于是，经典的 Kummer 同余保证常系数有类似的结果.

若 $k\mid(p-1)$，则由 Clausen-von-Staudt 定理，我们有 $\mathrm{ord}_p(B_k/k)=-1-\mathrm{ord}_p(k)$，因此 $\mathrm{ord}_p(k/B_k)\geqslant 1$，且若 $k\equiv 0(\bmod p-1)$ 时有

$$E_k\equiv 1(\bmod p)$$

事实上，若 $k\equiv 0(\bmod (p-1)p^{m-1})$ 时，我们也有

$$E_k\equiv 1(\bmod p^m) \qquad (3)$$

21.5 模形式的分次代数

我们回顾一下 Swinnerton-Dyer 关于模表式模 p 约化的一些结果. 设权为 $k\in\mathbf{Z}$ 的模形式 f 的 q-展开式为 $f=\sum a_nq^n$，其中 $a_n\in\mathbf{Q}$ 且是 p-整数，f 模 p 约

化后记为 $\tilde{f}$，这是 $\mathbf{F}_p[[q]]$ 中的元. 这些幂级数的集合记为$\widetilde{\mathscr{M}}_k$，它是 $\mathbf{F}_p[[q]]$ 的向量子空间. 我们设 $\widetilde{M}:=\sum_k \widetilde{\mathscr{M}}_k$. 类似地，我们用 $\mathscr{M}=\bigoplus_k \mathscr{M}_k$ 表示分次 $\mathbf{Q}$—代数，其中 $\mathscr{M}_k$ 是权为 k 的模形式子空间. 权为 2，4，6 的级数 P,Q,R 分别定义为

$$\begin{cases}P=E_2=1-24\sum\sigma_1(n)q^n\\Q=E_4=1+240\sum\sigma_3(n)q^n\\R=E_6=1-504\sum\sigma_5(n)q^n\end{cases}\tag{1}$$

对于 $p\geqslant 5$，元素 Q,R 生成 $\mathscr{M}$，从而也生成 $\widetilde{\mathscr{M}}$. 事实上，$\mathscr{M}\simeq\mathbf{Q}[Q,R]$，其中 Q,R 代数无关. 任何 $f\in\mathscr{M}_k$ 能够唯一地写成有限和

$$f=\sum a_{m,n}Q^mR^n,a_{m,n}\in\mathbf{Q}$$

其中(m,n) 是满足 $4m+6n=k$ 的整点. 例如

$$\Delta=\frac{1}{1\ 728}(Q^3-R^2)\tag{2}$$

对 $p\geqslant 5$，我们有

$$\widetilde{\mathscr{M}}=\mathbf{F}_p[Q,R]/\langle\widetilde{A}-1\rangle$$

其中 $A(Q,R)=E_{p-1}$是 E_{p-1}的多项式表达式. 因此 $\widetilde{\mathscr{M}}$ 是光滑代数曲线 $Y/\mathbf{F}_p$ 的仿射代数. 例如，当 $p=11$，$Y=\mathrm{Spec}\,\widetilde{M}$ 是亏格为 0 的曲线，而 $p=13$ 时，Y 是亏格为 1 的曲线

第 22 章　p-adic 模形式

Serre 在形式幂级数环 $\mathbf{Q}_p[[q]]$ 上定义了下面的赋值：若 $f=\sum a_n q^n$，则设

$$\mathrm{ord}_p(f)=\inf \mathrm{ord}_p(a_n)$$

若 $\mathrm{ord}_p(f)\geqslant 0$，则 $f\in\mathbf{Z}_p[[q]]$；若 $\mathrm{ord}_p(f)\geqslant m$，则 $\tilde{f}\equiv 0 \pmod{p^m}$. p-adic 模形式的定义如下.

定义 1　设 $\mathcal{M}_k$ 是关于 $\Gamma_1(N)$ 的级为 1，权为 k 的模形式空间，称 q－展开式

$$f=\sum_{n=0}^{\infty} a_n q^n\in\mathbf{Q}_p[[q]]$$

为 p-adic 模形式（按照 Serre 的意思理解），如果存在关于 $\Gamma_1(N)$ 的经典模形式列 $f_i\in\mathcal{M}_k$ 使得

$$\mathrm{ord}_p(f-f_i)\to\infty(i\to\infty)$$

具体来说，这表示 f_i 的 Fourier 系数一致地趋于 f 的 Fourier 系数. 注意这里没有提及 p-adic 模形式 f 的权. 要做这件事，我们设(回顾我们假设了 $p\geqslant 5$)

$$X_m=\mathbf{Z}/(p-1)p^{m-1}\mathbf{Z}$$

$$X=\varprojlim X_m\simeq\mathbf{Z}/(p-1)\mathbf{Z}\times\mathbf{Z}_p$$

群 X 是 p-adic 模形式的权空间，并且可以和 $\mathbf{Z}_p^\times$ 到 $\mathbf{Z}_p$ 的连续特征群 $\mathrm{Hom}(\mathbf{Z}_p^\times,\mathbf{Z}_p)$ 等同. 若 $k\in X$，则我们记 $k=(s,u)$，其中 $s\in\mathbf{Z}_p, u\in\mathbf{Z}/(p-1)\mathbf{Z}$. 若 v 是 $\mathrm{Hom}(\mathbf{Z}_p^\times,\mathbf{Z}_p)$ 中相应的元，则我们可以写成 $v=v_1\cdot v_2$，其中 $v_1^{p-1}=1, v_2\equiv 1(\mathrm{mod}\ p)$，并且满足 $v^k=v_1^s v_2^u$. 称元素 $k\in X$ 为偶的，如果它属于子群 $2X$. 这就是说 k 的分量 u 是 $\mathbf{Z}/(p-1)\mathbf{Z}$ 的偶元素. 此外，自然映射 $\mathbf{Z}\to X$ 是单射，因此我们将 $\mathbf{Z}$ 视为 X 的稠密子群. 下面的定理让我们得以定义 p-adic 模形式 f 的权.

定理 1(Serre)　令 $m\geqslant 1$ 为整数，f,f' 是两个权分别为 k,k' 的有理系数的模形式. 假设 $f\neq 0$，且有

$$\mathrm{ord}_p(f-f')\geqslant\mathrm{ord}_p(f)+m$$

则 $k'\equiv k(\mathrm{mod}\ (p-1)p^{m-1})$.

我们简要说明证明的重要思想，注意这里需要假设 $p\geqslant 5$. 设 $\widetilde{\mathscr{M}}\sim=\bigcup_k\widetilde{\mathscr{M}}_k$，其中 k 过被 $p-1$ 整除的正整数. 需要的关键事实是 $\widetilde{\mathscr{M}}$ (它是 $\mathbf{F}_p$ 一代数和整环)在它的商域中整闭. $m=1$ 的情形易见，因此我们假设 $m\geqslant 2$. 令 $h=k'-k, r=\mathrm{ord}_p(h)+1$. 我们可以进一步假设 $h\geqslant 4$，可以用 n 充分大时的 $f'E_{(p-1)p^n}$ 替换 f'. 这样归结于对 $r\geqslant m$ 证明定理. 在 $\widetilde{\mathscr{M}}$ 上利用 Eisenstein 级数 E_h 和算子 $\theta=q\cdot\frac{\mathrm{d}}{\mathrm{d}q}$，通过在 $\widetilde{\mathscr{M}}$ 中细致且算是标准的

计算,我们能找到$\widetilde{\mathscr{M}}$ 的商域中的一个元 $\tilde{\phi}$. 可知这个元在$\widetilde{\mathscr{M}}$ 上是整的,但在$r<m,m\geqslant 2$时,它不在$\widetilde{\mathscr{M}}$ 中. 这就与$\widetilde{\mathscr{M}}$ 整闭的事实矛盾,从而 $r\geqslant m$,定理成立.

例如,对素数 $p=11$ 考虑权为12的模形式Δ和权为2的模形式,我们有 $12\equiv 2(\bmod 11-1)$.

定理 2(Serre) 令 $f\neq 0$ 为 p-adic 模形式,(f_i) 是权为(k_i)且以 f 为极限的有理系数模形式列,则这些 k_i 趋于的极限k 在权空间 X 中,这个极限只依赖于 f,与选取的序列 f_i 无关.

由假设,$\mathrm{ord}_p(f-f_i)\to\infty$. 令 $k=\lim\limits_{i} k_i$,我们可知 $k\in X$ 满足所需性质. 由定理 1 可知它与选取的序列 k_i 无关.

命题 假设 $f_i=\sum\limits_{n=0}^{\infty}a_{i,n}q^n$ 是权为k_i 的 p-adic 模形式列,使得:

(1) 对 $n\geqslant 1$,这些 $a_{i,n}$ 一致收敛于某个 $a_n\in\mathbf{Q}_p$;

(2) 这些权 k_i 收敛于某个 $k\in X$,

则 $a_{0,n}$ 收敛于元素 $a_0\in\mathbf{Q}_p$,且级数

$$f=a_0+a_1q+\cdots+a_nq^n+\cdots$$

是权为 k 的 p-adic 模形式.

例 定义

$$\sigma_{k-1}^{*}(n)=\sum_{\substack{d\mid n\\ \gcd(d,p)=1}}d^{k-1}\in\mathbf{Z}_p$$

假设k是偶数,选取在 Archimedes 意义下趋于无穷大且在 p-adic 意义下趋于k的偶整数列$k_i\geqslant 4$,则对与 p 互素的正整数 d,在 p-adic 范中我们有 $d^{k_i-1}\to d^{k-1}$,从而

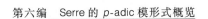

$$\sigma_{k_i-1}(n) \to \sigma_{k-1}^*(n) \in \mathbf{Z}_p$$

这个收敛对所有 $n \geqslant 1$ 是一致的. 于是由上面的结果得到 Eisenstein 级数 G_k 收敛于权为 k 的 p-adic 模形式

$$G_k^* = \lim_i \frac{B_{k_i}}{2k_i} + \sum_{n=1}^{\infty} \sigma_{k-1}^*(n) q^n \tag{1}$$

称它是权为 k 的 p-adic Eisenstein 级数. 我们附带地提一下:权为 2 的 p-adic Eisenstein 级数是 p-adic 模形式,即使经典的权为 2 的 Eisenstein 级数不是经典的模形式.

回顾 $\frac{B_{k_i}}{2k_i} = \frac{1}{2}\zeta(1-k_i)$, 其中 $\zeta(s)$ 是经典的 Riemann ζ — 函数.

我们记 p-adic Eisenstein 级数 G_k^* 的常数项为 $\frac{1}{2}\zeta^*(1-k)$,其中 $k \neq 0$ 是 X 的偶元素. $\frac{1}{2}\zeta^*(1-k)$ 是 $\frac{1}{2}\zeta(1-k_i)$ 的 p-adic 极限. 这就定义了在 $X\backslash\{1\}$ 的奇元素 $(1-k)$ 上的函数

$$(1-k) \to \zeta^*(1-k) \tag{2}$$

这个函数是连续的, 且本质上是 Kubota-Leopoldt p-adic ζ — 函数,记之为 $\mathcal{L}_p$. 我们有

$$\zeta^*(1-k) = (1-p^{k-1})\zeta(1-k)$$

这是个非本原 ζ — 函数, p 处的 Euler 因子被移除了,并且

$$G_k^* = a_0 + \sum_{n=1}^{\infty} \sigma_{k-1}^*(n) q^n = \frac{1}{2}\zeta^*(1-k) + \sum_{n=1}^{\infty} \sigma_{k-1}^*(n) q^n$$

此外,级数 G_k^* 本身连续地依赖于 k.

假设 χ 是 Dirichlet 特征, $L(s,\chi)$ 是复变量 s 的经典 Dirichlet L — 函数. 当 $s \leqslant 0$ 为整数时, $L(s,\chi)$ 为代

数数，从而可以看作 $\mathbf{C}_p$ 中的元. Kubota-Leopoldt p-adic ζ－函数 p-adic 地插值这些值，其意义如下：$\mathcal{L}_p$ 看作关于 $s\in\mathbf{Z}_p$，$s\neq 1$ 的连续函数，能在 Dirichlet 特征上取值使得 $\mathcal{L}_p(s,\chi)\in\mathbf{C}_p$，且满足性质：$s\leqslant 0$ 为整数，且 $s\equiv 1\ (\bmod\ p-1)$ 时，有

$$\mathcal{L}_p(s,\chi)=(1-\chi(p)p^{-s})L(s,\chi) \qquad (3)$$

有了这些记号，Iwasawa 证明了下述结果：假设 χ 是任何不同于 ω^{-1} 的特征，其中 ω 是 Teichmüller 特征，$k\in X$，且 $k=(s,u)$ 是奇元素，则函数

$$\zeta':X\rightarrow\mathbf{Z}_p,(s,u)\rightarrow\mathcal{L}_p(s,w^{1-u})$$

在 X 上连接，且 $\zeta'(1-k)=(1-p^{k-1})\zeta(1-k)$. 因为 $|k_i|\rightarrow\infty$，我们有 $\lim\limits_{i\rightarrow\infty}(1-p^{k_i-1})=1$，$\zeta'(1-k)=\zeta^*(1-k)$，其中 ζ^* 在(2)中定义. 特别地，我们可知作为 X 上的函数有 $\zeta'=\mathcal{L}_p$.

我们有下面的定理.

定理 3　若 (s,u) 是 X 中的奇元素，$(s,u)\neq 1$，则 $\zeta^*(s,u)=\mathcal{L}_p(s,w^{1-u})$，其中 $\mathcal{L}_p(s,\chi)$ 是 p-adic L－函数.

Iwasawa 代数

第 23 章

我们在本节定义射有限群的 Iwasawa 代数，并考虑其他的插值，然后在 p-adic 模形式的背景下利用它说明我们如何重新获得经典的 Kummer 同余. 我们首先回顾射有限群 $\mathcal{G}$ 的 Iwasawa 代数的定义.

23.1 作为群的完备化的 Iwasawa 代数

定义 $\mathcal{G}$ 在 $\mathbf{Z}_p$ 上的 Iwasawa 代数 $\Lambda(\mathcal{G})$ 定义为

$$\Lambda(\mathcal{G})=\varprojlim \mathbf{Z}_p[\mathcal{G}/\mathcal{U}]$$

其中 $\mathcal{U}$ 过 $\mathcal{G}$ 的开正规子群，反向极限是关于自然映射而取.

我们主要对 $\mathcal{G}=\mathbf{Z}_p^{\times}$ 的情形感兴趣，

这时我们有

$$\mathcal{G} \simeq U_1 \times \Delta \tag{1}$$

其中 $U_1 \simeq \mathbf{Z}_p, \Delta \simeq \mathbf{Z}/(p-1)$. Iwasawa 代数 $\Lambda = \mathbf{Z}_p[[U_1]]$ 是正则局部环，并且可以与幂级数环 $\mathbf{Z}_p[[T]]$ 等同，其同构是非典型的，把 U_1 的生成元映到 $(1+T)$. 这个代数是关于最大理想的幂定义的拓扑的紧 $\mathbf{Z}_p$ — 代数. 我们用 U_n 表示 $\mathcal{G}$ 的由满足 $u \equiv 1(\bmod p^n)$ 的元 u 构成的子群.

23.2　测度论解释和幂级数

Iwasawa 代数也有用 p-adic 测度给出的插值. $\mathcal{G}$ 上在 $\mathbf{C}_p$ 中取值的测度是定义在 $\mathcal{G}$ 的紧开子集的集合上，对无交并满足加性的函数. 令 $C(\mathcal{G}, \mathbf{C}_p)$ 表示 $\mathcal{G}$ 到 $\mathbf{C}_p$ 的连续函数空间. 这些测度与连续线性映射 $C(\mathcal{G}, \mathbf{C}_p) \to \mathbf{C}_p$ 双射对应. 给定 $f \in C(\mathcal{G}, \mathbf{C}_p)$ 和 $\Lambda(\mathcal{G})$ 中的元素 λ，相应的测度记为 $\mathrm{d}\lambda$，则 f 在 λ 下的值为

$$\lambda(f) = \int_{\mathcal{G}} f \mathrm{d}\lambda \in \mathbf{C}_p$$

设 O 是 $\mathbf{Q}_p$ 的有限扩张的整数环，则所有在 O 中取值的测度的集合可以类似定义，我们将它记为 M_O. 集合 M_O 在加法和卷积的运算下作成一个环. 这个环与 $O[[T]]$ 同构，其同构映射由 Mahler 变换

$$M_O \to O[[T]], \lambda \mapsto \hat{\lambda}(T) = \int_{\mathbf{Z}_p} (1+T)^x \mathrm{d}\lambda(x)$$

$$= \sum_{m \geqslant 0} \left(\int_{\mathbf{Z}_p} \binom{x}{m} \mathrm{d}\lambda(x)\right) T^m$$

给出. 右边的幂级数称为与测度 λ 相关的幂级数.

映射 $\phi: \mathbf{Z}_p \to U_1, s \mapsto (1+p)^s$ 给出拓扑群同构，注意 $1+p$ 是 U_1 特别选取的拓扑生成元. 对 $u \in U_1$，令 f_u 表示 $C(\mathbf{Z}_p, \mathbf{Z}_p)$ 中由 $s \mapsto u^s$ 定义的元. 这些 f_u 生成的 $\mathbf{Z}_p$－模 L 实际上是 $C(\mathbf{Z}_p, \mathbf{Z}_p)$ 的子代数. 令 $\overline{L}$ 为它(在一致收敛拓扑中)的闭包. 不难看到：若 $f \in L, n \geqslant 0$，则

$$s \equiv s' \pmod{p^n} \Leftrightarrow f(s) \equiv f(s') \pmod{p^{n+1}} \quad (1)$$

由 Mahler 的一个经典结果，任何 $f \in C(\mathbf{Z}_p, \mathbf{Z}_p)$ 可以写成

$$f(x) = \sum_{n \geqslant 0} a_n \binom{x}{n}$$

其中 $a_n \in \mathbf{C}_p$，并且 $n \to \infty$ 时 $a_n \to 0$.

现在选定 U_1 的一个拓扑生成元，我们有映射

$$M: \Lambda(U_1) \to \mathbf{Z}_p[[T]], \lambda \mapsto \int_{\mathbf{Z}_p} f_u \mathrm{d}\lambda = \int_{\mathbf{Z}_p} (1+T)^s \mathrm{d}\lambda$$

其中最后一个积分实际上是 $\sum_{n \geqslant 0} \left(\int_{\mathbf{Z}_p} \binom{s}{n} \mathrm{d}\lambda \right) T^n$. 这就给出上面提到的等同的另一种解释，相当于变量变换 $T = (u-1)$.

假设 $\mathcal{O}_p$ 是 $\mathbf{C}_p$ 中满足 $|x|_p \leqslant 1$ 的元素的集合. Serre 也将 $\mathcal{O}_p$ 上的 Iwasawa 代数解释成 $C(\mathbf{Z}_p, \mathbf{C}_p)$ 中形如

$$f(x) = F(\phi(x) - 1), F \in \mathcal{O}_p[[T]] \quad (2)$$

的函数 f 的集合. 这些函数不依赖于同构 ϕ 的定义中 U_1 的生成元的选取. 类似地，若 $g = \sum a_n T^n$ 是 $\mathbf{Z}_p[[T]]$ 中的元，$\varepsilon(g) \in C(\mathbf{Z}_p, \mathbf{Z}_p)$ 为函数

$$s \mapsto g(u^s - 1) = \sum_n a_n (u^s - 1)^n \quad (3)$$

则可以证明 ε 给出同构

$$\Lambda \simeq \overline{L} \tag{4}$$

它在 $\mathbf{Z}_p[U_1]$ 上是恒等映射. 在此背景下，Serre 证明了元素 $f \in C(\mathbf{Z}_p, \mathbf{Z}_p)$ 在 Iwasawa 代数 Λ 中当且仅当存在 p-adic 整数 $b_n, n \in \mathbf{Z}, n \geqslant 1$ 使得

$$f(s) = \sum_{n=0}^{\infty} \frac{b_n p^n}{n!} s^n, s \in \mathbf{Z}_p \tag{5}$$

$$\frac{\sum_{i=1}^{n} c_{in} b_i}{n!} \text{ 是 } p\text{-adic 整数} \tag{6}$$

其中 c_{in} 由

$$\sum_{i=1}^{n} c_{in} x^i = n! \binom{x}{n}$$

定义. 特别地，由此得到，若 $f \in \Lambda$，并且我们考虑相应的系数 b_n，则

$$b_n \equiv b_{n+p-1} (\bmod p) (\forall n = 1) \tag{7}$$

23.3 Iwasawa 代数与插值

还有一种与插值数据有关的看待 Iwasawa 代数 $\Lambda(U_1)$ 中元素的方式. 给定 $\mathbf{C}_p$ 中的元素列 $b = (b_0, b_1, \cdots)$，滥用一下说法，我们称 b 属于 Iwasawa 代数，如果存在如同 23.2 节式(2) 中的函数 $f: \mathbf{Z}_p \to \mathbf{C}_p$，使得 $f(k) = b_k, \forall k \geqslant 0$. 这相当于说存在形式幂级数 $F \in \mathcal{O}_p[[T]]$，使得对 U_1 的一个拓扑生成元和所有 $k \geqslant 0$ 有 $b_k = F(u^k - 1)$. 令

$$c_n = \sum_{j=0}^{n} (-1)^{n-j} \binom{n}{j} b_j$$

由 Mahler 判别法，存在连续插值函数 $f:\mathbf{Z}_p \to \mathbf{C}_p$ 使得对每个整数 $k \geqslant 0$ 有 $f(k) = b_k$ 的充分必要条件是 $\lim\limits_{n\to\infty} |c_n| = 0$. 于是函数 f 由级数

$$f(x) = \sum_{n=0}^{\infty} c_n \binom{x}{n}$$

定义. 如果插值公式的系数 c_n 满足同余式

$$c_n \equiv 0 (\bmod p^n \mathcal{O}_p) (\forall n \geqslant 0)$$

则存在 $\mathbf{C}_p$ 中的开圆盘 $\{x \in \mathbf{C}_p \mid |x| < R = p^{\frac{p-2}{p-1}}\}$ 上的解析函数 f，使得对 $k \geqslant 0$ 有 $f(k) = b_k$. 事实上，令 $S_n^{(m)}, 0 \leqslant m \leqslant n$ 为等式

$$X(X-1)\cdots(X-(n-1)) = \sum_{m=0}^{n} S_n^{(m)} X^m$$

给出的 Stirling 数. 回顾递归公式

$$S_{n+1}^{(m)} = S_n^{(m-1)} - n S_n^{(m)} (1 \leqslant m \leqslant n)$$

其中 $S_0^{(0)} = 1, S_n^{(0)} = 0, S_n^{(n)} = 1, n \geqslant 1$. 设

$$a_m = \sum_{n=m}^{\infty} S_n^{(m)} \frac{c_n}{n!}$$

则插值函数 f 有收敛半径大于或等于 R 且满足 $f(k) = b_k$ 的 Taylor 展开式 $f(x) = \sum\limits_{m=0}^{\infty} a_m x^m$.

23.4 重获 Kummer 同余

我们回到第 22 章中考虑的 p-adic Eisenstein 级数. 令 $k \in X$ 为偶元素，$k \neq 0$，写成 $k = (s, u)$，$s \in \mathbf{Z}_p$，$u \in \mathbf{Z}/(p-1)\mathbf{Z}$，$G_k^* = G_{s,u}^*$. 将 G_k^* 写成 Fourier 展开式，记第 $n(n \geqslant 0)$ 个 Fourier 系数为 $a_n(G_{s,u}^*)$，我们有

$$G_k^* = \sum_{n\geqslant 0} a_n(G_{s,u}^*)q^n$$

$$a_0(G_{s,u}^*) = \frac{1}{2}\zeta^*(1-s,1-u)$$

$$a_n(G_{s,u}^*) = \sigma_{k-1}^*(n) = \sum_{\substack{d|n \\ \gcd(d,p)=1}} d^{k-1}$$

注意23.1节中分解式(1)允许我们将 p-adic 单位 $d\in \mathbf{Z}_p^\times$ 表示成 $d=\omega(d)\langle d\rangle$，其中 $\omega(d)^{p-1}=1$，$\langle d\rangle \in U_1$. 因此

$$\begin{aligned} a_n(G_{s,u}^*) &= \sum_{\substack{d|n \\ \gcd(d,p)=1}} d^{-1}\omega(d)^k\langle d\rangle^k \\ &= \sum_{\substack{d|n \\ \gcd(d,p)=1}} d^{-1}\omega(d)^u\langle d\rangle^s \end{aligned}$$

因此，对于固定的 $n\geqslant 1$ 和 $u\in \mathbf{Z}/(p-1)\mathbf{Z}$，我们可以将函数 $s\mapsto a_n(G_{s,u}^*)$ 视为 L 中的元，从而通过 $L\subseteq \overline{L}\simeq \Lambda$ 视为 Iwasawa 代数 Λ 中的元(参见 23.2 节中的式(4)). 于是由 Iwasawa 的一个结果得到：若 u 是 $\mathbf{Z}/(p-1)\mathbf{Z}$ 中的偶元素，则函数 $s\mapsto a_0(G_{s,u}^*)$ 也是 Λ 中的元. 所以 p-adic 模形式 G_k^* 也可以视为在 Iwasawa 代数中有 Fourier 系数. 故由 23.2 节中式(1) 得到 Kummer 同余式.

23.5 全实域的情形

令 K 为 Abel 的 r 次全实数域. 回顾 Riemann ζ—函数 $\zeta_K(s)$ 的定义为

$$\zeta_K(s) = \sum N\mathfrak{a}^{-s} = \prod(1-N\mathfrak{p}^{-s})^{-1}, \mathrm{Re}(s)>1$$

其中 $\mathfrak{a}$，$\mathfrak{p}$ 分别过 K 的整数环 $\mathcal{O}_K$ 的非零理想和非零素

理想,N表示范数.这个函数可以延拓为$\mathbf{C}$上在$s=1$处有单极点的亚纯函数.回顾有r个特征$\chi_1,\cdots,\chi_r$使得$\zeta_K(s)=\prod_{j=1}^{r}L(s,\chi_j)$.我们用$\mathfrak{d}$表示$\mathcal{O}_K$中的差分理想,用$d$表示$K$的判别式.注意判别式的绝对值是差分的范数,即$N(\mathfrak{d})=|d|$.

我们简略地说明在这种情形下存在相应的p-adic模形式,而不深入探讨细节了.

令S为K的在p上的素除子集合.我们设

$$\zeta_K^{(p)}(s)=\zeta_K(s)\prod_{\mathfrak{p}\in S}(1-N\mathfrak{p}^{-s}),\mathrm{Re}(s)>1$$

令$k\geqslant 2$为偶数.我们首先将k与权为rk的模形式g_k联系起来,使得常数项$a_0(g_k)$满足

$$a_0(g_k)=2^{-r}\zeta_K^{(p)}(1-k)$$

第n个Fourier系数为

$$a_n(g_k)=\sum_{\substack{\mathrm{tr}(x)=n\\ x\in\mathfrak{d}^{-1}\\ x\gg 0}}\sum_{\substack{\mathfrak{a}\mid x\mathfrak{d}\\ (\mathfrak{a},p)=1}}(N\mathfrak{a})^{k-1},n\geqslant 1$$

这里的和式过K中的全正元素x,使得x的迹$\mathrm{tr}(x)=n$,且$\mathfrak{a}\mid x\mathfrak{d}$.

如前,对于元素$k\in X$,我们选取偶数列$k_i\geqslant 4$,使得$|k_i|\to\infty$,且在X中$k_i\to k$.于是模形式g_{k_i}有权为rk的p-adic模形式g_k^*作为极限,并且g_k^*与选取的序列$\{k_i\}$无关.我们有

$$a_0(g_k^*)=2^{-r}\zeta_K^*(1-k):=2^{-r}\lim_{i\to\infty}\zeta_K^{(p)}(1-k_i)$$

$$a_n(g_k^*)=\sum_{\substack{\mathrm{tr}(x)=n\\ x\in\mathfrak{d}^{-1}\\ x\gg 0}}\sum_{\substack{\mathfrak{a}\mid x\mathfrak{d}\\ (\mathfrak{a},p)=1}}(N\mathfrak{a})^{k-1},n\geqslant 1$$

Serre证明了下面的结果:

- 若$k\geqslant 1$是偶数,$rk\not\equiv 0\pmod{p-1}$,则

$\zeta_K(1-k)$ 是 p — 整的.

• 若 $k\geqslant 1$ 是偶数，$rk\equiv 0 \pmod{p-1}$，则 $prk\cdot\zeta_K(1-k)$ 是 p — 整的.

• 若 $k\geqslant 2$ 是偶数，则 $\zeta_K^*(1-k)=\zeta_K(1-k)\prod\limits_{\mathfrak{p}\in S}(1-N\mathfrak{p}^{k-1})$.

• 函数 ζ_K^* 还是以 ζ_K 的值作为插值的 Kubota-Leopoldt p-adic ζ — 函数.

• 若 $k=(s,u)\in X$，其中 $s\in\mathbf{Z}_p$，u 是 $\mathbf{Z}/(p-1)\mathbf{Z}$ 中的偶元素，我们将 $\zeta_K^*(1-k)$ 写成 $\zeta_K^*(1-s,1-u)$. 若 $ru\neq 0$，则函数 $s\mapsto\zeta_K^*(1-s,1-u)$ 属于 Iwasawa 代数 $\Lambda=\mathbf{Z}_p[[T]]$，它在半径大于 1 的圆盘中全纯.

• 设 m 为扩张次数 $[K(\mu_p):K]$，若 $u\equiv u'\pmod m$，则 $\zeta_K^*(1-s,1-u)=\zeta_K^*(1-s,1-u')$.

• 若 $k=(s,u)$ 同上，$ru=0$，则函数 $s\mapsto\zeta_K^*(1-s,1-u)$ 形如 $h(T)/((1+T)^r-1)$，$h\in\Lambda$.

Galois 表示

第 24 章

我们在本节回顾与模形式以及 $\underline{\Lambda}$—进形式相关的 Galois 表示.

24.1 模形式的 Galois 表示

令 $f(z)=\sum_{n=1}^{\infty}a_nq^n$ 为标准化的 Hecke 特征形,它是权为 $k\geqslant 2$,级为 N 的新形式. 由 Eichler, Shimura, Deligne 的结果,对每个素数 l,存在相关的 Galois 表示

$$\rho_{l,f}:\mathrm{Gal}(\overline{\mathbf{Q}}/\mathbf{Q})\to \mathrm{GL}_2(K) \qquad (1)$$

其中 K 是 $\mathbf{Q}_l$ 的有限扩张. 由于 f 是 Hecke 特征形,存在环同态

$$\lambda: \mathfrak{h}_k \to \mathbf{C}$$

使得对 Hecke 代数 $\mathfrak{h}_k$ 中的所有元 T 有 $T(f)=\lambda(T)f$. Hecke 算子的每个特征值都是代数整数.

这个表示有下面的性质：

(1)若 Σ 表示整除 lN 的素除子集，则 $\rho_{l,f}$ 在 Σ 外非分歧；

(2)对每个 $p\nmid Nl$，我们有

$$\mathrm{tr}\ \rho_{l,f}(\mathrm{Frob}_p)=a_p$$

$$\det \rho_{l,f}(\mathrm{Frob}_p)=\chi(p)p^{k-1}$$

其中 Frob_p 表示在素除子 p 处的 Frobenius 自同态，χ 是分圆特征；

(3)对 $p\nmid Nl$，矩阵 $\rho_{f,l}(\mathrm{Frob}_p)$ 有特征多项式（称为 Hecke 多项式）等于

$$X^2-\lambda(T_p)X+\lambda(pS_p)$$

若 $k=1$，则由 Deligne-Serre 的结果，存在 2 次不可约复表示

$$\rho_f: \mathrm{Gal}(\overline{\mathbf{Q}}/\mathbf{Q})\to \mathrm{GL}_2(\mathbf{C})$$

使得 ρ_f 的像有限.

24.2　$\underline{\Lambda}$—进形式和大 Galois 表示

Hida 研究了 $\underline{\Lambda}$—进形式理论. 我们给定整数 N 使得 $p\nmid N$. 令 $\Lambda=\mathbf{Z}_p[[U_1]]$为 Iwasawa 代数，$\underline{\Lambda}$ 为 Λ 的有限整性扩张. 考虑自然包含映射

$$\varepsilon: 1+p\mathbf{Z}_p\to \overline{\mathbf{Q}}_p^*$$

则对每个 $k\in \mathbf{Z}_p$，同态 $\varepsilon^k: 1+p\mathbf{Z}_p\to \overline{\mathbf{Q}}_p^*$ 诱导 $\mathbf{Z}_p$—代数同态 $\varepsilon^k: \Lambda\to \overline{\mathbf{Q}}_p$. 假设 $k\geqslant 1$ 是整数，$\phi\in \mathrm{Hom}(\underline{\Lambda}, \overline{\mathbf{Q}}_p)$是

$\mathbf{Z}_p$一代数同态，使得 $\phi|_{\Lambda}=\varepsilon^k$. 于是，我们有对应这个 ϕ 的特化映射

$$\eta_k:\underline{\Lambda}\to\overline{\mathbf{Q}}_p^* \tag{1}$$

定义 1 级为 N 的 $\underline{\Lambda}$一进形式 f 是形式 q一展开式

$$f=\sum_{n=0}^{\infty}a_n(f)q^n\in\underline{\Lambda}[[q]] \tag{2}$$

使得对如上的所有特化映射 η_k，f 相应的特化映射 f_k 导出关于同余子群 $\Gamma_1(Np^r)$，$r\geqslant 1$ 的权为 k 的经典模(尖)形式. 如果每个特化都是新形式(特征形)，则称 $\underline{\Lambda}$一进形式为新形式(特征形).

Hida 证明了存在 Λ 上有限平坦的完备局部整环 $\underline{\Lambda}$，使得任何 $\underline{\Lambda}$一进形式 f 导出在某种适当意义下连续的"大"的 Galois 表示

$$\rho_f:\mathrm{Gal}(\overline{\mathbf{Q}}/\mathbf{Q})\to\mathrm{GL}_2(\underline{\Lambda})$$

此外，它满足性质：对如上的任何 ϕ，合成映射

$$\rho_f\circ\phi:\mathrm{Gal}(\overline{\mathbf{Q}}/\mathbf{Q})\to\mathrm{GL}_2(\underline{\Lambda})\to\mathrm{GL}_2(\overline{\mathbf{Q}}_p)$$

对应由 f 的特化得到相关模形式 f_k 诱导的 Galois 表示.

因此，$\underline{\Lambda}$一进形式是一族权为 $Np^r(r\geqslant 1)$变化的经典模形式，并且它们模 $\underline{\Lambda}$ 的极大理想得到的 q一展开式剩余同构.

Hecke 特征形 f 称为普通的，如果它的第 p 个 Fourier 系数 a_p(同时也是 U_p 特征值)是 p-adic 单位. Hida 利用了特征形的同余式的研究，证明任何普通特征可以设置成上述意义下 $\underline{\Lambda}$一进形中的成员. Hida 的构造主要利用了普通 p-adic Hecke 代数 $\mathfrak{h}_k^{\mathrm{ord}}\subseteq\mathfrak{h}_k$，这个 U_p 在其上可逆的极大环直和项. 换言之，如果我们在

$\mathfrak{h}_k$ 的 p-adic 拓扑下写成 $e=\lim\limits_{n\to\infty} U_p^{n!}$，则 e 是幂等元，且有 $\mathfrak{h}_k^{\text{ord}}=e\mathfrak{h}_k$. 唯一"大"的普通 Hecke 代数 $\mathfrak{h}^{\text{ord}}$ 由下面两个通常被称为控制定理的性质所刻画：

(C1) $\mathfrak{h}^{\text{ord}}$ 在 $\underline{\Lambda}$ 上自由且秩有限；

(C2) 当 $k\geqslant 2$，对于(1)给出的 η_k 有 $\eta_k(\mathfrak{h}^{\text{ord}})\simeq\mathfrak{h}_k^{\text{ord}}$，所有 $\underline{\Lambda}$一进模形式的空间在 $\underline{\Lambda}$ 上自由且秩有限，同时它还是"大"的普通 Hecke 代数 $\mathfrak{h}^{\text{ord}}$ 的 $\underline{\Lambda}$一对偶. 因此，$\underline{\Lambda}$一进模形式空间的所有结构性质反映了 $\mathfrak{h}^{\text{ord}}$ 的结构性质. 总之，Hida 理论给出了许多 $\underline{\Lambda}$一进模形式族的例子. 第 22 章中考虑的 p-adic Eisenstein 级数是这种 p-adic 族最简单的例子，事实上它给出第 23 章中讨论的 $\underline{\Lambda}$一进形式，其中 $\Lambda=\mathbf{Z}_p[[T]]$. 也存在 $\underline{\Lambda}$一进形式，其权为 2 的特化给出椭圆曲线 $X_0(11)$ 并且在权为 12 时有模形式 Δ.

24.3 进一步回顾

我在最后简短的一节中概述一下源自 Katz 和其他人的工作的 p-adic 模形式理论的轮廓，算是为该理论提供了几何的观点. Katz 和 Dwork 将 p-adic 模形式等价地定义成与模曲线相关的某种 p-adic 刚性解析空间上的线丛的截影. 回顾一下 21.3 节中的模曲线 $Y_i(N)$，$X_i(N)$，$i=0,1$. 存在 $\mathbf{Z}[1/N]$上的积分模型 $\mathcal{Y}_i(N)$，$\mathcal{X}_i(N)$，$i=0,1$，使得 $\mathcal{Y}_i(N)$是 Spec$\mathbf{Z}[1/N]$上的光滑曲线，且有性质：$\mathcal{Y}_i(N)\otimes_{\mathbf{Z}}\mathbf{C}$ 作为复流形与 $Y_i(N)$同构. 此外，当 $N\geqslant 5$ 时，它表示将 $\mathbf{Z}[1/N]$一概型 S 映到同构类(E,P)的集合的函子，其中 E 是 S 上

的椭圆曲线，$P\in E(S)=\mathrm{Hom}(S,E)$是 N 阶点. 存在 $\mathcal{Y}_i(N)$上的可逆层 $\overline{\omega}$，它可以典型地延拓到其紧化 $\mathcal{X}_i(N)$上. 若 $N\geqslant 5$，R 是 $\mathbf{Z}[1/N]$—代数，R 上权为 k，级为 N 的模形式是 $\overline{\omega}^{\otimes k}$ 在 $X_1(N)\times_{\mathbf{Z}[1/N]}R$ 上的整体截影. 记这样的模形式的 R—模为 $\mathcal{M}_k(\Gamma_1(N);R)$，我们有 $\mathcal{M}_k(\Gamma_1(N);\mathbf{C})=\mathcal{M}_k(\Gamma_1(N))$，即经典的权为 k 的模形式空间. $\mathcal{M}_k(\Gamma_1(N);R)$中的元 f 有 Fourier 系数在 R 中的 q—展开式.

对于 $N\leqslant 4$，上述函子不可表示，我们绕开这个问题而代之以考虑 $X_1(M)$，$M\geqslant 5$，$N|M$. 于是我们定义权为 k，级为 N 的模形式为权为 k，级为 M 在商群 $\Gamma_1(M)/\Gamma_1(N)$的作用下不变的模形式. 这就是 Katz 的在 R 上的代数模形式. 对于 $R=\mathbf{Q}_p$，我们将相应的模形式空间记为 $\mathcal{M}_k(\Gamma_1(N);\mathbf{Q}_p)$. 然而这并没有给出令人满足的 p-adic 模形式理论，因为它没有反映模形式之间的 p-adic 同余关系. Hecke 算子在这种几何背景下也有定义. 为了定义 p-adic 模形式，Katz 首先考虑可积模曲线 $\mathcal{X}_1(N)$和关于群 $\Gamma_1(N)\cap\Gamma_0(p)$的模曲线 $\mathcal{X}_{\Gamma,p}(N)$. 后者还是将有额外的“层(level)结构数据”的椭圆曲线分类的模空间. “尖点”对应的椭圆曲线为 Tate 椭圆曲线 $\mathbf{G}_m/q^{\mathbf{Z}}$(注意 $\mathbf{G}_m=\mathrm{Spec}\ \mathbf{Z}[T,T^{-1}]$)且有不同层结构(例如 ζ_N)的元素对.

将 $\mathbf{F}_p$ 视为 $\mathbf{Z}[1/N]$—代数并对 $\mathbf{F}_p$ 应用基变换，我们得到 $\mathbf{F}_p$ 上相应的“约化”模曲线 $\overline{\mathcal{X}}_1(N)$ 和 $\overline{\mathcal{X}}_{\Gamma,p}(N)$. 这些曲线也是关于具有某种层结构的椭圆曲线的模空间. 这些曲线的 mod p 几何很好理解，我们首先分别定义 $\Gamma_1(N)$层面和 $\Gamma_1(N)\cap\Gamma_0(p)$层面的 mod p — 模形式作为这些空间的可逆层的截影.

"Hasse 不变量"是权为 2 的 mod p—模形式的例子. 曲线 $\overline{\mathfrak{X}}_{\Gamma,p}(N)$ 有"超奇异的轨迹"和"普通轨迹",而 Hasse 不变量恰好在超奇异轨迹上为 0. 于是我们考虑超奇异轨迹于 $\overline{\mathfrak{X}}_{\Gamma,p}(N)$ 中的补集在约化映射 $h:\mathfrak{X}_{\Gamma,p}(N)\to\overline{\mathfrak{X}}_{\Gamma,p}(N)$ 下的原象. 它不是 $\mathbf{Q}_p$ 上的代数簇,而是刚性 p-adic 解析簇,并且权为 k 的 p-adic 模形式定义为这个层的 k 次张量积的整体截影. 忽略超奇异点相当于在 $\mathbf{Z}_p$ 上的经典模曲线上去掉小的开圆盘("超奇异圆盘"). 事实证明:研究能够延拓到这些圆盘邻近的小区域的截影,并转而对与这些截影相关的 Laurent 级数展开式的系数的增长添加条件是有趣的. 这样的形式称为超收敛的模形式.

对于 $R=\mathbf{C}_p$, $N=1$, Katz 的在 $\mathbf{C}_p$ 上的权为 k 的代数模形式可以视为一条规则:将由椭圆曲线 E 和定义于 $\mathbf{C}_p$ 上 E 的非零正则微分 ω 组成的元素对映到一个只依赖于(E,ω)的同构类的数 $f(E,\omega)\in\mathbf{C}_p$,使得对所有的 $\lambda\in\mathbf{C}^*$,我们有 $f(E,\lambda\omega)=\lambda^{-k}f(E,\omega)$,并且对一族元也表现良好. 我们通常称这样的模形式为经典的. 另外,权为 k 的 p-adic 模形式的规则是只对元素对(E,ω),其中 E 有普通约化定义. 因此,任何经典模形式可以给出 p-adic 模形式,但是反过来远非正确,意思是有许多非经典的 p-adic 模形式. 例如,21.5 节式(1)中 q—展开式 P 给出的"权为 2,级为 1 的 Eisenstein 级数"不是经典模形式,但是对每个 p 来说,它是 p-adic 模形式的 q—展开式. 值得指出的是,在 p-adic 完备且分离的 $\mathbf{Z}_p$—代数上,Serre 定义的 p-adic 模形式对本章很重要. 权 k 给定的所有 p-adic 模形式是无限维 p-adic Banach 空间,但缺少 Hecke 特征形的好理论. 要处理这一问题,我们需要考虑其细化,即超收敛模形式空间. 21.5 节式(1)中 P 的展开式尽管对每个 p 是 p-adic 模形式,但是它对任何素数 p 都不是超收敛的.

构造模形式族背后的想法如下:给定关于 $\Gamma_1(Np)$ 的特征形 f,要找出经过 f 的 p 一紧特征形族. 这相当于求 p-adic 收敛于 f 的特征形族(它们的级可能不同,但是与 f 有同余的权). Hida 理论在普通模形式的情形下解决了这个问题. Coleman 对超收敛模形式理论的研究和特征曲线理论在特征形 f 有正的有限斜率(斜率小于 $k-1$,其中 k 为 f 的权)的情形下解决了这个问题,这里的斜率表示第 p 个 Fourier 系数 a_p 的 p-adic 赋值.